山东省航空航天学会
2021 学术年会论文集

张明习　孙明健　编

北京航空航天大学出版社

内容简介

《山东省航空航天学会2021学术年会论文集》共收录论文55篇，涉及设计技术、航天技术、通信技术、材料技术、无人机技术、管理技术、工艺技术和空域管理技术八个方面，内容丰富，具有一定的理论性、实用性和参考价值。

图书在版编目(CIP)数据

山东省航空航天学会2021学术年会论文集 / 张明习，孙明健编. -- 北京 : 北京航空航天大学出版社，2021.11

ISBN 978-7-5124-3626-8

Ⅰ. ①山… Ⅱ. ①张… ②孙… Ⅲ. ①航空工程－学术会议－文集②航天工程－学术会议－文集 Ⅳ. ①V-53

中国版本图书馆CIP数据核字(2021)第218595号

山东省航空航天学会2021学术年会论文集

张明习　孙明健　编

策划编辑　董　瑞　　责任编辑　董　瑞

*

北京航空航天大学出版社出版发行

北京市海淀区学院路37号(邮编100191)　http://www.buaapress.com.cn

发行部电话:(010)82317024　传真:(010)82328026

读者信箱: goodtextbook@126.com　邮购电话:(010)82316936

北京建宏印刷有限公司印装　各地书店经销

*

开本:787×1 092　1/16　印张:24.5　字数:643千字

2021年11月第1版　2021年11月第1次印刷

ISBN 978-7-5124-3626-8　定价:99.00元

前　言

山东省航空航天学会2021学术年会的主题为“创新、创造、引领、驱动”。关注山东省航空航天学会的会员单位近年来在新旧动能转换、智能制造、军民融合及相关领域的科学技术成果和技术创新，搭建各单位交流与合作平台，促进山东省航空航天科学技术发展，为强省战略做贡献。

本论文集是山东省航空航天学会2021学术年会交流论文的汇编。该学术年会由山东省航空航天学会主办，由高性能电磁窗航空科技重点实验室具体承办。论文集展现了近期山东省内航空航天技术研究的科研院所、企业和高等院校有关专业一线工程技术人员的工程实践和科研成果。

《山东省航空航天学会2021学术年会论文集》共收录论文55篇，涉及设计技术、航天技术、通信技术、材料技术、无人机技术、管理技术、工艺技术和空域管理技术八个方面，内容丰富，具有一定的理论性、实用性和参考价值。

衷心感谢各位论文作者为此付出的辛勤劳动，愿大家与山东省内航空航天科学理论和工程技术研究的学者、同仁继续共同努力，为发展我国航空航天科学技术而不懈奋斗，为实现中华民族伟大复兴的中国梦贡献智慧和力量！

张明习

2021年10月

目　　录

主旨报告

设计技术

航天技术

无人机技术

通信技术

工艺技术

材料技术

管理技术

空域管理技术

主旨报告

论现代飞机电磁功能结构的时代内涵

张明习　轩立新　李帅
（航空工业济南特种结构研究所，山东·济南，250023）

1　引　言

随着航空科学技术的蓬勃发展，现代飞机在追求优异气动性能、大载重、高可靠性、高效费比的同时，也在追求信息获取/处理/交互/应用能力、自动化、信息化、智能化。推动这些技术进步的关键是各类先进传感器取得了快速发展并在飞机上获得广泛应用。机载探测、通信、导航、敌我识别、电子对抗、火控制导等电子系统已经成为先进军用飞机的重要组成部分。为保证各类机载电子系统正常工作，需要在飞机机体上设置各类电磁传感器的电磁信号传输窗口，电磁窗技术在需求牵引和技术推动的双重作用下不断取得新的突破，从高透波技术理论全面上升到宽带低方向图畸变高相位一致性综合技术理论，涌现出大量新技术。特别是飞机隐身雷达需求又催生出兼顾或完全针对电磁隐身、隔断透波的电磁隐身结构技术，这样原来的电磁窗技术便从单一透波功能扩展到了电磁透波功能叠加电磁隐身功能，显然应该创建电磁功能结构技术概念代替原有的电磁窗技术，电磁功能结构包括电磁透波功能、电磁透波/隐身双功能和电磁隐身功能三类功能结构。电磁功能结构技术是现代军用飞机重点发展的关键技术，是充分发挥机载电磁传感器/电子系统先进功能的协同技术，也是新一代智能飞机的重要支撑技术，代表着现代飞机的先进技术发展方向。

电磁功能结构技术是跨专业、跨学科的综合性技术，涉及计算电磁学、电磁场与微波、电磁传感器、飞机结构与强度、材料科学与工程、航空制造工程、电磁辐射/散射试验技术等专业，发展电磁功能结构技术需要关注现代飞机发展需求，各学科协同发展，大力开展前沿基础技术研究。本文对现代飞机电磁功能结构的时代内涵提出了一些看法，意图推动我国电磁功能结构技术发展，为新时代航空强国建设作出应有贡献。

2　电磁功能结构的技术发展历程

电磁透波结构技术源于第二次世界大战期间的军事需求，是雷达技术和军用飞行器技术发展共同推动的结果。1941 年，波音 B-18A 轰炸机装备了世界上第一型雷达天线罩，用于保护雷达透波功能正常工作。1944 年，盟军首次使用 B-29 轰炸机对日本本土进行轰炸，为了提高作战效能，B-29 轰炸机配备了可伸缩收放的半球形雷达罩，内部安装了 AN/APQ-13 军用雷达。1945 年 8 月 6 日，美国 B-29 轰炸机在日本投下了两颗原子弹。

机载雷达天线以及各种功能的天线可以称作飞机的眼睛或耳朵，雷达天线罩等电磁透波结构无论与何种雷达天线匹配，或安装在飞机的任一部位，都要起到保护天线免受外部载荷影响、维持飞机良好的气动外形的作用，同时最大限度地确保各类机载电子系统预期功能的实现。作为保护飞机"眼睛"的防护镜，电磁透波结构的性能直接影响机载电子系统的性能，否则，先进的天线系统难以圆满完成目标搜索跟踪、高精度侦察、电子干扰、数据通信等任务，也就难以实现克敌制胜的目的。随着飞机性能和机载雷达/传感器性能的不断提升，电磁透波结构的技术要求也不断提高，其技术发展必须与机载雷达/传感器技术的发展保持同代技术发展水平。

随着飞机和机载导弹武器技术的发展，机载火控雷达罩、气象雷达罩、预警雷达天线罩、电子对抗天线罩、卫星通信天线罩、合成孔径雷达天线罩、数据链天线罩等新型电磁透波结构不断出现，大幅提升了飞机的打击能力和作战效能。特别是第五代战斗机的隐身性能因其具有改变战场规则的重要作用而备受关注，催生出电磁透波/隐身双功能结构。美国 F－22 飞机雷达罩被称为"F－22 飞机结构最为复杂的结构之一"(见图 1)，在设计中综合考虑了高效传输、雷达隐身以及包括鸟撞完好性在内的气动载荷、环境侵蚀、雷电防护、维护保障等众多因素，在雷达透波/隐身结构一体化设计与测试、高性能透波/隐身复合材料、大尺度精密制造工艺等方面显示了突出的先进性和技术优势。

电磁隐身结构技术的发展是电磁透波结构技术进一步发展的必然趋势，主要作用是在维持良好气动外形和承载的前提下，提升飞机的隐身性能。电磁透波结构、电磁隐身结构和电磁透波/隐身双功能结构所涉及的学科专业相近，绝大部分技术同源。早期的电磁隐身结构应用于 U－2、SR－71 等飞机，但受限于当时的基础理论和工程技术，达到的隐身效果有限。美国 B－2 战略轰炸机(见图 2)、第五代战斗机 F－22 和 F－35 等高性能隐身飞机的研制，除借助优良的隐身气动外形，更加强调通过功能结构的技术手段提升电磁波调控效能，从而促进了电磁隐身结构技术的发展。

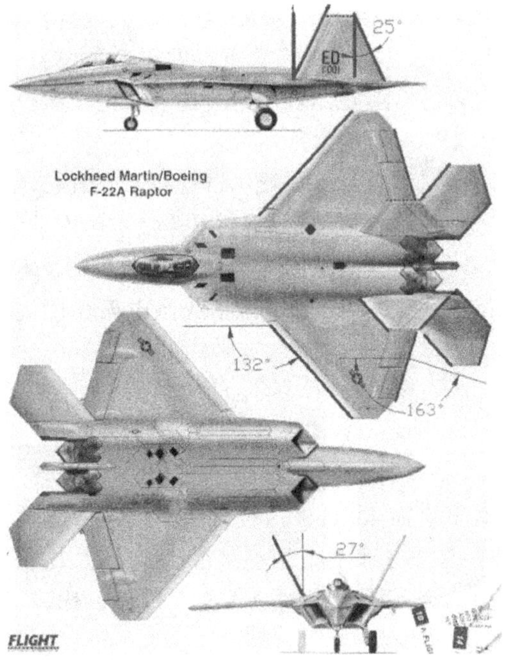

图 1 F－22 飞机采用独特外形实现雷达隐身

图 2 美国 B－2 隐身轰炸机正在进行 RCS 测试

综上所述，电磁功能结构是飞行器的气动/结构/透波/隐身等多功能一体化部件，既要满足飞行器总体提出的结构尺寸、重量、寿命和各种使用环境要求，又要满足电磁透波、隐身、透波/隐身智能切换以及频率可调谐等要求。目前，电磁功能结构技术已成为支撑新一代军机全向宽频谱隐身的核心技术之一。

3 电磁功能结构的时代内涵

目前亚太地区已进入隐身战机时代，美国在日本、韩国和关岛等军事基地大量部署F-22隐身战斗机和B-2隐身轰炸机，日本、韩国大量装备F-35隐身战斗机，俄罗斯也已装备苏-57隐身战斗机。我国周边隐身战斗机装备型号与数量多、部署范围广，安全形势严峻。与此同时，我国军工科技自主创新实力和工业基础不断增强，航空装备实现跨越发展，歼-20隐身战斗机、运-20大型运输机、直-20直升机等先进航空武器装备批量列装军队。因此，进一步大力发展电磁功能结构技术符合时代需求，对提升我国军事装备自主创新能力，增强战略空军实力，破解周边复杂形势具有十分现实的意义。

因此，有必要准确归纳飞机电磁功能结构的时代内涵，明晰其研究内容和边界。电磁功能结构技术的发展需要电磁学、电磁场与微波、电磁传感器、飞机结构与强度、材料科学与工程、航空制造工程、电磁辐射/散射试验等多个学科和专业的支撑，所涉及的设计、制造、测试、维修等各环节的关键技术均源于这些学科和专业，也就是本领域的主要研究内容。而研究边界则可从多个角度进行审视，各类机械接口划定的结构实体范围是显而易见的物理边界，外部需求规定的电磁场、气动力场、惯性力场、温度场和耐环境适应性是较为抽象的性能边界，为实现需求而必须储备的技术能力范围是体系化的技术边界。需要指出的是，飞机电磁功能结构的研究内容和边界在持续演变，所面临的新问题也越来越复杂。这些新问题的解决必将带来电磁功能结构的新发展，促使其内涵产生新变化，因此理清发展趋势应是准确阐释内涵的前提和基础。

电磁功能结构技术的发展趋势从以下四个方面进行梳理。以最典型的电磁透波结构为例，首先是技术指标的拓展提升。电磁透波结构最初仅仅关注透波率等少数几个指标；随着机载雷达的发展，瞄准误差、瞄准误差变化率、方向图畸变等电性能参数成为必须考虑的设计点，并提出了以镜象波瓣、远区副瓣为特征指标的低反射要求，电性能指标增加到十余项之多；四代机电磁透波结构的频带宽度进一步扩展，传输性能要求进一步提高，副瓣电平影响的控制更加严格；五代机电磁透波/隐身双功能结构则是窄带扩展到宽带，透波兼具隐身，火控兼具电子对抗，从而使性能更加全面和优异。其次是设计分析方法的改进创新。从二维射线跟踪法发展到几何光学法、物理光学法、积分方程法等三维计算分析方法；随着计算机技术应用于电磁功能结构实现对天线辐射方向图的影响分析，电性能设计从此进入精细化设计阶段；有限元法、矩量法、时域有限差分法等低频算法和高低频混合算法得到了发展应用；五代机电磁功能结构以宽带频率选择表面技术为重要基础，相关的RCS设计仿真分析、电性能全波算法仿真分析、电磁建模与超算仿真取得了长足进展。再次是相关学科和专业的协同发展。具有低介电、低损耗、轻质高强等特性的透波复合材料体系相继研发成功并投入应用；高效高精度变厚度软介质数控加工、频率选择表面阵子三维激光刻蚀等加工手段广泛应用于五代机电磁功能结构的研制，并向智能化方向发展(见图3)；发展了远场、近场、压缩场电性能测试技术，为适应宽带高效测试，有源相控阵电磁特性自动跟踪测试技术(见图4)、扫频技术、时域门技术等得到充分应用，压缩场RCS测试技术为电磁功能结构性能验证提供了有力保障。最后是结构形式的优化完善。等壁厚实芯半波壁结构、变厚度实心半波壁结构、A型夹层、C型夹层、变厚度(单向/双向)变壁厚夹层结构、电抗加载结构、频率选择表面夹层结构等电磁功能结构罩壁结构形式(见图5和图6)先后出现,性能不断提升;"共形天线""智能蒙皮"等前沿新兴技术的发展,将进一步释放飞机平台对传感器探测功能性能的约束,提升探测效能,推动蒙皮功能化发展趋势(见图7),也将进一步拓宽电磁功能结构的内涵。

图3 主动/智能电磁功能结构示意图

图4 电磁透波结构电磁特性试验照片

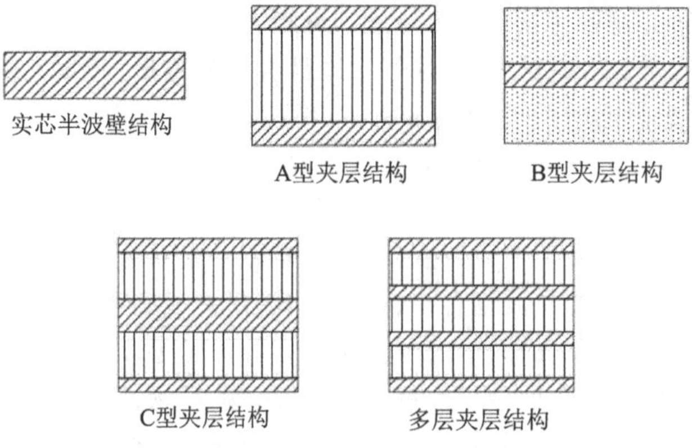

图5 雷达天线罩壁结构形式

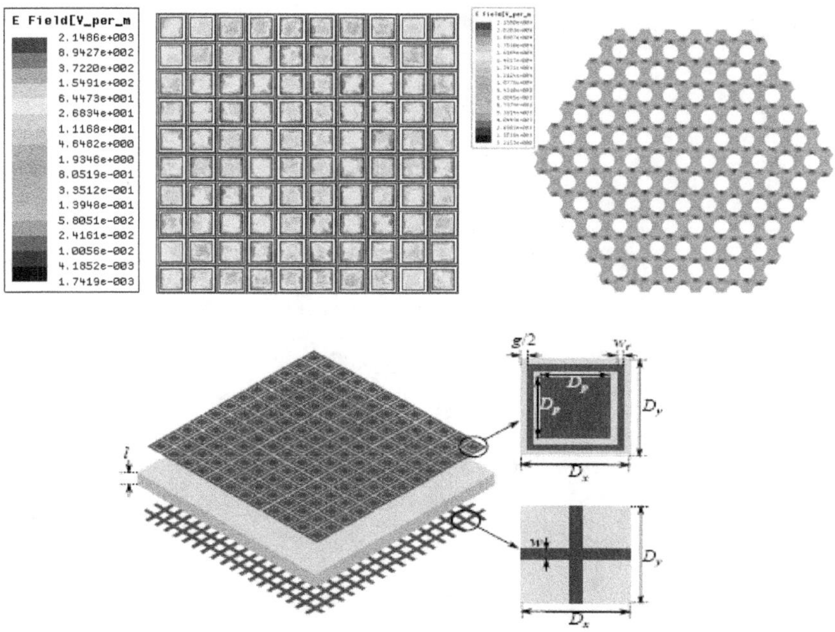

图 6　频率选择表面典型结构

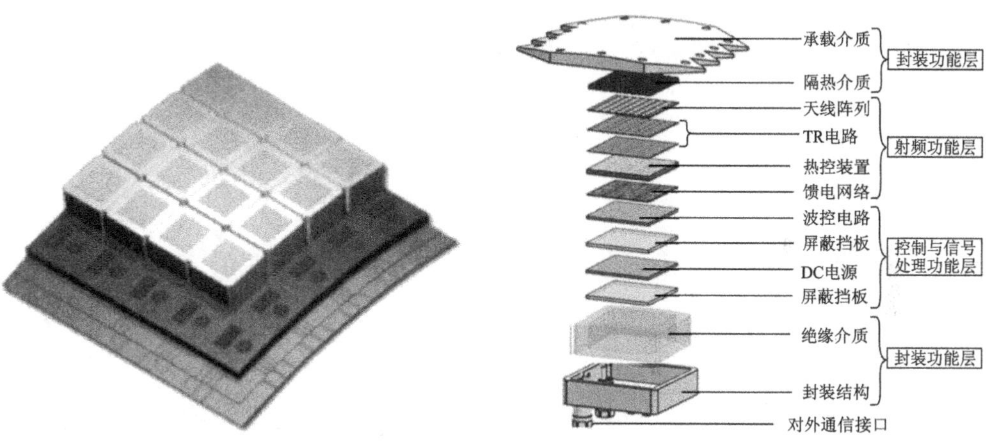

图 7　蒙皮功能化发展趋势示意

现代飞机电磁功能结构在技术指标、设计方法、结构形式和相关学科专业的技术水平等方面都有了质的飞跃，其内涵应该这样阐述：以电磁波辐射/散射特性调控方法为核心，可实现高效精准电磁调控，具有优异电磁透波、隐身、透波/隐身智能切换、承载等特性的结构/功能一体化部件。

4　结束语

现代飞机电磁功能结构是征服空天的必要基础，是决胜电磁频谱战的关键要素。电磁功能结构技术的发展始终充满着生命力，在现代航空科学技术的发展史上留下了浓重的一笔。未来飞机电磁功能结构的内涵会更加丰富，将擘画出更为精彩的时代技术画卷。

设计技术

基于周向阵列隧道磁电阻的电流传感器设计

许涛　牟宏杰　刘强　王阳　关业辉

(山东航天电子技术研究所,山东·烟台,264003)

摘要: 基于磁电阻效应的隧道磁电阻传感器因其高灵敏度、小体积、低功耗和易集成等优点,正逐步进入市场并取代传统霍尔传感器。本文研究的电流测量技术是基于隧道磁阻周向阵列分布模式,对该分布模式进行建模与仿真,重点分析了导体偏心距离对测试误差的影响。结果表明,导体偏心会造成测试精度下降,但误差会随元件数增多而迅速减小并趋于0,16-TMR阵列计算精度优于0.2%。最后设计了加法电路,实现多TMR元件输出的求和运算。通过工程验证,采用周向阵列分布的TMR传感器满足电流测量的高精度要求。

关键词: 磁电阻效应;隧道磁电阻;周向阵列;建模与仿真;高精度

1　引　言

磁传感器就是把磁场及其变化量转换成电信号输出的器件。世界范围内,磁传感器产品的年产值超过千亿人民币,并以接近10%的年增长速度持续增长。总体上讲,可以将磁传感器的发展划分霍尔效应传感器和磁阻效应传感器。

1.1　霍尔效应传感器

半导体薄片置于磁感应强度 B 的磁场中,当有不与磁场方向重合的电流 I 从其中流过时,则会在垂直于电流和磁场的方向上产生电动势 U_H,这种现象称为霍尔效应,即

$$U_H = K_H IB\sin\alpha \tag{1}$$

式中,I 为激励电流,B 为磁感应强度,α 为磁场方向与电流方向夹角,K_H 为灵敏度。灵敏度由材料性质决定,在航空航天领域,霍尔元件常用的材料是锑化铟和砷化铟。由式(1)可知,当流过霍尔元件的工作电流 I 恒定,则输出电压 $U_H \propto B$。

霍尔器件本身存在灵敏度低、温度性能差以及响应速度慢等缺点,使其受到磁阻新型传感器的冲击。

1.2　磁阻效应传感器

在外界磁场作用下,材料电阻发生变化的现象称为磁电阻(MR)效应。表征MR效应的大小的物理量称为MR比,由磁电阻系数MR定义,即

$$\mathrm{MR} = \frac{R_H - R_0}{R_0} = \frac{\rho_H - \rho_0}{\rho_0} \tag{2}$$

其中,$R_H(\rho_H)$ 是磁场为 H 时的电阻(率),$R_0(\rho_0)$ 是磁场为0时的电阻(率)。基于磁电阻效应的传感器有灵敏度高、体积小、功耗低和易集成等优点。磁电阻效应根据电阻值的大小和产生机理的不同可划分为各向异性磁电阻(AMR)、巨磁电阻(GMR)和隧道磁电阻(TMR)。

本文研究的电流测试技术是基于周向阵列分布的 TMR 元件阵列，相比传统霍尔电流传感器须借助软磁材料聚集电流产生磁场，TMR 元件可直接感应电流产生磁场，具有体积小、重量轻、灵敏度高的优点。

2 隧道磁电阻传感器

隧道电磁阻(TMR)传感器具有高灵敏度、低成本、小体积、低功耗、易集成和在较大测量范围内的输出有良好线性度等优点。此外，TMR 传感器可以工作在双极性输出模式下，不需要复杂电路对其性能进行补偿矫正，采用推挽式惠斯通电桥结构设计能对温度漂移进行补偿，因此其对环境温度不敏感。

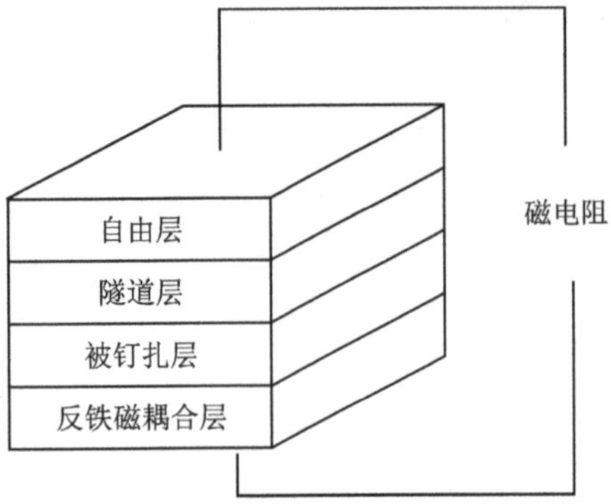

图 1 隧道磁阻结构图

隧道磁电阻效应产生机理为自旋相关的隧穿效应。磁隧道结通常采用铁磁层/非磁绝缘层/铁磁层的三明治结构，如图 1 所示。其中，非磁绝缘层又称为隧道层。铁磁层位于磁隧道结两侧，分别为自由层和被钉扎层。被钉扎层的磁矩方向通过人工反铁磁耦合固定。自由层磁化方向受外加磁场影响而变化，自由层的磁化方向与被钉扎层的夹角变化改变了磁隧道结的电阻。

两层铁磁层的磁化方向在饱和磁化时互相平行，由于两铁磁层不同的矫顽力使得矫顽力小的铁磁层磁化矢量在反向磁化时首先翻转，于是两铁磁层的磁化方向由互相平行变成反平行。由于两磁性层的磁化方向会影响电子从一磁性层隧穿到另一层的几率，故随着磁化方向的改变，隧穿电导也会发生改变。所以由施加外磁场导致的两铁磁层的磁化方向的改变会使得隧穿电阻发生变化，最终出现隧道磁电阻效应，整个过程如图 2 所示。

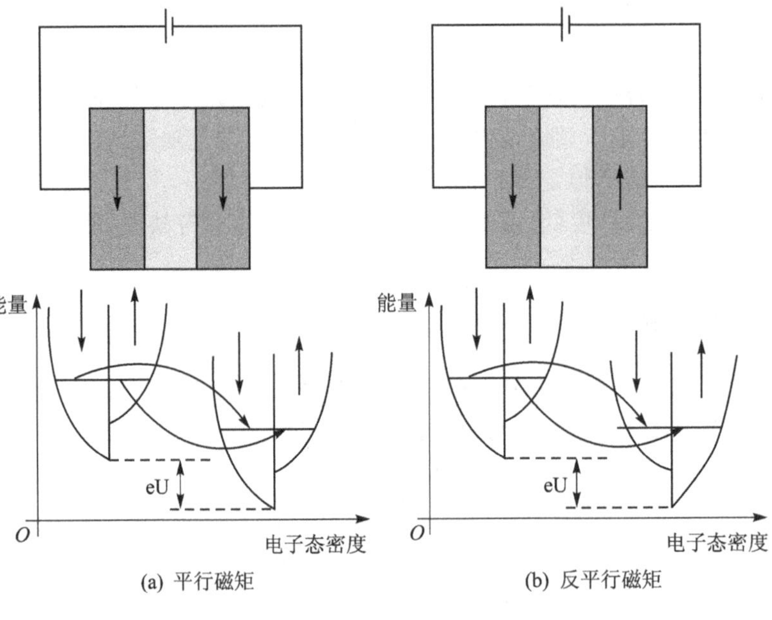

(a) 平行磁矩 (b) 反平行磁矩

图 2 隧道磁阻效应

TMR 器件量测磁场采用了推挽式惠斯通电桥结构，如图 3 所示。根据 TMR 的模型理论，在制造 TMR 器件时可以人为调整使得两铁磁层的磁化方向为平行或反平行，从而得到近似相反的磁电阻特性。如图 3 所示，一个 TMR 器件内部有 4 个 TMR 电阻，构成一个电桥，其中 R_1 和 R_4 的磁电阻特性一致，R_2 和 R_3 的磁电阻特性一致，且与 R_1 或 R_4 相反。即在同样的磁场下，R_1 和 R_4 的电阻值增大，则 R_2 和 R_3 的电阻值减小；R_1 和 R_4 的电阻值减小，则 R_2 和 R_3 的电阻值增大。对电桥施加稳定的电压，在输出端口将产生与磁场成比例的输出电压。因此，通过测量 TMR 器件的输出电压即可实现磁场的测量，进而实现电流的测量。

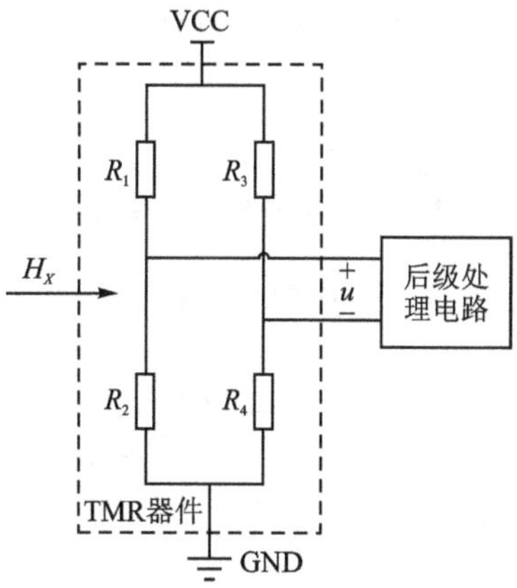

图 3　TMR 推挽式惠斯通电桥结构

3　建模分析

3.1　数学模型

对周向分布 TMR 阵列进行建模，根据安培环路定律，电流与其周边产生磁场的关系是

$$\oint_l B\,\mathrm{d}l = \mu_0 \sum i \tag{3}$$

$$B \cdot 2\pi x = \mu_0 i$$

$$B = \frac{\mu_0}{2\pi x} i \tag{4}$$

其中，μ_0 为真空磁导率，$4\pi \times 10^{-7}$ H/m；x 为被测点距离导线轴心的距离，单位为 m；i 为被测电流的大小，单位为 A。

多个 TMR 元件周向阵列式分布在以通电导体为中心、半径为 r 的圆上，元件感应面与圆周切线方向一致，如图 5 所示，16 个 TMR 元件形成了一个阵列式传感器模式。第 i 个霍尔元件在载流导体感应磁场作用下产生磁感应强度，记作 Bi，因 TMR 输出端电压 $V \propto B$，可得

$$Vi = K \cdot Bi \tag{5}$$

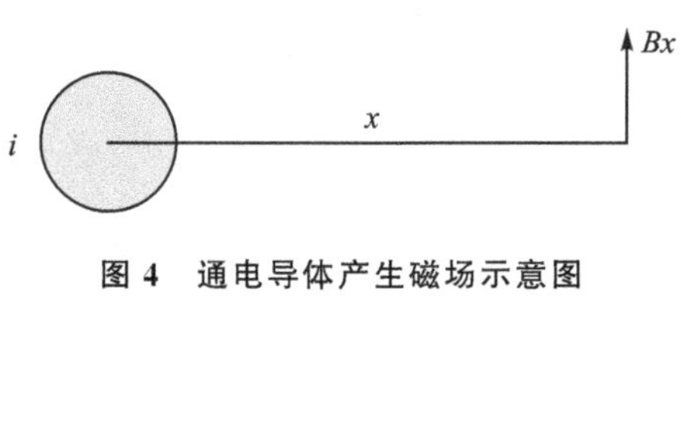

图 4　通电导体产生磁场示意图

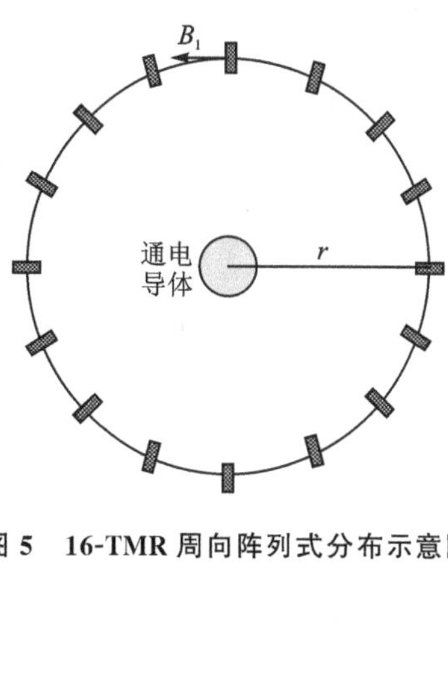

图 5　16-TMR 周向阵列式分布示意图

通过设计加法电路，传感器最终输出值为各 TMR 输出之和，即

$$V_{out}=\sum_{i=1}^{N}Vi=\sum_{i=1}^{N}KBi=N\cdot K\ \frac{\mu_0}{2\pi r}i \tag{6}$$

3.2 偏心导体误差分析

霍尔元件均匀分布在半径为 r 的圆周上，载流导体的中心点 D 与霍尔元件所在圆周的中心点 O 的距离为 d，如图 6 所示。M 为圆周上一点，D 到 M 之间的距离用字母 L 表示，设电流 i 在 M 处生成的磁感应强度为 B_L，B_t 是 B_L 沿着圆周切线方向的分量，则有如下关系式成立：

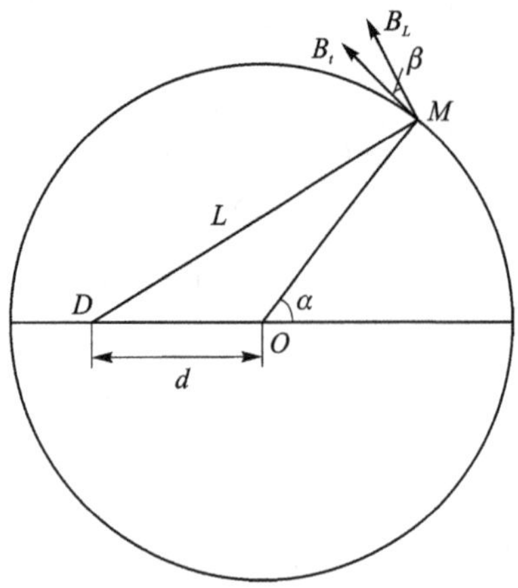

图 6 通电导体偏心示意图

$$B_L=\frac{\mu_0}{2\pi L}i \tag{7}$$

$$L=\sqrt{r^2+d^2+2rd\cos\alpha} \tag{8}$$

$$B_t=B_L\cos\beta=\frac{\mu_0\cos\beta}{2\pi\sqrt{r^2+d^2+2rd\cos\alpha}}i \tag{9}$$

以 $d=\frac{2}{3}r$ 为例进行计算分析，可得

$$B_t=\frac{3\mu_0\sqrt{13+12\cos\alpha-4\sin\alpha^2}}{2\pi r(13+12\cos\alpha)}i \tag{10}$$

16 个 TMR 周向均匀分布，α 依次为 $0,\frac{\pi}{8},\frac{\pi}{4},\frac{3\pi}{8},\cdots,\frac{7\pi}{4},\frac{15\pi}{8}$。

$$V_{out}=K\sum_{i=1}^{16}B_t=16.024\times K\ \frac{\mu_0}{2\pi r}i \tag{11}$$

将式(6)与式(11)进行对比，在载流导体偏心 $d=\frac{2}{3}r$ 时，16 个 TMR 阵列计算误差约为 0.15%。分别对 4-TMR 阵列与 8-TMR 阵列进行计算，4 个 TMR 阵列计算误差为 24.6%，8 个 TMR 阵列计算误差为 4%。综上，输出精度随元件数增多而迅速减小并趋于 0，误差与元件个数关系如图 7 所示。

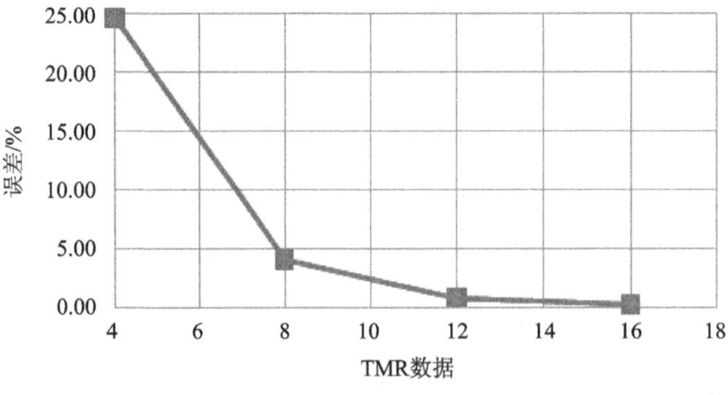

图 7 导体偏心产生误差与元件个数的关系

4 磁路仿真

使用 ANSYS-maxwell 仿真工具对周向 TMR 阵列进行磁路仿真，根据实际应用情况，元件阵列所在圆周的半径为 15 mm，导体加载直流电流 100 A。分别对导体位于中心轴以及偏心 10 mm 进行仿真。周向分布元件仅对所在圆周切线方向上的磁场分量 B_t 敏感，即

$$B_t = \vec{B} \cdot \vec{e}_t \tag{12}$$

ANSYS-maxwell 具有场计算器功能，通过设置 $SCL:Dot(<Bx,By,0>,LineTangent)$ 完成式(12)的点乘运算，得出切线方向上分量 B_t。

4.1 8-TMR 阵列

首先，通电导体位于阵列分布圆的圆心，如图 8 所示。因各 TMR 元件均匀分布于圆周上，各点的磁感应强度沿圆周切线方向，即各点的 B_t 相等。各点切线磁感应强度值见表 1。

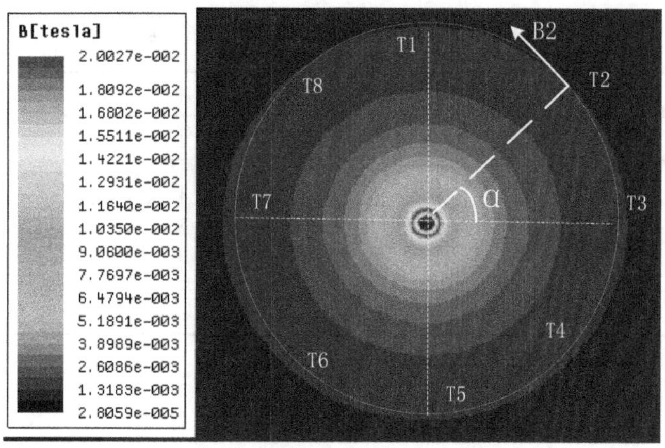

图 8 8-TMR 周向均匀分布磁场仿真图

表 1 各 TMR 元件处磁感应强度

TMR 元件	切线磁感应强度 B_t/Gs	TMR 元件	切线磁感应强度 B_t/Gs
T1	13.3	T5	13.3
T2	13.3	T6	13.3
T3	13.3	T7	13.3
T4	13.3	T8	13.3
总计：106.4			

然后将通电导体放置偏心 10 mm 处，如图 9 所示。各 TMR 切线磁感应强度值见表 2。

通过对比表 1 与表 2，通电导体偏心 $\frac{2}{3}r$ 时，切线磁感应强度之和略大于导体居中时，误差约为 4.1%，与理论计算值接近。

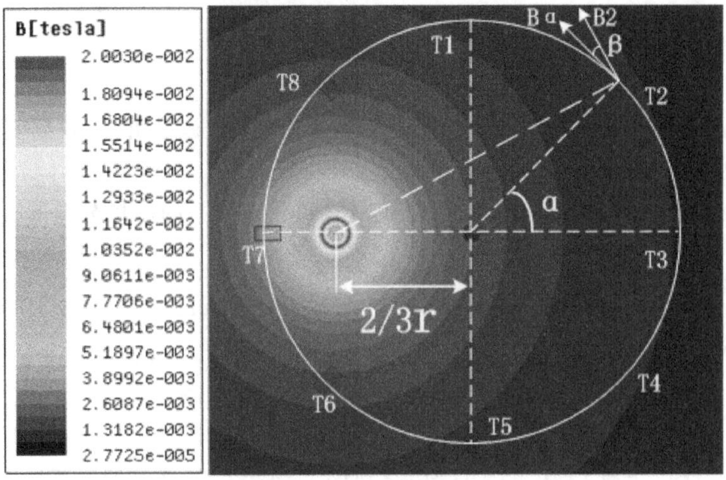

图9　8-TMR通电导体偏心2/3*r*磁场仿真图

表2　各TMR元件处切线磁感应强度

TMR元件	切线磁感应强度 B_t/Gs	TMR元件	切线磁感应强度 B_t/Gs
T1	9.1	T5	9.1
T2	8.3	T6	13.9
T3	8.0	T7	40.2
T4	8.3	T8	13.9
总计：110.8			

4.2　16-TMR阵列

将元件阵列由8个元件增长为16个元件，按照4.1的方法进行仿真分析。根据8-TMR阵列通电导体居中时的仿真结果，可推算16-TMR阵列通电导体居中时的切线磁感应强度之和为16×13.3=212.8Gs。导体偏心10 mm磁场仿真如图10所示。各TMR切线磁感应强度值见表3。

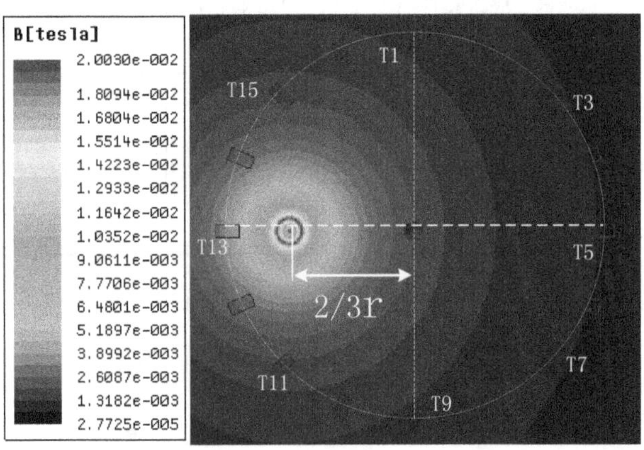

图10　16-TMR通电导体偏心2/3*r*磁场仿真图

表 3　各 TMR 元件处切线磁感应强度

TMR 元件	切线磁感应强度 B_t/Gs	TMR 元件	切线磁感应强度 B_t/Gs
T1	9.1	T9	9.1
T2	8.4	T10	10.8
T3	8.3	T11	13.7
T4	8.1	T12	24.2
T5	8.0	T13	40.2
T6	8.1	T14	24.2
T7	8.3	T15	13.7
T8	8.4	T16	10.8
总计：213.4			

根据表 3 中通电导体偏心$\frac{2}{3}r$ 时切线磁感应强度总和，对比通电导体位于圆周轴心，误差约为 0.28%。16-TMR 阵列相比于 8-TMR 阵列，元件数量增大一倍，测试精度提升接近 15 倍。

5　电路设计与测试验证

5.1　电路设计

电流传感器的硬件电路采用加法电路设计，对 16 处阵列分布的 TMR 芯片信号输出进行求和，原理如图 11 所示。运放正向端接 2.5 V 参考电压，测试电流为 0 时传感器输出为 2.5 V。

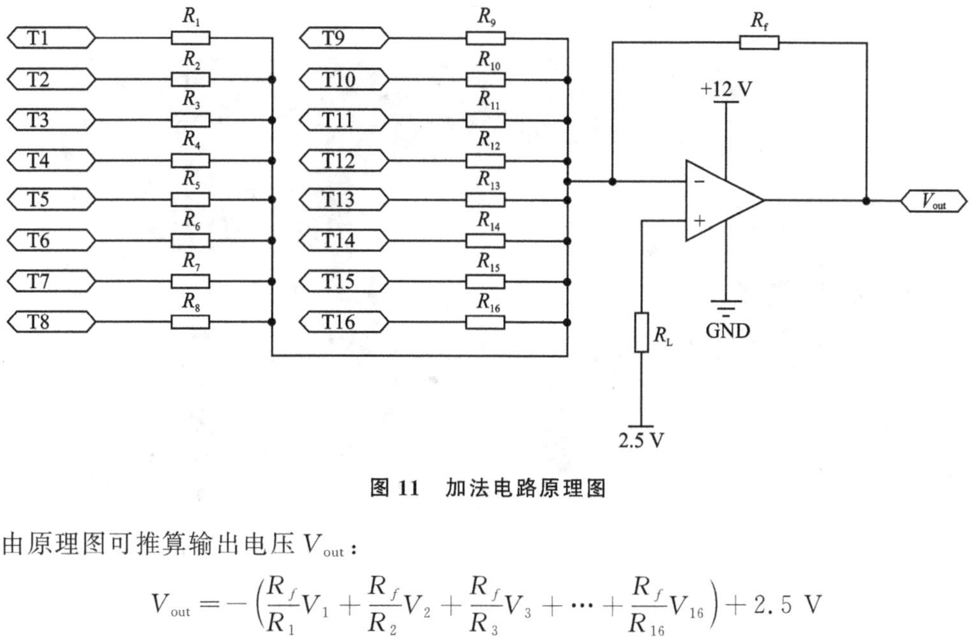

图 11　加法电路原理图

由原理图可推算输出电压 V_{out}：

$$V_{out}=-\left(\frac{R_f}{R_1}V_1+\frac{R_f}{R_2}V_2+\frac{R_f}{R_3}V_3+\cdots+\frac{R_f}{R_{16}}V_{16}\right)+2.5\ \text{V}$$

其中，$R_1=R_2=R_3=\cdots=R_{16}$。

$$V_{\text{out}}=-\frac{R_f}{R_1}\sum_{i=1}^{16}V_i+2.5\ \text{V} \tag{13}$$

由式(13)可知，传感器零点为2.5 V，通过调整$\frac{R_f}{R_1}$的值可将输出灵敏度设置为20 mV/A，使传感器测试额定电流±100 A时输出电压为2.5 V±2 V。

5.2 测试验证

按照上述原理进行传感器设计，印制板布局如图12所示。16-TMR阵列周向均匀分布，TMR元件敏感方向与圆周切线方向相同。图13所示是测试系统对传感器性能进行测试，直流恒流源提供测试电流，安捷伦电源为传感器供电，高精度万用表测试传感器输出。

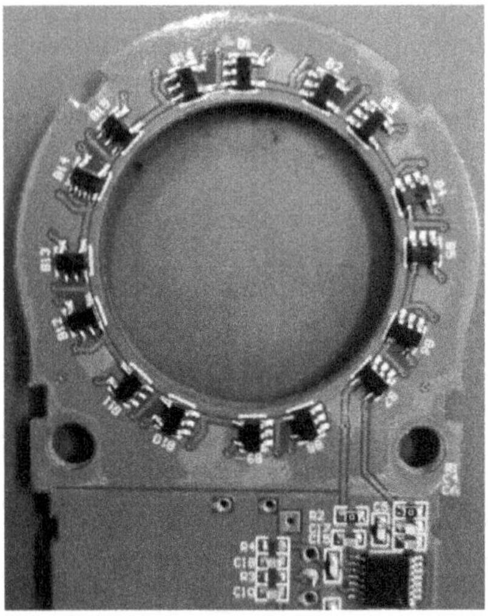

图12 16-TMR阵列分布印制板

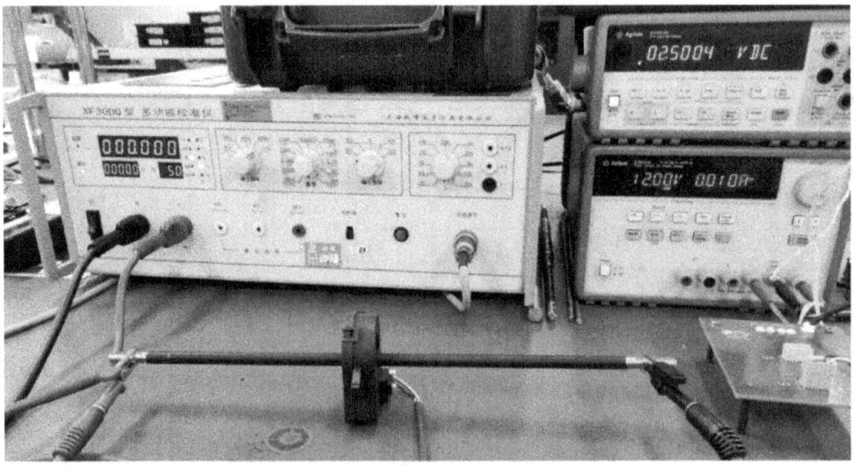

图13 电流传感器测试装置图

将通电导体置于穿孔圆心，对传感器分别加载正向电流与反向电流，分度为10 A，最大加载±100 A,测试数据见表 4。经测试,传感器输出稳定,线性度小于 0.1%。

在测试±100 A 时对通电导体进行位置偏心调整,发现传感器输出变化不超过 4 mV,即通电导体偏心所产生的误差小于 0.2%,与理论值接近,数学模型得以验证。

表 4 各 TMR 元件处切线磁感应强度

正向电流/A	输出电压/V	反向电流/A	输出电压/V
0	2.500 4	0	2.500 4
10	2.700 0	−10	2.300 1
20	2.900 9	−20	2.099 3
30	3.100 9	−30	1.900 3
40	3.299 5	−40	1.700 0
50	3.500 9	−50	1.500 2
60	3.700 2	−60	1.299 6
70	3.899 1	−70	1.100 0
80	4.100 2	−80	0.899 8
90	4.301 0	−90	0.699 3
100	4.500 9	−100	0.500 6
线性度	0.06%	线性度	−0.04%

6 总 结

本文针对 TMR 元件的工作特性建立了多 TMR 元件周向阵列的数学模型,通过计算,元件数量增加会减小导体偏心造成的测量误差。运用 ANSYS 进行仿真,结果表明 16-TMR 阵列相较 8-TMR 阵列精度提升 15 倍左右。最后经工程测试验证,16-TMR 阵列传感器线性度小于 0.1%,精度优于 0.2%。

参考文献

[1] 钟智勇.磁电阻传感器[M].北京:科学出版社,2015.

[2] 陈亚锋.基于 TMR 传感器的大电流测量技术研究[D].成都:电子科技大学,2019.

[3] 程兴国.霍尔效应电流传感器的结构优化与应用基础研究[D].武汉:华中科技大学,2014.

双级旋流器直叶片与弯叶片旋流特性分析

魏涛* 王犀 张鹏飞 席云龙

(山东交通学院航空学院,山东·济南,250357)

摘要: 分别建立了带有直叶片和弯叶片的双级旋流器模型,并采用数值模拟的方法对其旋流特性进行了分析。直叶片和弯叶片旋流器都选取了多种叶片安装角度。对于直叶片旋流器,随着安装角的增大,高速气流形成的V形锥面扩张角会增大,进而将高温燃气喷向壁面,造成壁面的烧蚀。对于弯叶片旋流器,随着安装角的增大回流区域会减小,这对火焰的稳定燃烧是不利的,但各种角度下回流区中高速气流形成的V形锥面末端都向轴心偏转,这样火焰不容易造成壁面烧蚀。文中还计算了内圈叶片30°、外圈叶片45°的直叶片和弯叶片旋流器。相比于单一角度的情况,组合方式的旋流器,不论是直叶片还是弯叶片,回流区都较大且V形锥面末端都向轴心偏转,这有利于保护壁面以及火焰的稳定燃烧。

关键词: 旋流器;数值模拟;回流区;燃烧室

1 引 言

旋流器是航空发动机燃烧室的一个重要部件,主要功用是:在火焰筒头部产生高速旋转射流,形成低压区,低压区会造成气体回流,形成相对稳定的低速区域,保证火焰稳定燃烧,改善燃油雾化和混合气的形成,并为燃烧室头部提供适量的空气,以保证头部具有合适的余气系数。旋流和回流的形成将辅助火焰的稳定燃烧以及减少污染物的排放。旋流会产生强湍流并使油气快速混合。研究人员发现改变旋流的强度、旋流燃烧室的类型和油气动量比,可以控制火焰的稳定性和污染物的排放。

由于旋流器性能的改进会改善燃烧室的燃烧效果,因此吸引了大量的研究人员开展相关的研究工作。Xiao等在研究猛烈的旋转湍流火焰时,发现了一个小的稳定的旋转蓝色火焰。该蓝色火焰能够非常清洁地燃烧,使液态烃燃料没有烟尘产生,这为减少燃烧中的污染物排放提供了可能性。Hariharan等观察到蓝色火焰作为一种火焰结构仅来自于火焰回旋区,这为理解控制蓝色火焰形成和结构的物理过程提供了基础。其原因应该是旋转火焰中回流区的存在增强了油气混合,减少了烟尘排放,并且热燃烧产物的再循环保证了旋流火焰的持续性。

切向入口旋流燃烧室的主要优点是通过独立的流量调节来控制旋流强度,这也防止了叶片式旋流器尾涡的形成,因此过去对切向入口旋流燃烧室进行了广泛的研究。Chigier和Beer实验研究了旋流强度从0～1.57的切向入口型燃烧室的特性。在较高的旋流度下,绕过中心回流区的空气加速离开喷嘴,且挟带率与轴向距离呈线性关系,特别是在较大的轴向距离下。Gupta等探究了同心多级旋流燃烧室的切向空气喷射。通过改进空气动力学控制和反应物分

* E-mail: weitao@sdjtu.edu.cn

基金项目:山东交通学院博士科研启动基金资助。

布,实现了高容积热释放率。文献还发现,燃烧室的工作参数和几何外形设计参数对火焰性能和流动结构有显著影响。Davani 等对采用切向进气口的反应器进行了不同设计参数的数值研究,结果表明该反应器的火焰稳定性得到了提高,旋涡火焰的污染物排放得到了降低。

国内对于旋流器的研究起步较晚,但目前也有很多学者开展了广泛的研究工作。伏军等引入凹腔稳焰器、导流片、尾气双圆管等典型结构,提出两种燃烧器模型,并采用冷态流场数值计算对两种燃烧器模型进行分析,以中心回流区和尾气燃烧室的回流为依据,研究了模型内旋涡位置和大小的流场特性。顾大鹏等利用粒子图像测速仪(PIV)对双旋流、低排放燃烧室的冷态流场进行了测量,并对流场在不同供气压降、不同测量截面上的分布特性进行试验研究。结果表明:随着进气速度的增大,回流区的面积及回流强度有所增加,回流区长度变长,燃烧室头部气流更稳定,燃烧效率更高。凤云仙等采用数值模拟的方法对一种新设计的双径向旋流器燃烧室的冷态流场进行了研究,并对旋流器的重要设计参数进行了计算和验证。研究表明:双径向反向旋流器能在燃烧区形成有效的回流区,同时反向旋转加强了燃料空气混合,有利于污染控制。李伟超对自主设计的内外旋流器叶片旋向相同的双级轴向旋流燃烧室中的冷态流场特性进行了系统研究,对流场进行了大涡模拟,并用粒子图像测速技术对其中的速度场进行了测量,通过对比分析发现数值结果与实验结果吻合良好。

总体来说,国内外对旋流器已经进行了大量研究,旋流器的叶片有的选用直叶片,有的选用弯叶片,哪种叶片会形成性能良好的旋流区,还没有进行对比分析。本文主要探究旋流器叶片形状对通过旋流器的气体流动特性的影响。

2 数值计算

2.1 模型建立

建立燃烧器模型,如图 1 所示。压气机压缩后的高压气体通过头部的旋流器进入火焰筒前端与燃油混合。图 2 所示为旋流器模型,这里建立了旋流器叶片为直叶片和弯叶片两种模型。为了进一步研究不同叶片安装角度对回流区的影响,选取了 3 组叶片角度,即:内圈叶片与外圈叶片都是 30°,内圈叶片与外圈叶片都是 45°,内圈叶片 30°、外圈叶片 45°。气流通过旋流器后产生旋转运动,气体在离心力的作用下被甩向四周,旋流器后方形成一个低压区。在压差的影响下,气体会向低压区流动,这样便会形成一个回流区,有利于火焰的稳定燃烧。

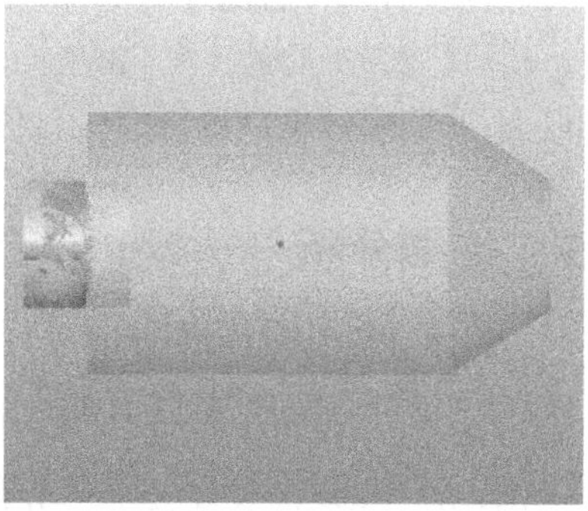

图 1 燃烧器模型示意图

2.2 网格划分

采用 icem 软件进行非结构化网格划分,分块划分后合并网格。燃烧室、进口、出口最小网格为 0.003m,旋流器部分由于结构较为精细最小网格为 0.001。所有壁面均加棱柱层网格。计算结果显示,网格数量为 186 万,最差网格质量为 0.3,如图 3 所示。

(a) 直叶片

(b) 弯叶片

图2 旋流器模型

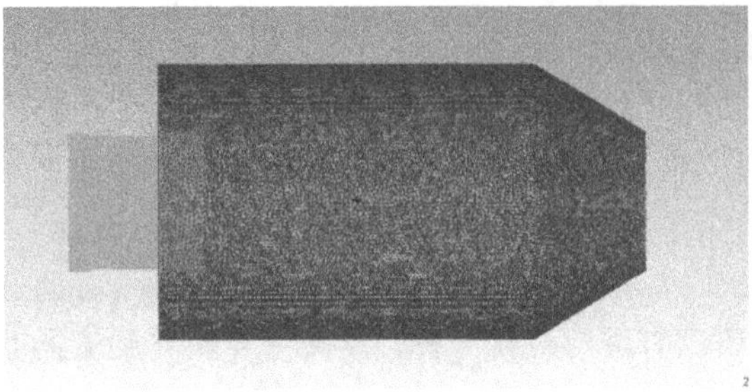

(a) 整体网络

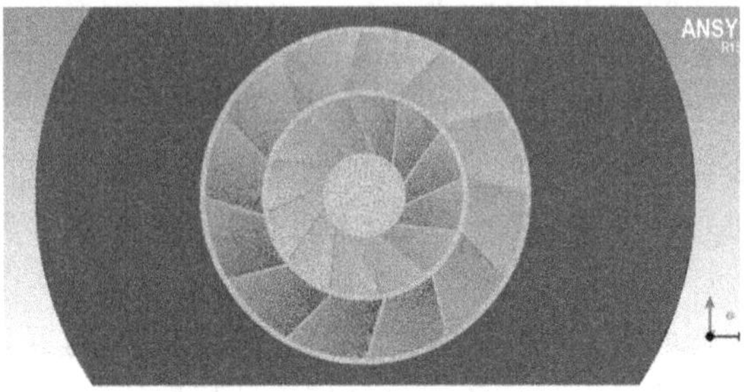

(b) 旋流器局部网格

图3 计算网格

2.3 计算设置

基本控制方程包括连续方程、动量守恒方程、能量守恒方程。数值计算采用FLUENT作为求解器,采用压力基求解器simple算法,变量采取QUICK格式进行离散,计算模型采用湍流$k-\varepsilon$模型。计算中设置了进口空气流量为0.45 kg/s,操作压力20个大气压(1个大气压等于101 kPa),计算工质为空气,密度采用不可压缩理想气体模型。收敛判定为所有残差降到10^{-4}以下,并监视进出口流量的变化值小于0.1%。

3 结果分析

3.1 不同安装角度直叶片

对不同安装角度的直叶片进行分析,其速度云图如图4所示。

从图4可以看出,在V形高速气流的中间形成了一块低速的区域。叶片30°时,V形气流的开口较小,中间区域气流速度较低;叶片45°时,V形气流的开口较大,中间区域气流速度略有提高;内圈叶片30°、外圈叶片45°的组合,V形气流的开口大小介于叶片都是30°和45°的情形之间,但中间气流速度升高的区域有所扩大。对于叶片都是30°和45°的情形,V形气流末端与壁面距离较近,这样高温燃气容易造成壁面烧蚀,而对于内圈叶片30°、外圈叶片45°的情形,V形气流末端会向轴心偏转,火焰不容易造成壁面烧蚀。

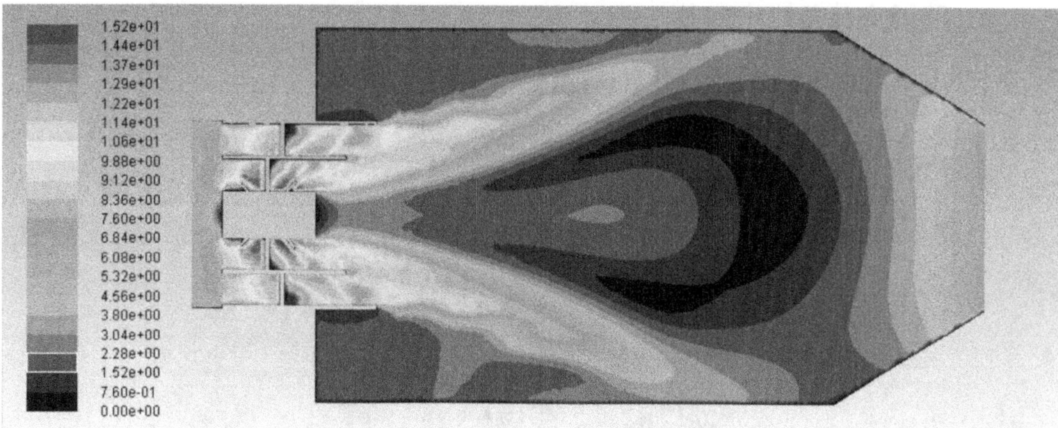

(a) 内圈叶片30°、外圈叶片30°

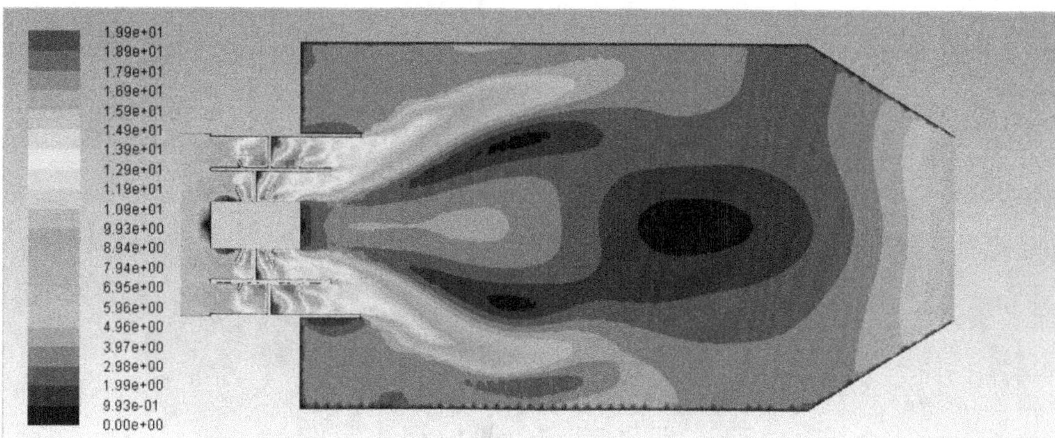

(b) 内圈叶片45°、外圈叶片45°

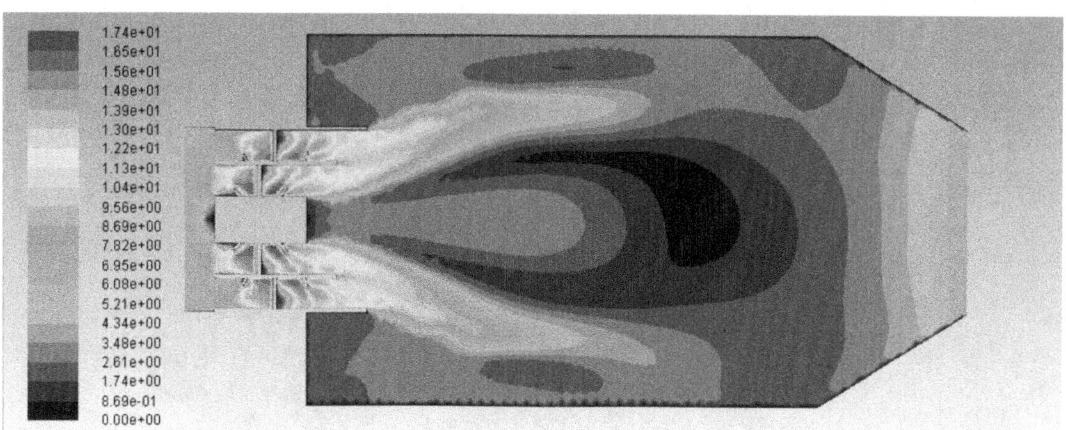

(c) 内圈叶片30°、外圈叶片45°

图 4　不同角度直叶片的速度云图

3.2 不同安装角度弯叶片

对不同安装角度的弯叶片进行分析，其速度云图如图 5 所示。

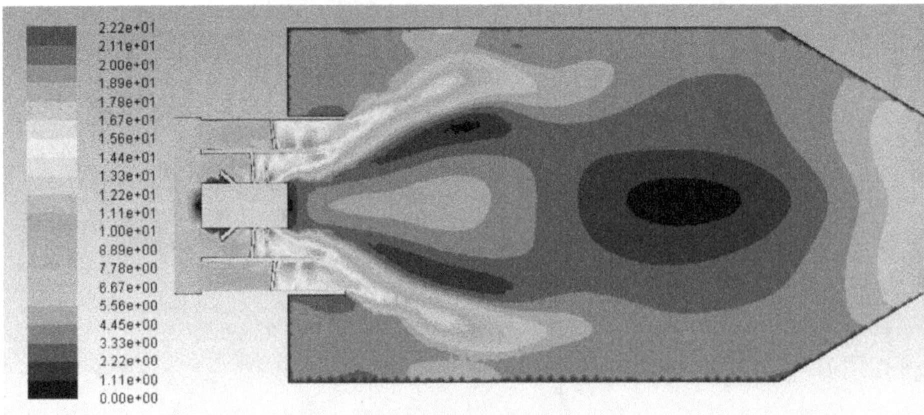

(a) 内圈叶片30°、外圈叶片30°

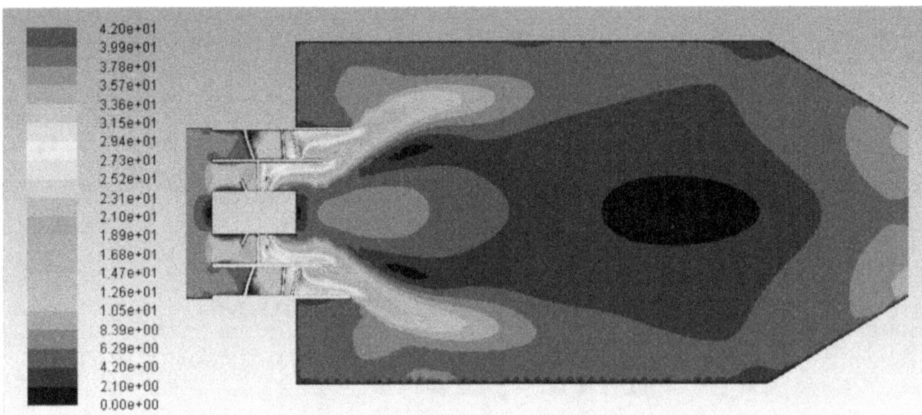

(b) 内圈叶片45°、外圈叶片45°

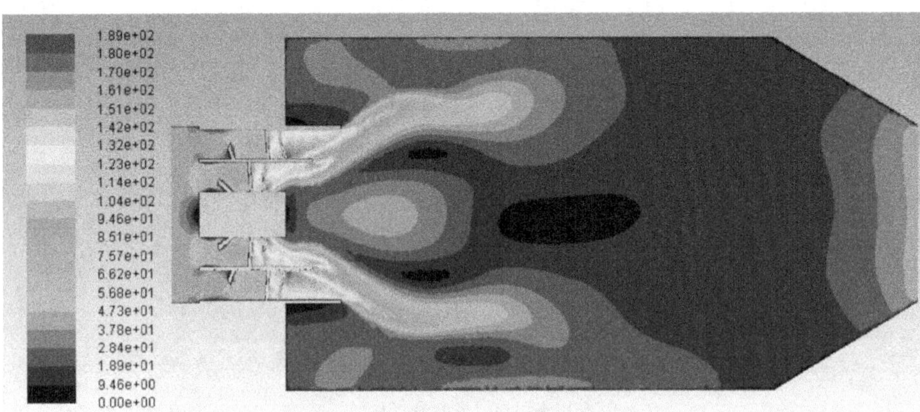

(c) 内圈叶片30°、外圈叶片45°

图 5 不同角度弯叶片的速度云图

从图5可以看出，在V形高速气流的中间也形成了一块低速的区域，V形气流末端都向轴心偏转，火焰不容易造成壁面烧蚀。各种角度下V形气流的开口大小区别不大，但所包围的低速区域大小不同，叶片30°时，形成的低速区域较大；叶片45°时，低速区域变小；内圈叶片30°、外圈叶片45°的组合，跟前两种情形相比所形成的低速区域是最大的。

3.3 直叶片与弯叶片的对比

这里选择回流特性相对较好的内圈叶片30°、外圈叶片45°安装角的直叶片与弯叶片进行对比分析。

从图6可以看出，两种形状的叶片都形成了明显的回流区。从两种叶片的截面图可以看出，回流区的前部都是V形的结构，直叶片的开口变化较缓，回流区较小；弯叶片的开口变化较快，回流区较大。直叶片的回流强度较小，回流区中气流速度都较小，有利于火焰的稳定燃烧。弯叶片的回流强度较大，回流区中心有一块速度略大的区域，这是由于旋流强度较大的外侧气流在此汇聚造成的，对于油气的充分混合是有利的。弯叶片的回流区窝心相较直叶片回流区窝心更靠近燃烧室头部，有利于加强燃料液滴与空气的掺混，从而快速形成均匀的燃烧场，有助于提高燃烧效率。

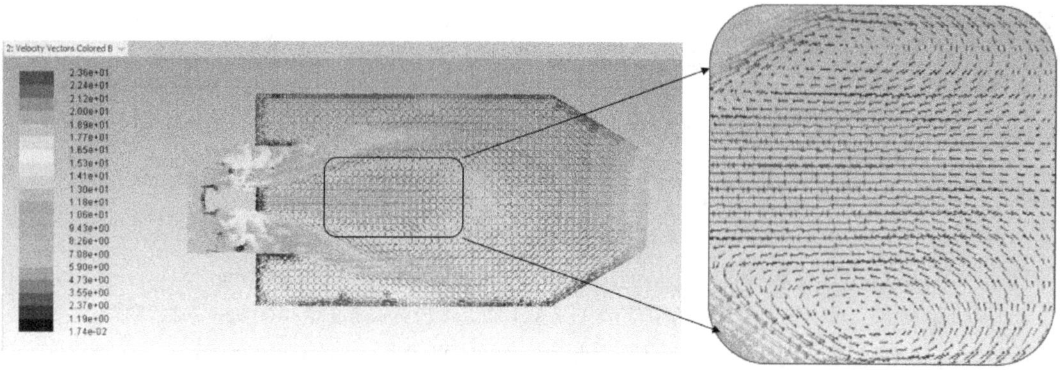

(a) 内圈叶片30°、外圈叶片45°的直叶片

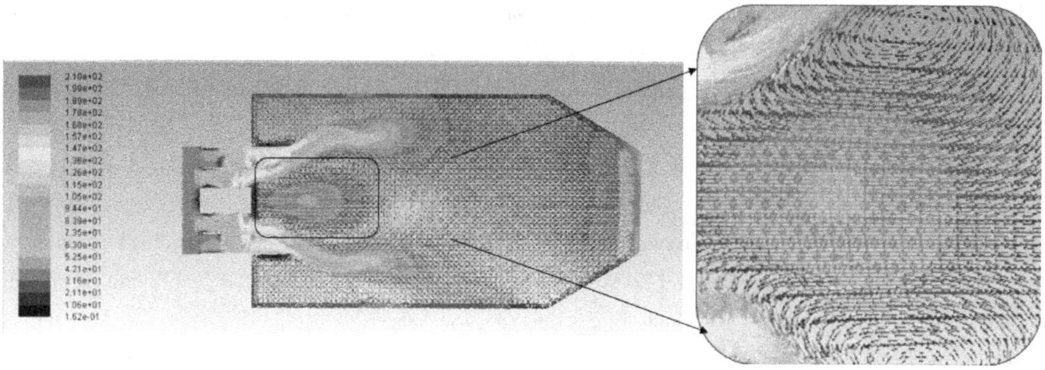

(b) 内圈叶片30°、外圈叶片45°的弯叶片

图6 直叶片与弯叶片的流场对比

4 结　论

采用冷态流场进行数值计算，分析气流通过旋流器后形成回流区的位置和大小，以此来分析旋流器对燃烧室内火焰稳定性能的影响。通过计算结果的分析可以看出：

（1）对于直叶片旋流器，随着安装角的增大，V形气流的开口变大，中间区域气流速度略有提高，有利于油气的掺混以及火焰的稳定燃烧，但这会使高温燃气喷向壁面，造成壁面的烧蚀。

（2）对于弯叶片旋流器，V形气流末端都向轴心偏转，火焰不容易造成壁面烧蚀。

（3）通过内圈叶片30°、外圈叶片45°安装角的直叶片与弯叶片的对比，可以看出直叶片的开口变化较缓，回流区较小；弯叶片的开口变化较快，回流区较大。直叶片的回流强度较小，回流区中气流速度都较小，有利于火焰的稳定燃烧。弯叶片的回流强度较大，回流区中心有一块速度略大的区域，有利于油气的充分混合。

（4）综合对比分析，弯叶片旋流器的性能优于直叶片旋流器。

参考文献

[1] Farokhi S, Taghavi R, Rice E J. Effect of Initial Swirl Distribution on Theevolution of a Turbulent Jet[J]. AIAA, 1989, 27(6), 700-706.

[2] Leibovich S. Vortex Stability and Breakdown-Survey and Extension[J]. AIAAJ., 1984, 22(9), 1192-1206.

[3] Coghe A, Solero G, Scribano G. Recirculation Phenomena in a Natural Gasswirl Combustor[J]. Exp. Therm. Fluid Sci., 2004, 28(7), 709-714.

[4] 李书明，赵洪利. 民航发动机构造与系统[M]. 北京：中国民航出版社，2015.

[5] Solmaz M B, Uslu A D S, Uzol O. Unsteady RANS for Simulation of Highswirling Non-premixed Methane-air Flame[C]. In: 50th AIAA/ASME/SAE/ASEEJoint Propulsion Conference, 2014, 3473.

[6] Xiao H, Gollner M J, Oran E S. From Fire whirls to Blue Whirls and Combustionwith Reduced Pollution [J]. PNAS, 2016, 113, 9457-9462.

[7] Hariharan S B, Anderson P M, Xiao H, et al. The Blue Whirl: Boundary Layer Effects, Temperature and OH* Measurements[J]. Combust. Flame., 2019, 203, 352-361.

[8] Huang Y, Yang V. Dynamics and Stability of Lean-premixed Swirl-stabilized Combustion[J]. Prog. Energy Combust. Sci., 2009, 35, 293-364.

[9] Tangirala V, Chen R H, Driscoll J F. Effect of Heat Release and Swirl on the Recirculation with in Swirl-stabilized Flames[J]. Combust. Sci. Technol., 1987, 51, 75-95.

[10] Syred N, Beer J M. Combustion in Swirling Flows: a Review[J]. Chinese J. Aeronaut., 1974, 23, 143-204.

[11] Chigier N A, Beer J M. Velocity and Static-pressure Distributions in Swirling Air Jetsissuing from Annular and Divergent Nozzles[J]. J. Fluids Eng., 1964, 86, 788-796.

[12] Gupta A K, Beer J M, Swithenbank J. Concentric Multi-annular Swirl Burner: Stability Limits and Emission Characteristics[J]. Symp. Combust., 1977, 79-91.

[13] Boushaki T, Sautet J C, Labegorre B. Control of Flames by Tangential Jet Actuatorsin Oxy-fuel Burners [J]. Combust. Flame, 2009, 156, 2043-2055.

[14] Davani A A, Amini R, Kashfi M. Effects of Reactor Design Parameters on Stability and Emissions of Vortex Flames: a Numerical Study[J]. Appl. Therm. Eng., 2019, 155, 584-591.

[15] Panda P P, Busari O, Roa M, et al. Flame Stabilization Mechanism in Reacting Jets in Swirling Vitiated

Cross Flow[J]. Combust Flame, 2019, 207, 302-313.

[16] Valera-Medina A, Marsh R, Runyon J, et al. Ammonia-methane Combustion in Tangential Swirl Burners for Gas Turbine Powergeneration[J]. Appl. Energy, 2017, 185, 1362-1371.

[17] 伏军,颜飞斌,王振,等. 带凹腔稳焰器的导流片式旋流燃烧器流场特性分析[J]. 邵阳学院学报(自然科学版), 2019, 16(6), 50-58.

[18] 顾大鹏,胡文成,窦义涛. 基于 PIV 技术对双旋流燃烧室冷态流场的测量[J]. 航空发动机, 2019, 45(5), 87-92.

[19] 凤云仙,冯珍珍,田晓晶,等. 双径向反向旋流器燃烧室冷态流场数值研究[J]. 东方汽轮机, 2017, 4, 20-24.

[20] 李伟超. 双级轴向旋流燃烧室冷态湍流特性的实验和大涡模拟研究[D]. 镇江: 江苏大学, 2020.

接近开关传感器的耐海洋环境设计

刘强　车进超　王昱皓　许涛　王阳

（山东航天电子技术研究所，山东·烟台，264670）

摘要：海上和沿海的设备和系统使用了大量的传感器，由于海洋环境是很严酷的自然腐蚀环境，因此传感器的耐海洋环境腐蚀就成为这类传感器能否适应工作环境的关键因素。本文提出了一种面向适海性的传感器耐环境设计，设计的传感器具有耐海洋大气腐蚀、防水溅、耐盐雾腐蚀及湿热交变环境等优点。对传感器进行了高低温试验和盐雾试验，试验前后传感器性能正常。该种耐环境设计可推广到同类传感器耐海洋腐蚀环境的设计，适用于海洋环境下设备机构的位置信号控制。

关键词：接近开关；耐海洋环境；盐雾

1　引　言

21世纪被称作"海洋的世纪"，世界各国都逐渐重视海洋的开发，努力提高对海洋的开发利用水平。我国拥有漫长的海岸线，对海洋资源进行开发和保护，对于进行可持续发展、解决资源和环境问题，有着重要的现实意义。

然而，海洋环境错综复杂。相对于陆地环境，海洋环境对海上设备有着更为严重的腐蚀作用。传感器作为各种设备实现自动检测、控制的重要器件，广泛应用于船舶、潜艇、海上钻进平台和石油管道等大型金属机构中。如果传感器没有采取有效的耐海洋环境腐蚀的措施，就会产生质量隐患，影响传感器的功能、可靠性和使用寿命，进而影响海上设备的正常运转。

因此，在海洋环境中，传感器的耐海洋环境腐蚀就成为传感器能否正常工作的关键因素。为此，本文提出了一种传感器耐海洋环境设计，设计的接近开关传感器可耐海洋大气腐蚀、防水溅、耐盐雾腐蚀及湿热交变环境等海洋环境，可有效延长工作寿命，提高可靠度，适用于船舶、海上作业平台、沿海设备等机构的到位位置控制。

2　海洋腐蚀环境

海洋环境是最严酷的自然腐蚀环境，海水中含有高浓度的氯化物、硫化物、氧气、微生物以及人类排放的各种污物，海水腐蚀具有复杂性，不同海水区域对材料的腐蚀程度不同。一般将海洋工程环境划分为海洋大气区、飞溅区、潮汐区、连续浸埋区以及海底沙层区。图1所示为5个区域对海水中钢管桩厚度的影响。

目前在海上结构体中应用最多的是金属材料。海洋中的腐蚀性成分会与金属发生化学或电化学反应，造成金属性能退化。化学腐蚀就是金属与腐蚀物直接发生化学反应；电化学腐蚀是金属与电解质发生原电池反应，形成腐蚀原电池，金属被氧化形成稳定形态。此外，海洋微生物附着于金属表面，其中的硫酸盐还原细菌、铁细菌、铁氧细菌和硝酸盐还原细菌等细菌会

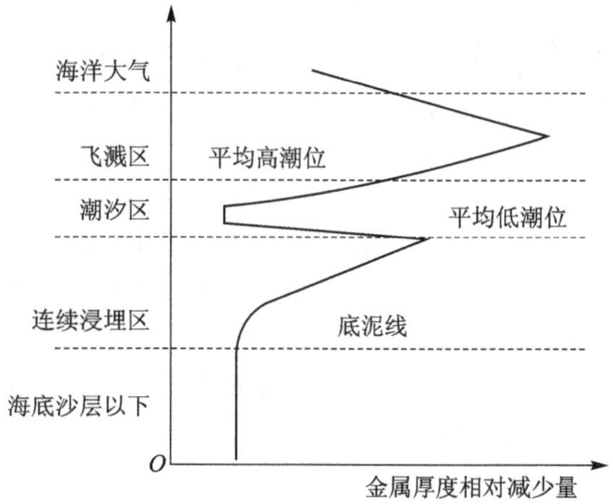

图 1　海水中钢管桩的 5 个腐蚀区及其厚度相对减少量

引起严重的局部腐蚀。因此，海洋腐蚀环境比其他自然环境更恶劣。

3　传感器耐海洋环境设计

3.1　结构和工艺设计

传感器结构和工艺主要从印制板防护、壳体内部防护设计和外部密封设计三方面进行设计。

3.1.1　印制板防护

印制板的防护主要分两部分。一是对印制板上所有器件使用硅橡胶进行点封，提高器件的绝缘性、力学性能和防潮性。二是对印制板进行喷涂聚氨酯清漆，提高内部元器件防潮、防霉、防盐雾能力，最大限度地确保传感器内部电路不受外部环境的侵蚀。

3.1.2　壳体内部防护

为了防止外壳密封不良或锈蚀导致外部腐蚀环境进入内部印制板，壳体内部需要进行防护。图 2 所示为传感器剖面图，印制板固定于外壳内部；引出线焊接在印制板上，并从外壳末端引出；外壳仅在引出线端有开口，方便引出线引出。壳体内部采用环氧树脂胶进行整体灌封，使得内部印制板、引出线、外壳形成一个结构整体，增强了对内部电路的二次防护。

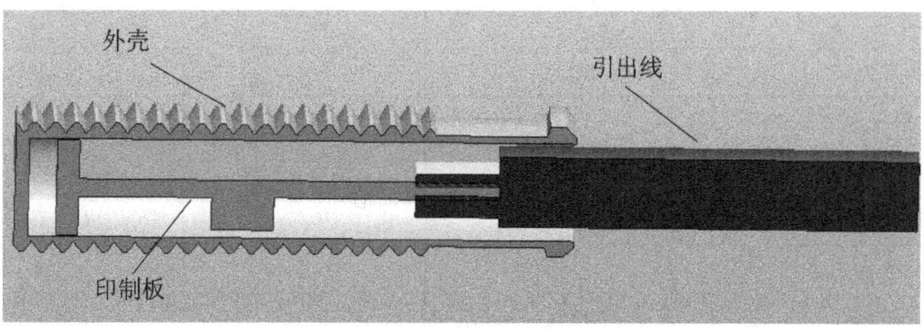

图 2　传感器剖面图

3.1.3 外部密封防护

由于外壳末端与引出线间有缝隙，为防止腐蚀气体和海水进入传感器内部，须从外部做密封防护。传统的小型传感器尾部电气连接的引出和保护一般选择电连接器和热缩套管，如图 3 和图 4 所示。但在海洋环境下，防水密封的电连接器价格昂贵，对传感器内部连接空间要求较高，做出的传感器普遍外形尺寸和重量较大；而采用热缩套管进行密封，高温时套管容易软化，且套管较薄，其耐酸碱、盐雾腐蚀的能力较差，不适用于海洋环境。

图 5 所示为设计的耐海洋环境传感器结构外形示意图。外壳采用一体式加工，外壳前端无接缝，以减少缝隙腐蚀可能性；外壳末端引出传感器引出线。为保证外壳与引出线稳固可靠，防水，耐酸、碱、盐雾腐蚀，采用注塑工艺，对外壳与引出线之间采用黏结可靠的工程塑料进行注塑。通过注塑，可使外壳、注塑体和导线成为一个封闭体，提高了传感器外部密封性。

图 3 电连接器型传感器示意图

图 4 热缩套管保护引出线型传感器示意图

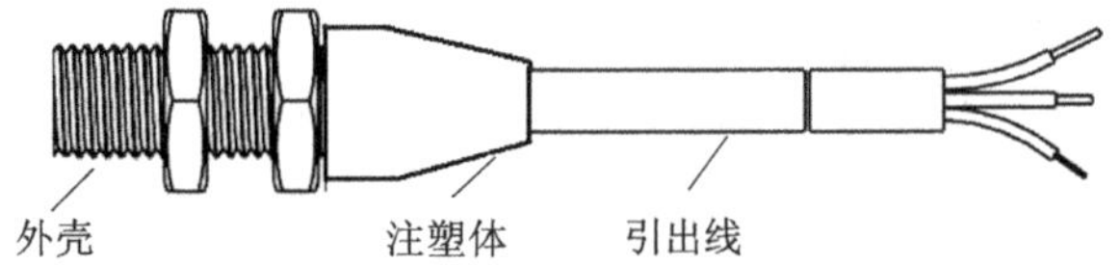

图 5 传感器结构示意图

3.2 材料选用

3.2.1 外壳材料的选用

外壳为耐海洋环境腐蚀的重要部件，不同金属在海水中的腐蚀速率不同，如表 1 所列。

表 1 海水中金属的平均腐蚀速率

材料类型	平均腐蚀速率/(mm/y)			静止海水最深孔蚀/mm
	流动海水(35～42 m/s)	流动海水(8.2 m/s)	静止海水	
低碳钢	4.5	—	0.075	2.0
球墨灰口铸铁	13.2	4.4	0.557	4.9
海军炮铜(铜锌或铜锡合金)	1.07	0.9	0.027	0.25
Cu85Zn5Pb5Sn5	1.32	1.8	0.017	0.35
Ni15Cu6Cr3	0.97	0.2	0.002	0
NiAl 青铜	0.97	0.22	0.055	1.12
Cu70(Ni+Fe)30	1.47	0.11	<0.02	0.25
316 不锈钢	<0.01	<0.02	0.02	1.8
Ni40Cu 合金	0.01	<0.01	0.02	1.3

由上表可知,316 不锈钢耐酸碱腐蚀、耐盐雾腐蚀比常规的 304 不锈钢好,但其抗孔蚀性能一般。不锈钢 316L 与 316 化学成分相似,但不锈钢 316L 属于超低碳,其耐酸碱腐蚀、耐盐雾腐蚀、耐海洋环境和侵蚀性工业大气性能比不锈钢 316 更优异,不锈钢 316L 是适用范围更广的钢种。该种材料已广泛应用到船舶、海洋油气输送管道和沿海地区设施中。因此传感器的外壳选用不锈钢 316L。

3.2.2 注塑材料的选用

注塑材料选用聚氨酯塑封料。该种塑封料由双组分聚氨酯树脂组成,流动性好,无毒,无腐蚀,可在室温下固化,固化时间短。固化后胶体无收缩、力学性能好、机械强度高、耐酸碱腐蚀、耐盐雾腐蚀,不含铁离子和氯盐,对金属的黏附力强,可长期保持色泽鲜艳,适用于电缆、小型变压器和印制板的注塑和灌封。配合成型工装,可对外壳和导线进行精确注塑,确保注塑体与外壳及导线间无缝隙,提高传感器的耐海洋环境适应性。聚氨酯塑封料已在水下电缆的注塑部位中得到应用。该塑封料的主要参数见表 2。注塑后的产品外形见图 6。

表 2 聚氨酯塑封料的性能参数

特性参数	数 值
介电常数/ε	4～6
固化温度	常温固化
固化时间/s	240
损耗角正切值 tan δ	0.005～0.02
抗压强度/MPa	≥6
拉伸强度/MPa	≥4.5

图 6 聚氨酯塑封料注塑后的外观图

3.2.3 导线的选用

导线选用绝缘层和护套层为改良型特种氟材料的屏蔽导线。该种导线具有优异的电气绝缘性能和热老化性能,耐高低温,阻燃,防湿热,力学性能优异,具有很高的耐冲击韧性,抗开裂。导线抗化学侵蚀能力强,在水溶液、酸碱液、盐液、燃料油、润滑油、防冻剂等液体中,导线绝缘层和护套层性能不受影响;在恶劣环境中,如高温、高湿、强日晒、干热、低气压、霉菌、盐雾、油雾、化学药品,也可保证高可靠性能。该导线适用于海洋环境等恶劣环境,可作为传感器的引出线。

4 性能验证

为验证传感器耐海洋环境性能,按照 GJB 150《军用设备实验室环境试验方法》的部分要求,分别对传感器进行了高、低温贮存试验,高低温循环试验和盐雾试验,其中试验条件分别见表 3 和表 4,试验设备见图 7。

试验前后对传感器的主要性能进行测试,见表 5。由表可知,传感器的性能正常,说明传感器外部和内部密封效果较好。试验后传感器的外观见图 8。由图可见,高低温试验和盐雾试验没有影响传感器的结构完整性,传感器导线、聚氨酯注塑体本体无变化,聚氨酯塑封体与导线、外壳间的黏结紧密,没有被腐蚀。

表3 高、低温试验主要指标

高温贮存	贮存温度	85 ℃
	试验时间	24 h
低温贮存	贮存温度	−40 ℃
	试验时间	24 h
高低温循环	循环温度	−40～85 ℃
	温度保持时间	2 h
	循环数	4个

表4 盐雾试验主要指标

盐溶液成分	氯化钠
盐溶液浓度	5%±1%
PH值	6.5～7.2(35℃±2℃)
盐溶液沉降率	(1～3)mL/(80cm^2·h)
试验时间	48h

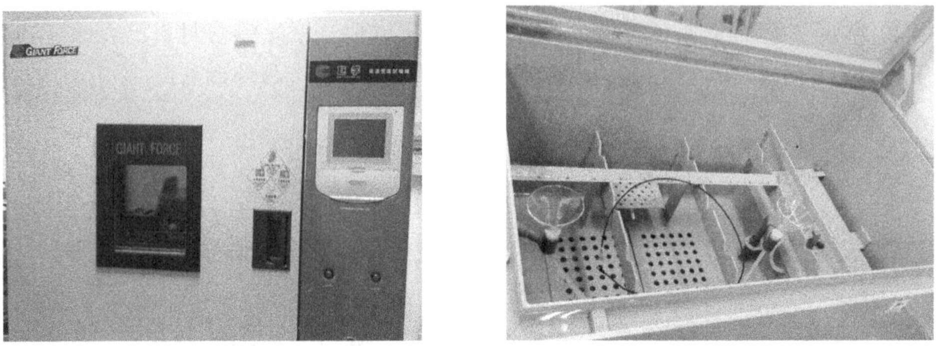

(a) 温度试验箱　(b) 盐雾试验设备

图7 试验设备图

表5 试验前后传感器主要性能指标表

序号	参数	试验前	试验后
1	功耗电流/mA	3	3
2	输出高电平/V	20.97	20.95
3	输出低电平/mV	23	29
4	工作点距离/mm	2.6	2.5
5	磁滞/mm	0.6	0.7
6	绝缘电阻/MΩ	>1 000	>1 000
7	沿响应时间/μs	8	7

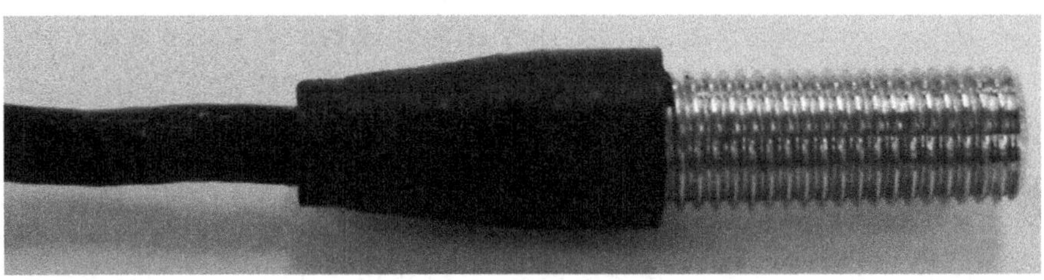

图8 试验后传感器外观图

传感器通过了以上模拟海洋环境试验，且同类传感器通过了稳态湿热、霉菌等试验考核，证明本文提出的耐海洋环境设计满足海洋环境的使用要求。

5 结 论

本文提出了一种面向适海性的接近开关传感器耐环境设计。通过合理的结构、工艺设计以及材料选择,设计的传感器具有防水溅、耐盐雾腐蚀、耐温度变化、耐海洋大气、使用寿命长、可靠性高等特点。该种设计可推广到同类传感器的耐海洋环境设计,传感器适用于海洋环境下船舶、海上作业平台、沿海设备等内部运动机构的到位位置控制。

参考文献

[1] HOLCOMB G R. Marine corrosion: Cause and Prevention[M]. New York: John Wiley and Sons Inc. ,1975.

[2] 何德孚,王晶滢. 海洋腐蚀环境及船用不锈钢管选材备考(上)[J]. 焊管,2016,39(4): 57-64.

[3] 张秀荷,杨莲慧,王海涛,等. 金属材料的腐蚀与防护[J]. 城市建设理论研究,2014,4(37).

[4] 白攀峰,宋胜利,邹正宇,等. 海洋环境中金属的腐蚀及防护[J]. 山西化工,2015,(5): 28-29.

[5] MARCUS P. Corrosion Mechanisms in Theory and Practice[M]. 3rd ed. USA: CRC Press,2011.

[6] ROBERGE P R. Handbook of Corrosion Engineering[M]. 2nd ed. New York: McGraw-Hill,2012.

一种基于 HFSS 仿真分析的 MR 射频同轴连接器的设计

杨宗亮　侯庆庆

（临沂市海纳电子有限公司，山东・临沂，276017）

摘要： 根据客户需求进行了一种 MR 射频同轴连接器的设计，以理论计算为基础，利用 HFSS 软件进行仿真分析，通过仿真分析，对连接器内导体、绝缘介质与外壳体相互配合尺寸进行优化设计，得到符合传输要求的设计。最后通过网络分析仪对加工好的 MR 射频同轴连接器进行指标测试，得到相应的特性指标，符合设计要求。

关键词： MR 射频同轴连接器；优化设计；HFSS；仿真

1　引　言

射频同轴连接器是微波领域中重要的射频传输元件，因其频带宽、连接方便可靠、性能优越、成本低廉，在微波通信设备、仪器仪表及武器系统中得到广泛应用。近年来随着现代通信技术的飞速发展，整机设备对射频同轴连接器的技术要求越来越高，具有宽频带、低驻波、小型化、多功能、高可靠、快速连接等优点的新的连接器品种层出不穷，这也对连接器产品的设计提出了更高的要求。

射频同轴连接器的工作原理比较简单，可以视作一段能够使 RF 传输系统实现电气连接与分离的同轴传输线。连接与分离这一机械过程的实现要求连接器具有可靠的连接界面；连接器的适用性和方便性要求连接界面有多种不同的规格和连接形式；连接器的通用性和互换性要求连接界面的标准化；连接与分离的可靠性与稳定性要求连接器界面尺寸及内外导体相对位置稳定并具有足够的机械保持力。这是对连接器界面及结构的基本要求，另一方面连接器需要与同轴电缆、微带等传输线连接，同样也需要考虑连接过渡的匹配性、稳定性和传输的可靠性。

机械连接的稳定性与可靠性是实现电气连接可靠性与稳定性的基础，稳定可靠的机械结构加上均匀匹配的阻抗、合理的介质材料，便可得到电气性能优良的射频同轴连接器。但阻抗的不连续性是不可避免的，连接器的结构中用于保证机械稳定性的台阶定位结构、机械公差等都会使特性阻抗不连续，只有对这些不连续进行识别和补偿，才能使得射频同轴连接器具有优良的电性能指标，在连接器设计时，除了使用经验公式进行计算外，引入仿真分析也是一种很好的辅助手段。

利用 HFSS 软件进行建模仿真，对连接器的设计进行优化，可以提高产品设计的一次成功率。尤其是对性能要求更高或有特殊要求的连接器产品，通过建模仿真和计算，可以不用生产产品样品而得到设计将可能达到的性能数据，通过进一步优化使模型达到所要求的性能指标，这时再进行实际产品生产，产品的性能指标会非常接近或一次达到设计输入的要求，既缩短了设计周期，又节省了研制费用，降低了开发成本。

根据用户需求，需要一种小型射频同轴连接器，该连接器在高低频混装连接器中使用，相关要求如下。

2 研制要求

技术要求如下：

工作温度：−65～+125 ℃

特性阻抗：50 Ω

绝缘电阻：≥5 000 MΩ

介质耐压：1 000 V

工作频率：0～10 GHz

电压驻波比：≤(1.15+0.02)F

机械寿命：500 次

3 设计方案

3.1 设计原理

在设计过程中根据特性阻抗的计算公式进行相应的尺寸设计，保证特性阻抗接近 50 Ω，特性阻抗近似公式如下：

$$Z_0=\frac{60}{\sqrt{\varepsilon}}\ln\frac{D}{d}$$

式中，Z_0——理想同轴线的特性阻抗；

ε——相对节点常数；

D——外导体内径；

d——内导体外径。

设计射频同轴连接器时，根据设计经验，需要遵循以下设计原则：

① 在同轴线的每一长度单元上，尽可能地保持一致的特性阻抗。

在以往的同轴器件设计中，当遇到同轴内导体或外导体的阶梯，导体上的槽或内外导体连接处出现的间隙时，常采用一端特性阻抗高于或低于标准特性阻抗的同轴线进行补偿，这样的设计不能用在宽频带精密同轴器件上，同轴线中的槽、阶梯、间隙和内外导体直径的变化都会产生阻抗的不连续性。为了达到最佳的频带特性，在整个同轴器件的每一横截面上的特性阻抗应尽可能地保持等于标准特性阻抗。

② 对于每一不可避免的阻抗不连续性，采用相应的补偿。

阻抗的不连续性是不可避免的，例如：同轴线的绝缘子是不得不采用的，在放绝缘子处，同轴线的内外导体需要引入一定的定位阶梯，从而引起一定的阻抗不连续。在这种情况下，为了达到最佳的性能，首先应使未补偿的不连续性达到最小，其次对于剩下的不连续性进行相应的补偿。

③ 减小机械公差对电性能的影响。

在同轴连接器中，导体尺寸的公差是不可避免的，但是经常由几个机械公差对一个导体的直径公差，一对接头连接后，电性能取决于三个直径公差：开槽插孔的直径、开槽插孔的内孔直径以及相连接的内导体插头的外径，这样的结构是不太理想的，所以应该使只有一个机械公差影响一个电气上重要的尺寸，并且应使这一尺寸不受磨损。

介于以上设计原则，本产品设计考虑以下要点：

① 在充分考虑用户需求的情况下，尽可能采用最简洁的设计结构；

② 尽量使每一段的阻抗都与特性阻抗相符；

③ 安装通道结构采用空气介质，减少绝缘介质对传输线带来的阻抗不连续性和不稳定性；

④ 由于连接器中的绝缘介质与接触件不可避免地涉及安装台阶等因素，同时由于安装通道的存在，还需要考虑连接器外导体与通道、内导体与绝缘介质、内导体与通道、绝缘介质与外导体相互配合而出现的台阶，故需要在台阶变截面处进行阻抗补偿。通常采用常规的错位补偿方法（见图 1），即预设一段错位尺寸 Δ 用以消除台阶造成的阻抗不连续，错位补偿近似计算公式如下：

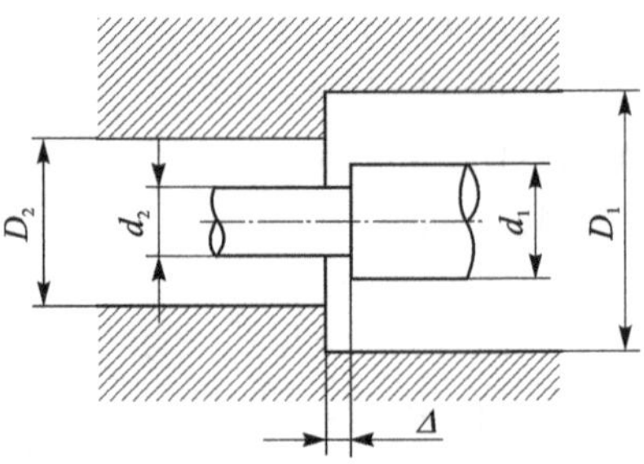

图 1 错位补偿示意图

$$\Delta \approx \frac{D_2}{k\sqrt{\varepsilon}} \ln \frac{D_1}{D_2}$$

式中，介质相同，$\varepsilon=1$；$k=3.09$。

⑤ 由于连接器中绝缘介质选择为聚四氟乙烯，通道中绝缘介质为空气，空气与聚四氟乙烯的介电常数不相等，所以在这种复合介质的情况下，阻抗的补偿计算比较复杂，为了在设计上更准确地进行阻抗补偿，在初步计算的基础上通过 HFSS 进行建模仿真和计算，仿真时设置变量，不断调整和优化连接器内部结构和尺寸，根据仿真结果最终确定优化后的设计，进行仿真分析时，以电压驻波比仿真分析结果为依据进行设计优化。

3.2 连接器结构方案

本产品结构比较简单，连接器可作为组件装配在混装连接器中。本产品由外导体、绝缘子、内导体、接触头和卡环组成，产品结构如图 2 所示。

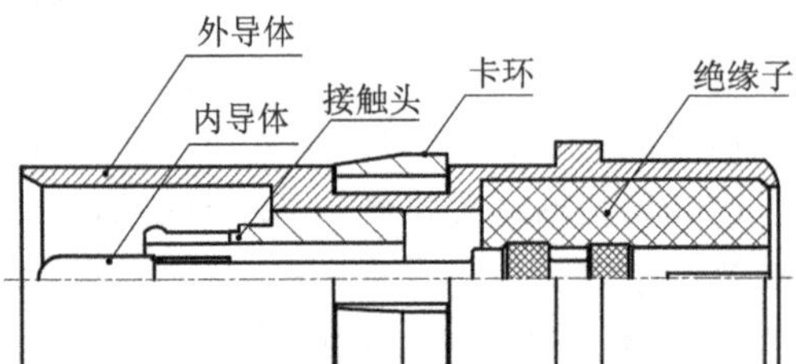

图 2 总体结构示意图

4 仿真及优化

4.1 连接器建模

通过对特性阻抗、错位补偿等的计算，初步确定连接器相关尺寸，在 Autodesk Inventor

Professional 中建立三维模型，如图 3 所示。

由于影响同轴连接器传输特性的主要因素是内导体外径、外导体内径、绝缘体的相对介电常数以及尺寸，所以对模型进行适当简化，将外壳导体以圆形外壳替代，将接触头端面作为阻抗变换段的起始面，内导体材质设定为 copper，绝缘介质设为 Teflon，其他部分本来应设为空气，但为了优化的方便，将其设为真空（这对结果的影响可以忽略不计），在 ANSOFT HFSS 中建立简化后的三维仿真模型，如图 4 所示。

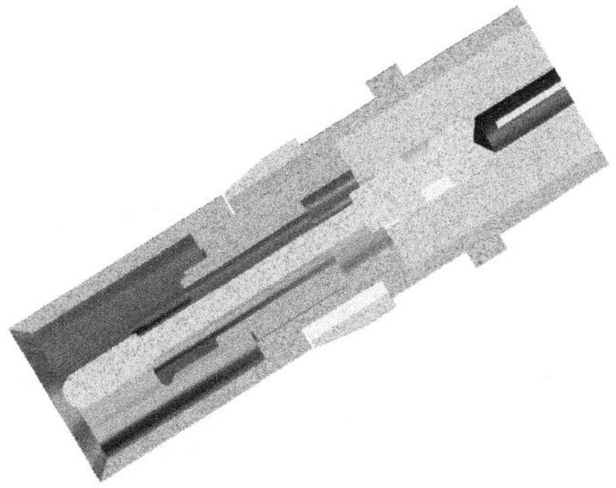

图 3 连接器模型

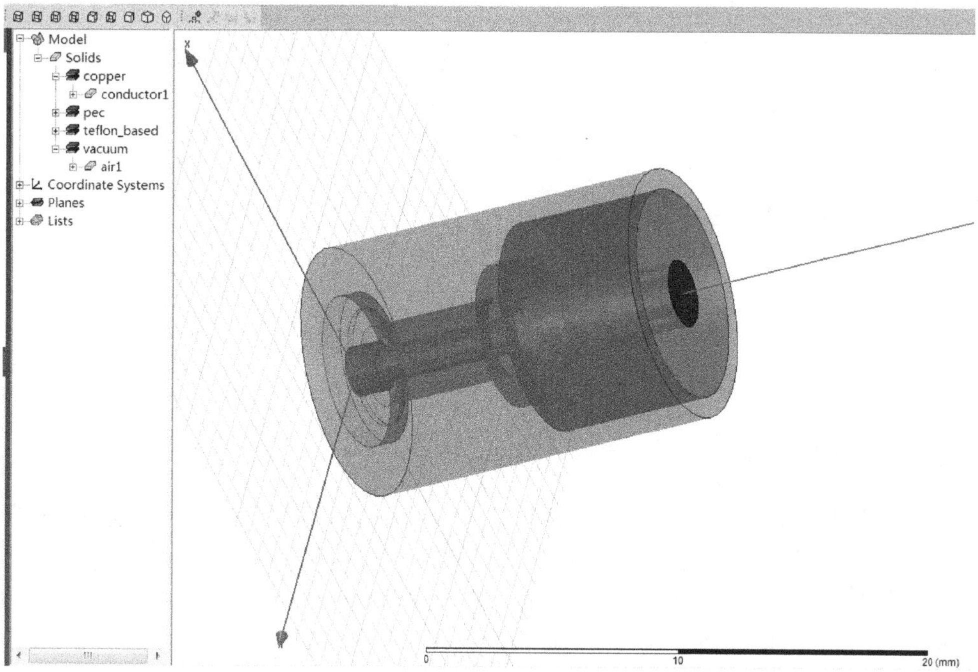

图 4 仿真模型图

4.2 仿真分析

在两端增加激励源，选用波端口激励方式，将两端连接器界面设置为 50 Ω 端口，中心频率为 5 GHz，扫描跨度为 0.1 GHz，最大误差为 0.02，Fast 扫频方式为 0.1～10GHz，进行初步求解，计算后选择显示电压驻波比，得到图 5 所示的曲线。

将两端连接器界面设置为 50 Ω 端口，中心频率为 1.5 GHz，扫描跨度为 0.1 GHz，最大误差为 0.02，Fast 扫频方式为 0.1～3GHz，进行初步求解，计算后选择显示电压驻波比，得到图 6 所示的曲线。

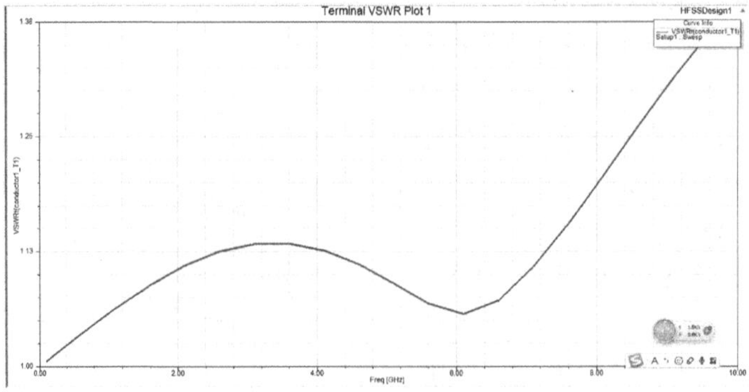

图 5　HFSS 模拟电压驻波比曲线

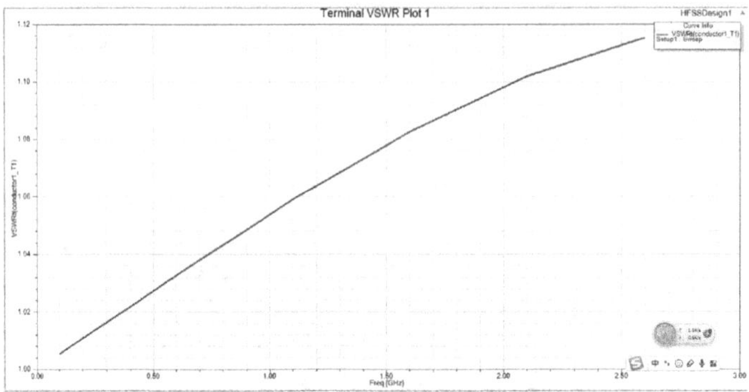

图 6　HFSS 模拟电压驻波比曲线

4.3　优化设计

设计仿真过程包括连接器中心导体的尺寸，该尺寸包括每阶梯段的长度和直径；相应的外导体内部阶梯的内径尺寸，台阶变换的位置、长度和每个错位尺寸 Δ；绝缘介质的内径、外径以及对应外导体的配合处内径。将初步的理论计算与仿真分析进行对照，得出电压驻波比偏高，通过不断调整中心导体、绝缘介质、外导体相关配合尺寸，特别是变径处的补偿尺寸，最终得出优化后的电压驻波比结果，曲线如图 7(0.1～10 GHz)和图 8(0.1～3 GHz)所示。

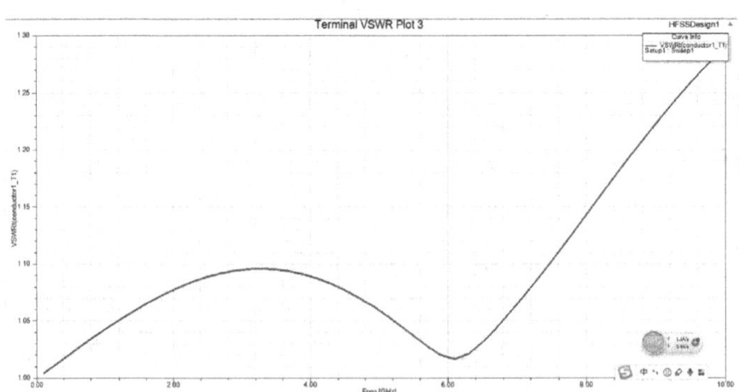

图 7　HFSS 模拟优化后的电压驻波比曲线(0.1～10 GHz)

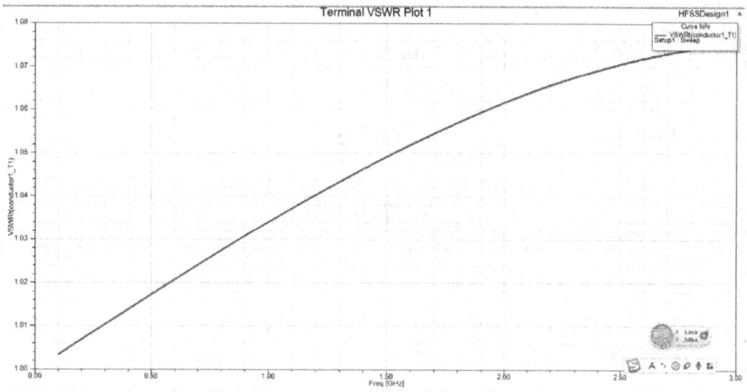

图 8　HFSS 模拟优化后的电压驻波比曲线(0.1～3 GHz)

5　试验验证

按照优化后的设计进行产品生产,对产品用矢量网络分析仪进行电压驻波比测试,因产品实际使用频率为 0～3 GHz,测试时选取截止频率 1.4 GHz 进行测试,测试结果如图 9 所示,测得截止频率 1.4 GHz 下,电压驻波比为 1.075,小于指标要求,测试结果与仿真结果基本接近。

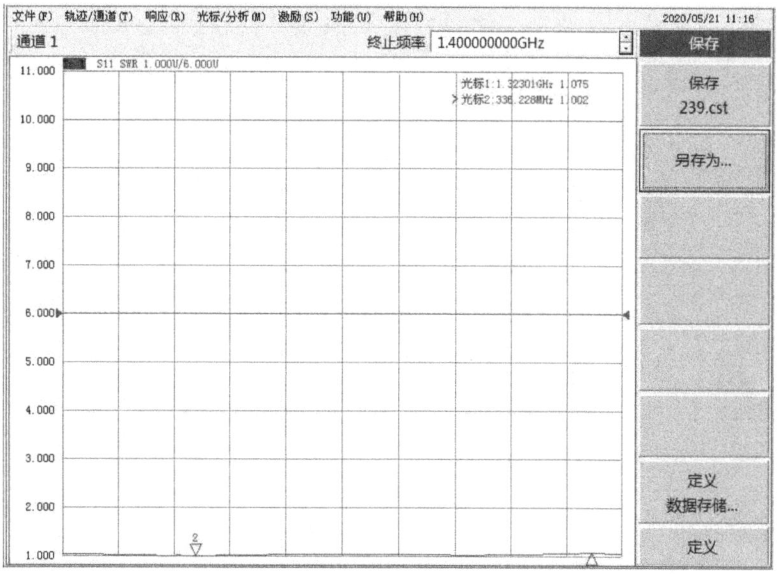

图 9　矢量网络分析仪电压驻波比测试图

测试结果表明,HFSS 仿真结果与实际测试结果比较接近,HFSS 仿真对设计优化有比较好的指导作用,可大大减少设计过程中的计算工作量,提高设计输出的准确性及效率。

6　结束语

本文介绍了一种定制型 MR 射频转接连接器,在理论分析及计算的基础上,利用 HFSS

建模仿真，对连接器的设计进行优化，通过建模仿真和计算，可以不用生产连接器样品就能得到设计将可能达到的性能数据，通过进一步优化使模型达到所要求的性能指标，可以提高产品设计的一次成功率，缩短设计周期，节省研制成本。最终通过产品实物的测试验证，对设计数据进行了最终验证，产品的设计满足用户的使用要求。

参考文献

[1] 石鹏，宋陈娟．一种2.92-KHD型射频连接器的仿真分析与设计[J]．通讯世界，2017(11)：266-267.

[2] 卓超，张世岗．1.85型射频同轴连接器的设计[J]．机电元件，2017，37(5)：3-10.

[3] 真莹，杨颖婕．67GHz毫米波同轴转接器的设计[J]．机电元件，2017，23(5)：23-27.

[4] 李凯，冯浩，青春，等．基于有限元法的SMA射频连接器传输特性优化研究[J]．机电元件，2019，5(4)：5-8.

自动断气式气螺刀工作原理与设计方法

丛林　钟毅

（青岛前哨风动工具制造技术有限公司，山东·青岛，266000）

摘要： 直接驱动式和打滑离合器式气螺刀是目前各行业中应用较广的两种机械形式。在实际应用中普遍存在着定扭精度低、使用寿命短、装配质量差、影响操作者健康等弊端。针对这些弊端，提出了一种自动断气式且可以精确定扭的气动螺丝刀。论述了该气螺刀的结构和工作原理，详细介绍了离合器、发动机、减速器、人机工程学手柄的设计。通过产品试用，该气螺刀可以在确保拧紧质量的前提下离合器快速反应切断气源，在减小了耗气量的同时也降低了螺刀头的磨损和对螺钉的伤害，从人机工程学角度看，快速切断气源会减小噪声、振动和反作用扭矩，大大减轻了对操作者健康的损害，有较好的应用价值和市场前景。

关键词： 自动断气；扭矩控制；人机工程学；气螺刀设计

1　引　言

气螺刀作为螺钉拧紧工具广泛应用于汽车、火车、飞机、家电等行业。在实际生产中用得最多的是直接驱动式和打滑离合器式，这两种气螺刀主要的局限是无法精确控制扭矩，主要由操作者松开扳机的时间和离合器打滑的时间来决定。其次，施加的力矩过大和作业时产生的振动会造成螺钉和螺刀头的损坏，影响安装或装配的质量，螺刀作业时产生的噪声、振动和反作用扭矩也会对操作者的健康造成伤害。自动断气式气螺刀可以完美解决以上问题。另外，由于离合器达到预定扭矩时反应迅速，通过切断气源使发动机动力失效，避免了像打滑离合器两牙盘转动导致的零件损耗，大大提升了产品的使用寿命。

2　气螺刀设计

2.1　结构和原理

该气螺刀的结构总图如图 1 所示，主要由枪式手柄 10、双向叶片式风动发动机 7、减速器 4、离合器 2 等组成。

双向叶片式发动机 7 和枪式手柄 10 上的气路孔道的正确对合主要是依靠键 14 来保证的。枪式手柄 10 上装有风接嘴 11、消声器 12、按钮开关 13、换向开关 8 和换向阀 9。

离合器壳体 1 与内齿套 3 呈左螺纹连接。

气螺刀装配时必须拧紧内齿套 3（左螺纹），这样便可以通过减速器的隔套 5、碟型垫片 6、双向风动发动机组件中的轴承盖、前盖、后盖、气缸和前后两个滚动轴承的外环把发动机组件紧压在枪式手柄的后端面上。发动机的转子两端面与前后盖端面之间保证了规定的间隙，转子既转动灵活又不会因为松动间隙过大而使发动机功率下降。

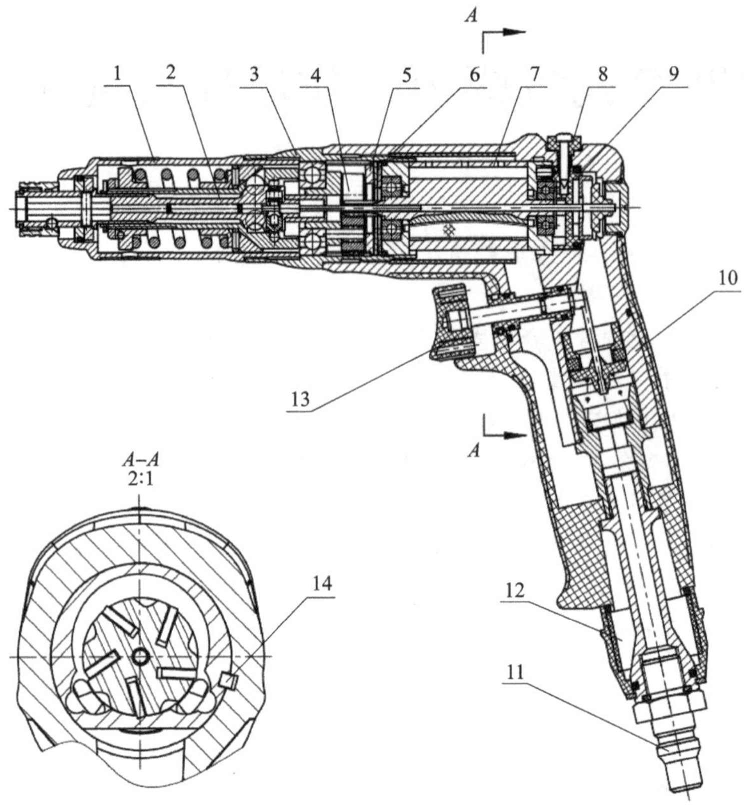

1—离合器壳体；2—离合器；3—内齿套；4—减速器；5—隔套；6—碟形垫片；7—双向叶片式发动机；
8—换向开关；9—换向阀；10—枪式手柄；11—风接嘴；12—消声器；13—按钮开关；14—键

图1　气螺刀的结构总图

气螺刀的工作原理如图2所示。

2.1.1　工具启动

当将按钮开关26按下以后，阀15被打开，压缩空气从风接嘴17经阀15和换向阀5输入发动机4并驱动发动机旋转。发动机4带动减速器3，而减速器3上的传扭块11与离合器外套10上的拔爪咬合带动离合器1旋转。此时双向发动机4上的扭矩通过减速器3和离合器1传递给螺刀头(图中未标示)，以便拧紧螺纹紧固件。

2.1.2　扭矩的传递

发动机4产生的扭矩经过行星齿轮减速器3放大后，通过齿轮架2的内六角孔传递给传扭块11，传扭块11通过与离合器外套10的拔爪咬合将扭矩传给离合器外套10，离合器外套10借助钢球21与离合器轴7同步旋转，离合器输出轴7头部的六角头将扭矩传递给扳轴6，最后扳轴6将扭矩传递给螺刀头，将螺钉拧紧。钢球21安装在离合器外套10的径向孔中，呈三等分分布。钢球21同时与离合器轴7上的钢球槽和锥压环9接触。在限力弹簧20的作用下，锥压环9使钢球21紧紧地压在离合器轴7的钢球槽内。这一压力越大，离合器外套10和离合器轴7结合处的摩擦力越大，传递的扭矩就越大，反之亦然。因此，这一压力的大小影响扳轴6输出扭矩的大小。所以限力弹簧20的制造精度和预压力直接影响气螺刀的输出扭矩。

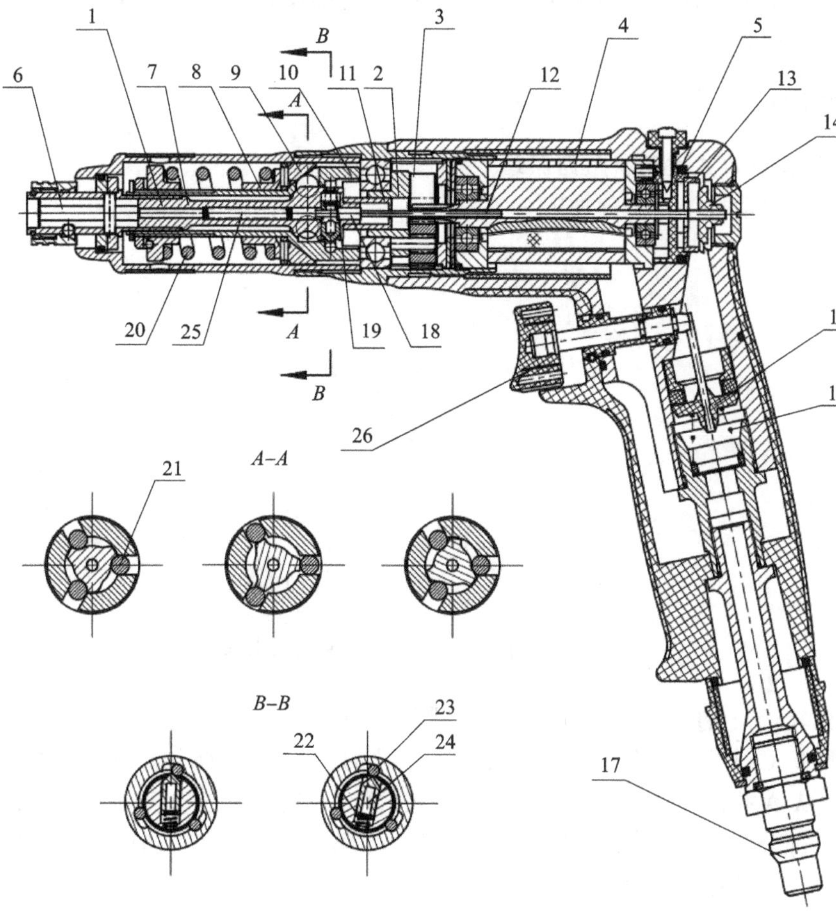

1—离合器；2—齿轮架；3—减速器；4—发动机；5—换向阀；6—扳轴；7—离合器轴；8—弹簧座；9—锥压环；10—离合器外套；11—传扭块；12—断气阀杆；13—封气套；14—开关阀；15—阀；16—塔形弹簧；17—风接嘴；18—复位销；19—弹簧；20—限力弹簧；21—钢球；22—弹簧；23—钢球；24—开关轴套；25—弹簧；26—按钮开关

图 2　气螺刀的工作原理图

2.1.3　扭矩的控制与断气原理

在拧紧螺钉的过程中，发动机 4 输出的有效功率随着螺刀头上的负载扭矩（螺钉的拧紧力矩）增加而加大，离合器外套 10 上的扭矩也相应加大，并在扭转的过程中通过离合器轴 7 上相邻钢球槽之间的凸起部位将均布在离合器外套上的三个钢球 21 向外挤压。因为结构限制导致向外挤压的钢球 21 只能推动锥压环 9 做轴向前移，弹簧座 8 在锥压环 9 的推动下前移，随着弹簧座 8 前移，限力弹簧 20 被迫压缩，当钢球 21 挤压锥压环 9 产生的轴向力大于限力弹簧 20 的顶压力时，弹簧座 8 不断前移压缩限力弹簧 20，一直到负载扭矩达到要求控制的输出扭矩值时，钢球 21 挣脱锥压环 9 的限制，被扭转的离合器外套 10 由原先的钢球槽经凸起处的细槽挤进相邻的钢球槽，此时的离合器外套 10 和离合器轴 7 不再同步旋转。离合器轴 7 上的开关轴套 24 在被钢球 23 挤压的过程中因弹簧 22 压缩被迫下移，原先一直被限制轴向前移的复位销 18 随着开关轴套 24 的下移在断气阀杆 12 的推动下向前移动，与断气阀杆 12 另一端呈螺纹连接的开关阀 14 在压缩空气的作用下与封气套 13 贴合将气路切断，发动机 4 停止运转，气螺刀自动停车。松开按钮开关 26，阀 15 在塔形弹簧 16 的作用下复位，气路闭合，开关阀 14

失去了压缩空气的推动并在之前被压缩蓄能的弹簧25的反弹下复位。与此同时，复位销和开关轴套也恢复到原始位置。

2.2 发动机设计

2.2.1 双向叶片式发动机气路原理

双向叶片式发动机气路原理如图3所示。

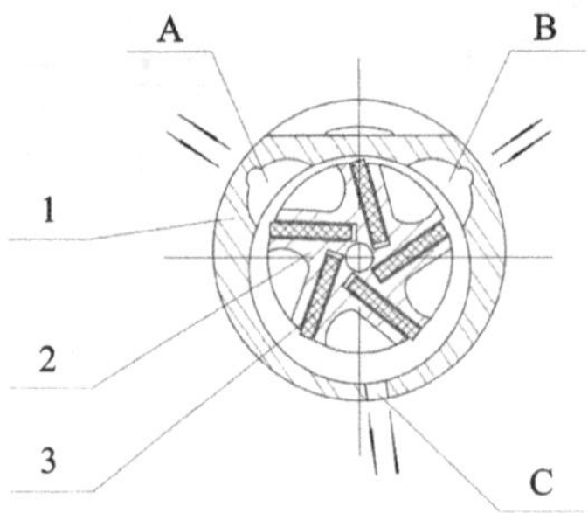

1—气缸；2—转子；3—叶片；A—反转的进气孔，正转的副排气孔；
B—正转的进气孔，反转的副排气孔；C—正反转的主排气孔

图3 双向叶片式风动发动机气路原理图

当发动机转子正转时，B孔进气，C孔（主排气口）排气。进入发动机的压缩空气对叶片3做功之后立即从C孔排至大气。当叶片旋转到C孔的左侧，位于两叶片之间的被压缩的余气通向A孔，并从A孔流向气路换向机构的换向阀，再经过气路孔道排至大气。经A孔排至大气的只是一小部分余气，故A孔被称为副排气孔。当发动机转子反转时，A孔变为进气口，B孔为副排气口，C孔仍为主排气口。

2.2.2 发动机参数计算

（1）功　率

当没有外加载荷，即发动机空转时转速最高，即 $n=n_{\max}$，发动机输出功率 $P=0$。如果有外加载荷，则有以下三种情况：

① 外加载荷小于发动机最大输出扭矩 $M_{\max}$ 时（不等于其1/2），不能发挥发动机最大功率。

② 外加载荷大于或等于 $M_{\max}$ 时，发动机克服不了外加力矩而停转，即 $n=0$，$P=0$。

③ 外加载荷等于 $1/2M_{\max}$，即 $n=1/2n_{\max}$ 时 $P=P_{\max}$（额定功率），此时发动机输出功率最大，效率最高。

$$P_{\max}=\frac{M_{\max}\times n_{\max}}{5\ 956.14}\eta \quad \text{kW} \tag{1}$$

式中，η 为机械传递效率（零级减速取1，一级取0.9～0.95，二级取0.8～0.85）；M 的单位为N·m；n 的单位为r/min。

（2）扭矩

扭矩的直线方程为

$$\frac{M}{M_{\max}}+\frac{n}{n_{\max}}=1 \tag{2}$$

所以任意转速下的扭矩公式为

$$M=\left(1-\frac{n}{n_{\max}}\right)M_{\max} \tag{3}$$

当转速 $n=0$ 时，发动机的扭矩最大；随着转速升高，扭矩降低。$n=n_{\max}$ 时，$M=0$。$n=\frac{1}{2}n_{\max}$ 时，发动机的扭矩最适用，扭矩等于$\frac{1}{2}M_{\max}$ 时为额定扭矩。

(3) 耗气量

影响耗气量的因素比较复杂，难以准确推论。它的近似计算公式为

$$Q_{\max}\approx(1.2\sim1.4)Q_{p} \tag{4}$$

式中，Q_p 为功率最大时的耗气量，即

$$Q_{p}=\frac{P_{\max}}{\eta}K \quad \mathrm{m^3/min} \tag{5}$$

式中，K 为综合系数，取决于设计水平和加工质量(包括装配质量)，K 可取 0.7～1.2。

2.3 减速器设计

气螺刀的减速器为 NGW 型行星齿轮减速器。在知道了发动机的额定功率 P、额定转速 n、传动比 i_p 后，设计步骤如下。

2.3.1 进行配齿计算

根据相关公式确定行星齿轮传动中各轮的齿数，即

$$p=\frac{Z_{b}}{Z_{a}}=i_{p}-1 \tag{6}$$

$$Z_{b}=pZ_{a}=(i_{p}-1)Z_{a} \tag{7}$$

式中，Z_a 为转子齿数；Z_b 为内齿轮齿数；P 为微型行星齿轮特性参数(取 2～8)；i_p 为传动比(一般取 3～9)。

因为进行了角度变位，所以行星齿轮的齿数应按照如下公式计算：

$$Z_{c}=\frac{Z_{b}-Z_{a}}{2}+\Delta Z_{c} \tag{8}$$

因为气螺刀 Z_b-Z_a 的齿数差为偶数，故行星轮 c 的齿数修正量 $\Delta Z_c=-1$。

2.3.2 验算各轮齿数满足的条件

在确定了各轮齿数后，根据相关公式验算行星齿轮传动的传动比条件、邻接条件、同心条件和安装条件。这些条件无论哪种类型行星齿轮传动都必须满足，否则不能保证传动的正常工作。

2.3.3 初步计算主要参数

对于 NGW 型行星齿轮传动，可以按照齿面接触强度的初算公式计算中心轮 a 的分度圆直径 d_1。

$$d_{1}=K_{d}\sqrt[3]{\frac{T_{1}K_{A}K_{H\Sigma}K_{Hp}}{\phi_{d}\sigma_{HLim}}\cdot\frac{\mu\pm1}{\mu}} \quad \mathrm{mm} \tag{9}$$

式中，K_d 为算式系数，这里取 768；T_1 为中心轮 a 的额定扭矩(N·m)；K_A 为系数，这里取 1；$K_{H\Sigma}$ 为行星轮数 3 个，$K_{H\Sigma}$ 取 1.8～2.4；K_{Hp} 为行星轮间载荷分布不均匀系数，这里取 1.1；Φ_d 为小齿轮齿宽系数，$\phi_d\leqslant0.75$；μ 为齿数比；σ_{HLim} 为齿轮接触疲劳极限，通常按照 MQ(详细参考文献[5]第六章第二节图 6-8)选取。

然后根据下式计算出齿轮的模数 m。

$$d_1 = m z_a \tag{10}$$

2.3.4 啮合参数计算

为了改善齿轮的传动性能，满足啮合的同心条件和强度条件等，根据已知条件和下式求出中心距变动系数 γ、啮合角 α'、变位系数和 X_Σ 及齿顶高变动系数 $\Delta\gamma$ 值。

$$\frac{\cos\alpha'_{ac}}{\cos\alpha'_{bc}} = \frac{\alpha_{ac}}{\alpha_{bc}} = \frac{Z_a + Z_c}{Z_b - Z_c} \tag{11}$$

式中，α'_{ac} 和 α'_{bc} 为齿轮副 a－c 和 b－c 角度变位后的啮合中心距；α_{ac} 和 α_{bc} 为两啮合齿轮副（非变位）的标准中心距；Z 为齿数。

$$a = \frac{m}{2}(Z_2 \pm Z_1) \tag{12}$$

$$\gamma = \frac{a' - a}{m} \tag{13}$$

$$\alpha' = \arccos\left(\frac{a}{a'}\cos\alpha\right) \tag{14}$$

$$X_\Sigma = \frac{Z_\Sigma(\mathrm{inv}\,\alpha' - \mathrm{inv}\,\alpha)}{2\tan\alpha} = \frac{Z_2 \pm Z_1(\mathrm{inv}\,\alpha' - \mathrm{inv}\,\alpha)}{2\tan\alpha} \tag{15}$$

$$\Delta\gamma = X_\Sigma - \gamma = (X_2 \pm X_1) - \gamma \tag{16}$$

式中，a 为齿轮副非变位的中心距（mm）；α 为压力角，其标准值 $\alpha = 20°$；$\mathrm{inv}\,\alpha$ 为标准压力角的渐开线函数，且有 $\mathrm{inv}\,\alpha = \tan\alpha - \alpha$；$\mathrm{inv}\,\alpha'$ 为啮合角 α' 的渐开线函数（具体数值查询机械设计手册）。

再根据各齿轮副中的齿数和 Z_Σ 及其啮合角 α'，采用图 3－2（参考文献[5]第三章第二节图 3－2），将变位系数和 X_Σ 分配给各个齿轮，确定大小齿轮的变位系数。

2.3.5 几何尺寸和传动效率计算

根据上述公式得到的参数，查询机械设计手册可以计算出其他几何尺寸。传动效率的计算式为

$$\eta_{ax}^{b} = 1 - \frac{p}{1+p}\psi_m^x \tag{17}$$

式中，p 为行星排特性参数，$p = Z_b / Z_a$；ψ_m^x 为转化机构啮合损失系数。

2.4 离合器设计

离合器的设计主要是限力弹簧的设计。因篇幅有限，具体的设计方法可以查询机械设计手册。从前面扭矩控制的分析可知，调节限力弹簧的预压力可以改变锥压环对钢球的径向压力，可以达到调节扳轴输出扭矩的目的。

2.5 手柄设计

手柄设计如图 4 所示。

手柄主要是人机工程学方面的设计。本气螺刀的手柄采用分体式设计，手柄外套 3 和橡胶套 2 使用 PA6＋30GF 和耐油橡胶材质。这样设计的好处是避免了因机械运动产生的撞击、摩擦所导致的共振。手柄设计为非平衡式（手柄重心不在中间），并且允许使用高握位进行作业，高握位可以更好地人为施加进给力。在执行作业的过程中，可以进行握持方式的变换，

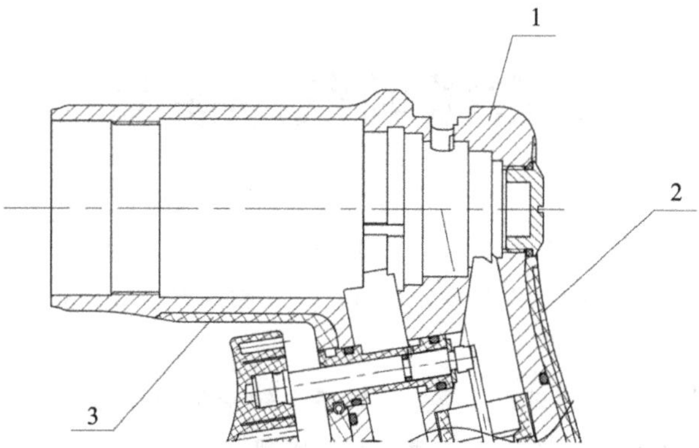

1—手柄；2—橡胶套；3—手柄外套

图 4 气螺刀手柄

这样可以使扣动扳机的手指频繁替换，使伸肌得到足够的休息，大大降低了患扳机指的风险。

参考文献

[1] 唐法从，崔连信，甘作霖. 风动工具的使用与维修[M]. 北京：国防工业出版社，1989.
[2] 丁玉兰. 人机工程学[M]. 4 版. 北京：北京理工大学出版社，2014.
[3] Pocket guide to screwdriving. 阿特拉斯科普柯工业技术股份有限公司，2016.
[4] 杨红涛，唐伟，宋巨玲，等. 机械设计基础[M]. 徐州：中国矿业大学出版社，2013.
[5] 饶振纲. 微型行星齿轮传动设计[M]. 北京：国防工业出版社，2013.
[6] 杜洁，张海龙，陈祥林，等. 机械式可调扭矩螺丝刀的设计[J]. 机械设计与制造，2013，8：263-265.
[7] 宁辰校. 气动技术入门与提高[M]. 北京：化学工业出版社，2020.

精密微调气浮装置

孙佳卓

（青岛前哨精密仪器有限公司，山东·青岛，266000）

摘要： 随着科学技术水平的不断发展，对位移台精密微调的技术指标提出了更高的要求。针对这一现状，设计一种精密微调的气浮装置，可实现沿 X 轴方向 μm 级的精密微调。传统的微调位移台无法满足高精度，高稳定性的要求。本文以高精度气浮滑台为基础，配合蜗轮蜗杆、梯形丝杠、光栅尺等组件，实现了位移台微调的高精度、高稳定性的技术指标。

关键词： 气浮滑台；蜗轮蜗杆；梯形丝杠；微调

1 引 言

精密微调气浮装置是一种高精度、高稳定性的计量仪器，可提供 X 轴方向的高精度定位，主要用于高精度测量等。精密微调气浮装置采用花岗石气浮滑台为基础、配合蜗轮蜗杆组件和梯形丝杠组件，通过光栅反馈系统，实现了花岗石气浮滑台沿 X 轴方向的精密微调，同时保证了装置微调的高稳定性。

2 精密微调气浮装置的主要结构

精密微调气浮装置主要由花岗石微调气浮滑台、锁紧气浮滑台、蜗轮蜗杆组件、梯形丝杠组件、光栅反馈系统、花岗石基础等组成。花岗石微调气浮滑台与锁紧气浮滑台置于已经调整水平的花岗石导轨上，花岗石导轨内侧粘有光栅尺，作为微调数值反馈的标准，锁紧气浮滑台上装有蜗轮蜗杆组件和梯形丝杠组件，梯形丝杠组件中的梯形螺母通过弹性片与连接座固定在花岗石微调气浮滑台上，可实现花岗石微调气浮滑台沿 X 轴方向上的微位移，如图 1 所示。

2.1 花岗石微调气浮滑台

花岗石微调气浮滑台作为整个装置中的位移台，可实现沿 X 轴方向的微位移，同时微位移数值通过花岗石导轨内侧粘贴的光栅尺反馈到计算机上。整个装置中导轨、底座和微调滑台均选用花岗石材料，本文不一一赘述，花岗石相对于传统金属材料，具有变形小、稳定性好、加工精度高、热膨胀系数小等优点，适用于高精度微调装置中。花岗石微调气浮滑台总行程 230 mm，微调范围±5 mm，微位移分辨率达到微米量级。花岗石微调气浮滑台由一块主滑块、四块侧滑块组成，每个气浮块工作面上都有正气孔，正气孔四周开有均压槽，通入压缩空气后在工作面形成一定厚度的气膜，保证花岗石微调气浮滑台可沿导轨方向做几乎无摩擦的高精度直线位移。花岗石微调气浮滑台如图 2 所示。

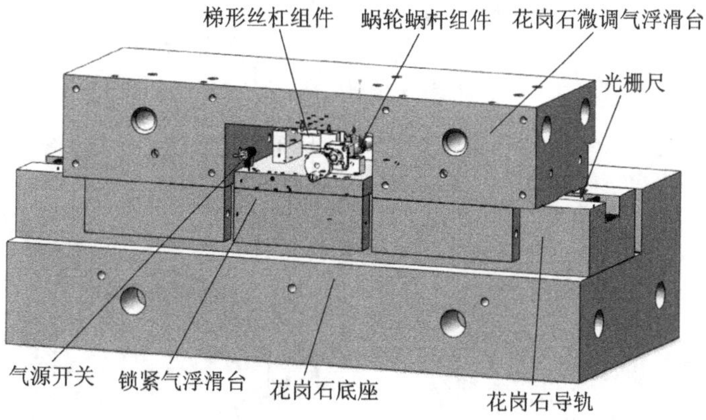

图 1　精密微调气浮装置

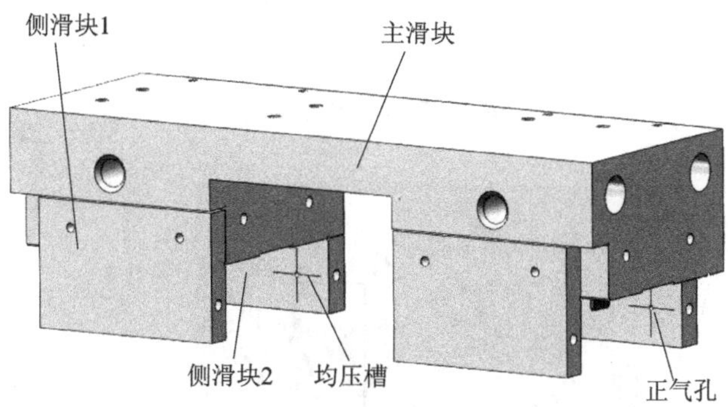

图 2　花岗石微调气浮滑台

2.2　微调机构组合体

微调机构组合体由蜗轮蜗杆组件、梯形丝杠组件、锁紧气浮滑台等构成，如图 3 所示。锁紧气浮滑台由三块材质为超硬铝的滑块组成，具有精度高、质量轻等优点。锁紧气浮滑台的主气浮块带有负气孔与真空腔，如图 4 所示。真空腔一方面可以在通正气的时候收集正气孔散射气体，避免气体扰动对装置精度的影响，另一方面可以在断掉正气时锁紧微调机构。蜗杆通过支撑座固定在锁紧气浮滑台上，蜗轮安装在定制的丝杆上，当操作者旋转铝合金手轮时，同轴蜗杆进行转动，带动蜗轮转动，螺母座通过弹性片、连接座与花岗石微调气浮滑台固定，螺母座沿 X 轴方向做直线运动，从而带动花岗石微调气浮滑台沿 X 轴方向做直线运动。花岗石气浮滑台进行微调时，关闭锁紧气浮滑台的正气气源开关，负气仍在工作，将锁紧气浮滑台固定在导轨上，考虑滑台气膜厚度变化的影响，添加弹性片可消除 Z 轴方向位移对整个装置 X 轴方向微调精度的影响。

选型蜗轮蜗杆参数：蜗杆头数：$Z_1=1$，蜗轮齿数：$Z_2=30$，齿顶高系数 $h_a^*=1$，径向间隙系数 $c^*=0.2$，模数 $m=1$，导程角 $\gamma=3.18°$，压力角 $\alpha=20°$，右旋，蜗杆分度圆直径 $d_1=18$ mm，蜗轮分度圆直径 $d_2=30$ mm。经计算：蜗轮蜗杆中心距 $a=(d_1+d_2)/2=24$ mm，传动比 $i=Z_2/Z_1=30$，即蜗杆每转动 30 圈，蜗轮转动一圈。

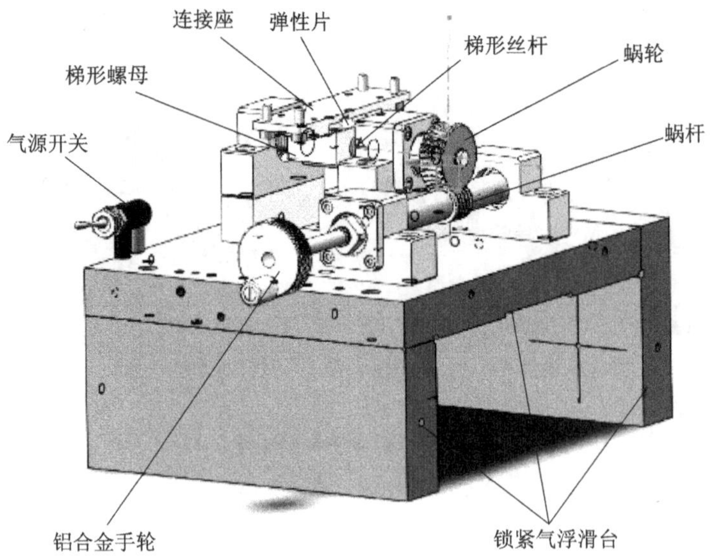

图3 微调机构组合体

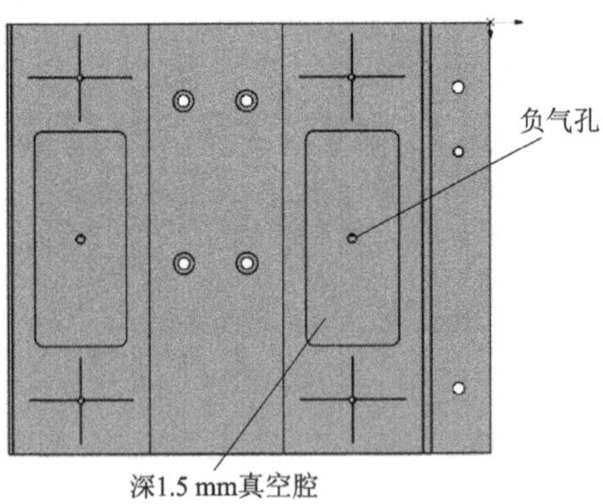

图4 锁紧主气浮块

梯形丝杠组件选型导程 $I=2$ mm，蜗轮与丝杆同轴转动，故蜗轮转动一周，螺母座直线位移 2 mm；若微调位移台位移 1 μm，则蜗杆需转动角度 $\theta=30\times360°/2\ 000=5.4°$，即操作者每转动铝合金手轮 5.4°，花岗石气浮滑台微调 1 μm。

3 结 论

本文介绍的精密微调气浮装置以花岗石气浮滑台为微调基体，通过蜗杆组件、梯形丝杠组件进行传动，光栅单元实现微调数值反馈，微调范围±5 mm，微位移分辨率达到微米量级，具有较高的稳定性，拥有广阔的市场前景。

参考文献

[1] 濮良贵，纪明刚. 机械设计[M]. 7版. 北京：高等教育出版社，2001.
[2] 孔庆华，刘传绍. 极限配合与测量技术基础[M]. 上海：同济大学出版社，2002.

基于多传感器的河道港口监控报警系统设计

肖慧敏[1]　刘明刚[2]　韩月涛[1]　王娟[1]
(1. 山东航天电子技术研究所,山东·烟台,264000;
2. 海军航空大学,山东·烟台,264000)

摘要: 城市内河作为国家重要的水资源,在城市整体布局和资源利用中具有举足轻重的作用。为了有效推进城市内河规范化管理,落实河长制,提升管控水平,创造良好稳定的城市内河管理环境,需要对河道港口建立相应的视频监控报警系统,对河道港口两侧的乱采、乱捕、乱倒、乱挖现象进行监管,从而有效制止破坏水利资源行为的发生。本文集成了红外热成像仪、可见光摄像机、云台等,监控范围大,可见光与红外热成像有效结合,系统能够实现无人值守及昼夜连续监控。系统对非法入侵进行报警,自动存储视频。

关键词: 多传感器;河道港口;监控报警;无人值守;不间断工作

1 引　言

如何对城市内河实行科学、安全、自动管理,是城市对于水利资源整体规划及再利用过程中的关键。

目前河道港口监控管理存在很多困难,如管理人员工作强度大而且管理质量并不高,人为巡检无法实时发现河道或者港口的乱采、乱捕、乱倒以及乱挖现象。当出现以上情况时,缺少高效、统筹、及时的调度。监控点位分散且数量较少,监控数据不够丰富,因而无法建立有效的城市内河监控数据网。考虑到河道港口位置的特殊性,立杆、布线等方面都存在一定的难度,需要人力、物理的前期投入和后期维护。

因此,急需一个网络化、数字化的视频监控系统,解决城市内河管理中遇到的问题,实现快速建设部署,低成本,无人值守,实时监控,对乱采、乱捕、乱倒、乱挖现象及时发现制止,实现监控数据有源可查、有据可依,为智慧城市建设提供有力的数据支撑。

2 系统组成

本系统采用高清双光谱夜视仪进行视频采集,集成了红外热成像仪、可见光摄像机、云台等部分,主要用于航道交通、渔业管理、港口和城市内河等的视频监控,可以满足监控范围大、全天候连续工作、防潮、耐腐蚀、防雷击等要求。系统能够实现无人值守不间断工作,采用红外热成像夜视技术,具有隐蔽性好,不受光源限制等特点,可实现昼夜连续监控。水利部分可通过前端摄像来实现数据的采集,通过光纤、卫星、微波、网络等方式将数据传输到多级的监控中心,并在监控中心按照权限对数据进行显示、存储、统计和回放,从而建立一个覆盖整个流域的信息化系统,同时还可以查看现场实时图像,根据直观的画面确认可疑船只,能有效对船只进行识别定位。一个完整的水利监控信息化系统的搭建架构如图 1 所示。

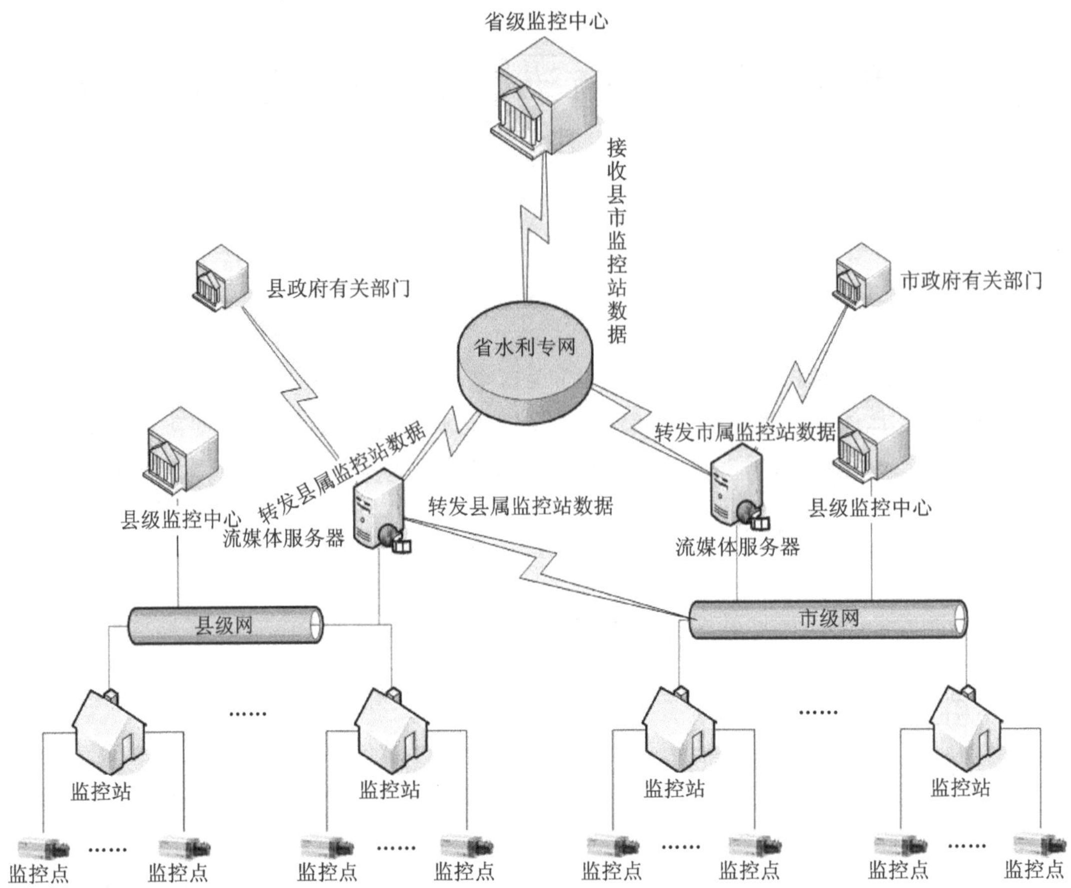

图1 信息化系统的架构

系统对采集到的红外原始图像进行非线性的映射，转换满足显示器显示的要求，并对红外图像进行360°全景显示，以及细节放大。同样对采集到的可见光图像和红外图像分别进行鱼眼或者鹰眼方式显示。红外全景图像的鱼眼显示如图2所示，可见光全景图像的鱼眼显示如图3所示。

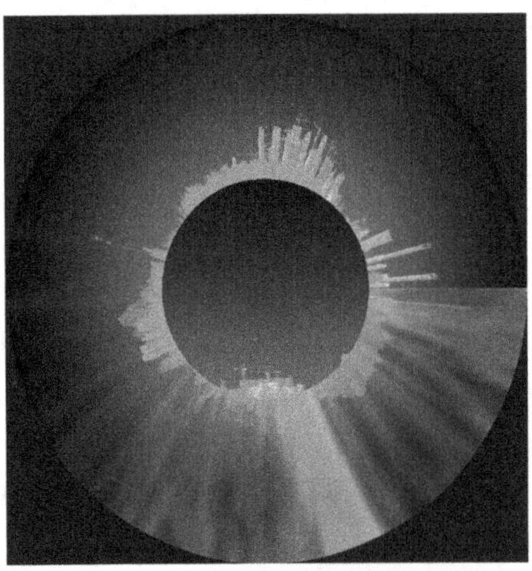

图2 红外全景图像鱼眼显示

图3 可见光全景图像鱼眼显示

3　详细功能模块

河道港口监控报警系统以网络为传输平台，所设计的各子系统抛弃了原来采用端到端模拟电缆通信传输的手段，采用标准的接口和标准的协议，将原来学院在模拟线缆上传输的信号经过编/解码手段，通过多媒体计算机和相关的软/硬件平台，进行系统的监控、控制、记录、显示、处理等方面的工作。本系统主要由前端摄像机、智能视频分析服务器和存储录像机以及智能管理系统组成。系统采用一个智能管理系统中心平台，使用一台专业的 NVR 来存储视频图像，通过分发服务器传输到客户端的视频，客户无须重新采购流媒体服务器，搭建监控中心，只需要一台普通计算机，安装客户端登录后即可实时观看视频，对河道港口进行监控巡视。

3.1　前端摄像机

前端摄像机作为整个系统的前端采集部分，负责从前端采集视频资源。通过红外热像仪和可见光摄像机对指定区域进行监控报警，对云台设置不同的预置位，可以实现不同区域范围的监控，当发现可疑目标时，摄像机自动拉大焦距，对目标进行去人，并且将目标信息拍照和视频保存。

前端摄像机主要是对河道港口的探测，当发现河道港口内有船只、人员经过时，计算机对监控区域进行实时分析检测，当检测到异常时，向监控人员发出报警信息，提醒监控人员查看异常区域。由于视频的原始数据源自红外成像仪，在红外光谱下，船只相对周围环境有着较为明显的热源差异性，非常适用于通过视频分析检测可疑目标，采用智能视频分析技术后，可以大大减轻监控人员的工作强度，使监控人员可以将精力集中在处理异常事件上，可以极大地降低重要信息的遗漏，确保河道港口监控的有效性。

本文系统采用智能预置位技术，实现河道的全方位监控。预置位是对某一些事故高发区域，在热像仪可视范围内不同焦距，设置特定的预置位，以记录该位置。当进行预置位调用时，热像仪镜头会拉到之前预设的位置，以节省再次调节镜头位置的时间，实现精准定位。前端摄像机实物如图 4 所示。

图 4　前端摄像机实物

3.2　智能视频分析服务器和存储录像机

智能视频分析服务器和存储录像机作为中端分析部分，主要负责把前端部分采集到的视频资源，通过相应的算法将需要分析的部分从视频源中提取出来，并将警告、报警信号输出到相应的设备，而存储录像机则负责将分析出来的视频流和源视频流保存到本地或者远端，作为备份数据。存储录像机的视频保存可以由用户指定保存策略，满足不同的需求，并且视频支持远程访问，共享给不同的用户。

本系统存储采用基于多盘位的 NVR 模式，这种存储模式更加高效稳定，并节省了一定的成本。录像数据存储在NVR磁盘设备上，存储的图像数据采用标清或高清格式，录像数据可以保存60天以上。存储的图像数据可通过网络接口以时间、通道等方式进行检索，允许多用户同时检索、调用录像。实际系统建设可按照不同区域设定存储格式和存储时间，监控中录制下来的视频资料可以作为不法分子的犯罪证据。

NVR全称为NetWork Video Recorder，即网络视频录像机，是网络视频监控系统的存储转发部分，NVR与视频编码器或网络摄像机协同工作，完成视频的录像、存储及转发功能。NVR有不同的产品形态，但其核心功能是网络视频流的捕获、存储、管理与转发。NVR具有很好的人机交互接口，通道参数设置、启停录像、视频浏览、视频回放、视频导出等各项操作均可通过用户界面完成。NVR技术应用功能模式较为灵活，且能够在很大程度上满足当今视频监控系统功能需求。

NVR存储设备可对存储空间进行管理，通过特定存储策略、空间管理策略、文件覆盖策略、文件安全备份策略保证磁盘空间的安全、高效使用。

3.3 智能管理系统

智能管理系统负责将智能视频分析服务器分析处理的视频源输出到显示设备上。智能管理系统可以融合北斗导航、高分遥感等卫星应用技术等多种信息技术，整合多种数据资源，从而提供多种创新的信息服务，进而打破信息孤岛，实现数据统一，为数据最大化利用提供可能。智能管理系统作为系统的中心和心脏，所有的前端数据都要传输到该处进行分析、处理、存储和分发。智能管理系统是由NVR存储和客户端组成，NVR提供设备的接入，数据的存储等服务，同时提供权限配置管理。根据NVR设置的权限，智能管理系统有相应的权限添加删除设备并观看相应设备的视频图像，能为用户提供每个点的实时画面监控、录像的回放、权限的设置等。智能管理系统可以通过有线和无线IP传输网络，集成了视频监控、异常报警、资源管理等功能，为最终用户提供图像、文字、语音、报警等信息远程采集、传输、处理、存储服务。

智能管理系统可对前端设备进行统一管理，完成用户权限的鉴定、设备的分发配置、其他服务器的配置管理及日志的管理等。服务器通过账号密码方式进行认证，管理者能在系统内为不同账号的登录者设置不同访问权限，保障系统信息和运作安全。

4 系统工作及优势

系统检测到疑似异常后，向监控人员发出报警确认窗口。如果监控人员确认是误报，系统则自动将该点位信息添加到屏蔽区域中，后续不会对该点位进行报警提示。监控人员可对前端设备进行转动、镜头缩放、参数设置、扫描模式选择、视频抓拍、报警阈值的设置等操作，从而及时发现违法乱采、乱捕、乱倒、乱挖等事件，并通过对异常情况的跟踪显示，及时通知相关人员进行处置。

前端设备产生报警后，在视频监控界面弹出报警对话框，提醒用户进行确认，并对产生报警的监控区域进行抓拍，记录报警信息及处理结果，方便以后检索和统计。用户确认为正确报警后，则会做出相应的联动操作，发送报警信息到指定的手机号上，并将报警时的视频进行抓图，方便日后查询和比对。同时，自动跟踪和锁定异常位置，异常位置自动居中放大。系统分部对可见光和红外热成像图像进行360°拼接，组成监控区域的全景图像，能够实时显示设备扫描区域，方便用户对周围环境的分析和判断；在发生异常情况时，方便用户快速判断异常区域，形成有效的处置决策。

系统会自动记录下异常事件发生的时间、经纬度及实时监控录像和图片，并自动生成档案日志存储在系统目录文件下，用户可实时检索登录记录、设备报警记录、设备操作记录等，供日后翻查事件过程。

本文的系统根据用户需求模块化进行搭建系统，满足不同场合的应用，打破传统的系统搭建模式，采用 NVR 网络摄像机进行视频存储，降低开发成本，并且与其他用户共享方便快捷。

系统对船只实测的效果图如图 5 和图 6 所示。

图 5　可见光图像

图 6　红外图像

5　结束语

本文采用最新的专业图像技术，提供高清晰的图像质量，利用电信级器件和制造工艺，充分满足高风险等级场所的高可靠性监控需求，满足户外防护等级要求，提高产品的可靠性。采用存储服务器存储设备存储监控录像，保障监控数据安全、系统安全。存储系统采用 NVR 存储，其安全性远高于 IDE 硬盘，可保障监控数据的安全性，事后监控、调阅、调查有充分保障。

系统采用一个智能管理系统中心平台，使用一台专业的 NVR 来存储视频图像，通过分发服务器传输到客户端的视频，安装客户端登录后即可实时观看视频，对河道或者港口进行监控巡视。

本文系统可以集中管理，方便维护，节约成本和建设周期，后续需要对软件进行升级，可以满足不同场景的需求，能够为城市内河的管理提供极大的帮助。

参考文献

[1] 时永鹏. 洛河市区河道监控系统的优化与设计[J]. 电子技术，2012，25(9)：28-29.

[2] 张辉，骆云飞，王伟. 河道信息化监测管理平台的设计与实现[J]. 建筑工程技术与设计，2018(28)：2720-2721.

[3] 唐珊珊. 2020 年建成国家新型智慧城市标杆市[N]. 深圳区报，2016-9-29(A06).

[4] 吴佳佳，陆梦婷，夏浩. 以传感器网络为基础的智能河道监控系统设计[J]. 网络通信，2017(48)：5.

[5] 何宝福，王东，戴才彬. 红外空情预警系统及其作战运用研究[J]. 现代防御技术，2005(33)：12-16.

[6] 贾俊涛，唐跃峰，毛鑫. 红外全景扫描跟踪成像系统设计与实现[J]. 应用光学，2013，34(3)：407-412.

[7] 陈钱，钱惟贤. 红外目标探测[M]. 北京：电子工业出版社，2016.

[8] XIAO H M,LIU X. Robust Target Tracking Based on Spatio-Temporal Context Learning[J]. Journal of Information Hiding and Multimedia Signal Processing,2019,10:212-220.
[9] 肖慧敏,刘晓,陈祥成,等. 面向航天器测试现场无人值守安全告警系统研究[C]. 山东省航空航天学会2019学术年会论文集,北京航空航天大学出版社,2019:44-47.
[10] 王睿. 浅析视频监控系统中网络硬盘录像机NVR的选择[J]. 山东化工,2020,49(11):256-257.
[11] 何晓凤. 网络视频监控(NVR)存储技术的分析及其应用[J]. 中国科技信息,2011(2):113-114.
[12] 刘星驰. 网络硬盘录像机NVR的应用与发展[J]. 数字技术与应用,2009(8):91-92.
[13] Lvor Horton. Visual C++ 2010入门经典[M]. 5版. 苏正泉,李文娟,译. 北京:清华大学出版社,2010.
[14] 仇谷烽. 基于Visual C++的MFC编程[M]. 北京:北京出版社,2015.

面向飞行器的螺栓预紧力机电阻抗监测仪

于立佳　王晓宇　刘强　孙华亮　张庆志

（山东航天电子技术研究所，山东·烟台，264670）

摘要：机电阻抗监测方法广泛应用于螺栓预紧力监测，传统的阻抗分析仪由于其体积、功耗大等原因，无法直接安装在飞行器中。针对该问题，本文设计并实现了一种面向飞行器的螺栓预紧力机电阻抗监测仪，采用压电陶瓷纤维复合材料（Macro Fiber Composite，MFC）作为传感器，以AD5933为阻抗测量芯片，具有小型化、集成化等优点。以螺栓连接梁为对象，以螺栓松动前后阻抗实部数据的均方根偏差RMSD作为评价指标，对该仪器进行了系统测试。测试结果表明，随着螺栓拧紧力矩减小，均方根偏差RMSD逐渐增大，该仪器可以对飞行器螺栓预紧力进行有效监测。

关键词：飞行器；螺栓预紧力；机电阻抗监测

1　引　言

螺栓连接广泛应用于飞行器结构中，而螺栓连接服役过程中在振动等时变载荷下，预紧力容易发生下降，进而诱发连接松动，导致灾难性的事故发生。因此，对飞行器关键部位螺栓连接预紧力进行监测具有重要的工程应用价值。目前，机电阻抗监测方法与超声导波方法被广泛应用于飞行器的螺栓预紧力监测。其中导波具有在结构中传播距离远，只需很少的传感器就可以实现对结构大范围地监测的优点，但当结构几何形状复杂、界面众多，即使在简单激励下，导波的频散、多模态特性导致其信号异常复杂，在多螺栓连接结构中，提取出表征连接状态变化的特征信息将变得十分困难。机电阻抗法具有对微小损伤灵敏度较高、适用于复杂结构健康监测等优势，实验室已验证可以用来对螺栓连接预紧力进行监测。在应用该技术时，需要对被测部位进行应变激励、对信号进行放大、对数据进行采集等，然而相关实验室仪器设备体积和重量大、功率高，难以对服役过程中的结构进行实时监测，迫切需要开发一种小型化、集成化和通用的测量系统。

本文针对该问题，采用MFC作为传感器，设计并研制了一种面向飞行器的螺栓预紧力机电阻抗监测仪。该仪器具有小型化、集成化等特点，可安装在飞行器结构上，对关键螺栓连接部位进行预紧力监测，测量并存储螺栓连接结构服役过程阻抗数据以及温度、加速度等环境数据，从而得到螺栓连接结构的健康状态。

2　基于机电阻抗的螺栓预紧力监测原理

压电陶瓷材料是一种能够实现机械能和电能相互转换的功能材料传统的PZT具有脆性大、密度高、硬度高、不易变形等缺点，使这类材料在应用上受到了很大限制，而由NASA的Langley研究中心发明的压电陶瓷纤维复合材料MFC则具有优异的强度和灵活性。MFC是由矩形的压电陶瓷纤维夹在胶粘剂、电极和聚酰亚胺薄膜之间复合而成，电极和薄膜以相互交叉的方式接触，这样可以将电压直接传到压电陶瓷纤维上，或者由其传出。MFC 作为一种智能材料，具有正、逆压电效应。当 MFC 在沿一定方向上受到外力的作用而变形时，其内部会产生极化现象，同时在它的两个相对表面上出现正负相反的电荷，而外力去掉后，它又会恢复到不带电的状态，这种现象称为正压电效应。当作用力的方向改变时，电荷的极性也随之改变。相反，当在 MFC 的极化方向上施加电场，MFC 也会发生变形，电场去掉后，MFC 的变形随之消失，这种现象称为逆压电效应。

借鉴基于压电陶瓷 PZT 与结构的相互作用模型，MFC 与结构的相互作用可以用如图 1 所示的一维阻抗模型描述，MFC 被看作一个狭长的杆件，在交变电场作用下做 x 轴向的轴向振动，MFC 一端固定，另一端与简化为单自由度系统的基体结构相连。

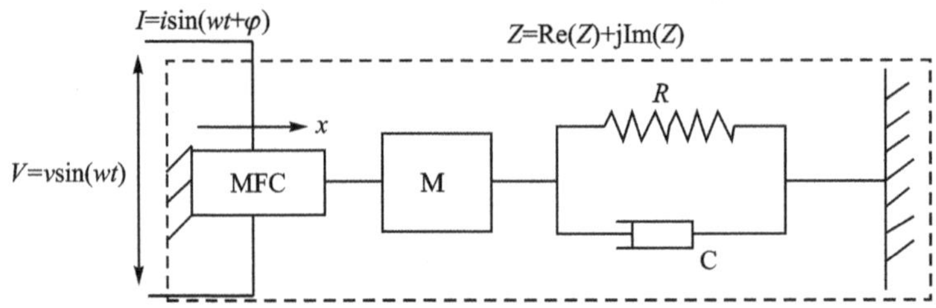

图 1 机电耦合作用一维模型

此时，粘贴在结构表面的 MFC 受到垂直于 x 轴方向的电场作用，该系统中 MFC 的电导纳为

$$Y = jw\,\frac{b_a l_a}{h_a}\left(\bar{\varepsilon}_{33}^{\sigma} - \frac{Z_s}{Z_s + Z_a} d_{31}^2 \bar{Y}_{11}^E\right) \tag{1}$$

式中，l_a，b_a，h_a 分别为 MFC 的长、宽、厚，$\bar{\varepsilon}_{33}^{\sigma}$ 为 MFC 零应力下的复介电常数，$\bar{Y}_{11}^E$ 为 MFC 在静电场中的复弹性模量，Z_s，Z_a 分别是结构的机械阻抗和 MFC 的电阻抗，d_{31} 是 MFC 压电应变系数。当压电材料的参数和性能保持恒定时，与之相贴合的结构机械阻抗唯一地确定了 MFC 的电导纳。MFC 的电导纳的变化可以反映出螺栓预紧力变化情况。

相比于 MFC 的导纳模值、阻抗模值、阻抗虚部等参数，结构变化引起 MFC 的阻抗实部变化更为明显。因此，为了对螺栓的松动状况进行定性和定量的评价，本文以螺栓松动前后两组阻抗实部数据的均方根偏差 RMSD 作为指标：

$$\mathrm{RMSD} = \sum_{i=1}^{n} \sqrt{\frac{[\mathrm{Re}(i) - \mathrm{Re}_0(i)]^2}{\mathrm{Re}_0^2(i)}} \tag{2}$$

式中，Re(i)为螺栓未松动时第 i 个频率点的阻抗实部，Re_0 为螺栓松动后第 i 个频率点的阻抗实部。

3 系统总体设计

阻抗监测节点由电源模块、微处理器模块、存储模块、阻抗测量模块、温度/压力测量模块组成，整个系统功能包含 MFC 阻抗信号测量、温度/压力信号采集、数据通信功能、电源转换功能，系统功能框图如图 2 所示。

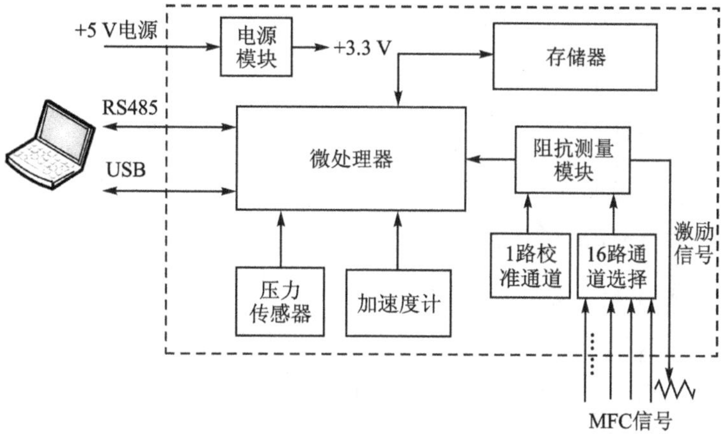

图 2 系统功能框图

选用 STM32 作为整机主控芯片，接收来自 RS485 接口的数据指令，控制阻抗测量芯片 AD5933 激励信号输出、阻抗及温度信号采集。采集加速度传感器 ADXL362 及压力传感器 MS5611 输出信号。将阻抗信号与压力、温度、加速度信号结果存储到 Flash 中，并按照指令将采集数据通过 USB 或 RS485 接口发送到计算机。

AD5933 提供了一个专门应用于阻抗测量领域的完整集成方案，具有高性能的模拟信号及数字信号处理技术，把一些重要的模块电路全集成在了内部，包括了 27 位直接数字频率合成器(DDS)、12 位模拟数字转换器(ADC)、数字模拟转换器(DAC)、程控增益放大器、低通滤波器、片上数字信号处理器(DSP)、时钟电路、I^2C 接口电路、温度传感器等。与传统模拟方法不同，AD5933 是一种基于计算机技术及数字信号处理的方法，片上 DDS 为外部提供激励源，最高可产生 100 kHz 频率的激励源，分辨率为 0.1 Hz。频率发生器产生的信号经程控调节后激励外部的未知阻抗，得到的电流信号经 *I-V* 转换后，进入可编程增益放大器，再通过低通滤波器滤波之后，由 12 位 ADC 进行采样，得到的数据由片上的 DSP 进行 1 024 点的离散傅里叶变换(DFT)，再经过相应的计算就可以得到实部和虚部及阻抗值。

AD5933 前端设计有模拟开关选用电路，用以实现 16 路 MFC 信号分时测量。

4 系统测试结果

4.1 标定测试

采用标准 3.2 kΩ(±0.1%精度)电阻进行了对阻抗监测仪进行了标定测试，测试结果如图 3 所示。结果表明，不同频率(30～80 kHz)下，测试结果误差最大为 1.553%，可以满足测量要求。

4.2 系统测试

以图 4 所示的双螺栓搭接梁为研究对象，两端自由。两根相同的梁用 4 个 M6 螺栓相连，将其中一个螺栓作为测试对象，使用阻抗监测仪测试该螺栓在不同拧紧力矩下的阻抗值，计算均方根偏差 RMSD。系统测试工况见表 1。

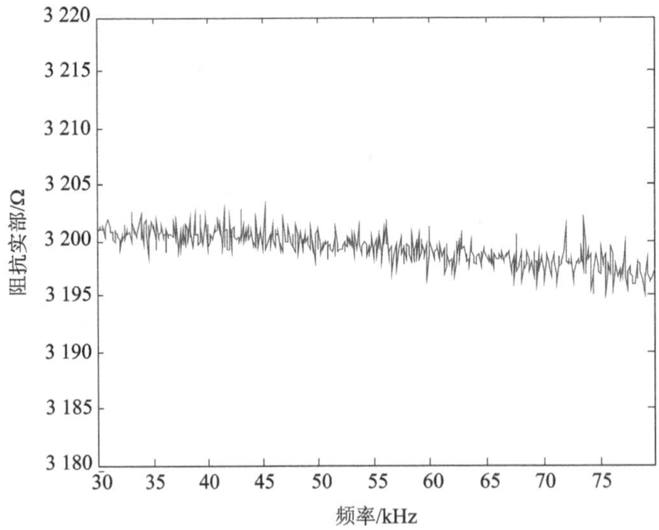

图3 标定测试结果

图4 系统测试试验照片

表1 系统测试工况

工　况	力矩/(N·m)	工　况	力矩/(N·m)
1	10	4	4
2	8	5	2
3	6	6	0

测试结果如图5所示：在拧紧状态下(10 N·m)情况下，RMSD值最小，约为0.18。在完全松动脱落(0 N·m)情况下，RMSD值最大，约为1.14，且随着拧紧力矩减小，RMSD逐渐增大。

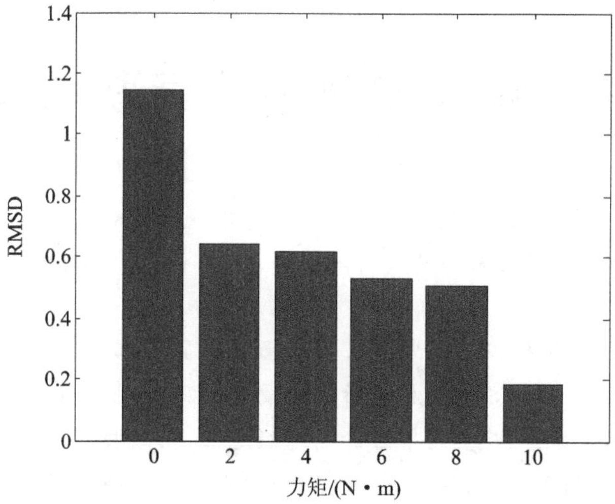

图 5　不同工况下测试结果

5　结　论

针对飞行器常用的螺栓连接结构，本文设计并研制了一种基于机电阻抗螺栓预紧力监测仪，采用 MFC 作为传感器，以 AD5933 为阻抗测量芯片，具有小型化、集成化等优点。以螺栓连接梁为对象，对该仪器进行了系统测试。测试结果表明，随着螺栓拧紧力矩减小，RMSD 逐渐增大，该仪器可以对飞行器螺栓连接结构进行有效监测。

参考文献

[1] 杜飞，徐超，鱼则行. 可重复使用运载器结构健康监测技术研究进展[J]. 宇航学报，2019，40(10)：1177-1186.

[2] 朱宏平，王丹生，张俊兵. 基于压电阻抗技术的结构损伤识别基本理论及其应用[C]. 第 17 届全国结构工程学术会议，2008，(SUP) Ⅱ：34～43.

[3] 熊先锋，杨光瑜，杨拥民，等. 压电阻抗技术用于结构健康诊断的一种方法[J]. 传感器技术，2003，22(10)：62～64.

[4] 吴斌，佟啸腾，刘增华，等. 基于机电阻抗技术的管道法兰结构健康监测实验研究[J]. 实验力学，2010(5)：516～521.

[5] 王奕首，卿新林. 复合材料连接结构健康监测技术研究进展[J]. 复合材料学报，2016，33(1)：1-16.

[6] Liang Y，Li D，Parvasi S M，et al. Load monitoring of pin-connected structures using piezoelectric impedance measurement[J]. Smart Materials and Structures，2016，25(10)：105011.

[7] 任凯，张子涵，杜飞，等. 基于阻抗法的多螺栓连接预紧扭矩检测试验研究[J]. 动力学与控制学报，2018，16(5)：467-472.

[8] 崔传金，郭志强，赵楠，等. 用 AD5933 实现电导率测量的研究[J]. 机电工程技术，2008，37(4)：44-47.

[9] 李静，陈世利，靳世久. 基于 AD5933 的阻抗分析仪的设计和实现[J]. 现代科学仪器，2009，(2)：28-30.

[10] 温新华，颜小飞，安东. 基于 AD5933 的便携式阻抗仪研制[J]. 计算机测量与控制，2013，21(4)：1090-1092.

一种旋转式按钮锁及其联动装置

王晓亮　王晓伟　徐建超　朱昊天

（东方蓝天钛金科技有限公司，山东·烟台，264003）

摘要： 航空航天领域飞机、导弹、火箭及其他飞行器型号机身、壳段上分布着大量的检修口盖，按照实现功能不同，对口盖的连接与拆装的要求不同。现代航天运载器、航空飞行器要求快速反应、快速操作或维修，反应与准备时间越短越好，不断提高性能指标要求，要求箭体、机体开口口盖连接结构简单可靠，连接紧密，操作方便、快速。快速连接装置作为替代传统紧固件实现口盖快速开合作业的有效手段，在国外已经得到了广泛应用，但我国相关产品的研发和应用相对落后，特别是先进快速连接装置仍大量依靠进口。本文从产品结构、操作原理、功能、材料、性能等方面介绍了一款具有独立知识产权的旋转按钮锁及其联动装置。该产品可以满足新一代航空机型检修口盖连接的性能和功能要求。旋转式按钮锁及其联动装置既能满足型号对口盖快速锁紧和拆卸的使用要求，又具备承载能力强的特点，可提供≥2KN 压力满足密封圈压紧要求。产品主要选择高强钛合金材料，并经特殊表面处理，重量轻、耐腐蚀、耐磨损、可重复操作、可靠性高、防水、满足雷达波低反射率要求，弥补了国内装备选用空白。

关键词： 快速连接；旋转按压；联动装置；低反射

0　前　言

航空航天领域型号上设有大量的舱门口盖，按照用途不同大体上分为过人、设备、工具等三类。型号全生命周期内，需要对设备、仪器等进行定期检修、校准、调试、维修及更换作业，尤其在战时，除了需要口盖的连接可靠外，还需要满足操作简便、耗时短的要求。航空航天领域设备口盖的连接机构需要满足可反复操作、重量轻、耐腐蚀，甚至需要满足雷达波低反射的要求。早期，检修口盖、罩类的连接多采用螺钉连接，费时费力。例如，在日常火箭整流罩的连接工作中，通常由 3 名操作人员完成近 150 个径向螺栓的装配，耗时长（约 2.5 小时），工作量大，不利于导弹的快速装备。随着连接技术的发展，口盖等结构的连接逐渐向多线螺栓、挂钩锁、按钮锁、分离结构等产品方向发展。

国际上，快速连接装置一直是紧固件配套公司产品体系中重要的一个分支，包括各类快卸锁和快卸铰链两大部分，主要用于各类口盖、舱门部位的连接。研发及配套企业包括美国美铝（Alcoa）公司、美国精铸（SPS）公司、法国里斯航天集团（Lisi Hi-shear）公司、美国波音（Boeing）公司等世界上较大的紧固件公司以及美国 Monogram 公司等专业性较强的公司。

我国基础零部件发展起步晚，口盖连接类产品经吸收国外产品技术后，形成了 HB 等系列标准，但随着装备的发展，逐渐满足不了型号的需要。近年来北京宇航系统工程研究所、东方蓝天钛金科技有限公司等单位，开发了多种特种紧固件及快速连接装置，解决了部分装备口盖连接的需求。总的来说,国内口盖连接技术发展仍较滞后,需要专业化公司潜心研究,并进行标准化与产品化工作。

本文介绍了一种轻量化、操作简便、连接可靠、可重复使用、承载能力强、防水、耐腐蚀、具备隐身功能的旋转式按钮锁及其联动装置,可以满足国内航空领域新装备口盖连接的需要。

1 结构与功能

1.1 旋转式按钮锁

旋转式按钮锁包括锁座、转轴、支座、锁钉、支撑头、滑块、连杆、摆臂、顶杆、自锁螺母、卡块、压缩弹簧、扭力弹簧、铆钉和垫片等。图1所示为旋转式按钮锁零件图,图2所示为旋转式按钮锁结构示意图。

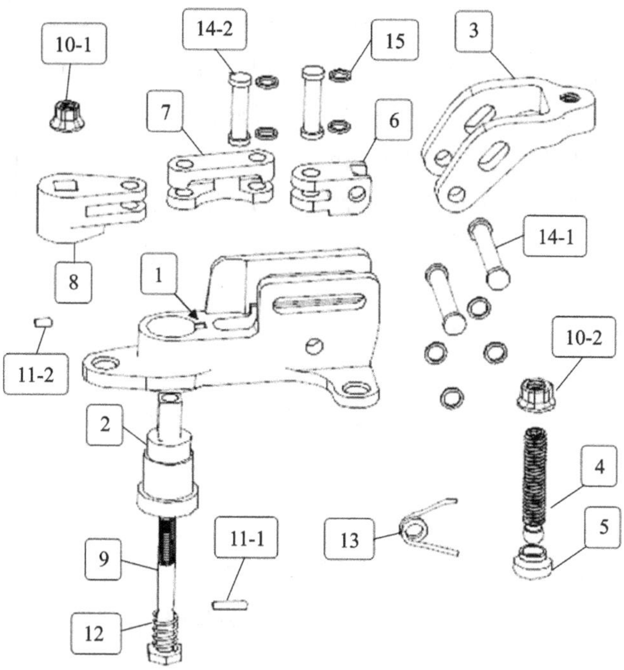

图1 旋转式按钮锁零件图

按钮锁解锁时,需要在口盖外表面找到按钮锁内六角扳拧孔区,用六角扳手按下9(顶杆),扳拧内六角孔带动2(转轴)、8(摇臂旋转),在B(摆臂防反挡板)作用下顶杆只能顺时针板拧,摇臂跟着顺时针旋转,7(连杆)将摆臂旋转运动转化成6(滑块)直线运动,在按钮锁解锁过程中,滑块后移,13(扭力弹簧)给滑块辅助动能,使滑块初始后移更顺畅,滑块后移带动3(支座)做旋转运动,促使5(支撑头)离开口框,滑块运动到D最后端,板拧停止,按钮锁完全解锁。按钮锁锁紧时,用六角扳手做逆时针扳拧,实现按钮锁锁紧。

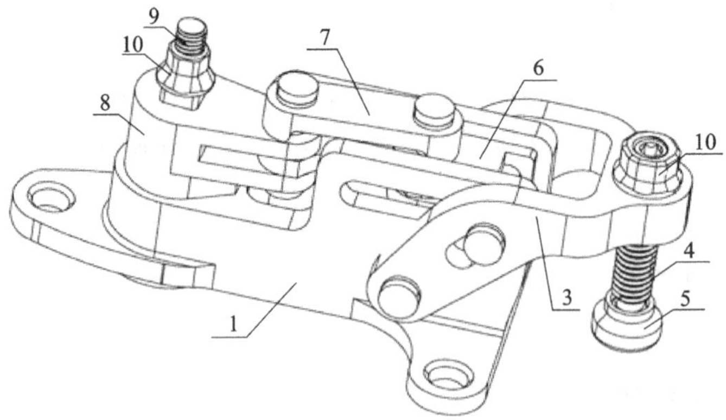

图 2　旋转式按钮锁结构示意图

1.2　旋转式按钮锁的操作原理

如图 3、图 4、图 5 所示，按照旋转式按钮锁 3 个铆接孔与口盖相对区域上配打铆接孔，然后用铆钉连接，完成按钮锁安装。作业过程中，通过相应规格的内六角扳手扳插入拧图 5 所示裸露在装备口盖外表面的六角孔，此时顶杆被压下，顺时针旋转 80°，驱动图 3 中 3(支座)实现支撑头与口框分离，此时口盖打开。口盖关闭作业中，将六角扳手插入内六角孔逆时针旋转 80°，实现快卸锁关闭，此时支撑头给口框施加 2 kN 压力，在锁紧口盖的同时，防水胶垫压平，

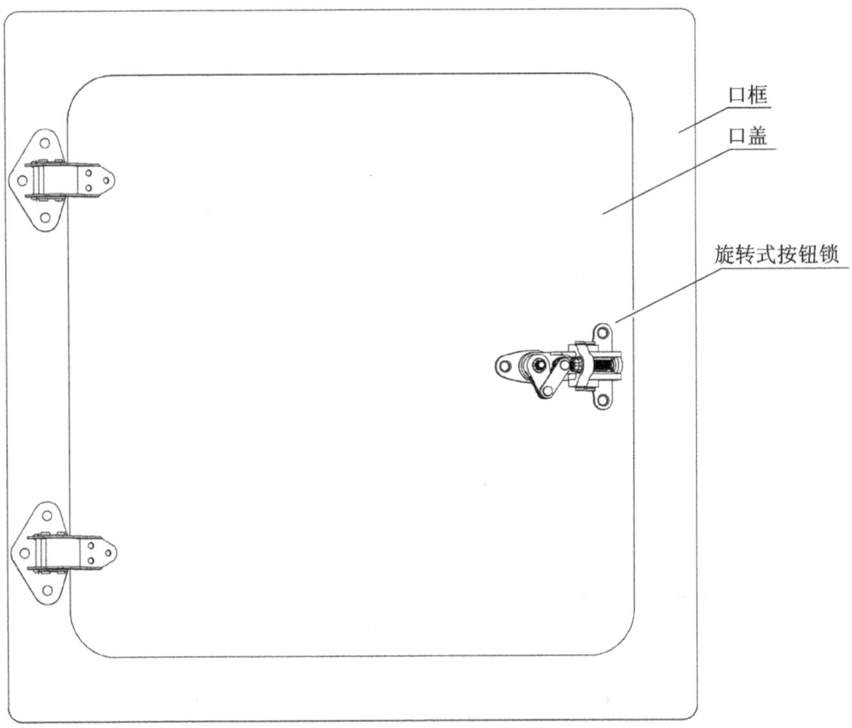

图 3　旋转式按钮锁安装示意图(装备内)

实现口盖防水功能。六角扳手拔出后,图 5 中钉杆弹出,保持装备外表面平整无反射弧,达到装备雷达波低反射需求,实现隐身功能。

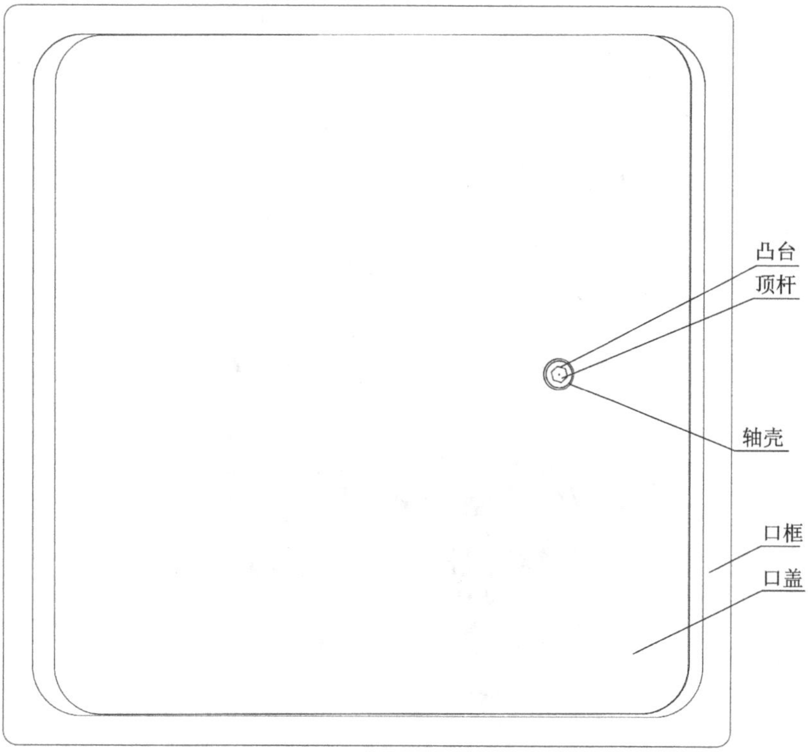

图 4　旋转式按钮锁安装示意图(装备外表面)

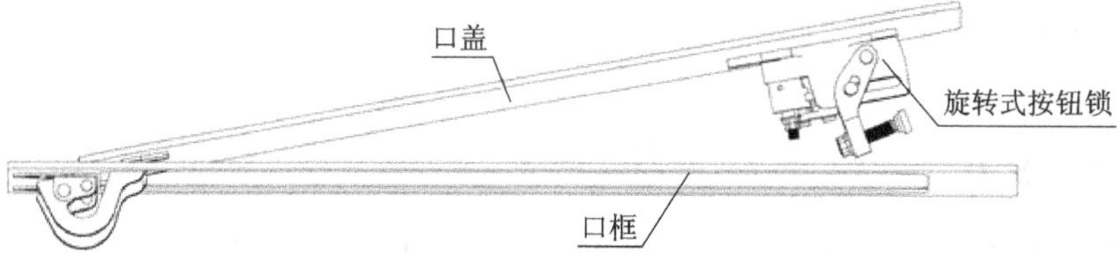

图 5　旋转式按钮锁安装示意图

1.3　旋转式按钮锁联动装置

如图 6 所示,口盖 1 与口框 2 铰接,旋转式按钮锁联动装置(包括设置在口盖上的两个以上锁具)中相邻旋转式按钮锁 3 之间通过联动机构 4 连接,口盖上设有与旋转式按钮锁数量一致的锁孔(作业原理与 1.2 节中所述一致),实现扳拧任何一个锁孔(内六角结构)实现联排锁的开与合。此联动装置可以大大节省检修口盖拆卸的作业时间,而且可以避免单锁扳拧结构故障所导致的开合失效,适用于尺寸较大口盖连接。旋转式按钮锁实物如图 7 所示。

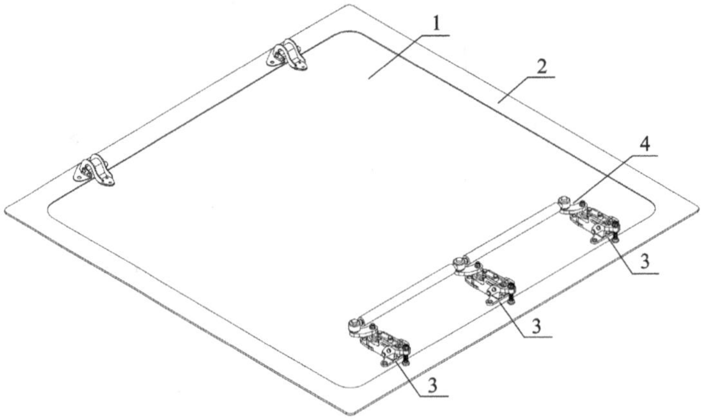

图6 旋转式按钮锁联动装置安装示意图

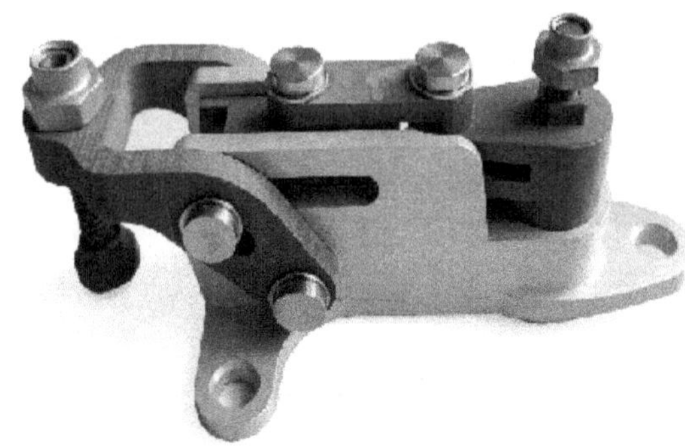

图7 旋转式按钮锁实物图

2 材料及性能

2.1 材料及表处

产品结构进行多伦拓扑优化、仿真，表1中零件2-10原材料为Ti-6Al-4V，保证材料强度[4]性能的同时实现了减重，单件产品36.3 g。对锁座进行了硬质阳极化处理，转轴、支座、锁钉、支撑头、滑块、连杆、摇臂、顶杆进行微弧氧化表面处理，两种表面处理方式均获得了高硬度涂层，有效保证了旋转按钮锁的耐磨性能，满足其反复使用的要求。

表1 旋转按钮锁材料选用及表处处理

序　号	零件名称	材料牌号	力学性能	表面处理	质量/g
1	锁座	2A14	—	硬质阳极化	12.3
2	转轴	Ti-6Al-4V	$\sigma_b \geq 1\ 100$ MPa	微弧氧化	3.3
3	支座	Ti-6Al-4V	$\sigma_b \geq 1\ 100$ MPa	微弧氧化	6.3
4	锁钉	Ti-6Al-4V	$\sigma_b \geq 1\ 100$ MPa	微弧氧化	1.1
5	支撑头	Ti-6Al-4V	$\sigma_b \geq 1\ 100$ MPa	微弧氧化	0.4

续表 1

序　号	零件名称	材料牌号	力学性能	表面处理	质量/g
6	滑块	Ti-6Al-4V	$\sigma_b \geq 1\ 100$ MPa	微弧氧化	1.7
7	连杆	Ti-6Al-4V	$\sigma_b \geq 1\ 100$ MPa	微弧氧化	1.9
8	摇臂	Ti-6Al-4V	$\sigma_b \geq 1\ 100$ MPa	微弧氧化	3.2
9	顶杆	Ti-6Al-4V	$\sigma_b \geq 1\ 100$ MPa	微弧氧化	1
10	螺母	Ti-6Al-4V	$\sigma_b \geq 1\ 100$ MPa	涂铝	0.5
11	卡块	304 不锈钢	—	—	0.2
12	压缩弹簧	0Cr17Ni7Al	—	—	0.1
13	弹簧	0Cr17Ni7Al	—	—	0.2
14	铆钉	0Cr17Ni4Cu4Nb	—	—	4.1
总质量					36.3

2.2 性　能

该旋转式按钮锁具有以下性能：

(1) 该产品可适用于 1.2 mm 厚蒙皮口盖的连接，且可提供≥2 kN 压力；

(2) 产品可实现防水功能；

(3) 可实现雷达波低反射要求；

(4) 比强度高，单件产品重量轻；

(5) 可实现一次扳拧联动开合；

(6) 产品承载能力强，耐磨性能优，满足装备重复使用要求。

3 结　论

对某装备用口盖连接件进行了设计开发、拓扑优化、仿真、验证，最终开发出了一种承载能力强、重量轻、操作简便、寿命可靠，且适用于防水、隐身性能要求的口盖连接用旋转式按钮锁。在该旋转式按钮锁基础上开发的联动装置能够满足较大尺寸口盖与口框的一次扳拧拆卸，联动装置操作时间优势明显，且有效避免了操作失效的发生。

参考文献

[1] 孙小炎. 航天紧固件实用手册[M]. 北京：国防工业出版社，2006.

[2] 张元. 整流罩快速连接技术研究[D]. 哈尔滨：哈尔滨理工大学，2018.

[3] 杨建中，祁玉峰，娄汉文. 航天器上使用的可解锁连接与分离装置[J]. 航天器工程，2003(1)：47-53.

[4] 颜鸣皋. 中国航空材料手册[M]. 北京：中国标准出版社，2002.

[5] 施元. 钛合金微弧氧化电参数对成膜技术及表面性能的影响[D]. 哈尔滨：哈尔滨工业大学，2007.

继电器的加固方法研究

高青

（山东航天电子技术研究所，山东·烟台，264670）

摘要： 本文详细介绍了常用电磁继电器的加固方法，开展了采用不同加固方法的继电器力学试验，总结了继电器加固的主要经验，对电磁继电器的安装设计具有重要的参考意义。

关键词： 继电器；加固；试验

1 引言

电磁继电器是国防军事、工业控制、现代通信等领域中广泛应用的电子元器件之一，在信号传递、执行控制、系统配电等方面起着重要的作用。随着科学技术的发展，对电磁继电器的使用环境要求越来越高，尤其是航空用电磁继电器，要求其具有很高的耐力学环境能力，如在振动、冲击、加速度等大幅度变化的恶劣环境下要能够正常工作。

通过电磁继电器抗力学分析、试验研究，确定合理可行的继电器加固方法，可为提高航空用继电器的安装设计可靠性提供必要、可行的指导。

2 继电器安装设计方法

继电器振动中发生失效的主要原因是继电器力学响应量级过大，导致继电器内部的动触头与静触头接触不良、接触簧片断开或断开簧片导通等问题，从而发生触点抖动、断开或接通现象。继电器的结构示意见图1。

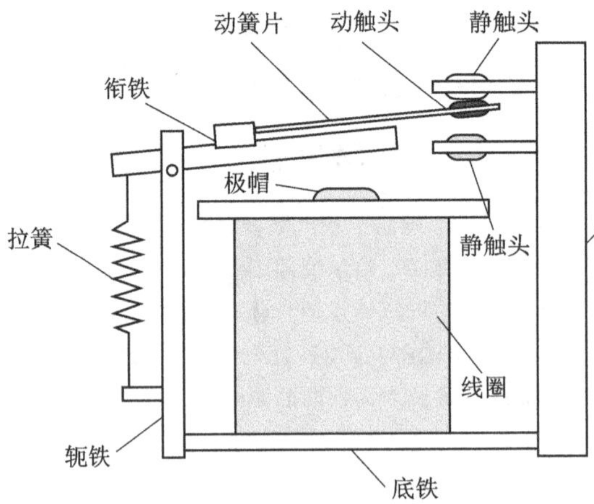

图1 继电器结构示意图

在继电器型号确定的情况下，其本身力学性能业已确定，提高继电器抗震效果的主要方法就是尽可能降低继电器的力学响应。对于批量产品，特定的继电器设计专用的阻尼减振器，可以有效降低继电器的力学响应达到较好的减振效果。但是对于单件产品，如果采用专用阻尼减震器，则经济成本较高，适用性不强。

根据多年的设计经验，合理布局继电器、有效加固继电器是目前单件产品中较为经济、实用的继电器安装设计方法。

(1) 合理布局继电器，就是要求继电器的安装位置应靠近电路板刚性较强的部位(如有连接限位的边缘)，且安装方向应与触点运动方向上的加速度载荷最小，以降低振动振幅对继电器动作机构的影响。合理布局继电器的目的是提高继电器安装位置的结构刚度，降低安装位置的激励响应，从而降低振源直接作用于继电器上的激振。

(2) 加固继电器，就是对继电器本身的安装方式进行必要的加固，提高继电器本身的刚性。加固继电器的目的是消除或弥补继电器的薄弱环节，增强继电器的抗震能力，减少继电器的激振响应。

3 合理布局继电器

继电器一般是焊装在电路板上，电路板位置不同、继电器位置不同都可能影响继电器的激励响应。本文开展了电路板和继电器不同位置的力学仿真分析，对继电器的均方根加速度响应值进行了对比。

首先设计了一台继电器减振试件产品，为插件式结构，内部有 7 个电路模块。随后，建立了试件产品的结构有限元模型，共划分了 116 436 个节点、306 522 个单元。边界条件为设备安装孔固定在基础结构上，即约束安装凸耳孔内壁节点的 6 个自由度。

按照力学分析要求，在固定了安装孔之后，分析了电路板的固有频率及模态振型。试件产品模型的第一阶模态云图如图 2 所示。

同时，在总均方根加速度 29.0 grms 的条件下，对不同位置的 001、002、004、006、007 电路板上 A、B、C、D、E、F 点的继电器的均方根加速度响应进行了仿真分析(见图 2)。仿真结果见表 1。

表 1 继电器最大均方根加速度响应值

电路板序号	均方根加速度响应值/g					
	A 点	B 点	C 点	D 点	E 点	F 点
001 板、007 板	52.2	51.6	42.8	42.9	64.5	68.2
002 板、006 板	53.4	53.8	47.8	45.7	74.2	73.9
004 板	53.6	54.5	64.5	73.5	98.0	99.2

根据分析结果，不同电路板的固有频率受继电器的布局影响不大；加强筋的布局对电路板的刚度影响明显；布局在试件产品两侧的电路板上的继电器，其响应要比布局在中间电路板的继电器响应要小；同一电路板中，靠近安装面，且距离试件产品侧壁近的继电器响应最小。

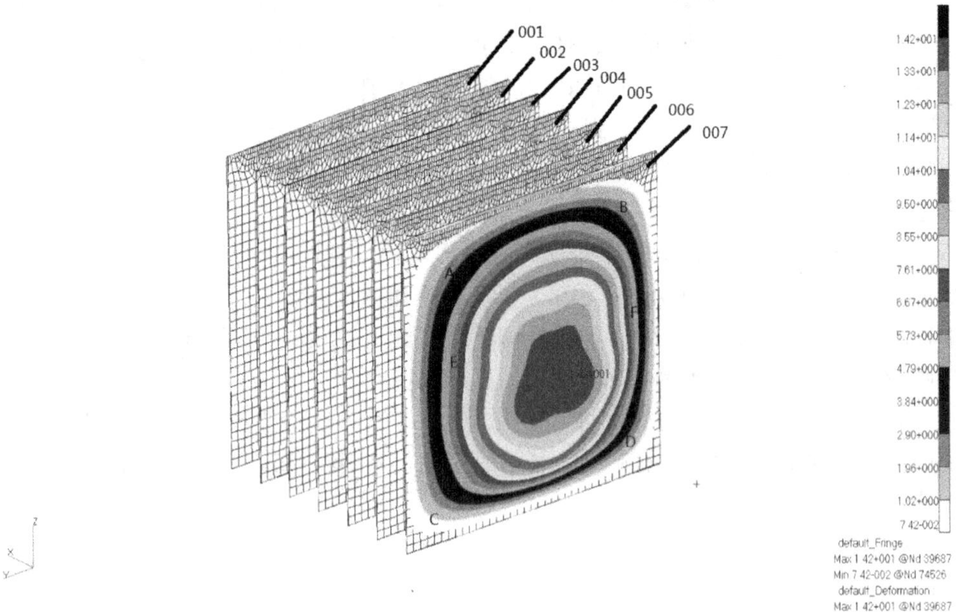

图2　电路板模态分析云图

4　有效加固继电器

4.1　继电器加固措施

以常用的卧式安装的B型继电器为例，较为可行的加固方法主要有耳片加装金属压片、壳体增加金属罩、安装孔增加减振垫等。

耳片加装压片，就是在继电器的安装耳片上增加不锈钢压片，确保安装螺钉紧固后，耳片受力均匀，提高继电器耳片的连接刚度，以降低继电器的振动响应。

壳体增加金属罩，就是在继电器的外壳上增加一个与安装耳片一起固定连接的外罩，确保安装螺钉紧固后，继电器整体刚性增强，以降低继电器的振动响应。

安装孔增加减振垫，就是在继电器的安装孔增加非金属的减振垫，确保减振垫与继电器安装螺钉过盈配合，连接紧固后继电器与安装板无相对移动，以降低继电器的振动响应。

4.2　试验方案

按上述继电器加固措施研制试验产品1台，共安装7块电路板，每个电路板均布局了继电器4JRB、2JB2-1、2JB2-2、2JB0.5-1各两只。单个电路板上不同继电器采用同种加固措施，相同继电器采用加固和不加固两种方法进行试验比对，具体见表2。

表2　继电器加固措施

电路板编号	左侧继电器	右侧继电器
001	电路板安装继电器，无加固	电路板安装继电器；耳片加装不锈钢压片
002	电路板安装继电器，无加固	电路板安装继电器；加金属罩

续表 2

电路板编号	左侧继电器	右侧继电器
003	铝板安装继电器,无加固	铝板安装继电器;加聚四氟乙烯减振垫加不锈钢压片
004	铝板安装继电器,无加固	铝板安装继电器;加聚四氟乙烯减振垫;加金属罩
005	铝板安装继电器,无加固	铝板安装继电器;加聚四氟乙烯减振垫
006	电路板安装继电器,无加固	电路板安装继电器;加聚四氟乙烯减振垫
007	备份板:无加固	备份板:无加固

4JRB、2JB2-1、2JB2-2、2JB0.5-1 在每个电路板的位置都统一,且左右对称,继电器布局如图 3 所示。

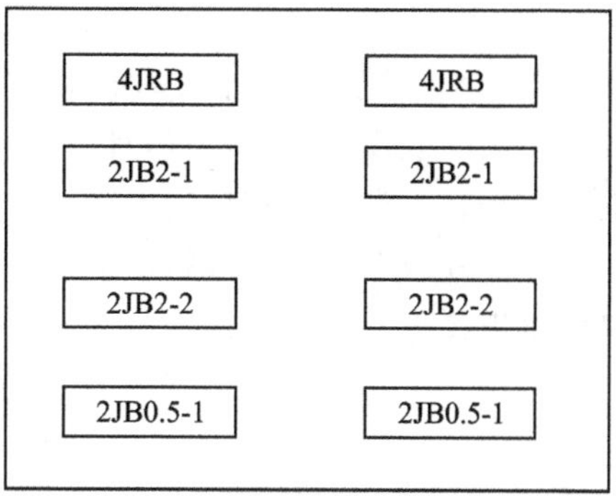

图 3 继电器布局

将试验产品固定在振动台上,垂直安装面且平行电路板的方向定为 Z 向、垂直电路板方向定为 Y 向,按右手法则另一向则为 X 向。对试验产品 X、Y、Z 三个方向分别进行了均方根加速度 9.68 grms、12.8 grms、16.1 grms、20.53 grms 和 29 grms 的逐级加大量级的随机振动试验,并以专用检测设备对各继电器的电性能指标进行了实时监测,记录并统计了各继电器的抖动或失效情况。

4.3 试验数据分析

(1) 各板所有继电器在 X 向各量级试验过程中工作正常,未发生抖动现象。

(2) 继电器 4JRB 在 Y 向量级逐渐增加过程中,电路板 001 的加固继电器工作正常,其余继电器均相继出现抖动;在 Z 向量级达到 29 grms 时,电路板 004 的无加固措施的继电器发生抖动,其余工作正常。

(3) 继电器 2JB2-1 在 Y 向量级逐渐增加过程中,各继电器均发生抖动,且抖动频繁,无法计数;Z 项量级逐渐增加过程中,各继电器均发生抖动,电路板 001 和 006 上有加固措施的继电器抖动次数可数,其余继电器抖动频繁,无法计数。

(4) 继电器 2JB2-2 在 Y 向各量级试验过程中工作正常;Z 向量级逐渐增加过程中,继电器相继发生抖动,电路板 004 板上有加固措施的继电器仅在量级 29 grms 时发生抖动。

(5) 继电器 2JB0.5-1 无安装耳片,加固措施仅为金属罩;Y 向各板继电器从 9.68 grms 时就开始发生抖动;Z 向各板继电器自 12.8 grms 时就开始发生抖动。

4.4 试验数据对比结论

(1) 继电器耳片增加不锈钢压片振动响应最小;

(2) 加耳片压片或者加聚四氟乙烯垫都具有一定的减振作用,但是多种加固措施同时采用,会导致振动响应叠加;

(3) 设备中部的电路板继电器振动响应大于位于设备外侧电路板上的继电器;

(4) 摆放位置靠近设备安装面的继电器振动响应较小;

(5) 继电器在垂直电路板上减振性能较差(4JRB 和 2JB2-1 的敏感方向)。

5 继电器安装设计原则

通过对继电器加固措施的研究,继电器安装设计的基本原则如下:

(1) 继电器应尽可能布局在距离安装面较近的位置,且尽可能布局在电路板的两端;

(2) 继电器力学敏感方向应布局在力学条件较低的方向;

(3) 继电器应采取增加不锈钢压片或者增加聚四氟乙烯垫的加固措施开展安装设计;

(4) 尽量选择抗震性较高的继电器。

6 结束语

继电器的安装设计是开展电子产品结构设计的重要内容,对产品电性能指标的实现起着关键作用。适时采用不锈钢压片或聚四氟乙烯垫的加固措施是提高继电器力学性能的一种较为简单、经济的设计方法。

线性霍尔元件原理及应用

刘强　车进超　王昱皓　许涛　王阳
（山东航天电子技术研究所，山东·烟台，264670）

摘要：线性霍尔元件是一种模拟信号输出的霍尔元件，其输出电压随输入的磁感应强度线性变化。按照内部使用半导体材料的不同，线性霍尔元件主要分为超灵敏霍尔元件、高灵敏度霍尔元件和低漂移霍尔元件，对应的材料分别为锑化铟（InSb）、砷化铟（InAs）和砷化镓（GaAs）。材料性能不同，霍尔元件应用的场合也不同。线性霍尔元件的电特性主要有等效桥臂电路、输出特性、偏置电压、灵敏度、温度漂移等。驱动方式有定电流和定电压方式，驱动方式不同，其温度特性也不同。通过介绍霍尔元件的相关特性，可以帮助读者了解霍尔元件的原理和使用方法。

关键词：霍尔元件；霍尔效应；砷化镓；锑化铟；砷化铟

1　引　言

霍尔元件是一种基于霍尔效应的磁性元件，可以检测磁场及其变化，适用于各种与磁场有关的场合中。线性霍尔元件（以下简称霍尔元件）是一种模拟信号输出的霍尔元件，其输出电压随输入的磁感应强度线性变化。

霍尔元件具有许多优点，其结构牢固，体积小，重量轻，寿命长，安装方便，功耗小，耐震动，不怕灰尘、油污、水汽及盐雾等的污染或腐蚀，广泛应用于汽车、飞机等民用和军用领域。

本文主要从原理和结构、分类及特性、驱动方式和应用等方面，详细地介绍霍尔元件的原理及应用。

2　原理及构造

2.1　霍尔效应

霍尔元件利用的是霍尔效应。霍尔元件由一块薄的矩形半导体材料组成。如图 1 所示，在这个半导体薄片的两侧通以连续电流。当在电流的流动方向施加一个垂直于电流的磁场时，载流子会在半导体材料上受到洛伦兹力的作用。该力使电荷载流子的运动轨迹发生偏转，并移动到半导体材料的侧边。通过这些电荷载流子的积累，在半导体材料的两侧之间产生电位差，即霍尔电

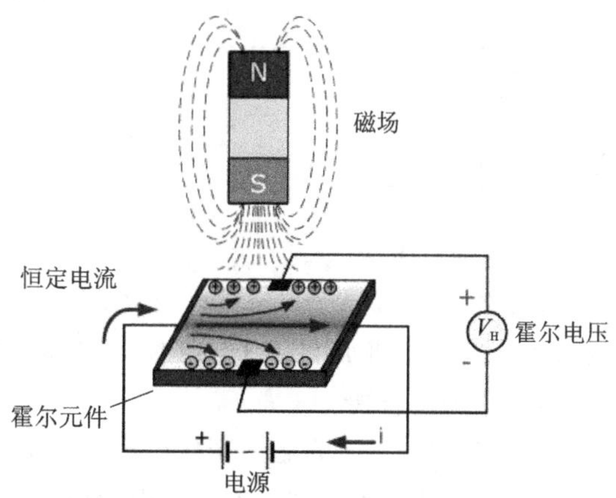

图 1　霍尔效应示意图

压，这就是霍尔效应。

通过霍尔效应，将外界磁场信号转换为电压输出信号，实现了磁-电转换功能。

2.2 霍尔元件结构

霍尔元件的 X 光图见图 2。由图可知，霍尔元件主要由外引管脚、键合丝、衬底、霍尔膜等结构组成。其中霍尔膜位于衬底的正方形膜片上。霍尔膜位于膜片正中心，形状成十字架形。十字架的四个角连接在键合片上。在 4 个键合片的键合部位上，通过键合丝将霍尔膜的信号连接至 4 个外引管脚。当霍尔元件工作时，通过霍尔膜将被测磁场转化为电信号，再通过键合丝将电信号传输至外引管脚，实现磁电转换功能。

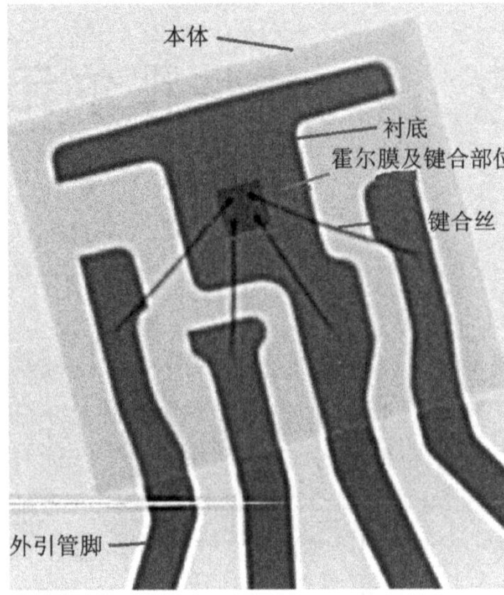

图 2 霍尔元件结构图

3 霍尔元件分类及特性

3.1 分 类

按照半导体霍尔膜材料不同，霍尔元件主要分为超灵敏霍尔元件、高灵敏度霍尔元件和低漂移霍尔元件，对应的材料分别为锑化铟（InSb）、砷化铟（InAs）和砷化镓（GaAs）。不同半导体材料的性能区别主要为灵敏度和温度特性。灵敏度与半导体材料的迁移率成比例。温度特性受各种因素影响，但主要取决于带隙的大小。各种材料性能见表 1。

表 1 霍尔元件材料性能表

材 料	电子迁移率/($cm^2 \cdot Vs^{-1}$)	灵敏度	带隙/eV	温度性能
InSb	75 000	↑	0.16	↓
InAs	35 000		0.33	
GaAs	8 000		1.43	

3.2 特 性

3.2.1 等效电路

霍尔元件可近似等效成 4 个受磁场感应而变化的电阻组成的桥臂。如图 3 所示。当为霍尔元件的 1 脚和 3 脚加上供电电压时，2 脚和 4 脚就会输出差分信号。

3.2.2 输出特性

霍尔输出电压与垂直施加到传感器的磁场的大小成比例，并根据磁场的方向输出正电压和负电压，其输出特性如图 4 所示。由图可知，霍尔输出电压与磁场呈线性关系。没有垂直磁场施加时，其输出电压 V_H 为 0 V。

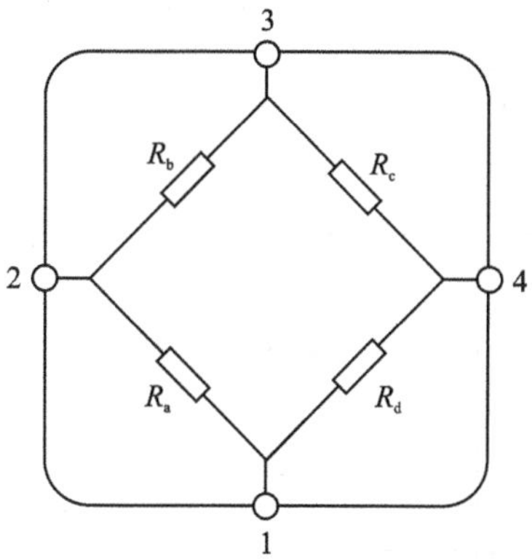

图 3 霍尔元件等效电路图

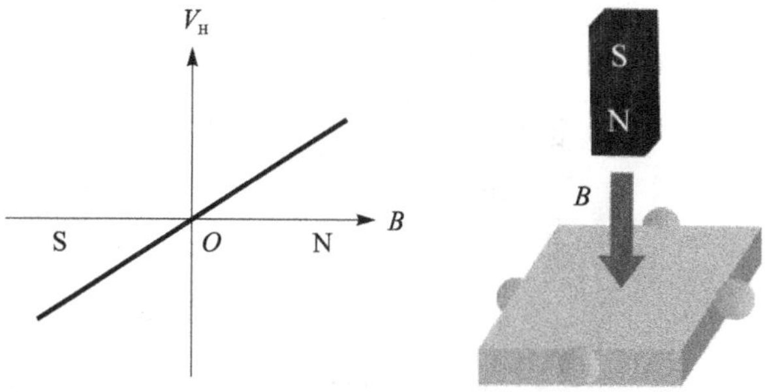

图 4 霍尔元件输出特性

3.2.3 偏置电压

即使无外磁场施加时，霍尔元件也会产生一个输出电压，这个电压被称为偏置电压（不平衡定压）。偏置电压是在制造过程中产生的，与制作工艺等参数有关，并且具有温度特性。当霍尔元件 4 个桥臂的电阻值全部相等时，霍尔元件输出 0mV。如果某一个或多个桥臂电阻发生变化，则霍尔元件输出存在偏移，输出电压特性将有所移动，如图 5 所示。

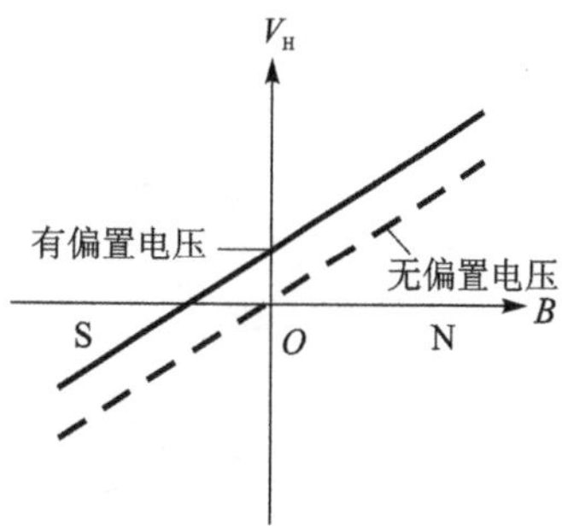

图 5 存在偏置时的输出电压特性

3.2.4 灵敏度

灵敏度表征了在同样磁场下，霍尔元件输出电压的大小的能力。灵敏度越大，输出的霍尔电压越大。图 6 描述了三种材料制成的霍尔元件的灵敏度，其灵敏度由高到低依次为 InSb、InAs、GaAs。

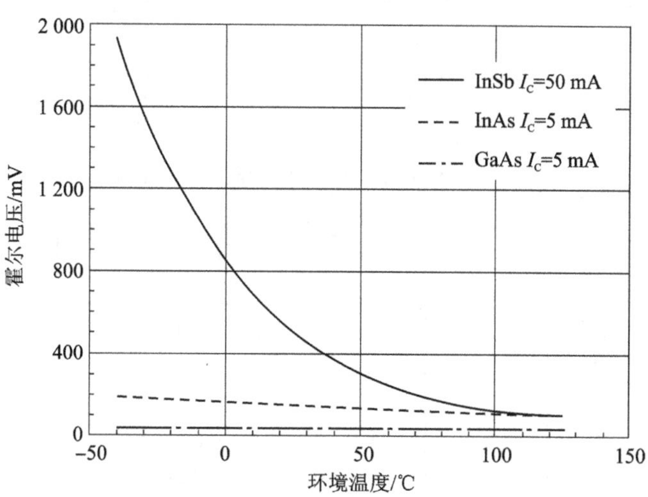

图 6 三种材料霍尔元件灵敏度对比图

3.2.5 温度漂移

温度漂移越小，霍尔电压的温度稳定性越好。图 7～图 9 描述了三种材料制成的霍尔元件的温度特性，其温度特性由优到劣分别依次为 GaAs、InAs、InSb。

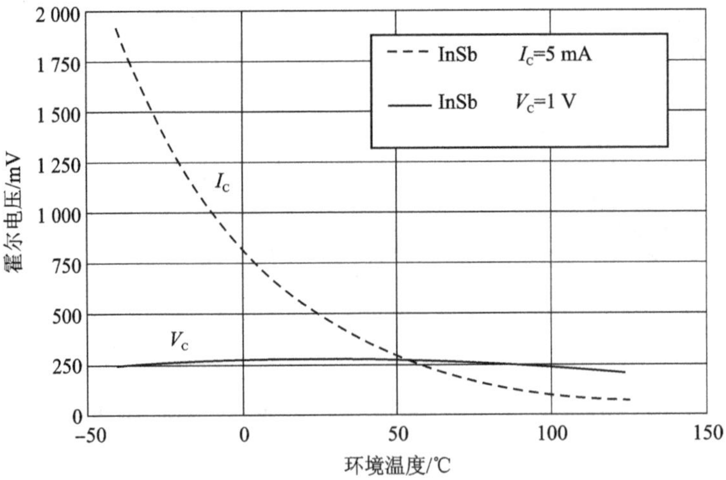

图7 InSb霍尔元件输出电压温度特性图

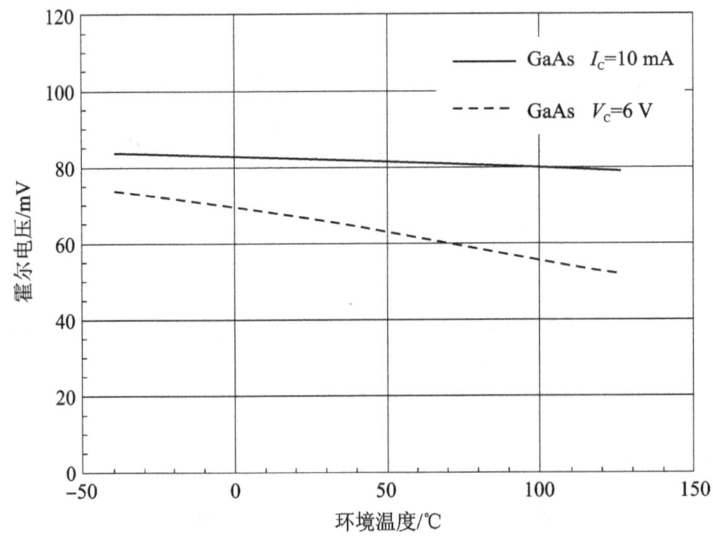

图8 GaAs霍尔元件输出电压温度特性图

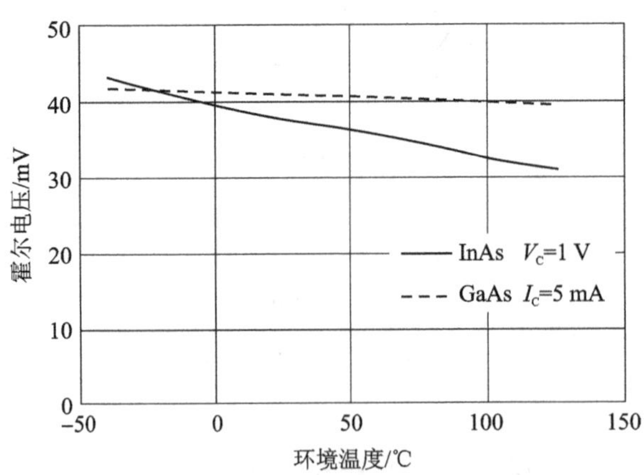

图9 InAs霍尔元件输出电压温度特性图

4 驱动方式和应用

4.1 驱动方式

霍尔元件输入端为控制电压(控制电流)和 GND 的 2 个引脚,输出端为差分输出的 2 个引脚,共计 4 个引脚。霍尔元件的驱动方式分为定电流驱动和定电压驱动两种驱动方式。不同的驱动方式,其温度特性也有差异。

4.1.1 定电流驱动

定电流驱动的电路连接如图 10 所示。向霍尔元件的 1、3 引脚输入一定的电流 (I_C) 时,2、4 引脚的霍尔输出电压 V_H 可以表示为

$$V_H = R_H \cdot (1/d) \cdot I_C \cdot B \tag{1}$$

其中,R_H 为霍尔系数,d 是垂直于电流方向的半导体材料的厚度,I_C 是控制电流,B 是被测磁场。R_H 可以用电子电荷量 e 和电子浓度 n 来定义,即

$$R_H = \frac{1}{e \cdot n} \tag{2}$$

定电流驱动下的输出电压温度特性取决于 R_H 的温度特性。

4.1.2 定电压驱动

定电压驱动的电路连接如图 11 所示。向霍尔元件的 1、3 引脚施加一定的电压 (V_C) 时,2、4 引脚的输出电压可以表示为

$$V_H = \mu_H \cdot (W/L) \cdot V_C \cdot B$$

其中,μ_H 是电子移动度,W、L 分别是引脚 2、4 及 1、3 对应霍尔膜的长度,V_C 是霍尔元件两端电压,B 是被测磁场。

定电压驱动下的输出电压温度特性取决于 μ_H 的温度特性。

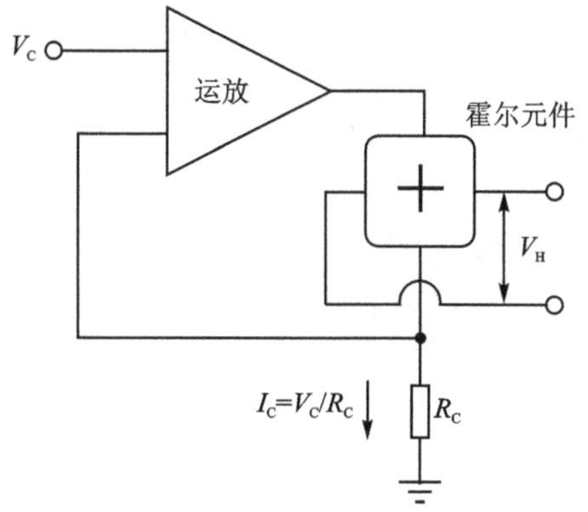

图 10 定电流驱动方式连接图

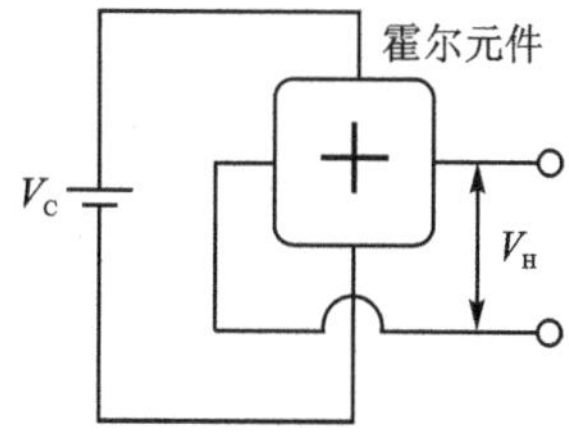

图 11 定电压驱动方式连接图

4.2 应用

4.2.1 InSb 霍尔元件的应用

InSb 霍尔元件在 3 种霍尔元件中灵敏度最高,因此在瞬间检测磁场变化方面非常出色。

定电压驱动时比定电流驱动时温度特性更稳定。其应用主要有以下几方面。

(1) 直流无刷电机

如图12所示,直流无刷电机的主要组成部件是磁铁、霍尔元件和线圈。在电机转子中心的旋转体上配置磁铁,使用安装在定子外侧固定位置上的霍尔元件检测来自转子的磁场。根据各霍尔元件检测出的磁场信息,使电流流过各个线圈,制成电磁铁。通过对电磁铁产生的磁场的强度和方向进行良好的时间控制,利用转子的磁铁和线圈的电磁铁的排斥和吸引力,实现转子的旋转。

(2) 闭环型电流传感器

闭环型电流传感器是通过测试电流线周围产生的磁场来检测电流量的传感器。根据毕奥-萨伐尔定律(如图13所示),电流产生的磁感应强度,可以表示为

$$B=\mu_0/(2\pi r)\cdot I \tag{3}$$

其中,B 为磁感应强度,μ_0 为真空导磁率,r 为距电流线的距离,I 为被测电流。

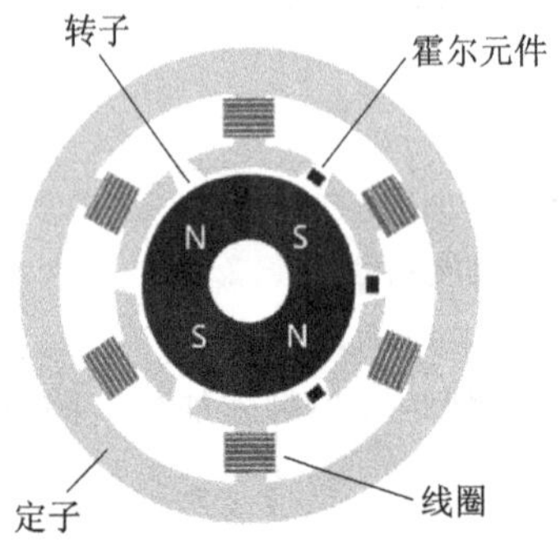

图12 直流无刷电机中霍尔元件的应用

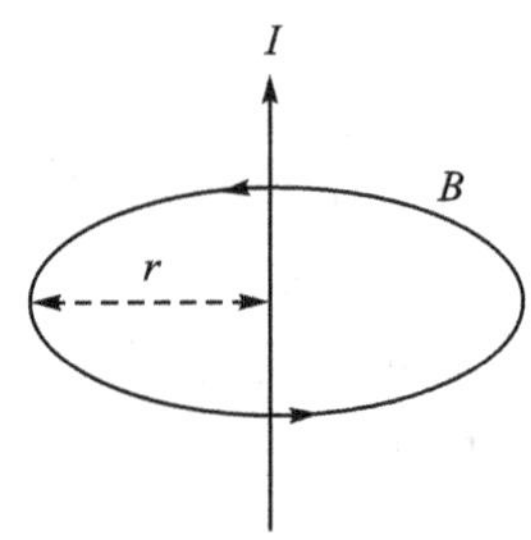

图13 毕奥-萨伐尔定律

由式(3)可知,电流和磁感应强度成正比。通过利用霍尔元件测试电流线产生的磁场,能够正确地测试流过电流线的电流量。闭环型电流传感器的主要部件是电流线、磁芯、线圈、霍

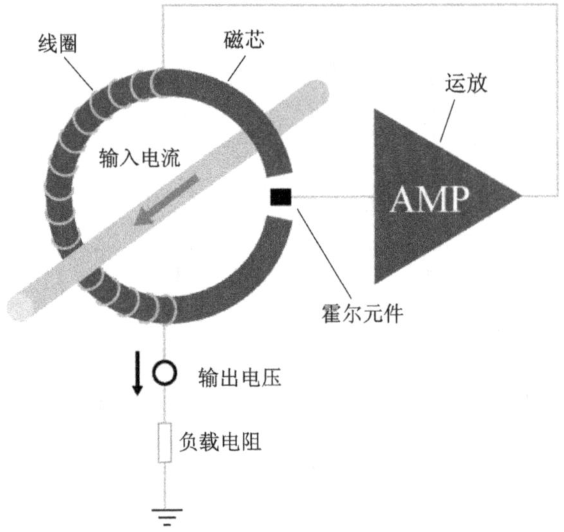

图14 闭环型电流传感器工作原理图

尔元件和运放等。电流线产生的磁场被磁芯收集,并施加在霍尔元件上。运放将霍尔电压放大并转换为电流,流过线圈。线圈电流产生的磁场方向与输入电流产生的磁场方向相反,抵消了磁芯内的磁场。当磁芯内部达到零磁通时,线圈电流达到稳定,并输出至负载电阻得到稳定的输出电压。

4.2.2 GaAs 霍尔元件的应用

GaAs 霍尔元件是温度特性最稳定的元件。与定电压驱动方式相比,定电流驱动方式下,其温度特性更加稳定。其应用主要有以下几方面。

(1) 相机手抖校正结构

手抖校正是指向手抖的相反方向移动(补偿)镜头位置,从而抑制被摄体抖动的结构。手抖校正结构的主要部件是磁铁、霍尔元件和线圈,如图 15 所示。

为了防止拍摄体由于手抖而成像模糊,给线圈通电,利用其和磁铁之间的排斥力和吸引力使镜头移动。通过霍尔元件检测安装在镜头上磁铁的磁场,可以检测到镜头的位置,使镜头可以正确地移动到希望补偿的位置上。

磁铁的磁化方向与磁铁的移动方向一致,并将霍尔元件配置于磁铁磁极的交界处。这种配置以磁铁的 S 极/N 极的交界处为中心,施加于霍尔元件的磁场存在一块与磁铁的移动量成比例变化的区域,在这个区域内,可以精确地检测磁铁的位置,如图 16 所示。

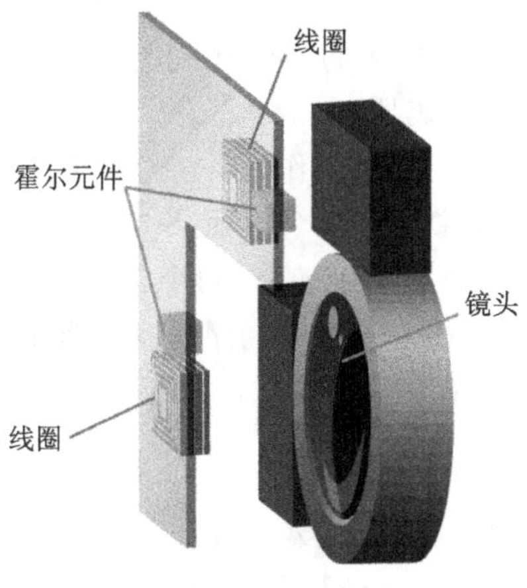

图 15 手抖动校正示意图

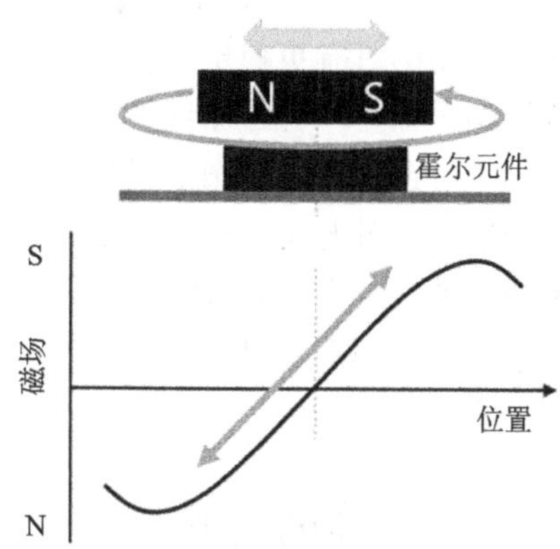

图 16 移动量检测原理

在手抖校正检测中,通过使用温度特性稳定的 GaAs 霍尔元件,可以不受测试环境温度影响地进行稳定的位置检测。

(2) 开环型电流传感器

开环型电流传感器是通过测试被测电流周围产生的磁场来测试电流的传感器。

开环型电流传感器主要由电流线、磁芯、霍尔元件和放大器组成,如图 17 所示。电流线产生的磁场被磁芯收集。磁芯磁场施加到位于磁芯气隙处的霍尔元件,霍尔输出经放大器放大输出电压信号。

由于流过电流线的电流值和所产生的磁场成比例,所以根据施加在霍尔元件上的磁场,可以检测到流过电流线的电流值,实现电流测试功能。

开环型电流传感器使用温度特性优异的 GaAs 作为磁电转换器件,受环境温度影响小,输出稳定性高。

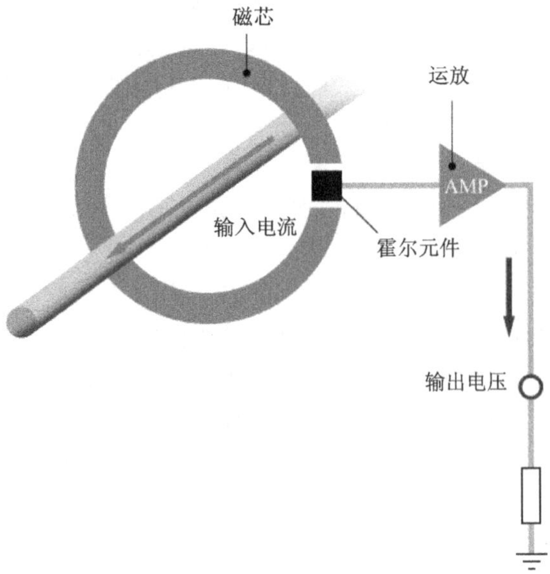

图17 开环霍尔电流传感器工作原理图

4.2.3 InAs霍尔元件的应用

在三种霍尔元件中，InAs比低漂移霍尔元件(GaAs)具有更大的输出电压，比超高灵敏度霍尔元件(InSb)具有更稳定的温度特性。其应仅介绍旋转编码器。

旋转编码器是一种检测线性旋转物体的位置变化，并将位置信息作为电信号输出的设备。编码器的主要部件由一个圆形(圆柱形或环形)径向磁化磁铁和两个霍尔元件组成，如18所示。两个霍尔元件与旋转磁铁形成90°的位置关系。当这个磁铁旋转时，两个霍尔元件产生正弦和余弦波输出电压，如图19所示。利用 $\tan\theta=\sin\theta/\cos\theta$，计算两个霍尔元件输出电压的正切角，可以计算出磁体的转动角。通过对两个 $\sin\theta$、$\cos\theta$ 信号作除法，抵消了磁铁和传感器温度特性的影响。

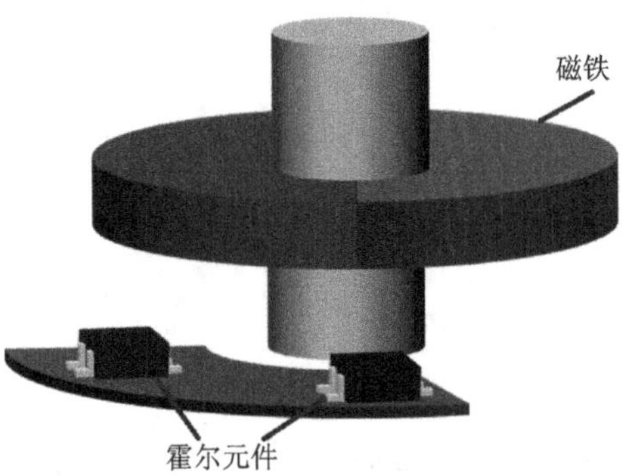

图18 旋转编码器结构图

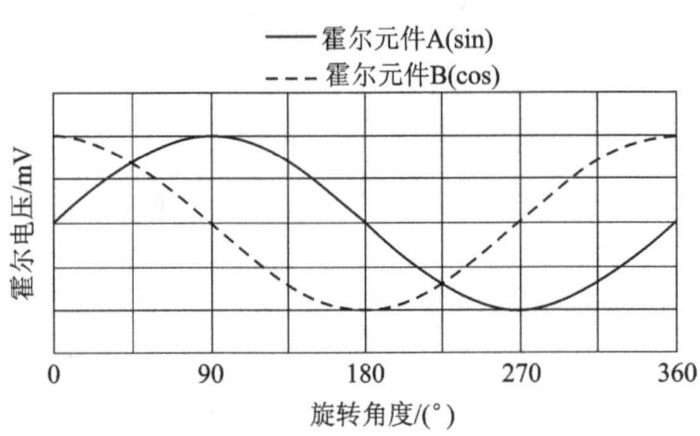

图19 霍尔元件输出波形

5 结 语

本文从原理、构造、分类、驱动方式和应用等方面系统地介绍了霍尔元件。对砷化镓

(GaAs)、锑化铟(InSb)、砷化铟(InAs)三种霍尔元件制作材料进行了性能对比，并对它们的应用进行了举例和分析。

参考文献

[1] 孙晓，陈江岸，史黎明，等. 一种高精度永磁同步电机霍尔元件测速定位方法[J]. 电气自动化，2019，41(5)：106-110.

[2] 米哲涛，曹雷. 霍尔元件在电流传感器中的应用[J]. 机车电传动，2011，1：32-39.

[3] 冯明，夏冠群，胡少坚. GaAs 霍尔元件不等位电势的调制消除[J]. 功能材料与器件学报，2004，10(4)：455-458.

[4] 吴小江. 无刷直流电动机霍尔元件安装位置分析[J]. 微特电机，2016，44(12)：33-43.

[5] BERTOLUZZO M，BUJA G，KFSHRI R K，et al. Sinusoidal Versus Square-wave Current Supply of PM Brushless DC Drives：A Convenience Analysis[J]. IEEE Transactions on Industrial Electronics，2015，62(12)：7339-7349.

[6] OZTURK S B，ALEXANDER W C，TOLIYAT H A. Direct Torque Control of Four-switch Brushless DC Motor with Non-sinusoidal Back EMF[J]. IEEE Transactions on Power Electronics，2010，25(2)：263-271.

调节阀锁紧齿轮的改进设计

高青
（山东航天电子技术研究所，山东·烟台，264670）

摘要：本文详细分析了流量调节阀锁紧齿轮卡滞的原因和机理，提出了相应的改进措施，对提高阀门调节机构的使用可靠性具有一定的参考意义。

关键词：齿轮；钢珠；卡滞；磨损

1 引 言

在管路系统中，流量调节阀的主要功能是调节管路工作介质的流量大小，并锁紧阀芯，维持流量稳定。但在使用过程中经常发生旋转卡滞问题，造成流量调节失控，严重影响了管路工作介质的正常循环。

本文以某型号液体流量调节阀为例，对其在使用过程中发生的齿轮旋转卡滞情况进行了详细的分析，并提出了改进措施，有效提高了该调节阀的使用可靠性。

2 工作机理

流量调节阀的调节锁定机构主要由套筒、齿轮、阀盖、阀芯、钢珠、转筒和簧片等零件构成，结构示意图见图1。

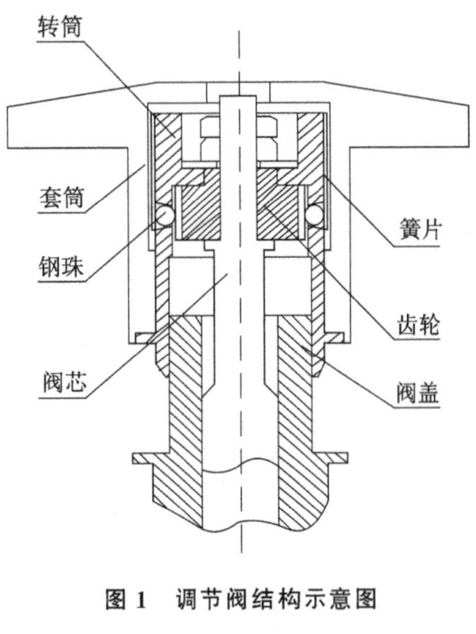

图1 调节阀结构示意图

齿轮具有分度限位功能，又称分度限位齿轮。套筒带有手轮，可带动转筒旋转。转筒与阀盖之间为螺纹副运动，可将旋转运动转换成直线运动。因此，套筒旋转可实现阀芯在阀盖腔体内轴向直线运动，从而使阀芯与调节口之间的截面积发生连续变化，实现调节流量的作用。流量调节时，套筒手轮旋转，钢球在旋转扭矩的作用下脱出齿槽进入转筒锥孔，随后又在簧片的压力下弹入下一个齿槽中，实现分度限位功能。

调节阀在套筒转动过程中，如果钢珠阻力增大导致其没有完全脱出齿槽，仍处于齿槽与转筒之间，就会造成齿轮与转筒不能有效脱开，从而形成旋转卡滞。

3 钢珠阻力计算

钢珠在转筒锥孔中受到齿槽面的作用力 F_1 及摩擦力 f_1、转筒的作用力 F_2 及摩擦力 f_2、弹簧片的作用力 F_3 及摩擦力 f_3 共 6 个力的作用。当钢珠处于静止时，6 个力的合力为零。对钢珠进行受力分析，如图 2 所示。

水平方向： $F_1\sin\alpha+\mu_1F_1\cos\alpha=F_2\cos\beta+\mu_2F_2\sin\beta+\mu_3F_3$

竖直方向： $F_1\cos\alpha+F_2\sin\beta=F_3+\mu_1F_1\sin\alpha+\mu_2F_2\cos\beta$

根据齿轮直径 $a_1=11.8$ mm 和套筒手轮直径 $b_1=1.5$ mm，再结合余弦定理 $a_1^2=b_1^2+c_1^2-2b_1c_1\cos\alpha$，可得到钢珠与齿轮的中心距，进而求得弹簧片的变形量以及弹簧力 F_3（弹簧片刚度系数 K 实测值为 $K=26.5\sim29.7$ N/mm，取 $K=28$）。

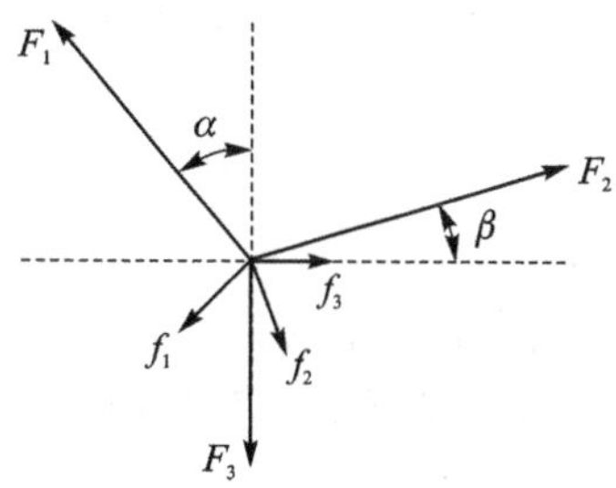

图 2 钢珠受力分析图

在钢珠脱出过程中，由于齿轮和钢珠的作用点不断变化，导致 F_1 的作用方向即角度 α 减小（变化范围为 54.8°到 0°，角度越小越有利于钢珠脱出），且弹簧片的作用力也在逐渐变大（力越大钢珠越不容易脱出）。

取摩擦系数 $\mu_1=\mu_2=0.2$，通过以上公式可以求得 F_1、F_2 随 α 的变化关系（见图 3）。因此得到 $F_{1\max}=24.45$ N，$F_{2\max}=13.66$ N。

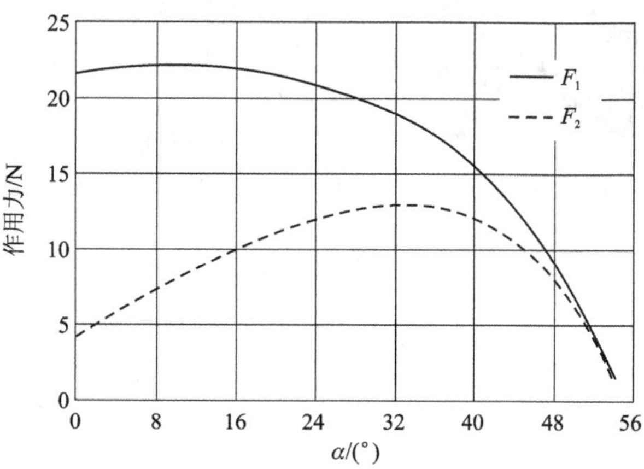

图 3 作用力与角度变化关系图

正常情况下，钢珠的阻力为 13.66 N，远小于人的正常操作力 60 N，不会发生卡滞。

4 卡滞机理分析

如果锥孔内壁出现磨损凹坑，其对钢珠的作用力 F_2 方向发生改变，即角度 β 减小（甚至变为负值），如图 4 所示。

随着磨损凹坑深度的增加，β 逐渐减小，旋转阻力逐渐增大，导致操作人员旋转手轮的操作力上升，当磨损凹坑深度 >0.03 mm 时，$\beta<-1°$，此时操作力 >60 N，旋转操作时会感受到

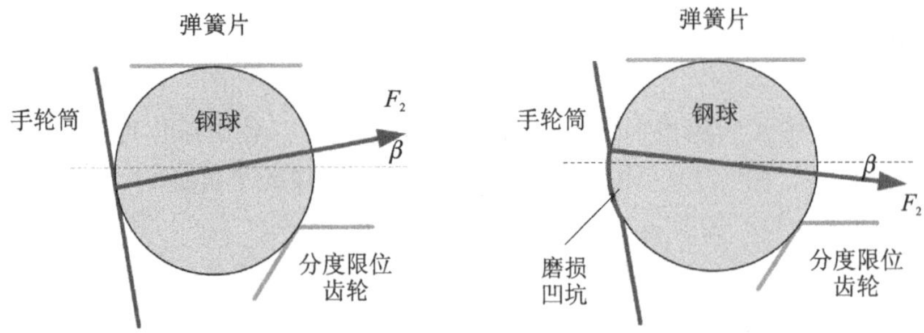

(a) 无凹坑钢珠受力　　(b) 有凹坑钢珠受力

图4　F_2 方向对比示意图

阻力明显增大。

钢珠在齿轮和转筒之间进行滚动运动，滚动摩擦阻力很小，该摩擦力一般来源于摩擦副的微观滑动、塑性变形、弹性滞后和黏着效应。钢球和锥孔摩擦过程中，在法向力和切向力的联合作用下，产生金属与金属的直接接触和塑性变形，从而经历黏着（冷焊）、剪切撕脱和再黏着的循环过程，形成黏着磨损。在黏着磨损过程中，表面材料从一个表面转移到另一个表面，在连续摩擦的情况下，被转移的薄片材料堆积到一定程度后，由于机械断裂、结合链破坏或疲劳断裂而剥离，成为松散的磨屑颗粒。随着磨损过程的持续进行，最终在转筒锥孔表面出现凹坑。

图5　转筒锥孔挤压变形照片

根据分析情况，对失效的调节阀进行了拆卸，转筒锥孔发生了挤压磨损变形，具体情况见图5。

分析情况与实际情况吻合，钢珠与转筒锥面发生黏着磨损，形成凹坑，导致转筒对钢珠的推力增大，不能有效弹出。

5　接触应力分析

微观来看，钢珠与转筒锥面发生黏着磨损；宏观来说，就是钢球对锥孔的接触应力大于锥孔的屈服强度，造成了锥孔塑性变形。

对钢珠处运动情况进行仿真分析，主要零件有齿轮、转筒、簧片和钢珠。分析模型如图6所示。通过ANSYS运动仿真分析，摩擦系数取0.2时，转筒运动过程中的最大接触应力为169.3 MPa（见图7），超过了转筒材料铝合金的屈服强度（155 MPa），产生塑性变形。

采用赫兹理论进行复核复算，转筒锥孔侧壁的最大接触应力为193.5 MPa，超过铝合金材料的屈服强度（155 MPa），产生塑性变形。

可见，转筒材料屈服强度低，当推动钢珠往复运动时，钢珠对其作用的接触应力超出了材料的屈服强度，发生黏着磨损，使锥孔内壁对钢珠的作用力方向发生改变，导致旋转阻力增大，出现旋转卡滞。

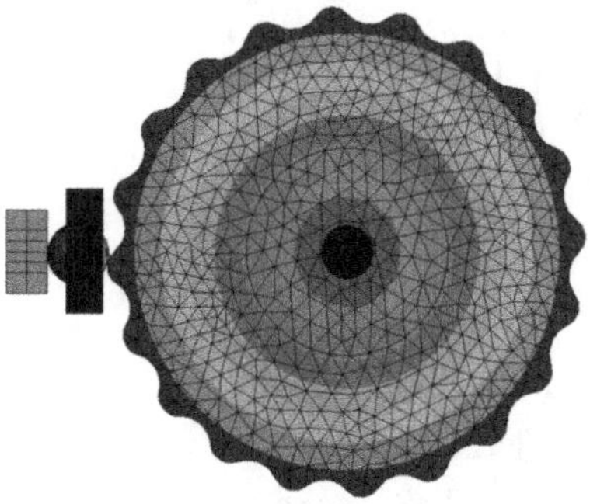

图 6　钢珠运动处仿真分析模型

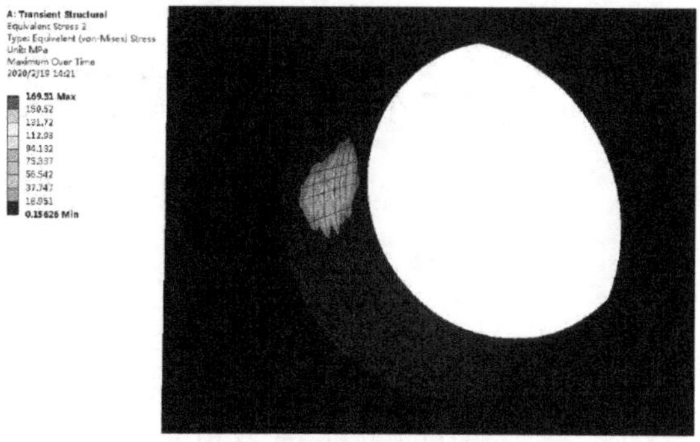

图 7　转筒锥孔内壁仿真分析结果

6　改进措施

根据分析，解决调节阀旋转卡滞的主要目标就是减少钢珠和转筒之间的摩擦磨损和降低转筒锥面的挤压变形，具体措施如下：

① 更换锥孔材料。转筒材料由铝合金改为不锈钢 9Cr18，可提高锥孔的强度和硬度。

② 涂抹润滑脂。在钢珠与转筒锥孔之间均匀涂抹定量的润滑脂，改善接触面摩擦性能，防止干摩擦，可减少磨粒磨损和黏着磨损，减少摩擦力。

③ 增加容屑槽。齿轮端面增加容屑槽，减少摩擦面，可引导磨屑进入容屑槽，防止磨屑污染钢珠的运动表面。

7　试验验证

按改进后的设计方案，对钢珠和转筒锥孔间的接触应力进行了复核复算，其最大值为 266 MPa（摩擦系数取 0.2），小于 9Cr18 材料的屈服强度 685 MPa，接触应力安全裕度为 1.58，不会出现塑性变形。重新对转筒、齿轮进行加工生产，而后装配到调节阀上进行了 1 000 多次转动跑合摸底试验。试验后，调节阀操作流畅，流量调节正常。拆卸调节阀，对齿轮、转筒、钢珠进行详细检查，磨损极其轻微，无阻力增大现象，改进措施有效。

8　结　论

阀门流量调节机构中，一般都存在低速的运动副摩擦。设计中，应充分考虑摩擦面的磨损情况，对摩擦面进行一定的优化改进，完全可以保证阀门调节机构的有效工作。本报告中，调节阀的齿轮锁紧改进设计，对提高阀门调节机构的使用可靠性具有一定的参考意义。

一种基于灰色 GM(1,1)模型的装备故障预测方法

张光轶[1]　裴晶晶[2]　苏艳琴[3]　张磊[3]

(1. 烟台理工学院人工智能学院,山东·烟台,264003;

2. 91001 部队,北京,100841;3. 海军航空大学,山东·烟台,264001)

摘要: 针对航空装备在内外环境应力下的故障预测需求,在对灰色 GM(1,1)基本模型分析研究的基础上,通过引入弱化算子对该故障预测模型进行改进,并以某直升机滑油温度控制盒峰值电压数据为对象进行应用分析,结果表明灰色 GM(1,1)弱化算子改进模型可降低故障预测误差、提高预测精度,对提高航空装备故障预判与维修保障能力具有重要的参考借鉴价值。

关键词: 灰色模型;弱化算子;故障预测;GM(1,1)

1 引　言

航空装备在复杂内外环境应力下出现故障会对装备飞行安全、日常维修保障等工作造成较大影响,甚至会导致严重的飞行事故。因此,装备故障预测已成为学界研究的重点方向之一。从故障预测方法来看,常见的方法有神经网络法、证据理论法、灰色预测法等多种,与神经网络法、证据理论法等方法相比,灰色预测法的故障预测推理是基于客观采集数据的预测方法,不需要复杂的训练网络或先验概率等信息,故该方法在故障预测领域具有较好的应用前景。

灰色 GM(1,1)模型是灰色预测法中常用的预测模型,其基本模型是在对原始数据进行累加序列变换的基础上,通过灰色微分方程的最小二乘估计,得到预测结果。本文在对灰色 GM(1,1)基本模型分析的基础上,通过与弱化算子改进模型进行比对,并经实例分析得到最优预测方法。

2 灰色 GM(1,1)基本模型

灰色 GM(1,1)模型是灰色系统理论中的重要研究内容之一,其中,G 代表灰色系统,M 代表模型,1 代表一阶方程,1 代表一个变量。该模型的研究对象是一组单变量数据,且数据呈上升发展趋势。

2.1 灰色 GM(1,1)基本模型的原理

已知客观采集的原始数据序列为

$$X=\{x(0),x(1),\cdots,x(n)\}$$

构造的累加数据序列为

$$Y=\{y(0),y(1),\cdots,y(n)\}$$

其中，

$$y(i)=\sum_{i=1}^{i}x(i) \tag{1}$$

在 GM(1,1)基本模型中输入模型计算的数据为累计序列 Y，该数据输入模型后需要经过紧邻均值变换、灰色微分计算等步骤后得到预测结果。

紧邻均值变换是对累加序列 Y 进行紧邻均值变换处理，即

$$Z=\{z(0),z(1),\cdots,z(n)\}$$

其中，

$$z(i)=0.5y(i)-0.5y(i-1) \tag{2}$$

灰色微分计算，要将 X 与 Z 中的数据代入方程 $x(i)+az(i)=b$，一阶微分求解后得

$$\frac{\mathrm{d}y(i)}{\mathrm{d}t}+ay(i)=b \tag{3}$$

式(3)中，$(a,b)=(\boldsymbol{B}^{\mathrm{T}}\boldsymbol{B})^{-1}\boldsymbol{B}^{\mathrm{T}}\boldsymbol{Y}$，其中

$$\boldsymbol{B}=\begin{bmatrix}-z(2)1\\-z(3)1\\\vdots\\-z(n)1\end{bmatrix},\quad \boldsymbol{Y}=\begin{bmatrix}y(2)\\y(3)\\\vdots\\y(n)\end{bmatrix}$$

得到发展系数 a 和灰色作用量 b 后计算预测序列值时间响应式为

$$x_{yt}(i+1)=\left(x(0)-\frac{b}{a}\right)\mathrm{e}^{-ai}+\frac{b}{a} \tag{4}$$

根据式(4)计算出预测序列的还原式，并得出预测结果，其中：

$$x_{\text{yuce}}(0)=x(0) \tag{5}$$

$$x_{\text{yuce}}(i+1)=x_{yt}(i+1)-x_{yt}(i) \tag{6}$$

2.2 实例分析

某直升机 2020 年春、夏季滑油温度控制盒机上峰值工作电压采样数据如表 1 所列。

表 1　某滑油温度控制盒机峰值电压数据

采集时间	5 月 10 日	5 月 30 日	6 月 15 日	6 月 29 日	7 月 13 日	7 月 28 日	8 月 8 日	8 月 23 日
采集数据/V	25.51	26.38	27.54	27.93	28.06	28.77	28.88	29.14

峰值电压正常工作范围为 27 V±2 V，电压超差会导致温度控制盒出现告警，表 1 中数据 1～7 项为正常工作数据，第 8 项数据为超差数据。出现超差的主要原因是，由春转夏气温逐渐升高，温度控制盒在室外高温与设备自身温度的环境叠加下，工况环境相对恶劣，导致峰值电压超出标准范围。

下面以 1～6 项峰值电压采样数据作为灰色 GM(1,1)基本模型的原始数据输入，以 7、8 项数据作为预测数据的对比值进行算例分析。即 $X=\{25.51,26.38,27.54,27.93,28.06,28.77\}$为原始序列，构造的累加序列为 $Y=\{25.51,51.89,79.43,107.36,135.42,164.19\}$，将累加序列带入 GM(1,1)模型，计算得到发展系数 $a=-0.019$，灰色作用量 $b=25.95$，预测结果如表 2 所列。

表 2 灰色 GM(1,1)基本模型预测结果

序　号	实测值	累加序列	备　注
1	25.51	25.51	
2	26.38	51.89	
3	27.54	79.43	
4	27.93	107.36	
5	28.06	135.42	
6	28.77	164.19	
序　号	实测值	预测值	误差比
7	28.88	29.35	1.63%
8	29.14	29.91	2.64%

由表 2 可以看出，GM(1,1)基本模型可以预测出某直升机滑油温度控制盒工作电压峰值的增长趋势，但预测结果与实测结果误差比较大，特别是第 7 项的预测值存在误报情况。

3 灰色 GM(1,1)弱化算子改进模型

3.1 灰色 GM(1,1)弱化算子改进模型的原理

灰色 GM(1,1)基本模型虽然能够对故障发展趋势进行预测，但由于输入模型的数据为累加算子，受数据累加的影响，预测值会与原始序列的发展趋势形成较大的偏差，为对这种偏差进行修正，受粗糙集完备化处理法和灰色系统理论序列缓冲法的启发，用弱化算子替代累加算子，从而对 GM(1,1)基本模型进行改进。

设原始数据为 $X=\{x(0),x(1),\cdots,x(n)\}$。

构造的弱化算子序列为 $XD=\{x(0)d(0),x(1)d(1),\cdots,x(n)d(n)\}$，其中 $d(i)$为修正因子，其计算公式如下：

$$d(i)=\frac{1}{n-i+1} * \sum_{i=1}^{n} x(i) \tag{7}$$

弱化算子序列生成后，将其替代 2.1 节中累加数据序列 $Y=\{y(0),y(1),\cdots,y(n)\}$，并带入 GM(1,1)基本模型后，即可完成算法改进。

3.2 实例分析

以表 1 中 1～6 项峰值电压采样数据原始数据为输入，以 7、8 项数据作为预测数据的对比值进行分析计算。$X=\{25.51,26.38,27.54,27.93,28.06,28.77\}$为原始序列，构造的弱化算子序列为 $XD=\{25.51,27.76,27.20,27.72,28.25,28.80\}$，将弱化算子序列 XD 替代累加序列 Y 后带入 2.1 节中的 GM(1,1)模型计算，得到发展系数 $a_{\mathrm{ruo}}=-0.011$，灰色作用量 $b_{\mathrm{ruo}}=26.87$，预测结果如表 3 所列。

表 3　灰色 GM(1,1)弱化算子改进模型预测结果

序　号	实测值	弱化算子序列	备　注
1	25.51	25.51	
2	26.38	27.76	
3	27.54	27.20	
4	27.93	27.72	
5	28.06	28.25	
6	28.77	28.80	
序　号	实测值	预测值	误差比
7	28.88	28.97	0.31%
8	29.14	29.22	0.27%

3.3　算法对比

由表 2、表 3 中第 7、8 项预测数据与实测数据的比对可知，采用灰色 GM(1,1)弱化算子改进模型的预测结果精度较高、误差比较小，其主要原因如下：一是从定性分析看，弱化算子序列较累加序列更加平滑，更加符合数据的发展趋势；二是从定量分析看，弱化算子序列的发展系数$|a_{ruo}|=0.011$的绝对值明显小于累加序列的发展系数$|a|=0.019$，代入时间响应式$x_{yt}(i+1)=\left(x(0)-\dfrac{b}{a}\right)e^{-ai}+\dfrac{b}{a}$后，$a_{ruo}$在指数级的作用量较小，使得预测结果相对平滑。

图 1 所示为实例分析中灰色 GM(1,1)基本模型与实测值之间的关系，图 2 所示为灰色 GM(1,1)弱化算子改进模型和实测值之间的关系，由图可知，改进模型的预测值与实测值更为接近。

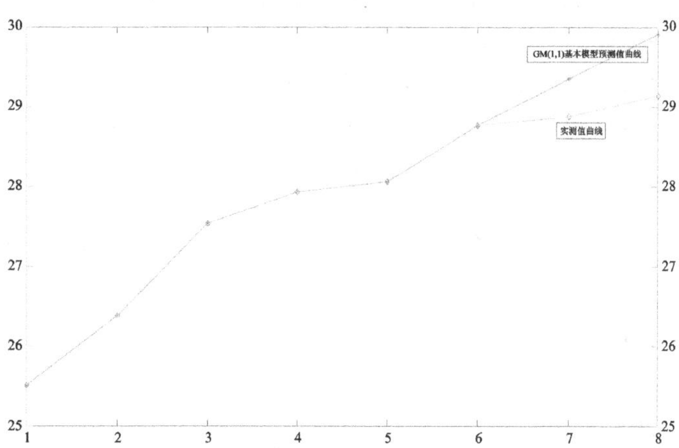

图 1　灰色 GM(1,1)基本模型与实测值对比曲线

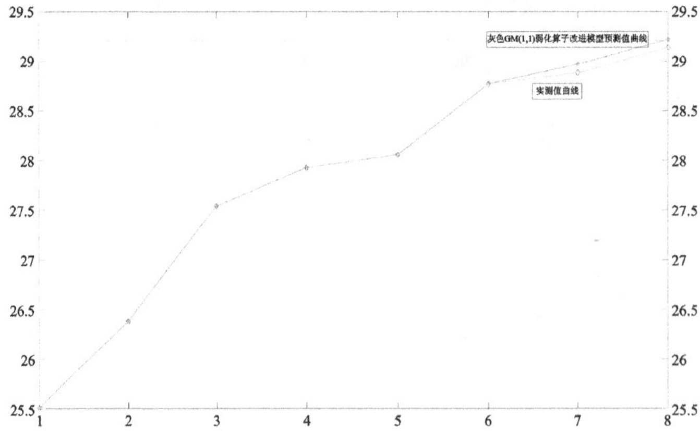

图2 弱化算子改进模型与实测值对比曲线

4 结 论

本文通过对灰色GM(1,1)基本模型的原理和灰色GM(1,1)弱化算子改进模型进行分析研究,并结合某直升机滑油温度控制盒机上峰值电压故障预测问题进行算例应用,证明了两种方法均可应用于航空装备故障预测。特别是通过算例对比,验证了灰色GM(1,1)弱化算子改进模型的预测数据更加接近原始采样数据的发展趋势,且预测精度较高,研究内容可为工程实践中开展故障预测工作提供有益的借鉴参考。

参考文献

[1] 韩春阳,王宁.航空故障预测与健康管理技术[J].电子世界,2015,13:184-186.

[2] 刘思峰.灰色系统理论以其应用[M].北京:科学出版社,2017.

[3] 丁世飞,史忠植.人工智能导论[M].北京:电子工业出版社,2019.

[4] 党耀国,刘思峰.灰色预测与决策模型研究[M].北京:科学出版社,2009.

[5] 张光轶,苏艳琴,许爱强.灰色模型在装备故障预测中应用分析[J].测控技术,2012,2(31):20-22.

[6] Z. Pawbdc. Rough sets. International Journal of Information and Computer Science,1982,11:30-35.

航天技术

一维 SADA 与卫星姿态偏航联合对日控制算法研究

王菲　李明翔　牟绍君　张众正

(山东航天电子技术研究所,山东·烟台,264000)

摘要: 针对近地非太阳同步轨道卫星的光照特性进行分析,获得轨道面光照角的变化规律,提出了一维 SADA 与卫星姿态偏航联合对日控制算法,给出了期望控制角度的计算和控制律的设计,并验证了该算法的有效性。

关键词: 一维 SADA;卫星姿态偏航;联合对日控制;近地非太阳同步轨道

1 引　言

太阳能帆板可以将太阳能转换为卫星所需的电能,是卫星在轨运行时的几乎唯一的能量来源。因此,改善太阳能帆板的受光照角度,提高其利用率,对提升卫星的整体性能和延长卫星寿命具有重大意义。早期发射的卫星大多选用太阳同步轨道,该轨道的主要特征是太阳矢量与轨道平面的夹角(beta 角)相对固定,这可以为卫星提供良好的光照条件。但是,近年来,随着航天任务的多样化发展,近地非太阳同步轨道的使用率逐渐提高。由于非太阳同步轨道的 beta 角变化相对复杂,通常卫星使用的一维转动 SADA 不能实现帆板的实时对日定向,帆板的利用率有限。

为了提升帆板利用率,许多文章提出了使用双轴 SADA 驱动太阳帆板的方法。但是,由于双轴 SADA 体积大、成本高,不能在微纳卫星上广泛应用。本文针对近地非太阳同步轨道卫星太阳能帆板对日定向方法进行研究,以对地定向的微纳通信类卫星为研究对象,提出了一维 SADA 与卫星姿态偏航联合对日控制算法。首先对近地非太阳同步轨道卫星的光照特性进行分析,获得轨道面光照角的变化规律;其次,根据轨道面光照角的变化规律,提出期望偏航角度和期望 SADA 转角的计算方法;再次,提出姿态偏航和 SADA 驱动控制律设计;最后,仿真验证控制算法,确定其有效性。

2 坐标系定义

地心赤道惯性坐标系,记为 $O-XYZ$,如图 1 所示。定义该坐标系的坐标原点 O 为地心;OX 轴指向春分点方向;XOY 平面为地球赤道平面;Z 轴与地球的旋转轴一致,指向北方;Y 轴位于赤道平面内,与 X 轴正交;$X-Y-Z$ 构成右手正交坐标系。

航天器第二轨道坐标系,记为 $o-x_o y_o z_o$,如图 1 所示。定义该坐标系的坐标原点 O 为航天器质心;z_o 轴指向地心;x_o 轴位于航天器的瞬时轨道面内,与 z_o 轴正交指向卫星速度方向;y_o 轴与航天器瞬时轨道平面的法线方向相反;$x_o-y_o-z_o$ 构成右手正交坐标系。

卫星本体坐标系,记为 $o-x_b y_b z_b$,如图 2 所示。定义该坐标系的坐标原点 O 为航天器质

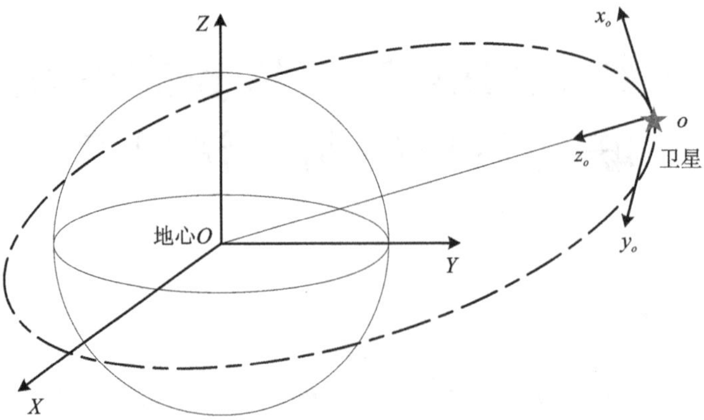

图1 地心-赤道惯性坐标系、第二卫星轨道坐标系示意图

心；z_b 轴指向对地载荷天线安装面；$-x_b$ 轴指向卫星星箭对接面；$\pm y_b$ 轴指向帆板安装面；$x_b-y_b-z_b$ 构成右手正交坐标系。

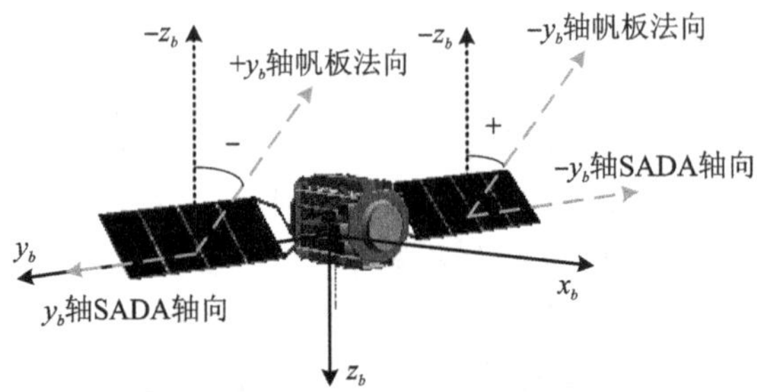

图2 卫星本体坐标系、SADA轴向、帆板法向示意图

SADA轴向定义为电机出轴，即其带动的帆板所在的方向，如图2所示，SADA电机转向正负，用右手定义，拇指指向电机出轴，四指方向为正转方向。SADA零位转角定义为帆板法向与卫星本体系 $-z_b$ 轴指向重合时的位置。从零位转角起始，帆板绕SADA轴向正转转角为正，反转转角为负，即图2所示情况下，$+y_b$ 轴SADA转角为负，$-y_b$ 轴SADA转角为正。也就是说，卫星对称安装2个SADA时，它们的转角和转速方向相反。

3 轨道光照特性分析

非太阳同步轨道的主要特性表现为轨道面光照角（beta角）会在±90°之间来回振荡（见图3）。以高度为500 km、倾角为45°的轨道为例。图2所示为12个月中太阳矢量方向与卫星轨道面夹角，从图中可以看出，整个飞行过程中太阳矢量方向与轨道面夹角的最小值约为−67.1°，最大值约为66.5°。

非太阳同步轨道的复杂光照条件会导致姿态三轴对地稳定的卫星各个表面均受到阳光照射，采用常规固定翼太阳能帆板或一维SADA驱动太阳能帆板均不能获得较好的太阳光照角，无法为整星提供充足的能源保障。考虑到多数通信类卫星正常工作只需要保证载荷天线正常对地，因此，通过一维SADA与卫星姿态偏航联合控制，理论上可以实现太阳能帆板实时对日指向，以及载荷天线正常对地指向。

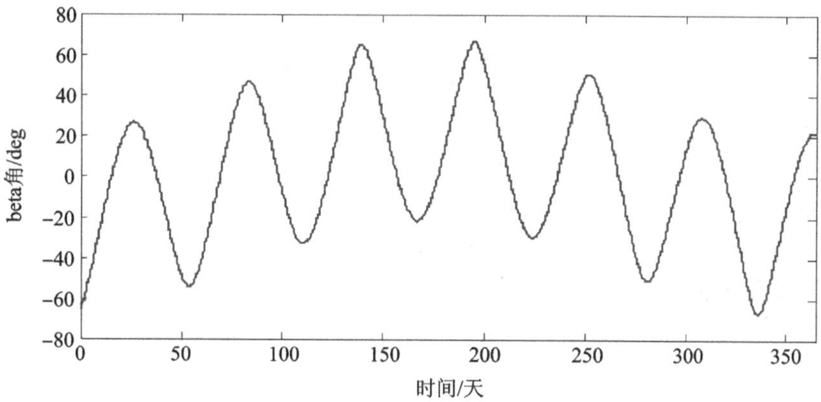

图 3　beta 角随时间变化图

4　期望角度计算

图 4 所示为太阳矢量与卫星本体系、卫星第二轨道坐标系关系示意图。一个轨道周期内太阳矢量沿黄色圆锥运行一周。卫星姿态偏航机动与一维 SADA 联合控制算法的主要任务是实现连续的对日垂直跟踪。为了工程使用的便利,卫星姿态偏航机动控制应与一维 SADA 控制解耦,分别独立控制,进而实现对日任务。

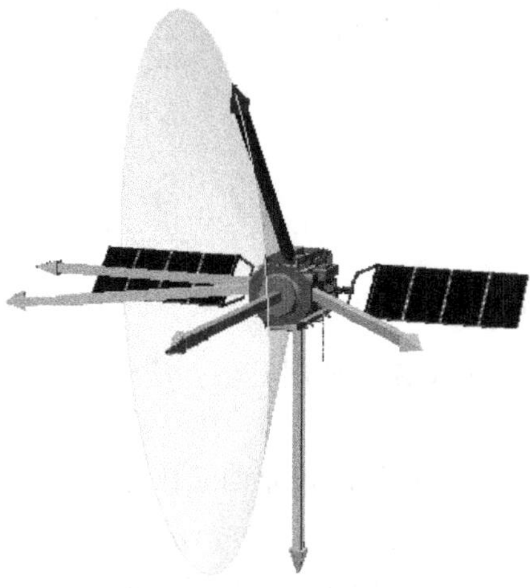

图 4　太阳矢量与卫星本体系、卫星第二轨道坐标系关系示意图

假设轨道系下太阳矢量为 $\mathbf{Sun}_o=[Sx_o,Sy_o,Sz_o]^{\mathrm{T}}$。Beta 角计算公式为

$$\beta=-\arcsin\left(\frac{Sy_o}{\|\mathbf{Sun}_o\|}\right) \tag{1}$$

4.1　卫星姿态期望角度计算

偏航控制算法主要是在卫星本体系 $+z_b$ 轴与轨道系 $+z_o$ 轴重合(即卫星本体 $+z_b$ 轴对地指向)时,完成卫星本体系 $+x_b$ 轴与太阳矢量在轨道系 x_oy_o 面投影的重合。

太阳矢量在轨道系 x_oy_o 面投影与轨道系 $+x_o$ 轴之间的夹角,即卫星期望的偏航姿态角

yaw 为

$$\begin{cases} \text{yaw} = \arctan\left(\dfrac{Sy_o}{Sx_o}\right), & Sx_o \geqslant 0 \\ \text{yaw} = \arctan\left(\dfrac{Sy_o}{Sx_o}\right) + \pi, & Sx_o < 0, Sy_o \geqslant 0 \\ \text{yaw} = \arctan\left(\dfrac{Sy_o}{Sx_o}\right) - \pi, & Sx_o < 0, Sy_o < 0 \end{cases} \tag{2}$$

则有轨道系到期望坐标系的转移矩阵 $\boldsymbol{R}_{to}$，即

$$\boldsymbol{R}_{\text{to}} = \boldsymbol{R}\_z(\text{yaw}) = \begin{bmatrix} \cos(\text{yaw}) & \sin(\text{yaw}) & 0 \\ -\sin(\text{yaw}) & \cos(\text{yaw}) & 0 \\ 0 & 0 & 1 \end{bmatrix} \tag{3}$$

4.2　一维 SADA 期望控制角度计算

卫星上两个太阳能帆板对称安装，轴向分别与卫星本体系 $+y_b$ 轴和 $-y_b$ 轴重合。定义帆板法线与 $-z_b$ 轴指向一致时为 0°，帆板绕其轴向逆时针旋转为正。

对于 $+y_b$ 轴的帆板，目标角度 α_{+yb} 为

$$\alpha_{+yb} = -\arccos\left(\frac{-Sz_o}{\|\mathbf{Sun}_o\|}\right) \tag{4}$$

对于 $-y_b$ 轴的帆板，目标角度 α_{-yb} 为

$$\alpha_{-yb} = \arccos\left(\frac{-Sz_o}{\|\mathbf{Sun}_o\|}\right) \tag{5}$$

5　控制律设计

5.1　偏航姿态控制律设计

该模式下采用四元数、角速度反馈的控制策略。反作用飞轮为主控机构，磁力矩器提供卸载力矩。

设期望四元数为 $\bar{\boldsymbol{q}}_c$，根据四元数运算，误差四元数为 $\bar{\boldsymbol{q}}_e$ 可以定义为

$$\bar{\boldsymbol{q}}_e = \bar{\boldsymbol{q}}_c^{-1} \otimes \bar{\boldsymbol{q}} \tag{6}$$

设卫星当前角速度为 $\boldsymbol{\omega}$，期望角速度为 $\boldsymbol{\omega}_c$，则误差角速度为

$$\boldsymbol{\omega}_e = \boldsymbol{\omega} - \boldsymbol{\omega}_c \tag{7}$$

外环和内环虚拟控制律为

$$\begin{aligned} \boldsymbol{\omega}_c^0 &= -c_1 \boldsymbol{q}_e + \boldsymbol{R}_d \boldsymbol{\omega}_d \\ \boldsymbol{u}^0 &= -\boldsymbol{J}_0 \boldsymbol{c}_2 \boldsymbol{\omega}_e + \boldsymbol{J}_0 \dot{\boldsymbol{\omega}}_c + \boldsymbol{\omega} \times \boldsymbol{J}_0 \boldsymbol{\omega} \end{aligned} \tag{8}$$

5.2　一维 SADA 控制律设计

SADA 控制主要包含转速控制、位置控制和停转模式。转速控制指 SADA 以固定转速绕指定方向进行旋转；位置控制指 SADA 以默认转速旋转至指定位置；停转模式指 SADA 停转并保持当前位置。SADA 控制流程如图 5 所示。

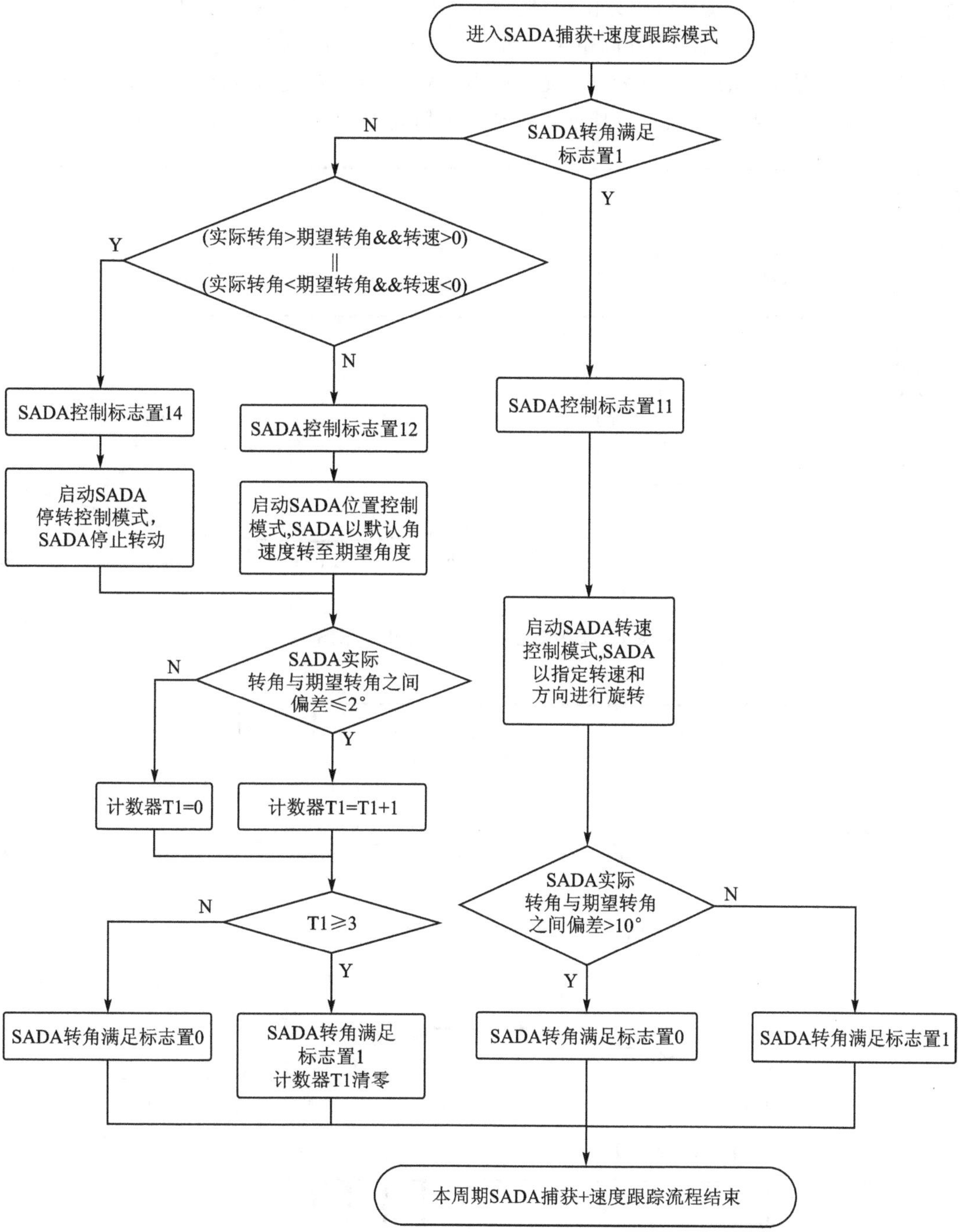

图 5　SADA 控制流程

6　数学仿真

以高度为 500 km，倾角为 45°轨道为例进行仿真分析。

卫星姿态角随时间变化如图 6 所示，从图中可以看出卫星姿态稳定后(约 100 s 后)，仅偏航姿态角(Ψ)随时间(也就是太阳方位)变化。卫星位于光照/阴影区标志如图7所示,从图中可以看出,卫星在800~4 500 s期间位于光照区。图8所示为SADA转角、角速度、帆板利用率随时间的变化情况,从图中可以看出,光照区内SADA转角随时间变化,且一维SADA与卫星姿态偏航联合对日控制算法可以保证帆板利用量趋近100%。

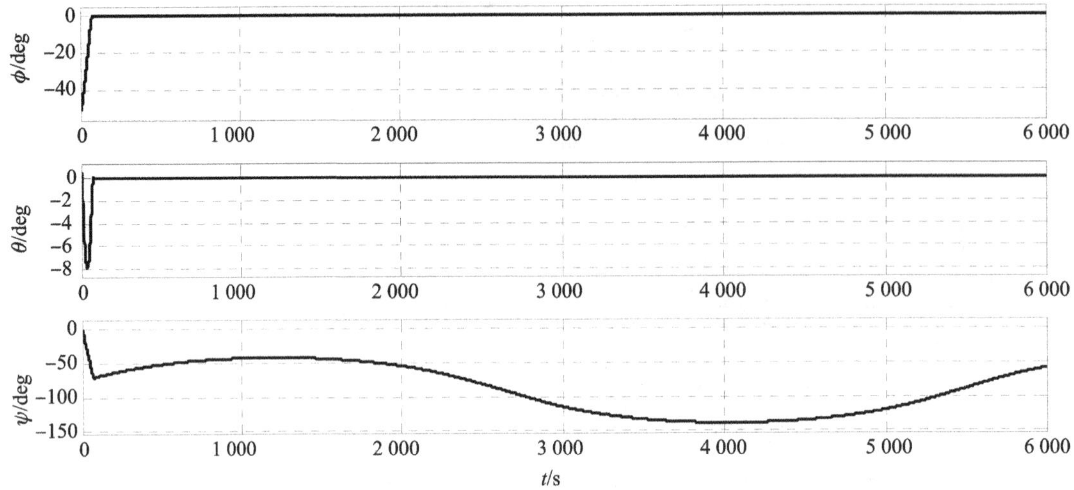

图6 卫星姿态角随时间变化示意图

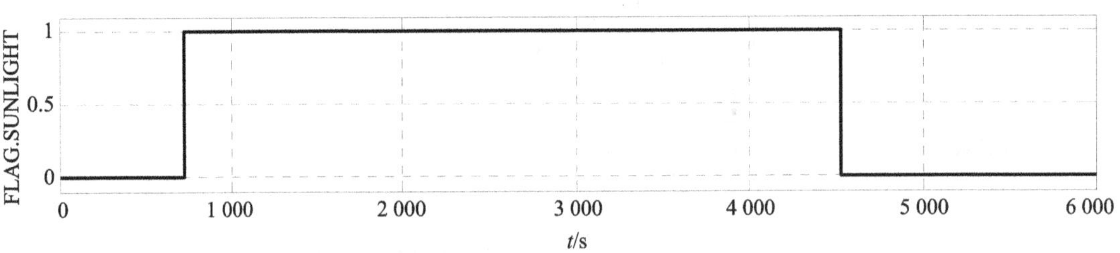

图7 卫星进入光照/阴影区标志图

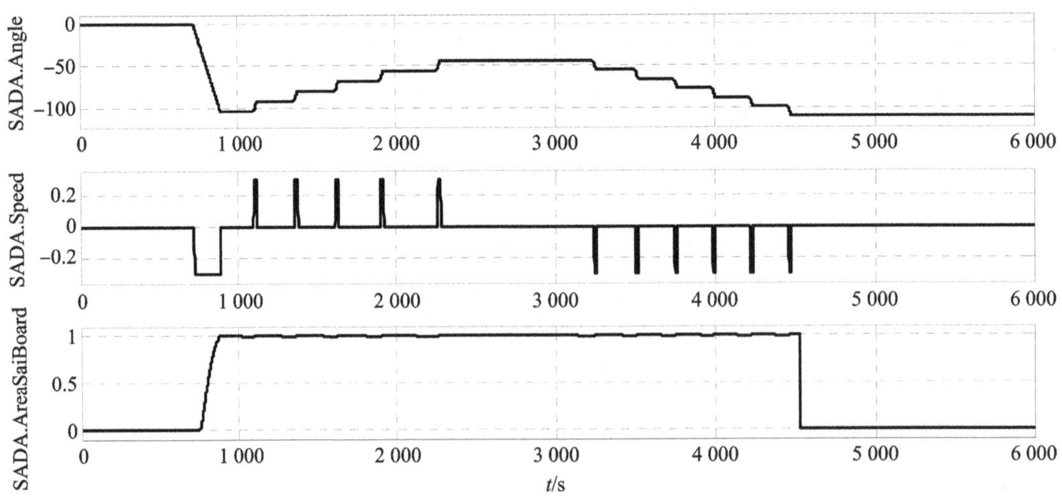

图8 SADA转角、角速度、帆板利用率随时间变化示意图

7 结 论

本文针对近地非太阳同步轨道卫星太阳能帆板对日定向方法进行研究，以对地定向的微纳通信类卫星为研究对象，提出了一维 SADA 与卫星姿态偏航联合对日控制算法。数字仿真证明该算法可以保证光照期内帆板利用量趋近 100%。本文提出的算法可以为近地非太阳同步轨道通信卫星的姿控和能源系统设计提供参考。

参考文献

[1] 马世俊. 卫星电源技术[M]. 北京：宇航出版社，2001.
[2] 褚桂柏. 马世俊. 宇航技术概论[M]. 北京：航空工业出版社，2004.
[3] 甘克力，周明玮，葛升民，等. 带双轴太阳帆板驱动器的卫星建模与姿态控制[J]. 电机与控制学报，2013，17(1)：82-87.
[4] 陶溢，潘存云，谭颖琦. 一种提高太阳能帆板受晒效率方法[J]. 上海航天，2007，24(5)：23-26，50.

基于光纤传感的大面阵结构健康监测研究*

罗玉祥　张庆志　林宇瀚　王丁丁　董昊
（山东航天电子技术研究所，山东·烟台，264670）

摘要：在航天任务中，往往需要大面阵测量多物理量参数，如温度、应变等。为满足这些参数的空间与时间分布监测，需要在较大区域设置高点数传感器，通过监测各点状态，获取航天器的多种信息。光纤传感器与传统电子传感器相比，具有尺寸小、重量轻、灵敏度高、动态范围宽、抗电磁干扰、耐腐蚀等一系列优点，已经引起了美国、德国、英国、日本等国家航天系统的高度重视，尤其是针对大面阵结构的光纤传感监测技术，已经在NASA、ESA等研究机构的航天器上得到了广泛关注。本文提出了一种基于光纤传感的大面阵航天器结构健康监测系统，利用光强进行信号解调，该方法不仅解调速度快，可实现空间碎片高速撞击过程中的高速信号捕捉，并能在一定程度上排除温度对测量结果的影响，具有重要的应用前景。实验结果表明，强度解调原理下，待测量与电压呈线性关系，为后续结构体应变、温度、振动的高速、高精度测量奠定了基础。

关键词：光纤传感；航天器；大面阵结构；健康监测

1　引　言

航天器在轨飞行过程中，环境条件比较复杂，例如高低温、低压、交会对接、空间碎片等，需要对航天器舱体的温度、应力/应变、振动等参量进行实时监测。

由于大型航天器舱体表面积相对较大，例如国际空间站，对其舱体进行大面阵监测的难度较大，例如采用常规电类传感器，需要传感器数目多、线路复杂以及较高的重量成本。

基于光纤传感的航天器大面阵监测在尺寸、重量、功耗、环境适应性等方面表现出独特的优势，已经引起了越来越多的重视。目前，国内外已有一定程度的研究，尤其是复用技术的发展，进一步加快了相关技术的进展。

ESA利用埋入式和表贴式光纤传感器，在可重复发射飞行器上开展了结构健康监测测试验证，用于监测头锥TPS的健康状况，如图1所示。

NASA在大型飞行器舱体的窗口、舱口等位置安装了光纤传感器，如图2所示，可实时获得舱体的温度和应变信息，解调频率为30 Hz。

东京大学研究人员在航天复合材料板结构表面粘贴光纤光栅传感器以测试其力热信息，对整体结构进行评估，如图3所示。

澳大利亚联邦科学与工业研究组织CSIRO在NASA的资助下将外部热源辐射在保护系统上，通过系统中安装的206个光纤温度传感器对其热传播进行监测，如图4所示。

---

*　基金项目：国家自然科学基金(61903225)

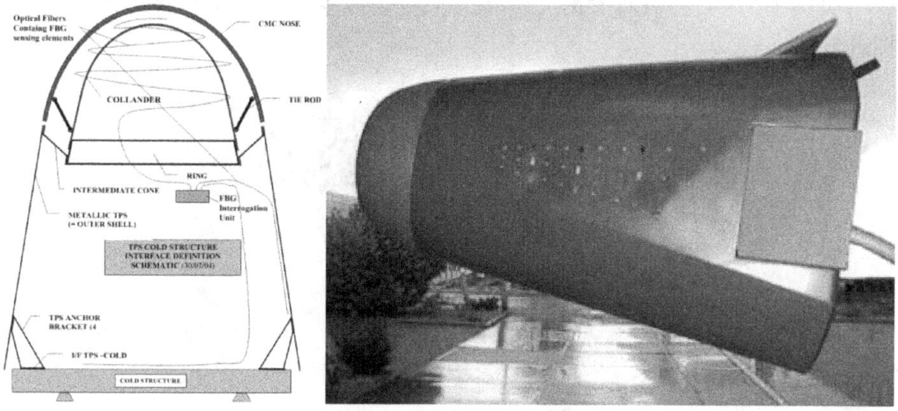

图 1　EXPERT 飞行器头锥 TPS 的健康管理

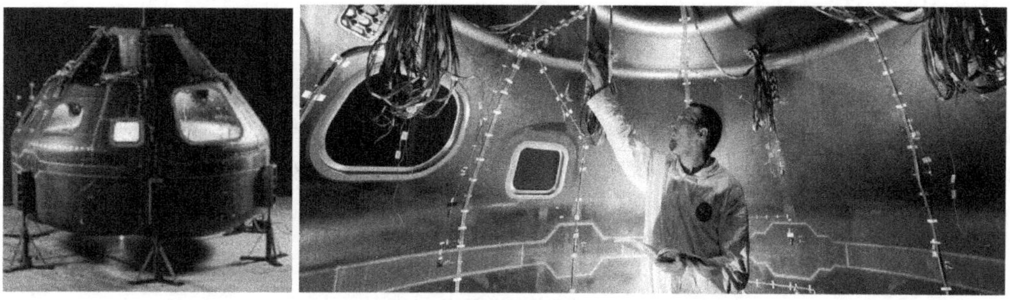

图 2　NASA 大型飞行器舱内安装的光纤温度和应变传感器

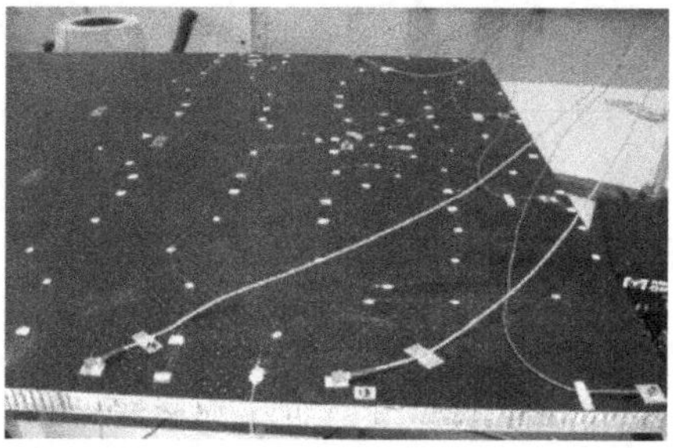

图 3　东京大学对卫星进行健康监测

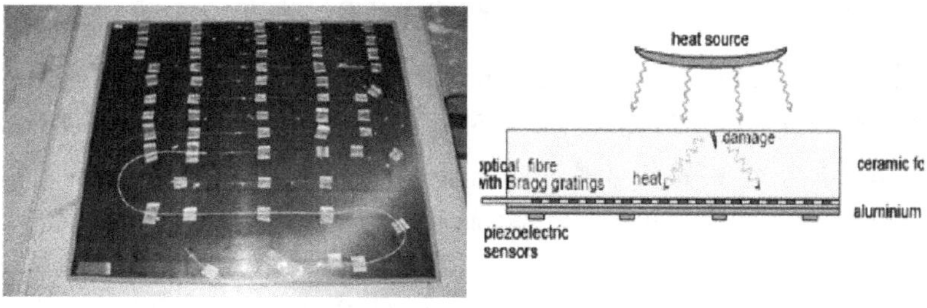

图 4　CSIRO 通过 FBG 温度传感器进行热传播监测

近几年,美国LUNA公司研发的光纤传感系统可以实现复杂结构体三维重构的准确实时测量,如图5所示。

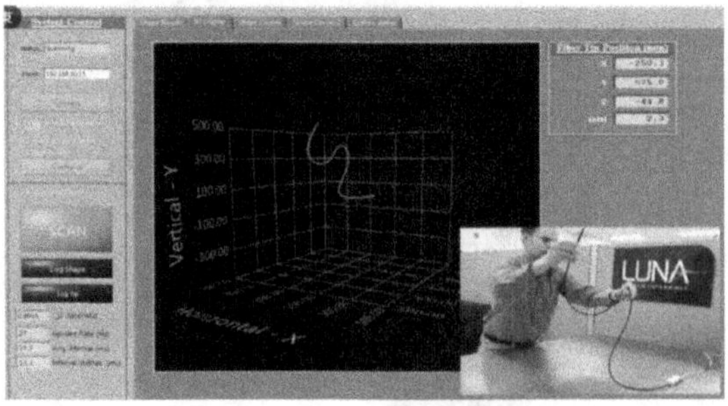

图5 美国LUNA公司三维形状反演系统

2 正 文

系统整体设计如图6所示,光源发出的光经增益放大器放大注入光路系统,放大后的光入射至声光调制器,调制成脉冲光;脉冲光经环形器注入光纤光栅传感器阵列,由于注入的光为宽带光源,一方面光源包含基于波分复用布置的光纤光栅传感阵列的波长范围;另一方面随着光在光纤中的传输,由于光纤延迟线的存在会在返回信号中形成与光纤光栅传感器位置相关的时序信号。

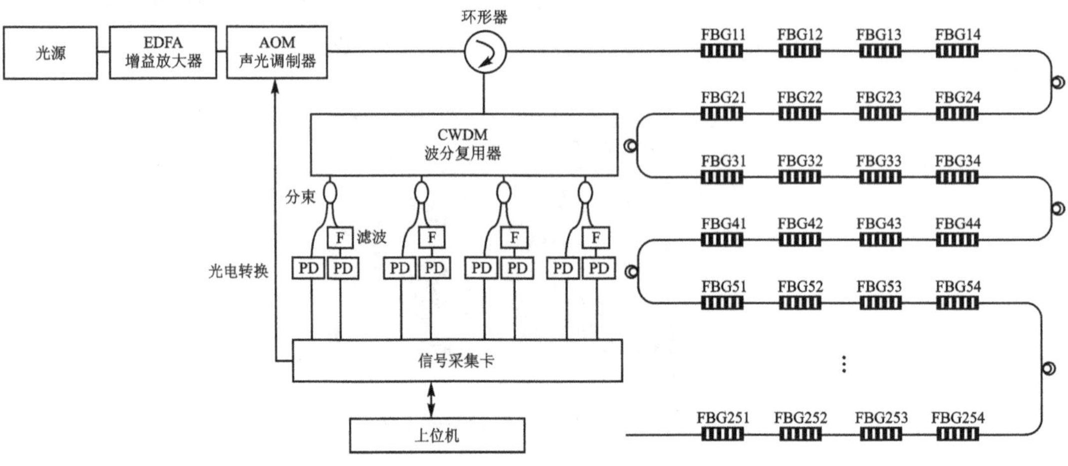

图6 系统总体设计图

光纤光栅阵列反射回的信号首先进入波分复用器,根据光纤光栅传感阵列的光栅中心波长分为4路;然后分别进入由滤波器和光电探测器组成的算法所需的光路电路,其中一路信号不经过滤波器,作为参考光,一路信号经过滤波器,将光纤光栅阵列传感器随所需检测的温度/应变参量的变化转换为光功率输出的变化;进而通过两者相比实现检测参量的解调和反演。

系统实物图如图7所示。

该系统中,光纤光栅的刻写采用相位掩模的方法,关键部件是一维周期性透射型相位光栅。激光器输出光入射到透镜系统中,实现光斑的缩束整形,光束经过相位掩模板后,在光纤裸纤上进行聚焦。

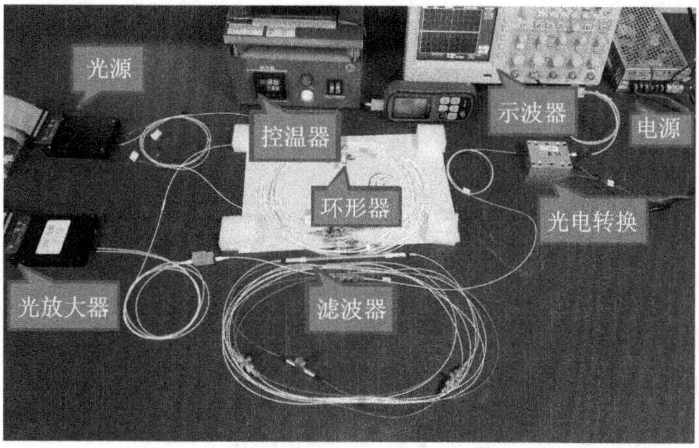

图 7　系统实物图

相位掩模板采用微加工技术，经过曝光、显影、离子刻蚀等不同工艺，在 SiO_2 基板上形成表面浮雕型结构。由于掩模板的表面有规则的凹槽，当紫外激光透过掩模板后，会形成多级衍射光线。实际刻栅使用掩模板时，一般采取正入射的方式，利用＋1、－1 级的衍射光产生的干涉条纹在光纤上刻写光栅，如图 8 所示。

利用特定滤波器将 FBG 传感器反射信号光频率漂移转化为强度调制，其基本方法如图 9 所示。

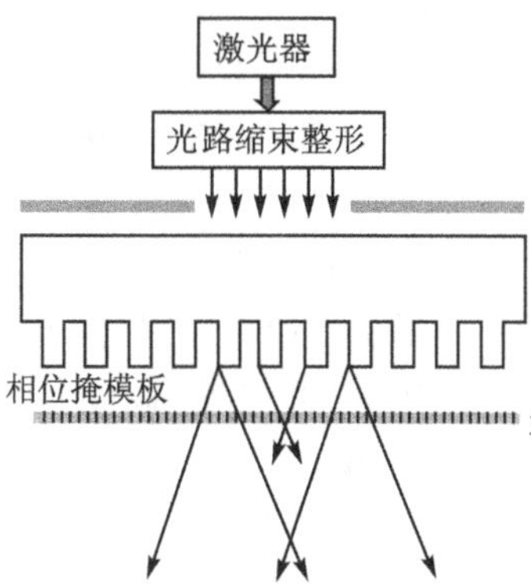

图 8　光栅写入光路图

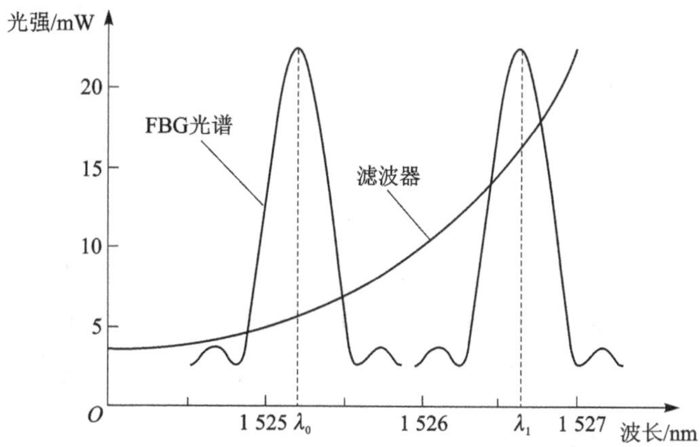

图 9　强度解调方法

滤波器透射率与波长之间的关系为

$$R=\frac{p}{I_0}=k\lambda+B \tag{1}$$

式中，I_0 为原始光强或参比通道光强，k 为滤波器的斜率，B 为滤波器截距。

波长改变 $\Delta\lambda$ 引起的透射率变化可表示为

$$\Delta R=k\Delta\lambda \tag{2}$$

当外部物理量(应变或温度)改变作用到 FBG 引起中心波长改变 $\Delta\lambda$ 时，可以表示为

对于温度参数，有

$$T=a\cdot\Delta\lambda^2+b\cdot\Delta\lambda+c \tag{3}$$

式中，a，b，c 为常数。

对于应变参数，有

$$S = m \cdot \Delta\lambda \tag{4}$$

式中，m 为常数。将式(2)代入式(3)和式(4)，可得

$$T = \frac{a}{k^2} \cdot \Delta R^2 + \frac{b}{k} \cdot \Delta R + c \tag{5}$$

$$S = \frac{m}{k} \cdot \Delta R \tag{6}$$

式中，ΔR 为滤波器透射率的变化值，即测量通道与参比通道光强比值的变化量。考虑到温度对应变测量的影响，对温度进行补偿后，应变测试结果为

$$S = \frac{m}{k} \cdot (\Delta R_s - \eta \cdot \Delta R_T) \tag{7}$$

式中，ΔR_s 为应变传感器测量通道与参比通道光强比值的变化量，ΔR_T 为温度传感器测量通道与参比通道光强比值的变化量，η 为温度补偿系数。

综上所述，当外界温度或应变参数作用到FBG传感器上引起反射峰波长发生变化时，将此变化调制为反射峰强度变化，然后利用光电检测与信号调理电路采集测量通道和参比通道强度比值变化信息，通过数据处理反演得到外部应变或温度信息，从而实现高速解调。

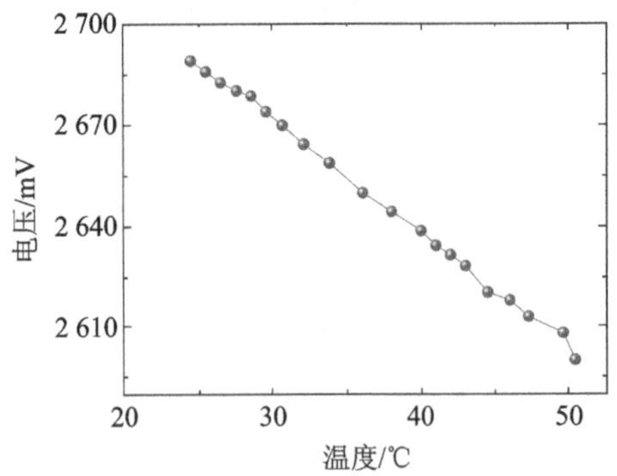

图10　强度解调原理下的实测结果

利用该原理，将光纤光栅温度传感器置于液槽中，通过改变外界温度的变化，实现光纤光栅波长的变化，进一步得到光强的变化，通过光电转换，得到相应的电压值。实验测试温度范围为24.5～50.4 ℃，每个测温点间隔1 ℃，测量结果如图10所示，从图中可以看到线性度较高，经拟合得到，$V = -3.38T + 2772.78$，V 为电压值(mV)，T 为温度值(℃)，相关系数为0.999。因此，通过测量光电转换后的电压，可快速、高精度得到待测体的温度或应变值。

3　结　论

光纤传感由于在尺寸、重量、功耗方面的独特优势，在大面阵结构的健康监测中具有广泛的应用前景。本文论述的大容量光纤传感解调架构，由于在解调过程中避开了波长的多点取值拟合过程，只需要得到光强值即可完成波长解调，大大缩短了时间，有望在高速解调技术方面得到突破，相关技术有望在卫星舱体、雷达天线、太阳帆板以及民用领域等大面阵结构中得到广泛应用。

参考文献

[1] Timoshenko G N, Krylov A R, Paraipan M, et al. Particle accelerator-based simulation of the radiation environment on board spacecraft for manned interplanetary missions[J]. Radiat. Meas, 2017, 107: 27-32.

[2] Joé H, Tommy B, Jean-Simon F, et al. Femtosecond FBG written through the coating for sensing applications[J]. Sensors, 2017, 17, 2519.

[3] Wang T, Liu K, Jiang J F, et al. Temperature-insensitive refractive index sensor based on tilted moire FBG with high resolution[J]. Opt. Express, 2017, 25: 14900-14909.

[4] Yong Y T, Lee S C, Faidz A R. Fiber sensor network with multipoint sensing using double-pass hybrid LPFG-FBG sensor configuration[J]. Opt. Commun, 2017, 387: 191-195.

[5] Jiang M S, Sai Y Z, Geng X Y, et al. Development of an FBG sensor array for multi-impact source localization on CFRP structures[J]. Sensors, 2016, 16: 1770.

[6] Fang G S, Xu T W, Li F. Heterodyne interrogation system for TDM interferometric fiber optic sensors array[J]. Opt. Commun, 2015, 341: 74-78.

基于 PSO-BP 神经网络的民航发动机 VSV 故障诊断

阚玉祥
（滨州学院飞行学院，山东·滨州，256603）

摘要：现代民航发动机大多使用 VSV 系统来提高发动机工作稳定性，避免发动机失速或喘振。为了诊断 VSV 系统故障，提出了一种基于 PSO-BP 神经网络对 VSV 位置进行监控的方法，当 PSO-BP 神经网络模型的预测值与实际值的偏差超过一定值时，则判断 VSV 系统故障。利用发动机健康状态的 QAR(Quick Access Recorder,QAR)数据，基于 PSO 算法优化的 BP 神经网络建立了发动机 VSV 在飞机下降段的调节规律模型，同时建立了 BP 神经网络模型。经过对比分析，通过 PSO-BP 神经网络建立的 VSV 调节规律模型的诊断精度高于传统 BP 神经网络模型，可为民航发动机状态监控和故障诊断提供依据，具有一定的工程实用价值。

关键词：民航发动机；VSV；故障诊断；PSO 算法；BP 神经网络

1 引 言

民航发动机 VSV(Variable Stator Vane)系统的工作状态对发动机的工作性能至关重要，在发动机需要时调节 VSV 开度，可以达到提高转子转速裕度，减小机械负荷的目的。由于 VSV 需要随着发动机工况的变化不断调节，极易造成 VSV 系统故障，使静子叶片的实际位置偏离指令位置，偏离过大时使气流攻角过大，从而诱发喘振。严重时会导致机件损伤、空中停车等故障。因此，监控 VSV 的位置，及时发现 VSV 系统故障有助于发动机安全高效的运营。

以发动机实际运行的大量数据为基础，神经网络、支持向量机等一系列算法在故障诊断和性能预测方面得到了广泛应用。王聃采用优化的支持向量机和 BP 神经网络建立了发动机状态参数模型，能够求解发动机排气温度、燃油流量等参数；瞿红春采用遗传算法优化 BP 神经网络，提高了模型计算精度；殷锴以 CFM56-7B 发动机为例，验证了 BP 神经网络在故障诊断方面的实用性，在某些故障检测方面，正确率高达 83%。QAR 数据中包含了大量的发动机工作信息，美国 NASA、SMI 等公司已经利用 QAR 数据实现了发动机状态监控，能够对一些故障的早期征兆做出预警。飞机在下降阶段，环境参数变化大，飞行状况复杂，发动机 VSV 在这一阶段容易发生故障。本文由此出发，通过发动机的健康 QAR 数据建立 PSO-BP 神经网络模型，研究发动机 VSV 在飞机下降段的调节规律，实现发动机 VSV 的状态监控和故障诊断。

2 建模理论基础

2.1 BP 神经网络

BP 神经网络不同于其他的智能算法，其最大的特征就是信号与误差的传递方向不一致，信号向前，而误差与信号传递方向相反。BP 神经网络的输入信号从输入层开始传递，经过隐含层处理后，传递到输出层。每一层的神经元不会对上一层产生影响，只会对下一层有所影响。当 BP 神经网络检测到输出值与期望值有差距时，就会改变传播方向，依据输出的误差值调节权值和阈值，这样网络的输出值与期望值不断接近，BP 神经网络的拓扑结构如图 1 所示。

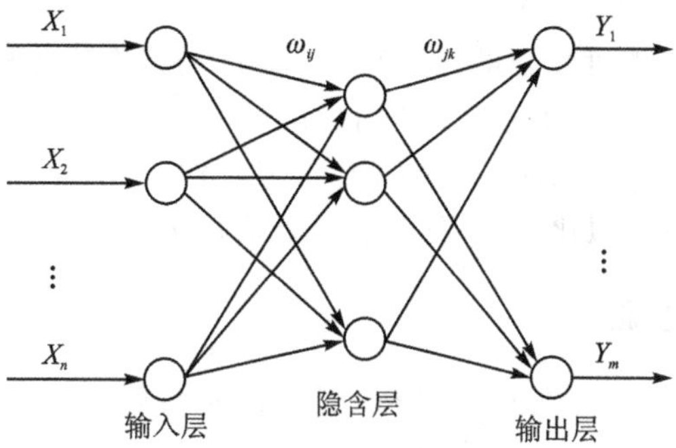

图 1 BP 神经网络拓扑结构图

在图 1 的结构图中，$X_1, X_2, \cdots, X_n$ 是网络的输入值，$Y_1, Y_2, \cdots, Y_m$ 是网络的预测值，ω_{ij}，ω_{jk} 是权值。如果把 BP 神经网络当作非线性函数，那么输入值就是自变量，输出值就是因变量。若输入节点数为 n，输出节点数是 m，则 BP 神经网络就是从 n 个自变量到 m 个因变量的函数映射关系。

2.2 PSO 算法

BP 神经网络在计算过程中容易进入一个局部的最优值，从而降低模型的精度。但是通过一些方法优化初始的权值和阈值，在一定程度上可避免局部最优值，增加模型的判断精度。

PSO 算法在运算过程中，每一个粒子都是一个潜在的最优解，对应一个适应度值。粒子的速度随着移动的经验不断调整方向和距离，进而找到在可解空间中的最优解。该算法由于收敛速度快、通用性强，广泛应用于工程实际。因此，本文采用 PSO 算法优化 BP 神经网络的初始权值和阈值，提高模型精度。

通过 PSO 算法得到 BP 神经网络最佳权值、阈值的具体流程，如图 2 所示。

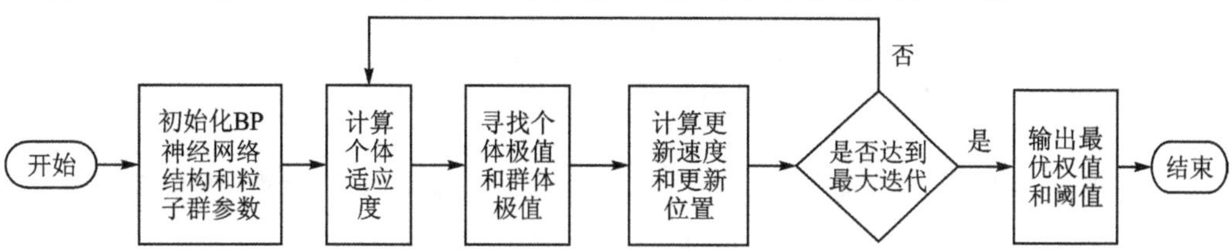

图 2 PSO 算法流程图

3 PSO-BP 神经网络模型建立

3.1 数据选取

选取某公司 11 个航班的健康 QAR 数据作为模型建立的基础，其中 10 个为训练样本，另外 1 个为验证样本。选取 VSV 的开度为输出变量，输入变量的选取考虑两方面：一是不能遗漏主要的影响参数致使模型失真；二是从参数节省的角度考虑，要尽量减少自变量个数，降低问题复杂度。

查询航空公司维修手册可知，本文研究的民航发动机电子控制器根据低压转子转速 N_1、高压转子转速 N_2 和进口温度 T_{t2} 来调节 VSV 的位置。所以模型输入变量中应该有 N_1、N_2 和 T_{t2}。另外选取反映大气湿度变化的飞行高度 ALT，与速度特性相关的飞行马赫数 Ma，与燃油流量相关的 TRA，以及气体通过 VSV 前后的总温 T_{t25} 和 T_{t3}。综上建模所需的输入变量为 8 个参数 N_1、N_2、T_{t2}、ALT、Ma、TRA、T_{t25}、T_{t3}，输出变量为 VSV 开度。输入变量、输出变量确定之后，数据经过相似化、归一化等预处理后即可建立模型。

3.2 模型建立与验证

PSO-BP 神经网络模型的建立主要包括三步，首先明确 BP 神经网络的结构，然后使用 PSO 算法进行优化，最后对 BP 神经网络进行训练预测。

对于大多数的回归预测问题，BP 神经网络三层网络就可以很好地解决。本文建立的模型输入参数确定为 8 个，输出参数确定为 1 个，相应的输入层设置 8 个节点，输出层设置 1 个节点，隐含层设置 17 个节点。所以 BP 神经网络结构为 8-17-1，权值为 153 个，阈值为 18 个。

通过 PSO 算法进行计算，得到 BP 神经网络的最佳初始权值和阈值，然后对神经网络进行训练，PSO 算法的最优个体适应度值进化曲线如图 3 所示，验证样本的预测输出相对误差率如图 4 所示。

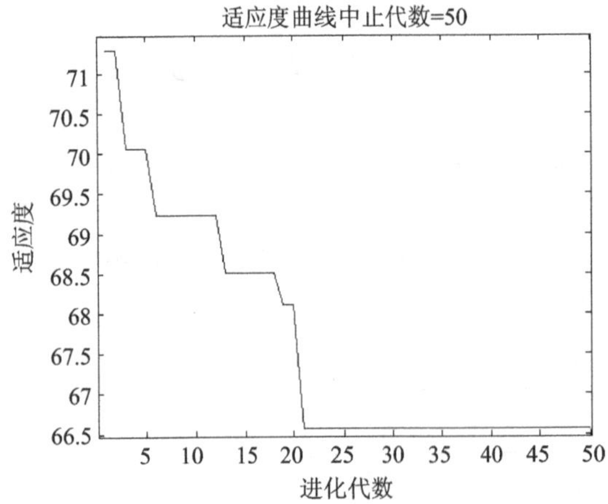

图 3 最优个体适应度值

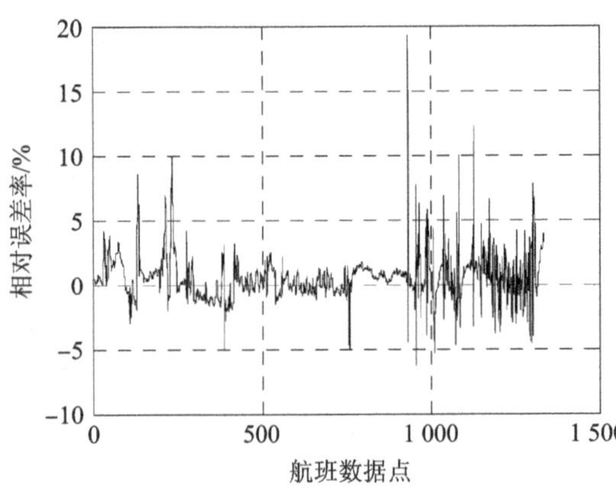

图 4 BP 神经网络预测结果

由图 3 可知当进化到 21 代时，适应度值达到了最低值，并且不再变化，即 PSO 算法在 21 代时收敛到最佳的初始权值和阈值。由图 4 验证航班的预测结果可知，由于下降阶段发动机性能状态变化较大，气动参数变化大，以及人为因素的影响，VSV 角度变化的幅度和频率都大于其他阶段，造成个别点误差相对较大，但 PSO-BP 神经网络模型的验证样本相对误差率大多数集中在−5%～5%，总体误差不大。

为了进一步验证 PSO-BP 神经网络模型的学习泛化能力，以及 PSO 算法在 BP 神经网络初始权值和阈值优化方面的作用。本文另选取四个正常状态航班的 QAR 数据对模型进行验证，比较分析验证结果，总结如表 1 所列。以平均相对误差 MRE 和最大相对误差 max RE 为评价指标，计算公式为

$$\mathrm{MRE}=\frac{1}{n}\sum_{i=1}^{n}\frac{|\hat{y}_i-y_i|}{y_i} \tag{1}$$

$$\max\mathrm{RE}=\max_{1\leqslant i\leqslant n}\frac{|\hat{y}_i-y_i|}{y_i} \tag{2}$$

式中，$\hat{y}_i$ 为第 i 个样本的预测值，y_i 为第 i 个样本实际值，$i=1,2,\cdots,n$，n 为预测样本个数，平均相对误差与最大相对误差的值越接近 0 代表模型的预测值与实际值越接近，模型精度越高。

从表 1 中 PSO-BP 神经网络模型的四个验证航班的结果来看，平均相对误差 MRE 大约为 0，最大相对误差 max RE 大约为 0，表明 PSO-BP 神经网络模型的预测值逼近实际数据，模型的预测准确度高，能够准确地反映飞机下降段 VSV 调节规律，说明 PSO-BP 神经网络模型可应用于发动机 VSV 位置的状态监控和故障诊断。

表 1　四个航班的验证结果

验证航班	PSO-BP 模型		BP 模型	
	MRE	max RE	MRE	max RE
A	0.012 2	0.162 3	0.015 2	0.170 5
B	0.009 9	0.089 9	0.012 5	0.125 4
C	0.013 6	0.169 0	0.016 1	0.130 3
D	0.010 4	0.161 7	0.011 7	0.177 7

另外对比两个模型的 MRE 和 max RE 发现，PSO-BP 神经网络模型优于传统的 BP 神经网络模型，说明利用 PSO 算法得到 BP 神经网络的初始权值和阈值，可以避免模型出现局部最优解，减小期望值与实际值之间的误差，在一定程度上可提高模型的精度。

4　基于 PSO-BP 神经网络模型的 VSV 故障诊断

在飞机下降阶段，发动机性能状态不断变化，比如稳态和瞬态的转变、加减速的转变，造成 VSV 需要不断调整开度才能适应发动机工况变化。VSV 在这一阶段的频繁作动，极易造成 VSV 调节机构、作动筒出现故障，使静子叶片卡滞在某一位置，影响发动机性能。通过对 VSV 的位置进行监控，可及时发现故障，采取应对措施，保证发动机安全运营。

应用建立的 PSO-BP 神经网络模型对后续航班的下降段左发 VSV 位置进行诊断，结果如图 5 所示。通过图 5 可知，PSO-BP 神经网络模型的回归值与原始值在开始阶段相对误差接近 0，但从中间某一点起有了较大偏差，最大相对误差率超过了 100%，很明显与正常运转的情况不符，初步判断这台发动机 VSV 系统在下降段出现了故障，导致 VSV 的位置与正常值

存在偏差。

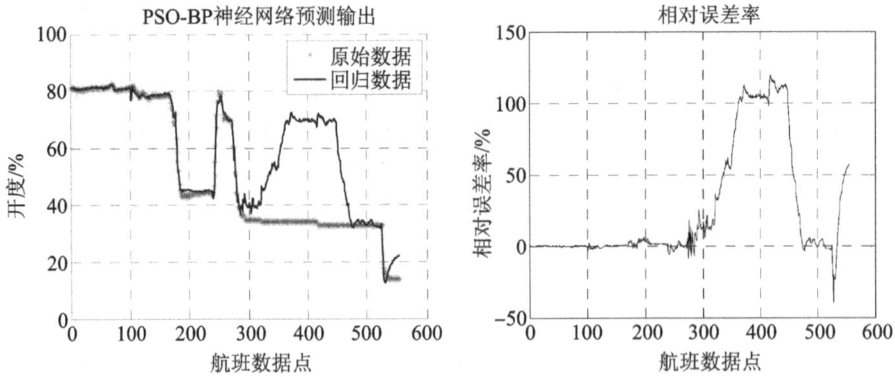

(a) 原始值与回归预测值对比　　(b) 预测相对误差率

图 5　VSV 位置监控结果

为进一步判断该发动机 VSV 系统是否发生故障，将航班中的两台发动机 VSV 开度进行对比，如图 6 所示。

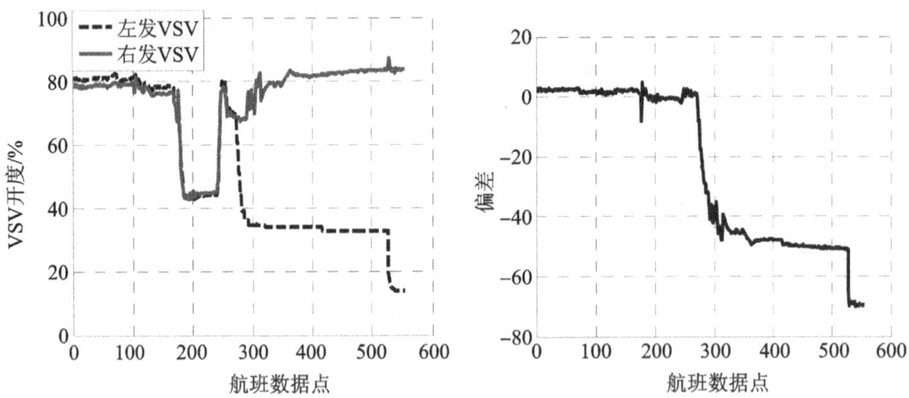

(a) 双VSV开度值对比　　(b) 双发开度偏差

图 6　双发 VSV 开度对比

从图 6 可以发现，在初始阶段两台发动机 VSV 开度差别不大，基本接近 0。从中间某一点开始，双发 VSV 开度出现了较大偏差，左发 VSV 开度明显小于右发。考虑到同一架飞机的两台发动机的外部条件、操作指令基本相同，各项参数应该保持一致或存在极小偏差，而现在两台发动机的 VSV 开度存在较大偏差，调节趋势出现明显的差别。可判断其中一台发动机 VSV 系统发生了故障，进一步验证了 PSO-BP 神经网络模型的诊断结果。

由航空公司工程师的排故诊断结果可知，该航班在下降时，左发 VSV 作动筒不能正常作动，导致 VSV 卡在某个位置，没有随发动机实际工况进行调节，VSV 开度小于正常值，压气机转子进气攻角增大，气流在叶背分离，下降段某一点诱发喘振，随后发生了空中停车。

建立的 PSO-BP 神经网络模型可以作为民航发动机 VSV 正常运行的基线，对 VSV 位置进行监控，在预测值与实际值出现较大偏差时判断为 VSV 系统故障。

5 结 论

基于发动机健康状态 QAR 数据建立了反映飞机下降段 VSV 调节规律的 PSO-BP 神经网络模型，模型的平均相对误差、最大相对误差都接近 0，在一定程度上可以反映 VSV 的调节规律。通过 PSO 算法优化 BP 神经网络的权值和阈值，可以使期望值逼近实际值，提高模型的预测精度。PSO-BP 神经网络模型可用于判断 VSV 的位置是否正常，作为故障判定的界限值可以经过不断地调整优化，提高模型精度，为民航发动机的安全运营提供帮助。

参考文献

[1] Hu Yanming, Nie Chaoqun. Exploration of Combined Adjustment Laws About IGVStator and Rotational Speed in off-design Conditions in An Axial Compressor[J]. Science China(Technological Sciences), 2010, 4: 969-975.

[2] 黄爱华. 涡扇发动机可调静子叶片控制规律研究[J]. 燃气涡轮试验与研究，2017，30(1)：48-51.

[3] 李世林. VSV 系统对 CFM56 发动机喘振的影响分析[J]. 科学技术与工程，2011，11(20)：4934-4936，4940.

[4] 高彦平. V2500 发动机 VSV 系统及其主要故障分析[J]. 中国新技术新产品，2017，(9)：10-11.

[5] 王聃. 基于多方法的 CFM56-7B 发动机基线挖掘研究[D]. 广汉：中国民用航空飞行学院，2016.

[6] 瞿红春，黄远强. 基于遗传-BP 神经网络的航空发动机气路故障诊断研究(英文)[J]. 机床与液压，2015，43(18)：31-36.

[7] 殷锴，钟诗胜，那媛，等. 基于 BP 神经网络的航空发动机故障检测技术研究[J]. 航空发动机，2017，43(1)：53-57.

[8] 周百政. QAR 数据处理系统的设计与实现[D]. 天津：中国民航大学，2009.

[9] 吴志攀，赵跃龙，罗中良，等. 基于 PSO-BP 神经网络的车牌号码识别技术[J]. 中山大学学报(自然科学版)，2017，56(1)：46-52.

[10] 王小川. MATLAB 神经网络 43 个案例分析[M]. 北京：北京航空航天大学出版社，2013.

[11] 王丹妮，周敏，高强，等. 基于 PSO-BP 算法的 3D 打印制件精度预测模型[J]. 机床与液压，2019，47(16)：1-5.

[12] 崔智全. 民航发动机气路参数偏差值挖掘方法及其应用研究[D]. 哈尔滨：哈尔滨工业大学，2013.

[13] Boeing. 777Aircraft Maintenance Manual[Z]. Chicago：Boeing，2015.

[14] 李月玉，李磊. 免疫粒子群算法与支持向量机在枯水期月径流预测中的应用[J]. 水资源与水工程学报，2015，26(3)：124-128，135.

[15] 曹惠玲，庞思凯，薛鹏，等. 基于双发差异的航空发动机故障诊断方法研究[J]. 中国民航大学学报，2014，32(3)：41-44，58.

一种星载综合电子电源完整性问题解决方法

张毅　何伟　邱庆林　杨将

（航天科技集团五院 513 所，山东·烟台，264670）

摘要：针对航空航天领域星载综合电子系统集成度越来越高，各功能模块之间电源网络相互影响的特点，传统的电源地分配网络集总建模分析方法由于未考虑不同模块不同频段电流分布特性，已无法满足使用需求，笔者提出了一种恶劣环境下星载综合电子基于谐振腔分布式建模的电源完整性解决方法，根据平面谐振特性有针对性的添加不同谐振频率组合的去耦电容，以满足系统噪声容限需求。

关键词：星载综合电子；电源地分配网络；谐振腔分布式建模；去耦

1 引　言

随着系统集成度的提高和工作速率的升高，航空航天领域星载综合电子系统因需要具有在在轨环境恶劣的条件下飞行寿命持久的特点，对电源完整性提出了更严苛的需求，具体表现为系统电路在保证正常功能的前提下应具有良好的抗干扰特性，能够忍受多芯片、多电源轨道的相互影响，设计的电源地分配网络（Power Delivery Network，PDN ）应具有充裕的带宽和足够低的开关噪声幅度。

很多电源完整性（power integrity，PI）工程师会遇到这样一个问题：当电路中只有少量功能模块工作时，系统能独立可靠地工作，但是当所有的电路模块同时工作时，系统就可能产生逻辑混乱，甚至无法工作。究其原因，是因为随着工作的电路模块数的增加和工作频率的升高，各芯片电源轨道之间电气特性相互影响，使得单一模块感受到的回路阻抗明显增加，电源噪声更加严重。如何分析星载综合电子系统多个电路功能模块间传输的相互影响并提出对应解决措施，是电路设计过程中需要考虑的重要环节。

2 传统集总建模

早期的电路系统中，由于系统工作频率低，电路设计也不复杂，此时 PCB 表现为电小尺寸，集总条件总是成立的。集总模型中认为电源地平面是理想的，将 PDN 中不连续互连的寄生参数提取出来用作各级 PDN 分析。所谓集总分析，即各元件的实际位置被置于默认的前提或次要的考虑因素，人们主要关注的是原理图中各级电路的拓扑关系。

PDN 互连的不连续性是指稳压模块（Voltage Regulator Module，VRM）大的等效内阻和输出电感、PCB 到封装的互连不连续、封装到芯片的互连不连续、去耦电容器的寄生电阻和寄生电感等，对应的典型 PDN 可划分为四个层级：VRM 级、PCB 级、封装级、芯片级。PDN 集总模型结构如图 1 所示。

图 1 中包含了各级 PDN 的组成部分：VRM 级 PDN 包括稳压模块的输出电感及等效电

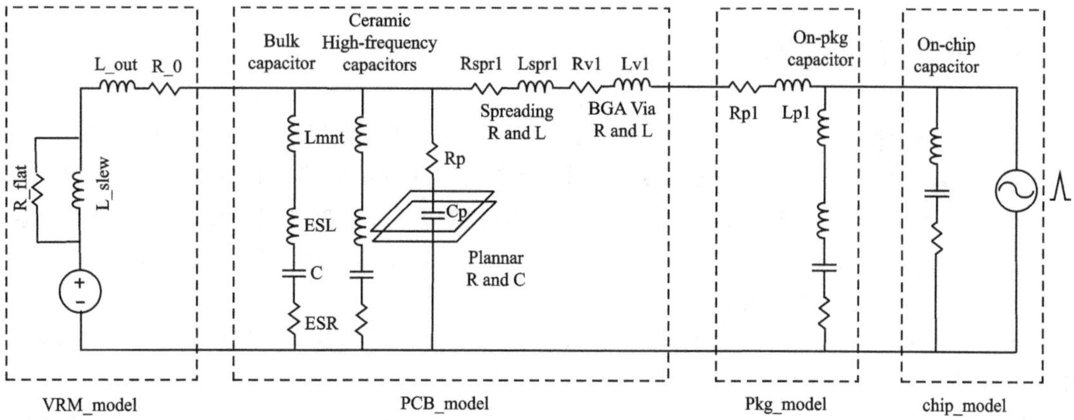

图1 PDN的集总模型

阻;PCB级PDN包括电源地平面等效电容、平面电阻、扩散电感、过孔等效电阻和等效电感、用于低频去耦的体电容器和中高频去耦的陶瓷电容器及它们的装连电感;封装级PDN包括封装引线电感、引线电阻、封装内电源地平面电容、封装内部去耦电容器;芯片级PDN包括使用薄氧化物的片上去耦电容器。

考虑到后期高频区域去耦设计的复杂度,出厂设计之初,大多数高速芯片和封装内部就分别集成了良好的去耦设计,以保证芯片正常稳定工作。对于PI工程师而言,只需要在板级截止频率范围内进行去耦设计即可,PDN设计的复杂度大大降低。运用本节集总模型PDN阻抗分析,中高频截止频率范围内板级PDN阻抗算式如下:

$$Z_{\text{PDN}} = \frac{1}{Y_{\text{VRM}} + Y_{\text{Cap}} + Y_{\text{Plane}}} + Z_{\text{Spread}} + Z_{\text{Via}} \tag{1}$$

目前已有的许多PDN去耦选电容算法都是基于上式作为阻抗提取标准,如遗传算法、快速选电容算法及最大违背点选电容算法等,通过选择不同组合电容将PDN阻抗抑制到目标阻抗之下。

所谓的目标阻抗法就是通过结构设计和电容补偿降低PDN回路阻抗,使其在感兴趣的频率范围内低于目标阻抗值,从而抑制电源噪声对芯片电压的影响。目标阻抗法的设计方法为

$$Z_{\text{PDN}} < Z_{\text{Target}} = \frac{V * \text{ripple}}{50\% I} \tag{2}$$

其中,V为芯片工作电压;I为最大激励电流;ripple为噪声容限,通常设置为5%。目标阻抗法直观有效,并且有利于PDN对信号完整性(Signal Integrity,SI)和电磁完整性(Electro Magnetic Integrity,EMI)的协同设计,因此得到广泛应用。

但是随着系统功能模块集成度提高及工作频率升高,电流分布受其他链路的影响表现出愈加强烈的全局特性和本地特性,平面谐振使得PDN阻抗退化严重,去耦电容器的排列位置变得越来越重要,容值不同的电容器在不同频率范围内也会表现出全局去耦和局部去耦效果。除此之外,在平面谐振的峰值点处,电容器的放置也应重点分析,以便减小谐振位置处平面间的反弹。以上这些问题都是PDN集总模型无法涉及的。

3　谐振腔法建模

PDN 结构中电源和地平面之间构成谐振腔,因此存在谐振,当走线通过谐振较强的区域时,信号相当于走在了一个浮动的参考平面上,电源地平面的不完整导致电源完整性变差。若集成电路恰好工作在该谐振频区域内,将形成共振腔效应。该共振频点的激发来自两种因素:

同步开关噪声(switching noise):数字电路运作时,数字器件的大量逻辑门在同一时序上瞬间同步转态所引起的开关噪声。

地弹(ground bounce):传输线上的信号透过过孔换层走线时,参考平面改变,回流不连续所引起的。

因此分析 PDN 平面谐振腔特性,即可反应恶劣环境下同步开关噪声和地弹对电路阻抗的影响,本文提出的星载综合电子电源完整性解决方法也是建立在该谐振腔法分布式建模基础上的。

谐振频率由平面大小和介质的介电常数决定,即

$$f_{\rm res}(m,n)=\frac{1}{2\pi\sqrt{\mu_0\varepsilon_0\varepsilon_r}}\sqrt{\left(\frac{m\pi}{a}\right)^2+\left(\frac{n\pi}{b}\right)^2} \tag{3}$$

式中,μ_0、ε_0、ε_r 分别为自由空间导磁率、自由空间介电常数和相对介电常数;a 和 b 分别为谐振平面的长和宽;m、n 为不同的谐振模式,当 $m=n=0$ 时,称为零谐振模式或静态模式。

平面对谐振模式被激励时,谐振腔的驻波会对附近电路和互连造成严重耦合,PDN 回路阻抗达到最大值。为表征谐振特性引起的最坏 PDN 情况,对一些规则形状的平行平面结构,平面结构及端口配置如图 2 所示。

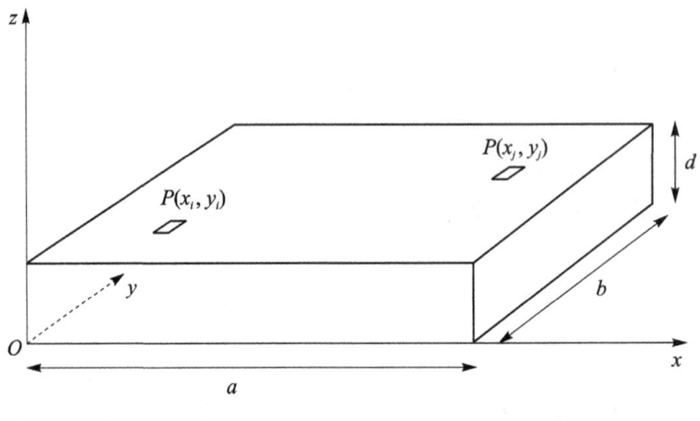

图 2　谐振特性测量的平面结构及端口配置

依据二端口网络知识,PDN 平面的所有去耦特性可以通过参数 Z_{11} 和 Z_{12} 表示,Z_{11} 用于描述端口自身产生的噪声,Z_{12} 用于描述两个端口之间的耦合噪声。基于谐振腔法,任意端口位置 $p(x,y)$处输入自阻抗及端口间传输阻抗计算公式为

$$Z_{ij}(w)=\sum_{n=0}^{\infty}\sum_{m=0}^{\infty}\frac{N_{mni}N_{mnj}}{{\rm j}wC_{mn}+1/({\rm j}wL_{mn})+G_{mn}} \tag{4}$$

其中,

$$N_{mni}=\varepsilon_m\varepsilon_n\cos\frac{m\pi x_i}{a}\sin c\frac{m\pi t_{xi}}{2a}\cos\frac{n\pi y_i}{b}\sin c\frac{n\pi t_{yi}}{2b}$$
$$N_{mnj}=\varepsilon_m\varepsilon_n\cos\frac{m\pi x_j}{a}\sin c\frac{m\pi t_{xj}}{2a}\cos\frac{n\pi y_j}{b}\sin c\frac{n\pi t_{yj}}{2b} \tag{5}$$

$$f_{mn}=\frac{\sqrt{(m/a)^2+(n/b)^2}}{2\sqrt{\varepsilon\mu}} \tag{6}$$

$$G_{mn}=\frac{2\pi fC_{mn}}{Q_{mn}} \tag{7}$$

$$Q_{mn}=\frac{d\sqrt{\pi f_{mn}\mu\sigma}}{1+d\tan\delta\sqrt{\pi f_{mn}\mu\sigma}} \tag{8}$$

公式假设平面长度 a 和宽度 b 都远大于厚度 d，而 d 远小于波长 λ，对于所有的元件封装，包括单芯片封装和多芯片模板，这个假设都是成立的。f_{mn} 是该结构的谐振频率，Q_{mn} 是包括结构中介质损耗和导体损耗的品质因数。

假设损耗可以由谐振点处的谐振回路描述，即可获得变量 f 的线性化。因此基于采用线性化 G_{mn} 的阻抗方程，平面对建模可以用图 3 所示的并联谐电路和理想变压器来实现。

以平面波导理论为基础，在谐振频率附近谐振腔模型的电路特性可以用 C、L 和 G 表示，电容 C 用来储存电场能量，电感 L 用来储存磁场能量，电导 G 用来表示电路的损耗。采用图 3 所示的等效电路即可将 PDN 平面建模为通过变压器与谐振腔的各种固有模式相耦合的波导。

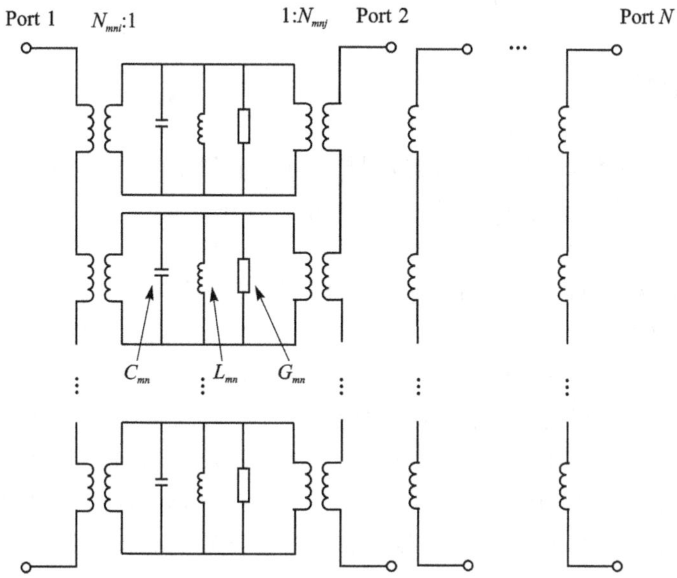

图 3 基于谐振腔法的 PDN 分布式模型

上述基于谐振腔法的 PDN 分布式建模可以最大限度地模拟多功能模块电路负载情况，方便分析不同功能模块内部电源地平面的相互影响和去耦电容容值、位置对谐振峰值的抑制效果。为避免最坏情况，芯片端口应尽量避开谐振峰值的高阻抗位置，去耦电容器也应该放置在平面反谐振点附近。

4 去耦解决方法

基于谐振腔法的PDN分布式建模直观有效，但是计算方法复杂，目前一些EDA厂商已经开发了完整有效的PDN谐振分析仿真工具，本文基于谐振腔分布式建模和仿真方法，提出了一种恶劣环境下星载综合电子电源完整性解决方案，具体流程为：

① 对初步布局布线完成的PCB进行后仿真，导出可用于EDA工具仿真的文件格式。

② 对目标芯片(如CPU或其他集成电路芯片)进行仿真环境设置，设置板上去耦电容的出厂寄生参数和装联寄生参数。

③ 选择目标芯片使用的电源平面和地平面作为谐振腔，使用EDA工具在工作频率范围内进行谐振分析，查看谐振点及对应谐振幅值是否超过5%的噪声容限要求。

④ 对超过噪声容限的目标芯片进行频域PDN阻抗验证，添加Port端口，仿真回路阻抗。

⑤ 将仿真回路阻抗结果与目标阻抗进行比较，若仿真结果均低于目标阻抗，则不需要额外去耦设计；否则选择回路阻抗偏离目标阻抗幅度最大的频率点作为起始去耦频率点，根据电容自谐振频率公式(9)计算选择的电容容值，根据公式(10)计算添加的电容个数。

$$\mathrm{ESR}=\frac{1}{2\pi\sqrt{LC}} \tag{9}$$

$$n>\mathrm{ESR}/Z_{\mathrm{target}}(f_{\mathrm{max\_against}}) \tag{10}$$

⑥ 更新去耦方案，重新进行PCB布局布线，重复步骤①～⑥，直至目标芯片在整个频率范围内谐振幅值均满足噪声容限要求。

5 应用实例

某型号CPU模块数据读写异常，初步排查问题定位于CPU LPC4350FBD208或外围SDRAM 3DSD1G32VS2141受扰。使用本文提出的基于谐振腔法分布式建模的电源完整性解决方法进行问题分析。

EDA仿真工具选用Ansoft公司的电源完整性仿真工具Siwave。首先将CPU模块PCB文件转换为SIWAVE可仿真的.siw文件，进行PCB有效性检查和层叠设置。

LPC4350FBD208和3DSD1G32VS2141均为单电源3.3 V供电，电路设计中只放置了0.01 μF的去耦电容，设置该去耦电容寄生电阻为0.117 Ω，寄生电感ESL=2 nH。

分别对CPU LPC4350FBD208和SDRAM 3DSD1G32VS2141进行1～200 MHz范围内的谐振模式分析，仿真结果如图4和图5所示。可知该频率范围内，CPU芯片电源地平面未出现谐振点，阻抗特性良好，而SDRAM芯片电源地平面在8 MHz附近出现谐振点，谐振幅值在154 mV左右，超过5%噪声容限。

计算SDRAM 3DSD1G32VS2141的目标阻抗。已知芯片供电电压为3.3 V，平均功耗为0.3 A，故

$$Z_{\mathrm{target}}=V*5\%/\Delta I=3.3*5\%/0.3=0.55\ \Omega$$

对SDRAM 3DSD1G32VS2141在电源地平面区域内添加port端口，仿真阻抗参数，结果如图6所示。可知6.32 MHz附近出现谐振峰值，等效阻抗为4.41 Ω；而SDRAM芯片工作频点位于谐振峰值附近，电源完整性较差，可能导致传输信号受扰。

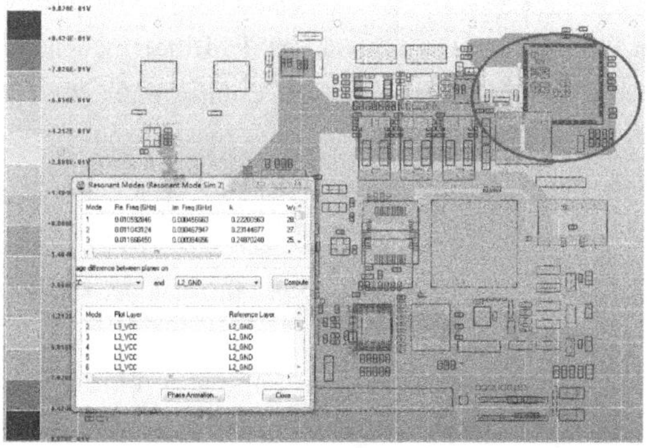

图 4　ARM 芯片谐振分析

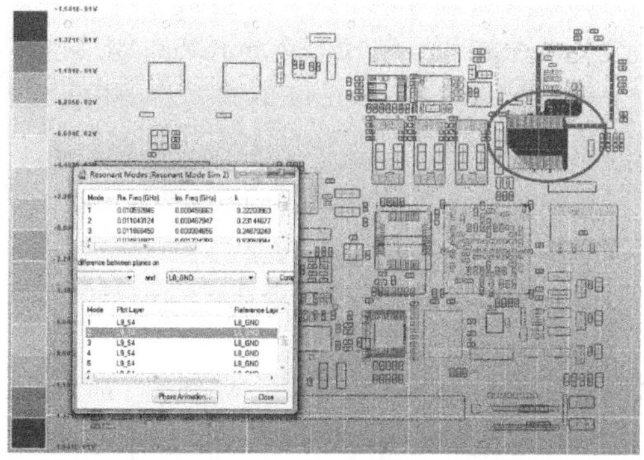

图 5　SDRAM 芯片谐振分析

根据式(9)和式(10)选择自谐振频率为 6.32 MHz 附近的去耦电容,电容容值为0.22 μF,个数为 2 个,更改 CPU 模块原理设计,重新导出 PCB 进行仿真,结果如图 7 所示。可见阻抗参数特性与更改前相比无论是曲线走势还是阻抗大小都有了很大改善,在 1～200 MHz 范围内最大等效阻抗为 0.27 Ω,满足目标阻抗要求。

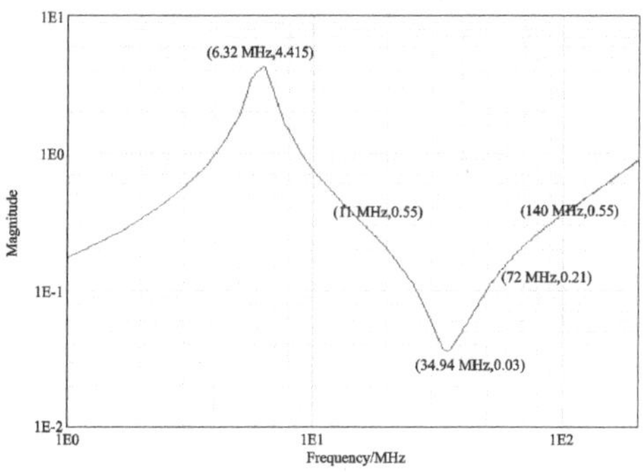

图 6　更改前 SDRAM 芯片 PDN 阻抗验证

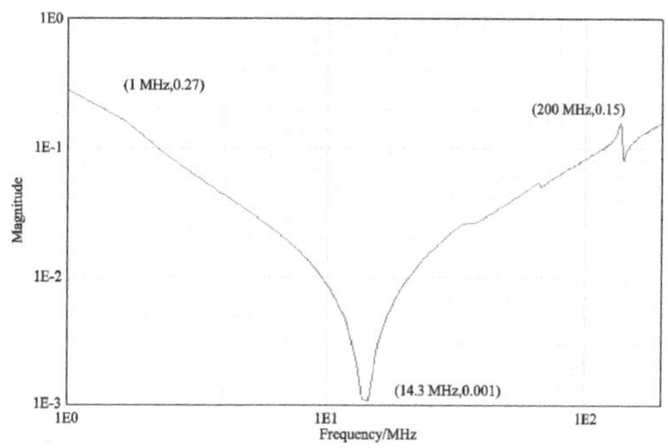

图 7　更改后 SDRAM 芯片 PDN 阻抗验证

根据上述更改方案对 CPU 模块实物添加电容飞线处理,更改后再次进行实物测试,数据读写正常。

6　结束语

本文对高集成度和高工作频率下星载综合电子抗恶劣环境进行了研究,提出了一种基于谐振腔法分布式建模的电源完整性解决方法,该方法考虑了多芯片多电源轨道的相互影响,根据不同谐振腔平面的平面谐振特性有针对性地添加不同谐振频率组合的去耦电容,可以有效降低 PDN 回路阻抗,控制系统电源噪声。应用实例证明了本文方法的有效性。

参考文献

[1] 杨丽湘. 基于遗传算法的电源分配网络设计[D]. 西安: 西安电子科技大学,2011.

[2] Steve Weir,Teraspeed Consulting Group. Bypass Filter Design Considerations for Modern Digital Systems, A Comparative Evaluation of the Big "V", Multi-pole, and Many Pole Bypass Strategies[J]. Design

Con，2006.

[3] Engin A E，Bharath K，Swaminathan M. Multilayered finite difference method（MFDM）for modeling of package and printed circuit board planes[J]. IEEE Transactions on Electromagnetic Compatibility. 2007，49(2)：441-447.

[4] Swaminathan Madhavan. 芯片及系统的电源完整性建模与设计[M]. 李玉山，张木水，译. 北京：电子工业出版社，2009.

[5] Brian Young. 数字信号完整性：互连、封装的建模与仿真[M]. 李玉山，蒋冬初，译. 北京：机械工业出版社，2008.

[6] Ding T H，Li Y S. Efficient Method for Modeling of SSN Using Time-Domain Impedance Function and Noise Suppression Analysis[C]. 2012，2(3).

一种双正交锥式星载惯性传感器冗余配置方案

牟宏杰　刘静　许涛　王阳　钟贻兵
（山东航天电子技术研究所，山东·烟台，264670）

摘要：针对现有星载捷联惯导系统采用三轴正交的惯性传感器装配方式会出现的单个惯性传感器故障直接导致整个系统失效的问题，本文提出了一种双正交锥配置的高可靠星载惯性传感器冗余配置方案。基于可靠性最大、导航性能最优以及单个惯性传感器故障下导航精度更高的冗余优化准则，设计了一种基于五个惯性传感器的双正交锥配置方案，并引入广义似然比故障检测方法对该冗余方案进行单个惯性传感器故障检测与隔离。性能仿真结果表明：惯性传感器冗余配置方案能使系统性能提升 1.35 倍，且能够准确实现单故障的检测与隔离，对星载惯性导航系统配置方案设计具有重要的实际应用价值。

关键词：惯性传感器；双正交锥配置；可靠性；冗余配置方案；故障检测与隔离

1　引　言

基于惯性传感器的捷联惯导系统，具备自主性强、体积小、导航参数丰富、适应高动态工况的优势，在各类星载导航系统中发挥着至关重要的作用。然而，传统的星载捷联惯导系统采用三轴正交的惯性传感器装配方式，复杂电磁环境、高冲击、高动态的严酷环境导致单个惯性传感器故障后，整套捷联惯导系统导航功能随之失效；同时，正交装配方式使得惯性传感器间没有耦合关系，系统故障检测与隔离难度较大。

通过增加惯性传感器数量的器件级冗余方式，相对于采用多套相同配置的系统级冗余方式，系统成本、体积降低效果明显。典型的四冗余设计方案如法国 Ixblue 公司的 Asrtic200 航天器用惯性传感器导航系统，但是该方案无法应对双故障失效状况。典型的五冗余设计方案如美国 Honeywell 公司设计的 5 个 GG1320 激光陀螺构成的惯导系统，成功应用于波音 777 飞机。国内黄静雯提出了三正交两斜置的五冗余方案，并分析论证了其可靠性和精度。

冗余式捷联惯导系统增加了惯性传感器数量，提升了系统可靠性，且惯性传感器发生故障后导致配置不再是正交关系，进而为故障检测和系统重构提供了便利。冗余式惯导系统故障诊断方法中，基于解析模型的故障检测与隔离方法，能够对系统本质和动态实时诊断，目前较为成熟的方法有广义似然比故障检测法、最优奇偶向量法以及奇异值分解法等。其中，广义似然比方法检灵敏度高、计算量小、对系统故障检测和单故障隔离快速有效，因而在工程中应用广泛。

基于双正交锥惯性传感器冗余配置、广义似然比方法在提升捷联惯导系统可靠性和故障检测与隔离方面的优势，设计五冗余式高可靠星载捷联惯导系统新方案，将冗余配置和故障检测与隔离相结合，实现系统可靠性的有效提升。

2 冗余配置方案优化设计

常规捷联惯导系统的惯性器件沿正交坐标轴向安装，而冗余式设计增加了惯性器件数目，从而改变了正交装配方式，因此在设计过程中要综合考虑系统可靠性、导航特性、单故障状态的测量精度以及工程装配便捷性，优化得到最佳的惯性器件配置模式和测量轴空间指向。

冗余配置方案设计通常以实现同等惯性器件数目下系统可靠性最大化为目标粗略优化配置方案，构建如图 1 所示的斜置式冗余配置方案，三个惯性传感器正交安装，第四个、第五个惯性传感器测量轴斜置安装。

斜置式冗余配置方案满足可靠性最大化原则，而由于冗余配置同时具备提供重复观测量的性能，因此还可在保证最大可靠性条件下，构建导航精度指标，优化配置结构使得噪声误差最小，系统导航特性更优，构建如图 2 所示的圆锥式冗余配置方案。五个惯性传感器测量轴均匀分布在半锥顶角为 $\alpha=54.73°$ 的圆锥面上，惯性传感器 1 测量轴位于 xoz 平面，两相邻惯性传感器测量轴在 xoy 平面的夹角均为 $\beta=72°$，由此可得圆锥配置方案的传感器量测方程为

$$\boldsymbol{\omega}_{ig}^{g}=\boldsymbol{H}_b\boldsymbol{\omega}=\begin{bmatrix}\sin\alpha & 0 & \cos\alpha\\ \cos\beta\sin\alpha & \sin\beta\sin\alpha & \cos\alpha\\ -\cos\dfrac{\beta}{2}\sin\alpha & \sin\dfrac{\beta}{2}\sin\alpha & \cos\alpha\\ -\cos\dfrac{\beta}{2}\sin\alpha & -\sin\dfrac{\beta}{2}\sin\alpha & \cos\alpha\\ \cos\beta\sin\alpha & -\sin\beta\sin\alpha & \cos\alpha\end{bmatrix}\begin{bmatrix}\omega_x\\ \omega_y\\ \omega_z\end{bmatrix} \tag{1}$$

式中，$\boldsymbol{\omega}_{ig}^{g}=[\omega_{i1}\quad\omega_{i2}\quad\omega_{i3}\quad\omega_{i4}\quad\omega_{i5}]^{\mathrm{T}}$ 为五个惯性传感器测量值，$\boldsymbol{\omega}=[\omega_x\quad\omega_y\quad\omega_z]^{\mathrm{T}}$ 为沿坐标系 x 轴、y 轴、z 轴的角速率值，$\boldsymbol{H}_b$ 为系统配置矩阵。

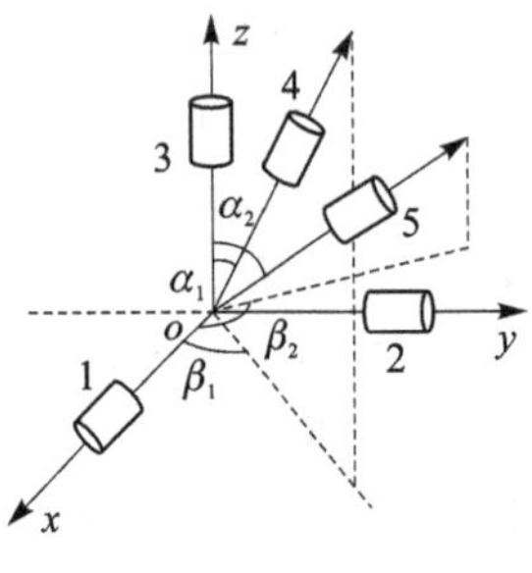

图 1 斜置式冗余配置方案

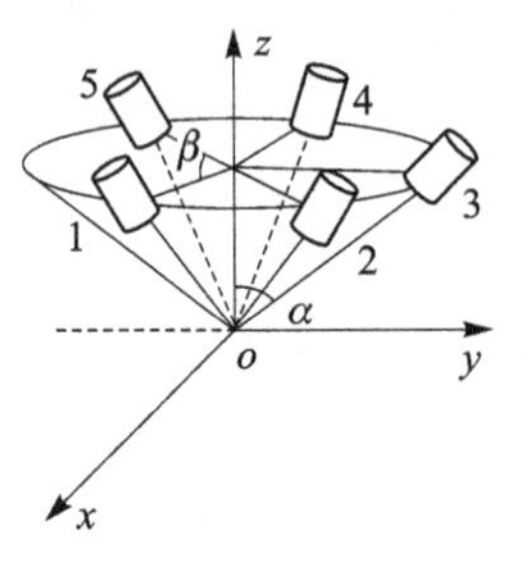

图 2 圆锥式冗余配置方案

将 $\alpha=54.73°$ 代入式(1)，计算可得圆锥配置方案满足导航精度最优准则：

$$\boldsymbol{H}_b^{\mathrm{T}}\boldsymbol{H}_b=\begin{bmatrix}1.666 & 0 & 0\\ 0 & 1.666 & 0\\ 0 & 0 & 1.666\end{bmatrix}=\frac{5}{3}\boldsymbol{I}_3 \tag{2}$$

说明圆锥配置方案同时满足系统可靠性最大化和导航精度最优准则。

惯导冗余配置方案要保证出现惯性传感器单故障后仍以高精度模式运行，因此在确保最大可靠性以及无故障精度最优同时，还应考虑单故障的导航性能，使得单故障下导航精度与无

故障工作相当。由于惯性传感器正交轴安装较斜置安装工艺更成熟,兼顾工程易实现性,优化设计如图 3 所示的双正交锥配置方案,惯性传感器 1 和惯性传感器 2 的测量轴沿 x 轴、y 轴,惯性传感器 3、惯性传感器 4、惯性传感器 5 的测量轴均匀分布在半锥顶角为 $\alpha=41.81°$ 的锥面上,相互间的夹角为 $\beta=120°$。该配置方案在 xoy 面的投影如图 4 所示,惯性传感器 3 与 x 轴、y 轴的夹角均为 45°,$\theta=75°$。

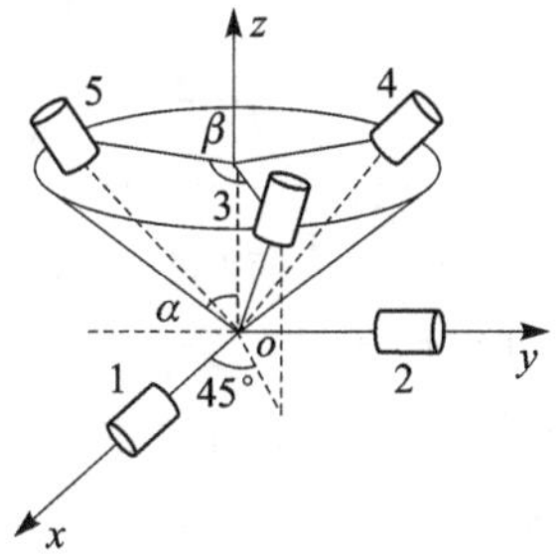

图 3　双正交锥配置

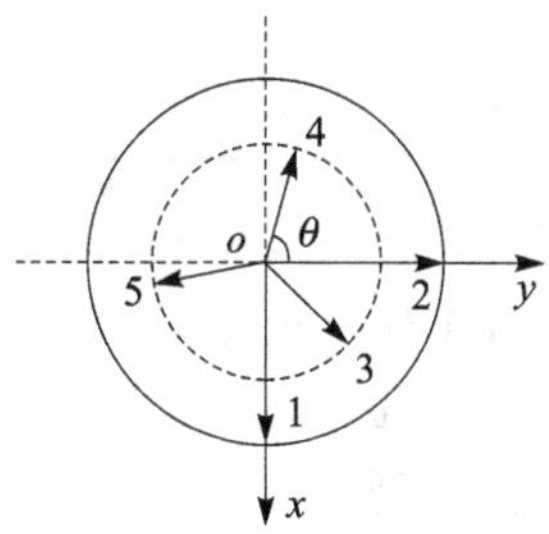

图 4　双正交锥配置方案 xoy 面投影

参考式(1),可得双正交锥配置方案的传感器量测方程,即

$$\boldsymbol{\omega}_{ig}^{g}=\boldsymbol{H}_c\boldsymbol{\omega}=\begin{bmatrix}1 & 0 & 0\\0 & 1 & 0\\\frac{\sqrt{2}}{2}\sin\alpha & \frac{\sqrt{2}}{2}\sin\alpha & \cos\alpha\\-\sin\theta\sin\alpha & \cos\theta\sin\alpha & \cos\alpha\\\cos\theta\sin\alpha & -\sin\theta\sin\alpha & \cos\alpha\end{bmatrix}\begin{bmatrix}\omega_x\\\omega_y\\\omega_z\end{bmatrix}\tag{3}$$

其中,$\boldsymbol{H}_c$ 为系统配置矩阵。

根据各夹角得出双正交锥配置方案的具体配置矩阵,即

$$\boldsymbol{H}_c^{\mathrm{T}}=\begin{bmatrix}1 & 0 & 0.4714 & -0.6440 & 0.1725\\0 & 1 & 0.4714 & 0.1725 & -0.6440\\0 & 0 & 0.7454 & 0.7454 & 0.7454\end{bmatrix}\tag{4}$$

显然该配置方案满足导航精度最优准则,即

$$\boldsymbol{H}_c^{\mathrm{T}}\boldsymbol{H}_c=\frac{5}{3}\boldsymbol{I}_3$$

系统存在单个惯性传感器故障时,通过相应工作模式下的行列式绝对值大小评定其测量精度,不同工作模式下的行列式绝对值越大,测量精度越高。

计算圆锥配置方案和双正交锥配置方案在各种工作模式下的导航精度,如表 1 和表 2 所列。

表 1　圆锥配置方案工作模式精度计算

导航精度	工作模式	模式数量
0.818 6	124、134、135、235、245	5
0.505 9	123、125、145、234、345	5

表2 双正交锥配置方案工作模式精度计算

导航精度	工作模式	模式数量
0.860 8	345	1
0.831 4	135、234	2
0.745 4	123、124、125	3
0.608 6	145、245	2
0.222 8	134、235	2

通过表1和表2易得，双正交锥配置方案3种较优工作模式导航精度明显高于圆锥配置方案，次优的5种工作模式与圆锥配置方案精度相当，在可靠性等同的条件下其单故障工作模式下测量精度更高。因此，本文设计的双正交锥配置方案是综合系统可靠性最大、导航特性最优、单故障测量精度更高且工程实现更易的一种优选的五惯性传感器冗余配置方案。

3 故障检测与隔离

3.1 广义似然比故障检测方法

设 m 个惯性传感器的测量方程为

$$\boldsymbol{Z}=\boldsymbol{H}\boldsymbol{\omega}+\boldsymbol{f}+\boldsymbol{\varepsilon} \tag{5}$$

式中，$\boldsymbol{Z}\in\boldsymbol{R}^m$ 是传感器的测量值，$\boldsymbol{\omega}\in\boldsymbol{R}^n$ 为待测的状态变量，$\boldsymbol{H}$ 为传感器的配置矩阵，$\boldsymbol{f}$ 为故障向量，$\boldsymbol{\varepsilon}$ 为高斯白噪声。

通过对冗余系统测量方程引入奇偶矩阵，构造奇偶方程，实现系统的故障检测与隔离。即对传感器测量值 $\boldsymbol{Z}$ 引入线性变换，用于实现系统故障检测与隔离：

$$\boldsymbol{P}=\boldsymbol{V}\boldsymbol{Z}=\boldsymbol{V}\boldsymbol{H}\boldsymbol{\omega}+\boldsymbol{V}\boldsymbol{f}+\boldsymbol{V}\boldsymbol{\varepsilon} \tag{6}$$

式中，$\boldsymbol{V}$ 是 $(m-3)\times m$ 维奇偶矩阵，$\boldsymbol{V}$ 中每一个行向量称为奇偶向量，且满足 $\boldsymbol{V}\boldsymbol{H}=0$，$\boldsymbol{V}\boldsymbol{V}^{\mathrm{T}}=\boldsymbol{I}_{m-3}$。

因此，式(6)变为

$$\boldsymbol{P}=\boldsymbol{V}\boldsymbol{f}+\boldsymbol{V}\boldsymbol{\varepsilon} \tag{7}$$

此时，$\boldsymbol{P}$ 是一个仅与故障向量或噪声有关的函数。由式(7)可知，奇偶向量 $\boldsymbol{P}$ 在无故障假设 $\boldsymbol{H}_0$ 及有故障假设 $\boldsymbol{H}_1$ 的情况下的统计特性为

$$\boldsymbol{H}_0:\boldsymbol{E}[\boldsymbol{P}]=0,\qquad \boldsymbol{E}[\boldsymbol{P}\boldsymbol{P}^{\mathrm{T}}]=0$$

$$\boldsymbol{H}_1:\boldsymbol{E}[\boldsymbol{P}]=\boldsymbol{\mu},\qquad \boldsymbol{E}[(\boldsymbol{P}-\boldsymbol{\mu})(\boldsymbol{P}-\boldsymbol{\mu})^{\mathrm{T}}]=\sigma^2$$

其中，$\boldsymbol{\mu}=\boldsymbol{V}\boldsymbol{f}$。

因为 $\boldsymbol{P}$ 是 $\boldsymbol{\varepsilon}$ 的线性函数，所以 $\boldsymbol{P}$ 服从 $m-n$ 维的正态分布。广义似然比故障检测函数为

$$\mathrm{FD}_{\mathrm{GLT}}=\frac{1}{\sigma^2}(\boldsymbol{P}^{\mathrm{T}}\boldsymbol{P}) \tag{8}$$

则 $\mathrm{FD}_{\mathrm{GLT}}\sim\chi^2(m\text{-}n)$。故障判断准则：

$$\mathrm{FD}_{\mathrm{GLT}}\geqslant T_D\text{，故障发生}$$

$$\mathrm{FD}_{\mathrm{GLT}}< T_D\text{，未发生故障}$$

其中，T_D 为故障门限值。

广义似然比故障检测函数可用于判断系统是否发生故障。当系统无故障时，奇偶向量 $\boldsymbol{P}$ 仅与量测噪声有关，此时由 $\boldsymbol{P}$ 构成的故障检测函数值 FD_{GLT} 未超过故障检测门限值 T_D；当系统发生故障时，奇偶向量 $\boldsymbol{P}$ 不仅与量测噪声有关，还与故障信息有关，此时由 $\boldsymbol{P}$ 构成的故障检测函数值 FD_{GLT} 必然超过故障检测门限值。广义似然比方法可以判断出系统是否发生故障，同时可以隔离出发生故障的单个惯性器件。

3.2 故障检测与隔离性能仿真验证

故障检测与隔离仿真条件如下：

(1) 惯性器件的噪声标准差为 $\sigma=(0.5°/h)^2$

(2) 虚警率 $\alpha=0.01$，则门限值通过计算可得：$T_D=9.210\ 3$；

(3) 仿真总时长为 200 s，在 101 s 后给惯性传感器 1 和惯性传感器 3 分别加入故障信噪比为 5 的阶跃故障。

分别选取配置方案中正交轴的惯性传感器 1 和锥形架构中的惯性传感器 3 为例，分析冗余配置方案的故障检测与隔离性能。从图 5 和图 6 可以看出，广义似然比检测方法可以成功判断出系统发生故障，而且故障前后幅值区别明显。同时，在 101 s 后，惯性传感器 1 和惯性传感器 3 明显不同，其幅值均明显高于其他四个惯性传感器，因此可以判定惯性传感器 1 和惯性传感器 3 发生故障。其中，图 5 中的惯性传感器 3 和惯性传感器 4，图 6 中的惯性传感器 1 和惯性传感器 2，虚警率相对其他传感器较高，是因为其测量轴与故障惯性传感器的测量轴位置相对较近。因此，通过广义似然比检测方法可以实现对双正交锥配置方案中单个惯性传感器故障的检测和精准隔离。

4 可靠性验证

双正交锥配置方案是本文优化设计的五惯性传感器捷联惯导冗余方案，无冗余方案和正交配置方案(其中两个正交轴各装配两个惯性传感器)是对比方案，为捷联惯导系统惯性传感器配置的常规方案，方案均采用单自由度惯性传感器。可靠性分析结果如表 3 所列。

表 3 系统可靠度及平均故障时间(MTBF)

方　案	可靠度	MTBF	比　值
无冗余方案	$e^{-3\lambda t}$	$\frac{1}{3}\lambda$	1
正交配置方案	$e^{-5\lambda t}-4e^{-4\lambda t}+4e^{-3\lambda t}$	$\frac{8}{15}\lambda$	1.6
双正交锥方案	$6e^{-5\lambda t}-15e^{-4\lambda t}+10e^{-3\lambda t}$	$\frac{47}{60}\lambda$	2.35

从表 3 可以得出双正交锥配置方案的平均无故障时间是无冗余方案的 2.35 倍，且为相同冗余数目的正交配置方案的 1.47 倍；假设单个惯性传感器的 MTBF 为 20 000 h，三种方案的可靠度在 3 000 h 内随时间的变化如图 7 所示，双正交锥方案可靠度明显高于无冗余方案和正交配置方案，而且随着时间的推移可靠度下降较少，3 000 h 时可靠度依然能保持在 98%。

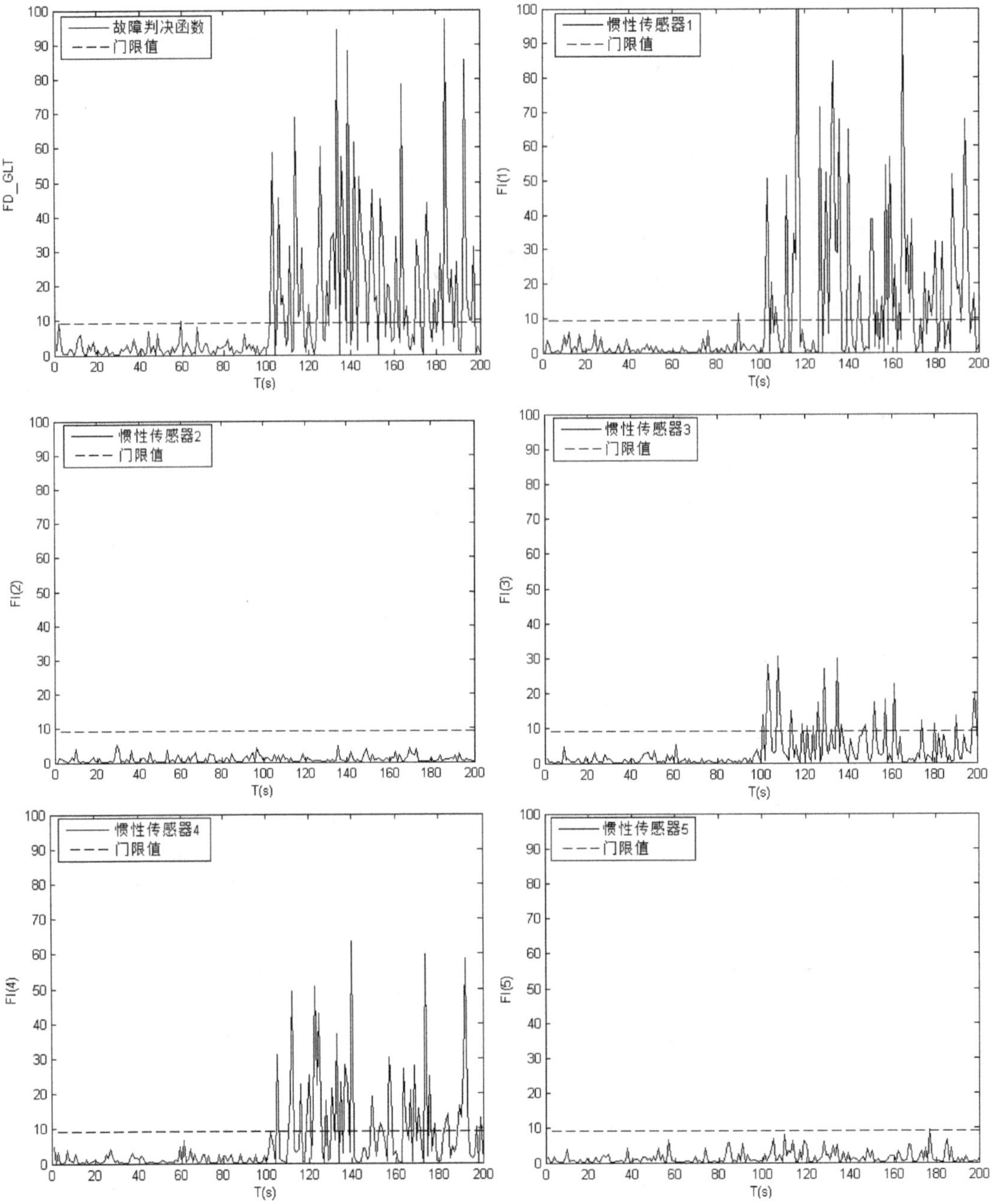

图5　惯性传感器1失效的故障检测与隔离仿真曲线

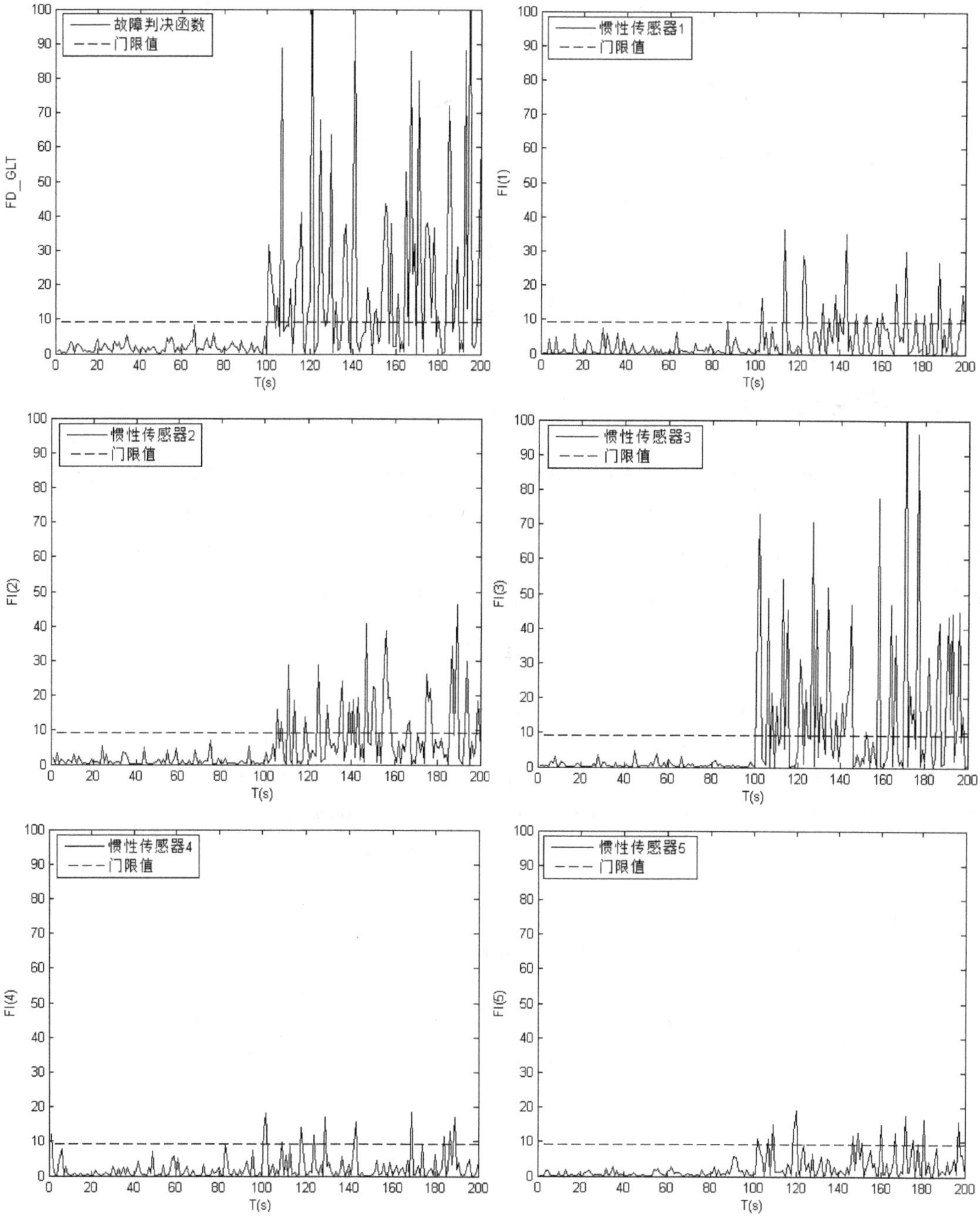

图 6　惯性传感器 3 失效的故障检测与隔离仿真曲线

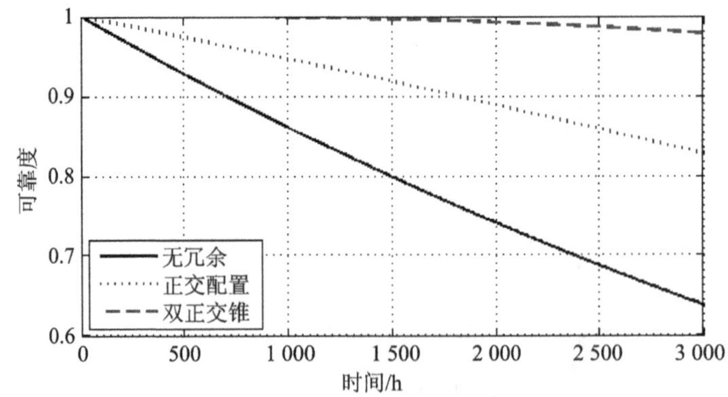

图7 系统可靠度函数曲线

5 结论与展望

基于星载捷联惯导系统可靠性和故障检测与隔离性能的综合提升，优化设计了高可靠五冗余双正交锥捷联惯导配置方案，并对其可靠性、导航特性、单故障测量精度以及故障检测与隔离性能的有效性分别进行了验证。文中设计的新冗余配置方案，对保障长时间、高动态、复杂环境下星载捷联惯导系统高可靠、高精度导航具有重要的工程应用意义。

参考文献

[1] Cheng J, Dong J, Landry J R. A Novel Optimal Configuration form Redundant MEMS Inertial Sensors Based on the Orthogonal Rotation Method[J]. Sensors, 2014, 14(8): 13661-13678.

[2] Jafari M, Roshanian J. Optimal Redundant Sensor Configuration for Accuracy and Reliability Increasing in Space Inertial Navigation Systems[J]. Aerospace Science & Technology, 2015, 47(2): 467-472.

[3] 富力，王新玲，岳亚洲. 基于可靠性分析的最优冗余配置数量确定方法[J]. 北京航空航天大学学报，2010，36(9)：1030-1033.

[4] 高豫强，祝君冬，赵剡. 捷联式惯导系统陀螺仪冗余配置研究[J]. 战术导弹技术，2008，(2)：62-66.

[5] 吴光裕，武志忠，段成红. 一种卫星用高可靠性的惯性敏感器——正十二面体安装方案简介[J]. 中国惯性技术学报，2004，12(1)：70-73.

[6] Guerrier S, Waegli A, Skaloud J, et al. Fault Detection and Isolation in Multiple MEMS-IMUs Configurations[J]. Aerospace & Electronic Systems IEEE Transactions on, 2012, 48(3): 2015-2031.

基于双线圈电涡流传感器的航天器位移测量系统

刘强　于立佳　孙华亮　张庆志　王晓宇

（山东航天电子技术研究所，山东·烟台，264670）

摘要：电涡流传感器能够静态和动态地非接触、高线性度、高分辨力测量被测金属导体距探头表面的距离。本文针对双线圈型电涡流传感器，结合调频式测量电路原理，设计了一种调频式双线圈电涡流测量系统。通过系统测试，位移测量精度和温度稳定度均达到了预期效果，并应用于航天型号中，可以对航天器微小位移进行有效测量。

关键词：电涡流传感器；航天器；位移测量

1　引　言

电涡流传感器能够静态和动态地非接触、高线性度、高分辨力测量被测金属导体距探头表面的距离，且动态响应特性好，灵敏度高、工作稳定可靠，因此在民用、军用均具有广泛的应用[1]，尤其在航天领域，作为微位移测量的一种手段，其应用前景非常广阔。

目前，电涡流传感器的测量手段主要有调幅式、调频式两种。调幅式测量系统性能较稳定，但结构复杂，且输出为模拟电压信号，在传输时易受到干扰，到达控制器后还要经过模数转换，设计难度大，不利于系统的数字化集成。调频式测量系统结构简单，温度特性好，不易受干扰，适用于数字化集成，被广泛使用。

电涡流传感器大多使用双线圈原理进行设计，具有温漂小、抗干扰能力强的优点，双线圈分别为参考线圈和测量线圈，通过两个线圈差动可以消除温度变化的影响。但很多高性能双线圈电涡流传感器（如 KAMAN 公司产品）的两个线圈存在相连的公共端，导致现有的调频式系统无法对双线圈进行解调，无法发挥双线圈温漂小的优势。

本文针对上述问题，设计了一种调频式双线圈电涡流测量系统，经过系统测试，测量精度和稳定度均达到了预期效果，并成功应用于航天型号中，可以对航天器微小位移进行有效测量。

2　电涡流传感器测量原理

根据法拉第电磁感应原理，块状金属导体置于变化的磁场中或在磁场中做切割磁力线运动时（与金属是否呈块状无关，且切割不变化的磁场时无涡流），导体内将产生呈涡旋状的感应电流，此电流叫电涡流，以上现象称为电涡流效应。

如图1所示，涡流传感器测量系统中的前置器输出高频振荡电流 I_1 通过延伸电缆流入探头线圈，在探头头部的线圈中产生交变的磁场 H_1。若被测金属体靠近这一磁场，则在此金属表面产生感应电流 I_2，与此同时该电涡流场也产生一个方向与头部线圈方向相反的交变磁场 H_2 来阻碍 H_1 的变化。被测导体中存在涡流损耗和磁损耗，这种相互交链的结果使线圈的等效电感 L 发生变化。线圈的等效电感为

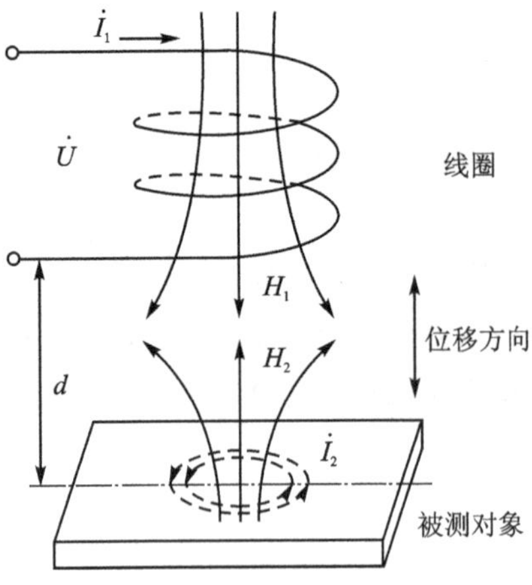

图1 电涡流测量原理

$$L = L_1 - \frac{\omega^2 M^2}{R_2^2 + (\omega L_2)^2} L_2$$

式中，L_1 为不计涡流效应仅考虑静磁效应时传感器线圈的电感，μH；ω 为线圈激励电流的角频率，rad/s；L_2 为金属导体涡流回路的电感，μH；M 为线圈与导体涡流环间的互感系数；R_2 为金属导体涡流回路电阻，Ω。

金属导体的电阻率 ρ、磁导率 μ、线圈激励电流强度 I、角频率 ω 和线圈尺寸等参数恒定不变的前提下，线圈等效电感 L 是位移 x 的单值函数。将线圈电感 L 作为克拉波振荡电路的一部分，在电容不变的情况下，谐振频率 f 将是 x 的单值函数，即 $f=\varphi(x)$。

3 调频式双线圈电涡流测量系统设计

调频式双线圈电涡流测量系统由电涡流传感器、采集线路盒、反射金属板组成。

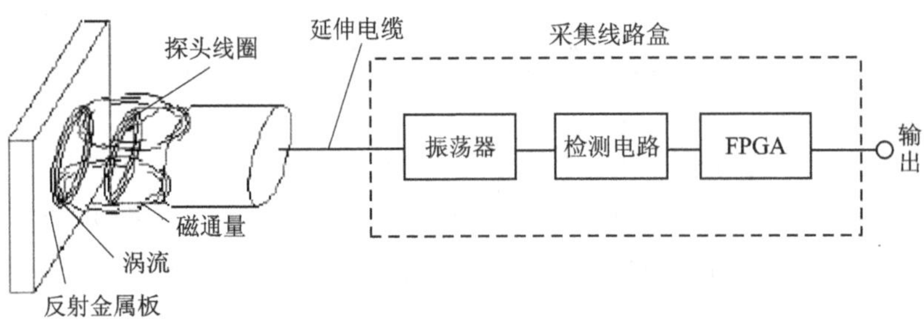

图2 电涡流测量系统组成框图

3.1 传感器设计

电涡流传感器选用的是KAMAN公司的KD－2306型双线圈电涡流传感器。该传感器由线圈、头部、壳体、高频电缆以及高频接头组成。为了实现双线圈差动结构，测量线圈置于探头前端，参考线圈置于后端，二者之间应采用磁场隔离，避免互相影响而降低测量精度，两个线圈差动可以提高抗干扰特性以及温度稳定性。

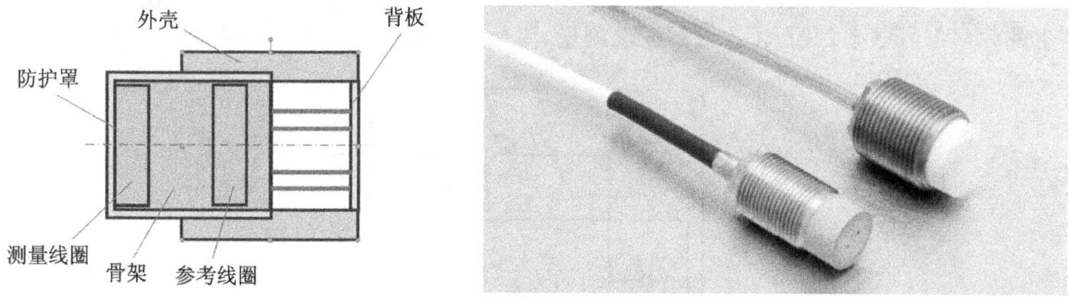

图 3　电涡流传感器结构及实物图

表 1　电涡流传感器技术指标

序　号	性能参数	技术指标
1	测量范围	13 mm
2	分辨率	0.01%FS(1.3 μm)
3	非线性误差	<1%FS
4	频率范围	50 kHz
5	热灵敏度	0.1%FS/℉

3.2　采集线路盒设计

基于调频式测量系统的诸多优点，采集线路盒采用调频原理进行设计。电涡流传感器在振荡器的作用下产生调频信号，经过检测电路调理电路进入处理电路进行计数和处理，得到其频率值，进一步转换为位移值。

采集线路盒内部由电源模块、主控模块和采集模块组成。电源模块功能为将卫星一次电源转换为二次电源，具有过流保护、浪涌抑制等功能。主控模块由 FPGA 系统、通信电路、数据缓存电路组成，主要功能为对电涡流传感器输出的信号进行测量、处理和打包，通过 RS422 接口进行发送。调理模块主要功能为通过振荡电路给电涡流传感器提供高频交流电流，并对电涡流传感器输出的频率信号进行调理后输出给 FPGA 进行测量。

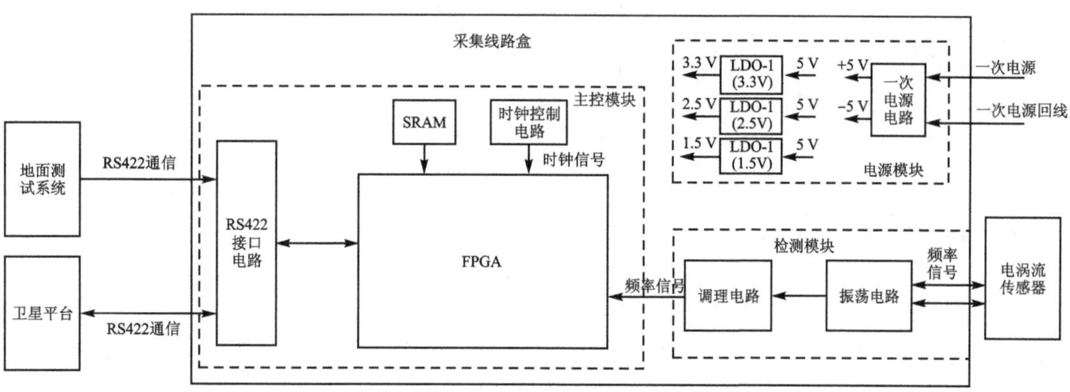

图 4　采集线路盒原理框图

在对 KAMAN 公司的 KD－2306 型双线圈电涡流传感器进行测试时，发现传感器内部的参考线圈和测量线圈存在公共端，导致使用振荡电路分别对参考线圈和测量线圈输入电流后，产生的频率信号频率相同，无法进行差动测量，因此无法发挥出双线圈传感器的优势。

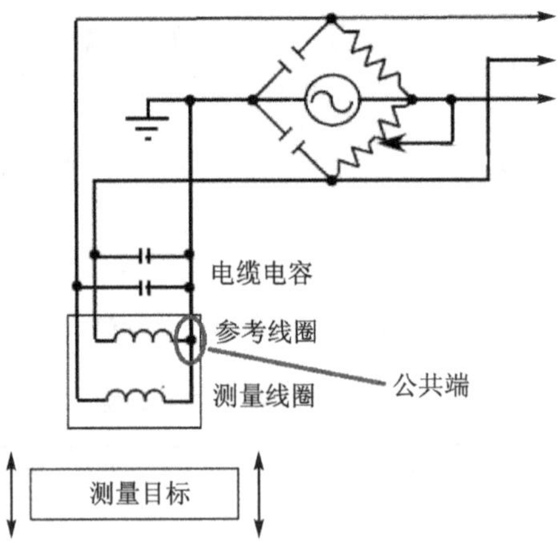

图 5　KD－2306 型双线圈电涡流传感器内部结构

针对上述问题，对振荡电路进行了改进，以满足双线圈测量的需求。考虑到电涡流传感器位移测量为低频测量，短时间内位移变化较小。因此，可以使用高速低阻抗模拟开关对参考线圈和测量线圈进行分时选通，使测量线圈和参考线圈可以产生不同的频率信号，实现分时测量，再进行差动计算，得到双线圈测量值。

如图 6 所示，模拟开关输入端分别连接电涡流传感器的参考线圈和测量线圈，电涡流传感器的线圈公共端与振荡电路相连，通过控制模拟开关分时选通参考线圈和测量线圈，由后端的振荡电路分时产生频率信号，解调后进行差动即可实现对存在相连公共端的双线圈电涡流传感器调频测量。由于位移变化为缓慢变化量，因此选用高速模拟开关可忽略切换带来的两个线圈调频时间差的影响。

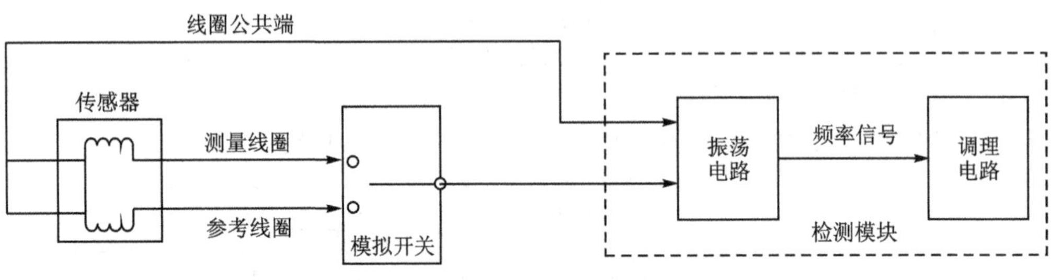

图 6　双线圈分时选通电路

4　系统测试结果

对电涡流测量系统进行性能测试（如图 7 所示），采用千分尺（量程 20 mm，精度 1 μm）进行标定。电涡流传感器通过安装支架固定在标定台面上，反射面固定在千分尺上，同时通过千分尺固定在标定台面上，与电涡流传感器保持一定的位移，通过调节千分尺实现不同位移运动实现标定测量。

电涡流性能测试情况见表 2。

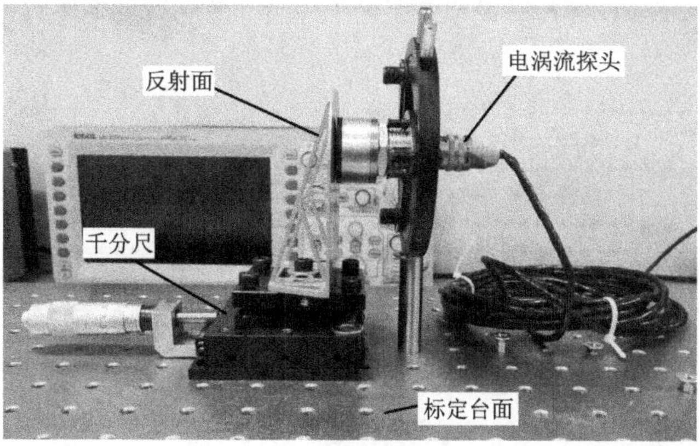

图 7　电涡流测试环境

表 2　电涡流性能测试

标准位移值/mm	测量值/mm	标准位移值/mm	测量值/mm
0	0.001	7	7.003
1	1.000	8	8.004
2	2.005	9	9.000
3	3.008	10	10.005
4	4.004	11	10.994
5	5.008	12	11.989
6	6.009	—	—

对各个标准输入位移值的测量误差进行统计，结果如图 8 所示。测量误差最大为 11 μm，比技术指标<1%（130 μm）提高了 1 个数量级。

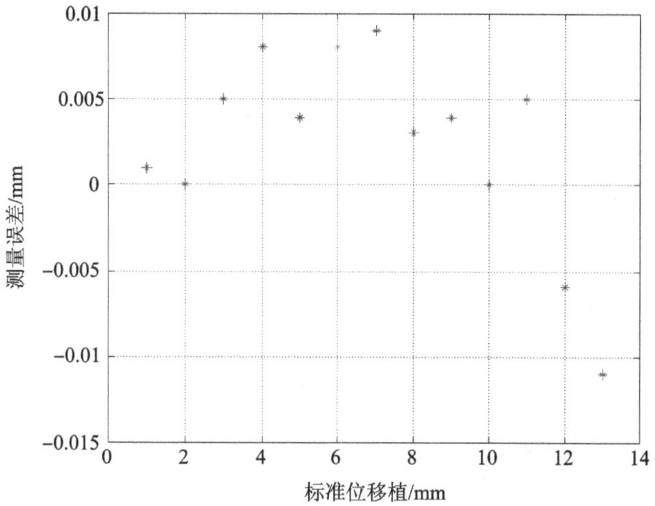

图 8　精度误差统计

任意选取测量位置（位移值为 6.991 mm），对基于双线圈的调频式电涡流测量系统的稳定性进行测试，测试结果如图 9 所示。测试时间为 2 500 s，稳定性偏差不超过 10 μm，可以看出本文设计的基于双线圈的调频式电涡流测量系统具有良好的稳定性和抗环境干扰能力。

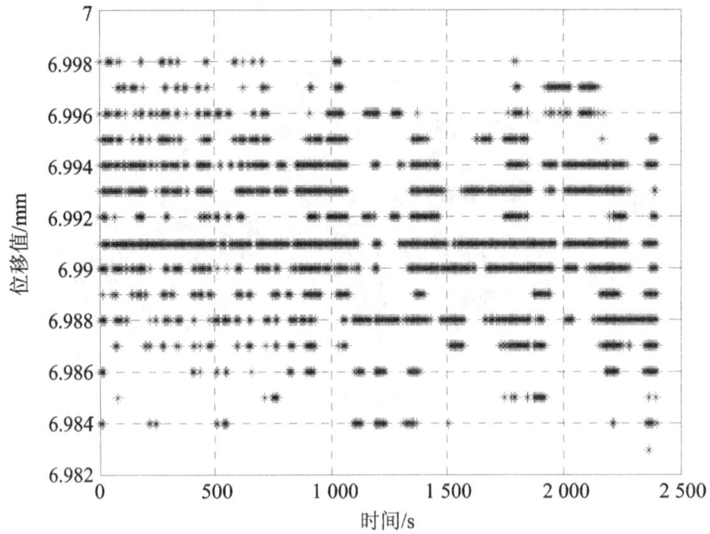

图9 电涡流测量系统稳定性测试

5 结 论

本文针对双线圈型电涡流传感器，结合调频式测量电路的原理，设计了一种面向航天器的调频式双线圈电涡流测量系统。在标定台面对整个测量系统进行了精度测试。测试结果表明，本文设计的基于双线圈的调频式电涡流测量系统极大地提高了系统精度，具有优良的稳定性和抗干扰特性。该系统应用于航天型号中，实现了对航天器微小位移的有效测量。

参考文献

[1] 王成栋，朱永生. 基于电涡流传感器的转速测量方法研究[J]. 仪表技术与传感器，2003(6)：45-47.

[2] 李中秀，吴峻，李璐，等. 基于FPGA的调频式电涡流位移传感器[J]. 仪表技术与传感器，2007(7)：7-9.

[3] NABAVI M R，NIHTIANOV S N. Design strategies for eddy-current displacement sensor systems：review and recommendations[J]. IEEE Sensors Journal，2012，12(12)：3346-3355.

[4] 高松巍，刘云鹏，杨理践. 大位移电涡流传感器测量电路的设计[J]. 仪表技术与传感器，2009(12)：88-90.

[5] 邵爱霞，赵辉，刘伟文. 定频调幅式电涡流传感器电路及其在防水数显卡尺中的应用[J]. 计算机测量与控制，2005(1)：508-510.

[6] KD－2306 Non-contact Displacement Measuring System User's Manual.

[7] DONG Wen-xuan，DU Ping-an. Design and implementation of functional measuring circuit for material-independent eddy current sensor [C] . 2008 International Conference on Mechatronics and Automation. Takamatsu，Japan：IEEE，2008：318-322.

[8] 程家军. 电涡流位移传感器在微间隙测量中的特殊应用[J] . 测控技术，2015(6)：9-12.

基于空间应用的大功率负载EMI滤波技术研究

张庆志　罗玉祥　刘强　孙华亮　于立佳　董昊　王丁丁

(山东航天电子技术研究所，山东·烟台，264000)

摘要：本文针对空间应用的EMC要求，研究了一种大功率负载EMI滤波技术。将EMI滤波电路分电容器和电感器两部分，并分别进行了理论计算和物理仿真，以及插入损耗理论计算。装备基于本文技术的大功率感性负载EMI滤波器的航天器顺利完成了整船EMC试验验证，可知大功率负载EMI滤波可以显著提升航天器系统的EMC能力。

关键词：空间应用；大功率负载；EMI滤波技术

1 引　言

近几年，大功率感性负载EMI滤波技术在以空间应用为背景的大功率感性负载设备中有着广泛的应用。空间技术发展对大功率负载控制应用愈加广泛，系统中不可避免地存在高压脉冲放电和开机瞬态大电流特性，将会对星船环境产生强烈电磁干扰，影响星船的正常工作。

国军标GJB151A中CE102要求，滤波频率范围为0.01～30 MHz，但是因为空间应用的其特殊性，以及大功率负载控制频率涵盖0.001～30 MHz，所以对0.01 MHz以下频率也存在EMI滤波要求。

美国国家航空航天局在XX23航天飞机上的能源系统中安装了大功率感性负载EMI滤波器(见图1)；法国、德国等欧洲国家也在积极进行大功率感性负载EMI滤波技术在航空航天领域的应用研究，尤其在可重复发射飞行器上开展了针对能源系统的测试验证等创新性工作。

图1　XX23航天飞机上安装了大功率感性负载EMI滤波器

2 正 文

EMI滤波器根据用户系统的噪声源、负载阻抗选取相应参数的电容量、电感量及电路结构,使滤波器阻抗与干扰源的阻抗最大适配,从而使干扰信号沿干扰源进来的方向反射回去。同时利用电容和电感组合的滤波电路来防止信号突变的特性吸收部分干扰信号,达到降低电磁干扰的效果,以此来解决系统的电磁干扰问题。EMI滤波器的电容、电感决定了其抑制电磁干扰的特性,因此电路结构设计和元器件参数的选用是该试验项目的关键技术。下面主要对该滤波器的电路设计方案进行阐述。

2.1 电路设计

大功率感性负载系统回路中均会有不同程度的共模干扰和差模干扰,故一般在设计滤波器时,需同时考虑共模滤波和差模滤波电路,且滤波电路级数越多,滤波器插入损耗随频率变化的曲线越"陡峭",即滤波器在宽频带范围内有较高的插入损耗。此外,也需根据滤波器的重量、体积、额定电压、电流综合考虑选择滤波电路。

如图2所示,本项目设计的滤波电路由多级滤波组成,即三级共模滤波电路和一级差模滤波电路组合的滤波方式构成总滤波电路。这样设计的好处是使滤波组件在较宽的频带范围内有较高的插入损耗,同时也能有效地减小瞬态干扰。其中:C_{x1}、C_{x2}、C_{x3}、C_{x4}为差模电容器,C_{y1}为共模电容器,L_1、L_2、L_3为共模电感,L_4、L_5为差模电感。C_{x1}、C_{x2}、C_{x3}、C_{x4}电容器与共模电感L_1、L_2、L_3的漏感以及差模电感L_4、L_5组成差模滤波电路,主要滤除差模干扰信号。C_{y1}和共模电感L_1、L_2、L_3形成共模滤波电路,主要滤除共模干扰信号。

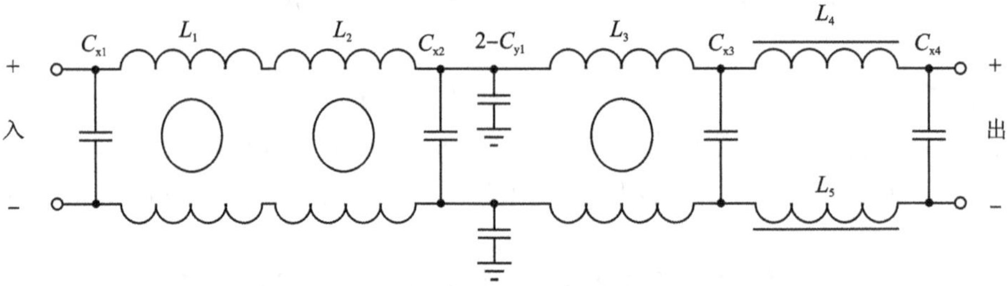

图2 滤波器采用电路原理图

2.2 电容器的选择

大功率感性负载EMI滤波电路设计中主要有两种电容,分别是线间电容C_{x1}、C_{x2}、C_{x3}、C_{x4}和线地电容C_{y1}。

(1) 线间电容C_x的选取

在对C_{x1}、C_{x2}、C_{x3}、C_{x4}进行选择设计时,主要结合线间耐压要求、滤波组件的体积空间进行综合分析。在直流电源系统中,线间电容容量越大越有利于对电源系统内部的差模干扰进行滤波,但对滤波组件体积要求较高,故在体积要求、耐压、温度系数等要求满足的前提下来选取线间电容。一般情况下,常用的线间电容取值在0.01～10 μF之间。结合设备的额定工作电压为100 VDC,因此,差模电容的耐压值选择大于额定电压的1～2倍。由于必须使EMI滤波器在中低频段能有效吸收和抑制干扰信号，同时采用线路板制作方式，因此我们拟选用高频性能好的多层瓷介电容器作为差模电容，具有较高的工作电压、优异的温度特性、频率特性，满足表面装配要求。

(2) C_y 的选择

C_y 为共模电容器，共模电容是线对地的电容，用于滤除共模噪声。在允许的情况下，C_y 容量要求越大越好，但不能太大，太大则漏电流较大。本项目拟采用二类瓷介电容 0.001～0.1 μF(对每个电容)，该类具有优异的温度特性，贴片式、满足表面装配要求。

2.3 电感器的选择

(1) 共模滤波电感材料的选择

滤波器接入电路后，两个共模线圈产生的磁通在磁芯中相互抵消，不会使磁芯饱和。由于干扰信号比较弱，因此磁芯一般工作在低磁场的区域，选用具有较高的初始磁导率 μ_0 的磁性材料作为共模滤波电感器的磁芯材料。

共模电感 L_1、L_3 拟采用锰锌高磁导率铁氧体材料 R10K 系列磁芯，该材料在频率为 100 kHz～200 MHz 范围内具有较好的滤波效果，比铁基纳米晶磁芯适用频率更高，能保证高频段较高的插入损耗。共模电感 L_2 拟采用具有高饱和磁通密度、优良的频率特性，能很好地满足高频低损耗性能要求的 FJ10 系列磁芯。

(2) 差模滤波电感材料的选择

差模滤波电感材料的选择与共模滤波电感完全不同，因为电感与负载是串联，输入电流或输出电流直接通过电感磁芯，其直流电流较大，高磁导率的材料容易发生饱和。为了适应差模干扰，大功率感性负载 EMI 滤波电感磁芯需要，应选用有较高饱和磁感应强度的磁芯。

差模电感拟采用高磁通磁粉芯，磁粉芯中的分布式气隙不但使材料的抗饱和强度增加，而且磁芯的电阻率也会比原来增加几个数量级，因此也就改善了金属磁性材料不能在高频下使用的缺陷，高磁通磁粉芯由镍、铁和钼制成，在所有磁粉芯中具有最高的偏置能力，在高直流偏压应用下有许多优势，相对于同等偏置能力的铁硅磁粉芯，具有更低的磁损。

2.4 EMI 滤波器插入损耗的理论计算值

插入损耗用以描述滤波组件对干扰噪声的抑制能力，其定义如下：没有滤波组件接入时，从噪声源传输到负载的功率和接入滤波组件后，从噪声源传输到负载的功率之比，用 dB(分贝)表示，滤波组件接入前后的电路如图 3 和图 4 所示。

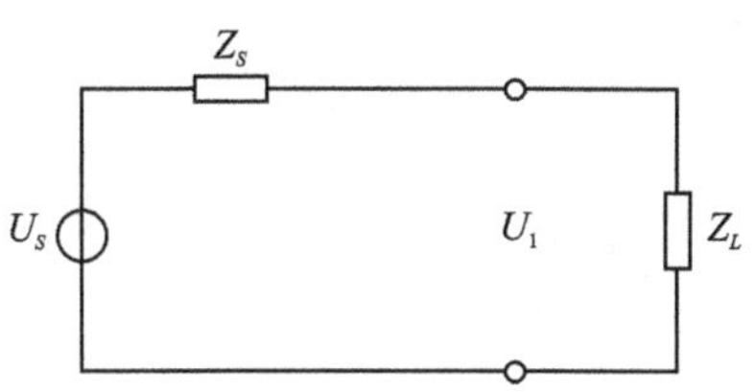

图 3　滤波组件接入前后的电路图

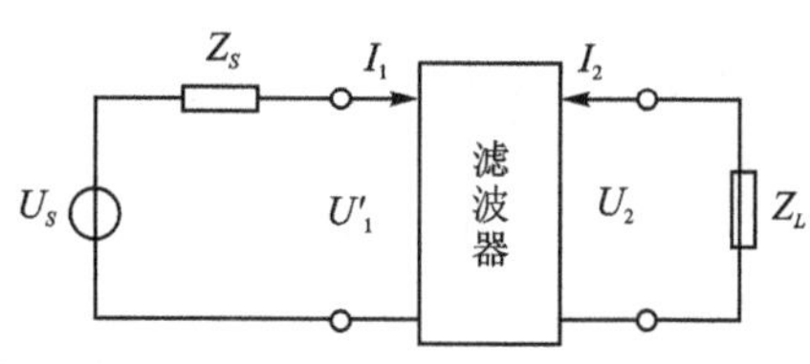

图 4　滤波组件接入前后的电路图

滤波组件插入损耗的定义为

$$IL = 10\lg\left(\frac{P_1}{P_2}\right) = 10\lg\frac{U_1^2/Z_L}{U_2^1/Z_L} = 20\lg\left(\frac{U_1}{U_2}\right) \tag{1}$$

根据图 3 可以得出。

$$U_1 = \frac{U_1}{Z_S + Z_L} R_L \tag{2}$$

根据图 4 可以得出。

$$U'_1 = a_{11} U_2 + a_{12} I_2 \tag{3}$$

$$I_1 = a_{21} U_2 + a_{22} I_2 \tag{4}$$

$$U'_1 = U_S - I_1 R_S \tag{5}$$

$$U_2 = I_2 R_L \tag{6}$$

$$U_2 = \frac{U_S}{a_{11} + a_{12} R_L + a_{21} R_S + a_{22} R_S R_L} \tag{7}$$

所以插入损耗的计算公式为

$$IL = 20\lg \left| \frac{a_{11} R_L + a_{12} + a_{21} R_S R_L + a_{22} R_S}{R_S + R_L} \right| \tag{8}$$

式中，a_{11}、a_{12}、a_{21}、a_{22} 表示滤波器网络的 A 参数。

(1) 滤波器网络 A 参数的确定

在对滤波组件的 A 参数确定时，通常是分别建立共模滤波电路等效电路和差模滤波电路的等效电路并分别进行分析，计算出各自等效电路对应的 A 参数，然后计算插入损耗。其中，共模滤波电路等效电路见图 5，差模滤波电路等效电路见图 6。

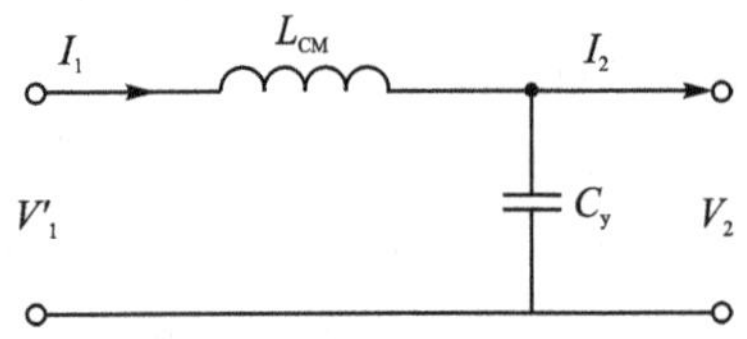

图 5 共模等效电路

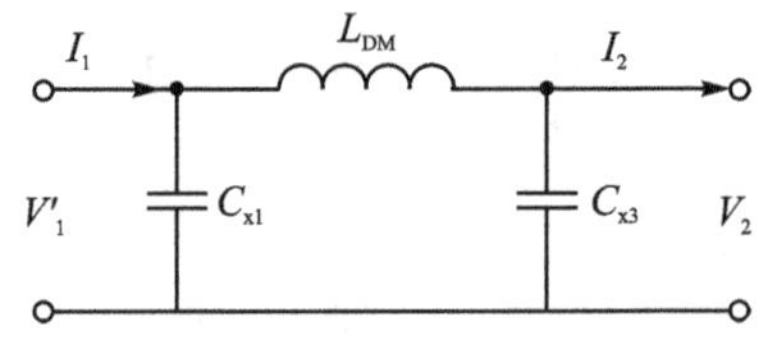

图 6 差模等效电路

图 5 中，差模双端口网络的 **A** 参数为

$$\mathbf{A} = \begin{bmatrix} 1 - w^2 LC & jwl \\ j^2 wc - jw^3 & 1 - w^2 \end{bmatrix} \tag{9}$$

由此可以得出差模插入损耗表达式为

$$\text{ILDM} = 10\lg \left\{ (1 - \omega^2 LC)^2 + \left[\frac{\omega L + (2\omega^2 - \omega^3 LC^2) R_L R_S}{R_L + R_S} \right]^2 \right\} \tag{10}$$

同理可以得出共模干扰的插入损耗公式如下：

$$\text{ILCM} = 10\lg \left[\left(1 - \frac{\omega^2 LC}{1 + \frac{R_S}{R_L}} \right)^2 + \left(\frac{\omega L + \omega C R_L R_S}{R_L + R_S} \right)^2 \right] \tag{11}$$

(2) 负载阻抗和源阻抗对插入损耗的影响

根据共模插入损耗的公式和差模插入损耗的公式可以看出，插入损耗会受源阻抗 R_S、负载阻抗 R_L 的影响，分别见图 7 和图 8。

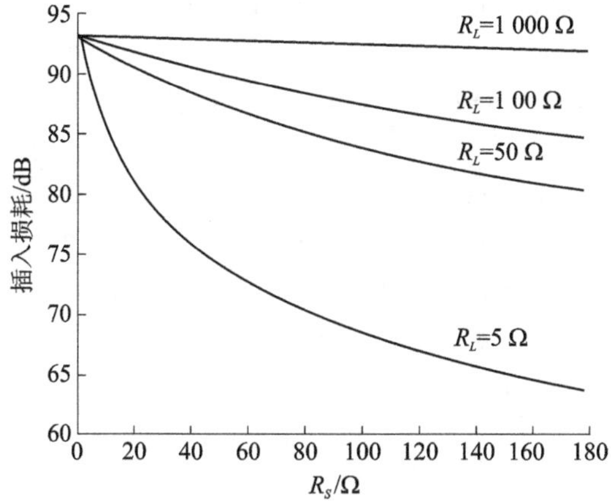

图7　源阻抗对插入损耗的影响

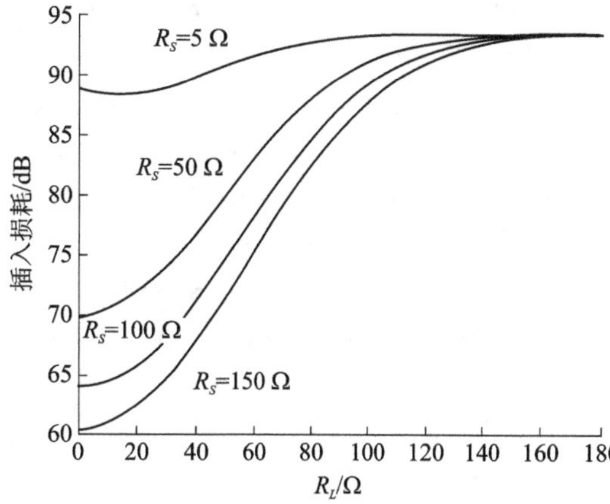

图8　负载阻抗对插入损耗的影响

其中源阻抗 R_S 和负载阻抗 R_L 满足如下的函数关系式：

$$f(R_S,R_L)=\frac{(R_L w^2 LC)^2+(wL)^2}{(R_L+R_S)^2} \tag{12}$$

当 $f(R_S,R_L)$取最小值时，ILCM 达到最小值。式(12)中，当 R_L 不变时，R_S 取得最大值时，$f(R_S,R_L)$取最小值。

通过系统设计可以显著提升系统的 EMC 能力，可以适用于不同空间产品的大功率 EMC 需求。

3　结　论

本文研究了基于空间应用的大功率感性负载 EMI 滤波技术设计，设计了 EMI 滤波电路。经过试验，装备了该技术的产品，通过了宇航星船产品的 EMC 试验。基于空间应用的大功率感性负载 EMI 滤波技术由于在系统应用、复杂性方面的独特优势，有望在后续航天工程 EMC 中发挥重要作用。

参考文献

[1] 王世山，龚敏，宋峥，等. 基于散射参数法的 EMI 滤波器电磁噪声抑制效果预测[J]. 电工技术学报，2016，31(18)：66-74.

[2] 钱照明，程肇基. 电力电子系统电磁兼容设计基础及干扰抑制技术[M]. 杭州：浙江大学出版社，2000.

[3] David M, Pozer. Microwave engineering [M]. 3rd ed. Beijing: Publishing House of Electronics Industry, 2008.

[4] 郑长泵 . 开关电源传导型磁干扰仿真平台研究[D]. 杭州：浙江大学 ，2013.

[5] Pasko S W, Kazimierczuk M K, Grzesik B. Self-capacitance of coupled toroidal inductors for EMI filters [J]. IEEE Transactions on Electromagnetic Compatibility, 2015, 57(2): 216-223.

[6] Han D, Morris C T, Lee W, et al. Three-phase common mode inductor design and size minimization[C]// Transportation Electrification Conference and Expo (ITEC), 2016 IEEE. IEEE, 2016: 1-8.

[7]Cuellar C,Idir N,Benabou A. High-Frequency Behavioral Ring Core Inductor Model[J]. IEEE Transactions on Power Electronics,2016,31(5):3763-3772.

[8] Kovacevic I F,Friedli T,Musing A,et al. PEEC-based virtual design of EMI input filters[C]//Energy Conversion Congress and Exposition. IEEE,2011:1935-1941.

[9] Yu Q,Holmes T W,Naishadham K. RF equivalent circuit modeling of ferrite-core inductors and characterization of core materials[J]. IEEE Transactions on Electromagnetic Compatibility,2002,44(1):258-262.

[10] Heldwein M L,Dalessandro L,Kolar J W. The three-phase common-mode inductor: Modeling and design issues[J]. IEEE Transactions on Industrial Electronics,2011,58(8): 3264-3274.

三轴 MEMS 陀螺仪标定方法研究

郝建伟　薛晓宁　李文彬

（山东航天电子技术研究所，山东·烟台，264000）

摘要：三轴 MEMS 陀螺仪作为低成本惯性测量组件在姿态测量与导航控制中有着广泛应用。根据三轴 MEMS 陀螺仪的数学模型，设计了三轴 MEMS 陀螺仪的标定实验，介绍了数学模型中陀螺标度因数、安装误差系数以及零偏值的计算与处理方法。理论分析与实验结果表明：该标定方法原理简单、易于实现，且标定结果精度高，该标定过程和数据处理方法对三轴 MEMS 陀螺产品的标定具有一定的参考价值。

关键词：MEMS 陀螺；姿态；标定

1　引　言

相比于传统的机械陀螺，MEMS 陀螺仪具有成本低、体积小、质量轻、可靠性高、抗冲击能力强、测量范围大等优点。在航空航天及军工领域得到了广泛应用，为运载体的自动导航控制提供了准确的位姿信息。姿态信息解算的精度除了与多传感器融合算法选取有关，还在很大程度上取决于传感器的数据有效性。由于受目前的工艺水平、检测电路等条件的限制，MEMS 惯性器件的精度普遍较低，制约了其构成系统的精度。即使陀螺仪的原理和结构都相当完善，也存在着由各种干扰因素所造成的测量误差。因此，MEMS 传感器在使用前必须建立传感器误差数学模型并进行标定实验，以对测量数据进行标定和补偿。

目前，对三轴 MEMS 陀螺仪的标定测试并没有统一的标准。本文首先就三轴 MEMS 陀螺仪的误差来源进行分析，并进而建立陀螺的数学模型。参照光纤陀螺的标定方法，在高精度转台上进行三轴 MEMS 陀螺的标定实验。并对陀螺原始数据进行预处理和标定参数解算，结果表明：该标定实验过程清晰、数据处理方法正确可行，可为此类 MEMS 陀螺仪的标定提供理论依据与实验佐证。

2　三轴 MEMS 陀螺仪误差与数学模型

MEMS 陀螺仪的输出误差与相关物理量之间关系的数学表达式称为陀螺仪的输出数学模型，通过该模型可以补偿陀螺的相关误差以提高陀螺的测量精度。根据误差产生机制不同，三轴 MEMS 陀螺仪误差主要有零位误差、标度因数误差、安装误差及随机噪声等误差。对 MEMS 陀螺仪来说，零位和标度因数误差对传感器输出误差带来的影响是最大的；由于制作工艺的原因，三轴 MEMS 陀螺组件的 3 个敏感轴并非完全正交而产生轴间非正交误差；同时传感器在安装过程中也会带来安装误差；轴间非正交误差和安装角误差作用效果相似，可以统一规划为安装误差。随机误差对标定结果影响较小且是一个随机小量，在标定时忽略其影响。因此，根据上述三轴 MEMS 陀螺仪误差形成的原因和特点，依据补偿原理与系数解算方式可

得到如下公式(为了试验和补偿计算的简便,MEMS陀螺采用了4个误差项的静态误差数学模型):

$$\begin{cases} N_{gx} = A_0 + A_1\omega_x + A_2\omega_y + A_3\omega_z \\ N_{gy} = B_0 + B_1\omega_x + B_2\omega_y + B_3\omega_z \\ N_{gz} = C_0 + C_1\omega_x + C_2\omega_y + C_3\omega_z \end{cases} \tag{1}$$

N_{gx}、N_{gy}、N_{gz} 分别是 X、Y、Z 三个轴陀螺的输出;A_0、B_0、C_0 分别为陀螺的零位误差;A_1、B_2、C_3分别为陀螺的标度因数;A_2、A_3、B_1、B_3、C_1、C_2 分别是陀螺的安装误差;MEMS陀螺组件的标定实验以三轴转台为基础,设计了速率实验和多位置实验,用以标定MEMS陀螺组件的各项误差参数。

3 三轴MEMS陀螺仪标定实验

为了标定出三轴MEMS陀螺的标度因数、安装误差以及零位误差,需要分别采用速率实验和多位置实验的方法。

3.1 速率实验

速率实验的目的是确定三个MEMS陀螺的标度因数和安装误差。步骤如下:将MEMS陀螺组件安装到转台上,使 X、Y、Z 轴向的陀螺敏感轴与转台的内、中、外框平行;将转台的内中外框归零,并按照图1所示将各个陀螺的主轴垂直于水平面;以一定的角速率转动转台的外框,转的圈数为整数 N,正方向和反方向各转 N 圈。

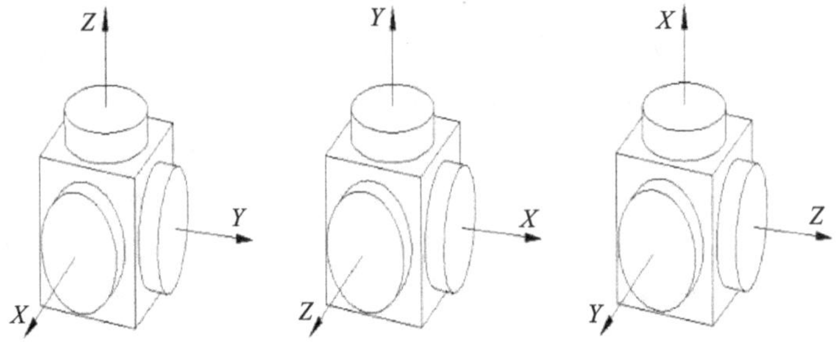

图1 MEMS陀螺安装方位示意图

在实验的过程中,掌握好转台的速率是很重要的。转台的输入角速率太大的话,既增加了对转台的性能要求,又不符合惯性元件的实际应用范围。输入角速率太小,标定出来的标度因数精度不高,降低了产品的非线性性能。从标定精度和小卫星实际应用的角度综合考虑,实验时应选用5~10(°)/s。因为使用旋转积分法将地球角速度的水平分量在台体旋转一周时被平均掉,所以转台要旋转整周数,在本次试验中我们选用转2圈。

设速率实验中,外框轴以角速度 ω 正向旋转。在任意时刻 t,X、Y、Z 三轴的角速率输出 ω_x、ω_y、ω_z 分别如下:

位置a:

$$\begin{cases} \omega_{xa} = \omega_{ie}\cos\varphi\cos\omega t \\ \omega_{ya} = -\sin\omega t\omega_{ie}\cos\varphi \\ \omega_{za} = \omega + \omega_{ie}\sin\varphi \end{cases} \tag{2}$$

同理，由位置 b、c 可得

$$
\begin{cases}
\omega_{xb} = \omega_{ie} \sin \varphi \cos \omega t \\
\omega_{yb} = \omega + \omega_{ie} \sin \varphi \\
\omega_{zb} = \sin \omega t \omega_{ie} \sin \varphi
\end{cases} \tag{3}
$$

$$
\begin{cases}
\omega_{xc} = \omega + \omega_{ie} \sin \varphi \\
\omega_{yc} = \omega_{ie} \cos \varphi \sin \omega t \\
\omega_{zc} = \cos \omega t \omega_{ie} \cos \varphi
\end{cases} \tag{4}
$$

式中，ω_{ie} 为地球自转角速度 15.041 1(°)/h。完成各个位置的数学模型的建立，下面要阐述一下陀螺仪标度因数和安装误差的具体算法。

设 K_{gx}、K_{gy}、K_{gz} 分别为 X、Y、Z 轴陀螺的标度因数；E_{gxz}、E_{gxy} 为敏感 ω_y、ω_z 的安装误差角；E_{gyz}、E_{gyx} 为敏感 ω_x、ω_z 的安装误差角；E_{gzy}、E_{gzx} 为敏感 ω_x、ω_y 安装误差角；D_{x0}、D_{y0}、D_{z0} 分别为三个陀螺的零位误差，则陀螺误差方程(1)式简化为

$$
\begin{cases}
\dfrac{N_{gx}}{K_{gx}} = \omega_x + E_{gxz}\omega_y + E_{gxy}\omega_z + D_{x0} \\
\dfrac{N_{gy}}{K_{gy}} = E_{gyz}\omega_x + \omega_y + E_{gyx}\omega_z + D_{y0} \\
\dfrac{N_{gz}}{K_{gz}} = E_{gzy}\omega_x + E_{gzx}\omega_y + \omega_z + D_{z0}
\end{cases} \tag{5}
$$

将式(2)代入式(5)中得

$$
\begin{cases}
\dfrac{N_{gx}(t)^+}{K_{gx}} = -\omega_{ie} \cos \varphi \cos \omega t + E_{gxz} \sin \omega t \omega_{ie} \cos \varphi + E_{gxy}(\omega + \omega_{ie} \sin \varphi) + D_{x0} \\
\dfrac{N_{gy}(t)^+}{K_{gy}} = -E_{gyz}\omega_{ie} \cos \varphi \cos \omega t + \omega_{ie} \sin \omega t \cos \varphi + E_{gyx}(\omega + \omega_{ie} \sin \varphi) + D_{y0} \\
\dfrac{N_{gz}(t)^+}{K_{gz}} = E_{gzy}\omega_{ie} \cos \varphi \cos \omega t + E_{gzx}\omega_{ie} \sin \omega t \cos \varphi + (\omega + \omega_{ie} \sin \varphi) + D_{z0}
\end{cases} \tag{6}
$$

转台正向旋转一周，式(6)中含有误差耦合系数项的分量互相抵消，因此对一周的输出值进行求和可得式(7)。

$$
\begin{cases}
\sum \dfrac{N_{gxa}{}^+}{K_{gx}} = [E_{gxy}(\omega + \omega_{ie} \sin \varphi) + D_{x0}] N \\
\sum \dfrac{N_{gya}{}^+}{K_{gy}} = [E_{gyx}(\omega + \omega_{ie} \sin \varphi) + D_{y0}] N \\
\sum \dfrac{N_{gza}{}^+}{K_{gz}} = [(\omega + \omega_{ie} \sin \varphi) + D_{z0}] N
\end{cases} \tag{7}
$$

同理可得反向旋转时，旋转一周的求和值为

$$
\left[\begin{cases}
\sum \dfrac{N_{gxa}{}^-}{K_{gx}} = [E_{gxy}(-\omega + \omega_{ie} \sin \varphi) + D_{x0}] N \\
\sum \dfrac{N_{gya}{}^-}{K_{gy}} = [E_{gyx}(-\omega + \omega_{ie} \sin \varphi) + D_{y0}] N \\
\sum \dfrac{N_{gza}{}^-}{K_{gz}} = [(-\omega + \omega_{ie} \sin \varphi) + D_{z0}] N
\end{cases}\right] \tag{8}
$$

式(7)减去式(8)可得

$$
\begin{cases}
\Delta N_{gxa} = 2\omega N K_{gx} E_{gxy} \\
\Delta N_{gya} = 2\omega N K_{gy} E_{gyx} \\
\Delta N_{gza} = 2\omega N K_{gz}
\end{cases} \tag{9}
$$

同理,由位置 b、c 可得

$$
\begin{cases}
\Delta N_{gxb} = 2\omega N K_{gx} E_{gxz} \\
\Delta N_{gyb} = 2\omega N K_{gy} \\
\Delta N_{gzb} = 2\omega N K_{gz} E_{gzx}
\end{cases} \tag{10}
$$

$$
\begin{cases}
\Delta N_{gxc} = 2\omega N K_{gx} \\
\Delta N_{gyc} = 2\omega N K_{gy} E_{gyz} \\
\Delta N_{gzc} = 2\omega N K_{gz} E_{gzy}
\end{cases} \tag{11}
$$

由式(9)、式(10)、式(11)可得陀螺标度因数及安装误差的计算公式:

$$
\begin{cases}
K_{gx} = \dfrac{\Delta N_{gxc}}{2\omega N} \\
K_{gy} = \dfrac{\Delta N_{gxb}}{2\omega N} \\
K_{gz} = \dfrac{\Delta N_{gx}}{2\omega N}
\end{cases} \tag{12}
$$

$$
\begin{cases}
E_{gxy} = \dfrac{\Delta N_{gxa}}{\Delta N_{gxc}}, E_{gyx} = \dfrac{\Delta N_{gya}}{\Delta N_{gyb}}, E_{gzx} = \dfrac{\Delta N_{gzb}}{\Delta N_{gza}} \\
E_{gxz} = \dfrac{\Delta N_{gxb}}{\Delta N_{gxc}}, E_{gyz} = \dfrac{\Delta N_{gyc}}{\Delta N_{gyb}}, E_{gzy} = \dfrac{\Delta N_{gzc}}{\Delta N_{gza}}
\end{cases} \tag{13}
$$

通过标定过程中采集的陀螺输出数据,即可计算出陀螺的标度因数和安装误差系数。

3.2 多位置实验

陀螺的零偏误差标定采用多位置实验法,如 6 位置实验法、8 位置实验法、24 位置实验法。本项目采用的 24 位置实验法,其具体实验步骤如下:

① 将 MEMS 陀螺组件安装在高精度三轴转台上,使 MEMS 陀螺组件的敏感轴指向图 2(a)位置方向,并采集陀螺角速率输出。然后将陀螺组件依次绕 X 轴逆时针方向旋转 45°,共旋转 7 次,并且在各个方位接收陀螺原始输出。

② 将 MEMS 陀螺组件的敏感轴指向如图 2(b)位置的方向,并采集陀螺角速率输出。然后将陀螺组件依次绕 Y 轴逆时针方向旋转 45°,共旋转 7 次,并且在各个方位接收陀螺原始输出。

③ 将 MEMS 陀螺组件的敏感轴指向如图 2(c)位置的方向,并接收陀螺原始输出。然后将陀螺组件依次绕 Z 轴逆时针方向旋转 45°,共旋转 7 次,并且在各个方位接收陀螺原始输出。

根据以上 3 个实验步骤,可得到 24 个位置的输出值,并分别保存这 24 组数据。

可由以下公式计算出位置(a)的 8 个变换方位陀螺的输出值:

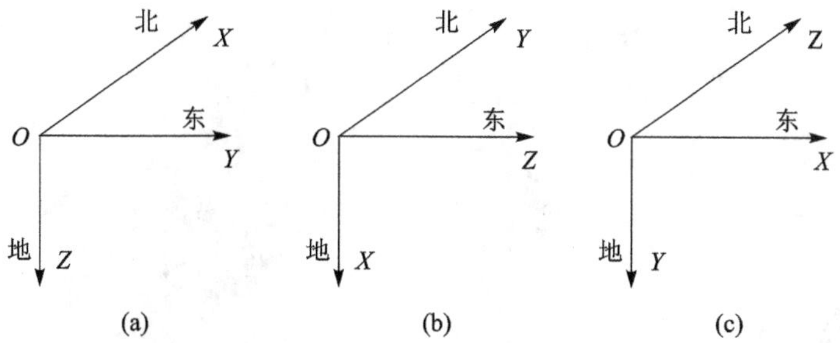

图 2 惯性组件安装位置图

$$\begin{bmatrix}\omega_x\\ \omega_y\\ \omega_z\end{bmatrix}=\begin{bmatrix}1 & 0 & 0\\ 0 & \cos\phi_i & \sin\phi_i\\ 0 & -\sin\phi_i & \cos\phi_i\end{bmatrix}\begin{bmatrix}\omega_{ie}\cos\varphi\\ 0\\ \omega_{ie}\sin\varphi\end{bmatrix} \tag{14}$$

其中，ϕ_i 为以 45°为间隔绕 X 轴旋转的角度，$\phi_i=0\sim315°$，$i=0\sim7$。

陀螺 8 位置输出方程如下：

$$\begin{cases}\omega_x(i)=\omega_{ie}\cos\varphi\\ \omega_y(i)=\omega_{ie}\sin\varphi\sin(45*i)\\ \omega_z(i)=\omega_{ie}\sin\varphi\cos(45*i)\end{cases} \tag{15}$$

同理可得另外 16 位置陀螺的输出值，$i=0\sim7$：

$$\begin{cases}\omega_x(i+8)=-\omega_{ie}\sin\varphi\cos\varphi\\ \omega_y(i+8)=\omega_{ie}\cos\varphi\\ \omega_z(i+8)=-\omega_{ie}\sin\varphi\cos(45*i)\end{cases} \tag{16}$$

$$\begin{cases}\omega_x(i+16)=-\omega_{ie}\sin\varphi\sin(45*i)\\ \omega_y(i+16)=-\omega_{ie}\sin\varphi\cos(45*i)\\ \omega_z(i+16)=\omega_{ie}\cos\varphi\end{cases} \tag{17}$$

式(15)、式(16)、式(17)代入式(5)，可得

$$\begin{bmatrix}\dfrac{N_{gx}(1)}{K_{gx}}\\ \dfrac{N_{gx}(2)}{K_{gx}}\\ \vdots\\ \dfrac{N_{gx}(24)}{K_{gx}}\end{bmatrix}=\begin{bmatrix}\omega_x(1) & \omega_y(1) & \omega_z(1)\\ \omega_x(2) & \omega_y(2) & \omega_z(2)\\ \vdots & \vdots & \vdots\\ \omega_x(24) & \omega_y(24) & \omega_z(24)\end{bmatrix}\begin{bmatrix}1\\ E_{gxz}\\ E_{gxy}\end{bmatrix}+\begin{bmatrix}1\\ 1\\ \vdots\\ \vdots\\ 1\end{bmatrix}D_{x0} \tag{18}$$

式中，$N_{gx}(i)$ 为陀螺在上述 24 位置的输出信号，$\omega_x(i)$，$\omega_y(i)$，$\omega_z(i)$ 为式(15)、式(16)、式(17)求出的基准值，K_{gx}、E_{gxz}、E_{gxy} 由速率实验求得，D_{x0} 为待求，$i\approx1\sim24$，同理可求得 D_{y0}，D_{z0}。

4 标定结果验证

根据前面的标定实验设计，将三轴 MEMS 陀螺组件安装到高精度三轴转台上进行标定实验，如图 3 所示。

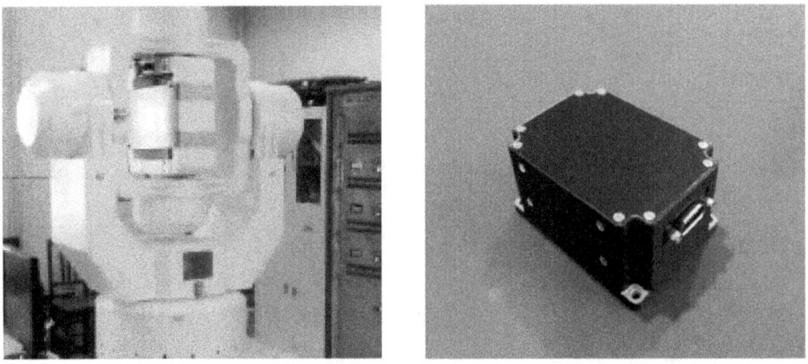

图3　高精度三轴转台和MEMS陀螺组件

编写MATLAB程序针对以上算法进行实现，通过计算获得产品的标定参数。将标定参数下载后对产品进行性能测试，将标定前后三轴交叉耦合测试数据进行对比，结果如表1所列。可以看到，MEMS陀螺的三轴交叉耦合系数在标定后有了明显提高，由最大8.1761‰提高到0.582‰，且全部小于1‰，满足产品设计要求。

表1　三轴MEMS陀螺组件标定前后对比

<table>
<tr><td>状　态</td><td colspan="2">X</td><td colspan="2">Y</td><td colspan="2">Z</td></tr>
<tr><td rowspan="5">标定前</td><td colspan="2">4.998869298142354</td><td colspan="2">0.040882413159722</td><td colspan="2">0.001823653041667</td></tr>
<tr><td colspan="2">0.008197163833333</td><td colspan="2">5.001704915599015</td><td colspan="2">-0.010229668947917</td></tr>
<tr><td colspan="2">−0.031174311333334</td><td colspan="2">0.057259261904514</td><td colspan="2">4.995416008005176</td></tr>
<tr><td>Y对X交叉耦合</td><td>Z对X交叉耦合</td><td>X对Y交叉耦合</td><td>Z对Y交叉耦合</td><td>X对Z交叉耦合</td><td>Y对Z交叉耦合</td></tr>
<tr><td>0.001638</td><td>0.006234</td><td>0.008176</td><td>0.01145</td><td>0.0003646</td><td>0.002045932</td></tr>
<tr><td rowspan="5">标定后</td><td colspan="2">5.002363910230079</td><td colspan="2">−0.002910919118513</td><td colspan="2">−0.002797821226338</td></tr>
<tr><td colspan="2">−0.002053029458107</td><td colspan="2">5.002354177663919</td><td colspan="2">−0.000461506112318</td></tr>
<tr><td colspan="2">0.001303059574526</td><td colspan="2">0.000856136937111</td><td colspan="2">5.002337397466269</td></tr>
<tr><td>Y对X交叉耦合</td><td>Z对X交叉耦合</td><td>X对Y交叉耦合</td><td>Z对Y交叉耦合</td><td>X对Z交叉耦合</td><td>Y对Z交叉耦合</td></tr>
<tr><td>0.00041</td><td>0.00026</td><td>0.000582</td><td>0.0001712</td><td>0.000558</td><td>0.0000923</td></tr>
</table>

5　结束语

本文提出并验证了一种针对MEMS陀螺零偏、标度因数和安装误差的标定方法，简化了标定过程，提高了标定效率，并将该标定方法应用于星载三轴MEMS陀螺组件，满足了预期实验要求，验证了该标定补偿方法的正确性和有效性。通过建立刻度因子温度模型、零偏温度模型，可以进一步提高产品标定的精度。

参考文献

[1] 宋丽君，秦永元. MEMS陀螺仪的一种实用标定法[J]. 压电与声光，2010，32(3)：372-374.

[2] 冀海燕. 高精度惯性陀螺仪误差系数的快速自标定方法研究[J]. 工程与试验，2009，49(4)：28-30.

[3] 彭孝东，陈瑜，等. MEMS三轴数字陀螺仪标定方法研究[J]. 传感器与微系统，2013，32(6)：63-65.

微惯性器件温度建模与补偿方法研究

薛晓宁　郝建伟

（山东航天电子技术研究所，山东·烟台，264000）

摘要：工作环境温度的变化使微惯性测量单元内部惯性器件产生了温度漂移，严重影响了系统输出精度。该文从便于工程实现角度出发，设计了一种基于MEMS陀螺和MEMS加速度计温度建模与补偿的方法。建模过程中模型参数通过温度实验获得。验证实验结果说明了建模与补偿的正确性与实用性。

关键词：微惯性；建模；补偿

1　引　言

微惯性测量单元中的MEMS陀螺和MEMS加速度计的输出受温度变化影响显著，导致其在导航系统中的应用受到严重制约。现在工程上采用的温控技术虽然保证了传感器工作环境温度的稳定，但其需要在惯导系统内部或者传感器内部增加温控电路，并对温度控制电路性能提出了较高的要求，这样必定会增加系统或者传感器的体积、质量和成本。况且，目前MEMS传感器也无集成温控电路的报导。而温度补偿的方法是一种纯数学的方法，通过建立MEMS陀螺与加速度计的温度模型，对其温度漂移误差进行实时补偿。该方法不增加硬件成本，补偿效果明显，是提高系统精度的重要途径。

本文从工程应用角度设计了MEMS陀螺和加速度计温度建模实验环境和实验方法，在全温度范围下采用温度实验分别对陀螺和加速度计的输出数据进行采集并建立了误差项的温度模型，通过温度补偿实验进行验证。验证结果表明，在补偿完成后，产品的输出精度有显著提高。

2　建模试验设计

惯性器件受温度的影响主要表现在温度变化、温度梯度和温度变化率上。本文采用的微惯性测量单元结构紧凑、受热均匀，温度梯度和温度变化率的影响较小，因此只须针对MEMS陀螺和MEMS加速度计的零偏与温度进行建模补偿。微惯性测量组件内部无模数转换电路，因此系统在全温下零偏的变化只和传感器自身的温度有关，因此不能用系统温度代替建模。陀螺和加速度计的温度漂移是一个缓慢变化的过程，为能正确掌握其温度特性，从而建立起精确的温度模型，须合理设计温度漂移实验。

首先将微惯性测量单元水平放置于温箱中隔震平台上，保证其敏感轴没有线加速度和角加速度输入。为了对零偏温度误差的多项式系数进行标定，需要测量不同稳定温度点下陀螺和加速度计的输出值。在本试验中，首先将产品在室温下启动，设置温箱温度为＋20 ℃，待系统输出达到稳态后，将温箱先升温至＋60 ℃，再降温至－40 ℃，再升温至常温。在此过程中设置+20 ℃、+40 ℃、+60 ℃、+40 ℃、+20 ℃、0 ℃、−20 ℃、−40 ℃、−20 ℃、0 ℃、+20 ℃共 11 个稳态温度点，令产品在每个温度点工作足够长的时间，使温度传感器的输出值基本稳定，在本实验中，每两个温度点间升温、降温时间为 30 min，在每个温度点保持时间为 60 min，并进行数据采集。

在获得 MEMS 陀螺和加速度计以及温度传感器在整个试验过程的输出数据后，需要截取每个稳态温度点上传感器的输出。在本试验中，判定系统工作温度稳态的依据是：系统在某一温度点上温度传感器的输出值在 5 min 内的最大值和最小值之差小于 0.1 ℃，则将该段时间的数据保存下来作为模型辨识的数据，其余不满足条件的动态数据则不用作模型辨识。对保存下来的各个温度点的数据求均值，则可获得 11 个温度点上对应的传感器输出平均数据，这样便可通过最小二乘法对陀螺和加速度计的温度模型进行拟合。

3 基于多项式的建模与辨识

3.1 温度模型的选取

在工程上最常用到的陀螺和加速度计温度模型辨识方法就是多项式拟合方法，即建立如下形式的多项式：

$$f(x)=a_0+a_1x+\cdots+a_nx^n \tag{1}$$

式中，a_0 为传感器常值零偏；a_n 为传感器零偏温度模型中 n 阶温度系数。

在建模时，会面临一个模型选择的问题：在本试验中，由于温度模型是一个关于温度的高阶多项式模型，因此就需要确定模型的阶次。在解决此问题时可以采用线性回归法。最多可以使用最小二乘法回归得到 11 个模型回归系数的估计值。然后再运用统计学的原则逐步去除对模型影响不显著的阶次，在结果中仅保留影响显著的阶次。

3.2 温度模型辨识

在此只任意选取一组 MEMS 陀螺和加速度计进行温度模型辨识。按照上述的方法对陀螺和加速度计建立 n 阶温度漂移多项式模型。经过计算辨识的 MEMS 陀螺和加速度计的 n 阶多项式模型参数分别如表 1 和表 2 所列。

表 1 MEMS 陀螺仪温度模型参数

模型参数	a_4	a_3	a_2	a_1	a_0
2 阶模型	—	—	0.000 001 195 53	0.000 183 390 84	0.001 945 373 25
3 阶模型	—	0.000 000 066 71	0.000 002 184 22	0.000 046 170 75	0.001 206 180 01
4 阶模型	−0.000 000 001	0.000 000 223 89	0.000 005 032 87	−0.000 064 922 9	0.000 537 338 78

表 2 MEMS 加速度计温度模型参数

模型参数	a_3	a_2	a_1	a_0
2 阶模型	—	0.000 000 016 14	−0.000 006 640 75	−0.000 026 706 19
3 阶模型	−0.000 000 001 93	−0.000 000 001 87	−0.000 002 505 81	−0.000 006 864 03

4 温度补偿效果验证

从工程应用出发，在依据上述模型进行补偿后，通过全温度测试进行验证，为了进一步对模型重复性进行验证，在高低温箱内按照温度试验方案，对该产品重复进行多种温变速率的升降温实验。利用本文解算的各阶模型参数分别对陀螺和加速度计输出进行补偿，并与补偿前输出数据曲线进行对比，可以看出在温度变化范围内陀螺和加速度计的温度漂移明显减小，并且随着补偿阶数的提高全温测试过程的输出曲线更加平坦，说明该模型有一定的重复性。补偿前后的数据对比曲线如图 1～图 5 所示。

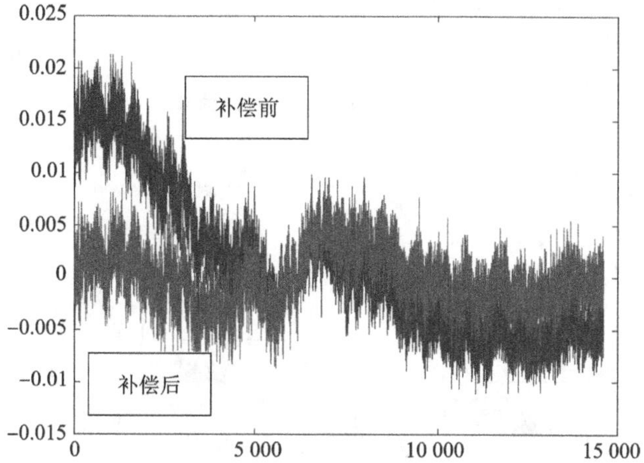

图 1　陀螺 2 阶补偿对比曲线

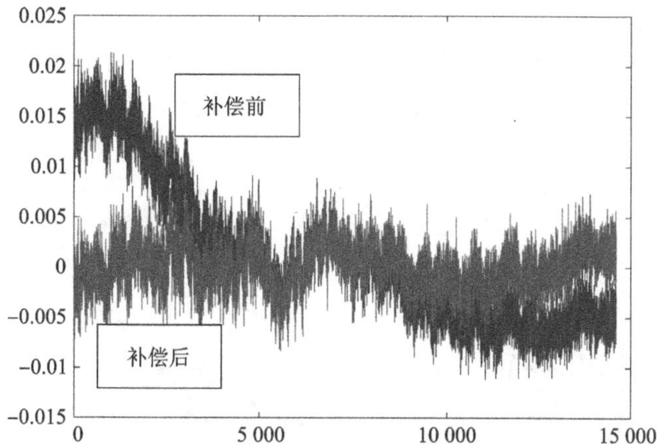

图 2　陀螺 3 阶补偿对比曲线

通过温度实验测试（见表 3、表 4），发现到了一定的补偿阶数后，温度补偿效果提高将不再显著，因此根据工程实际需要来选择合适的温补模型阶数即可。

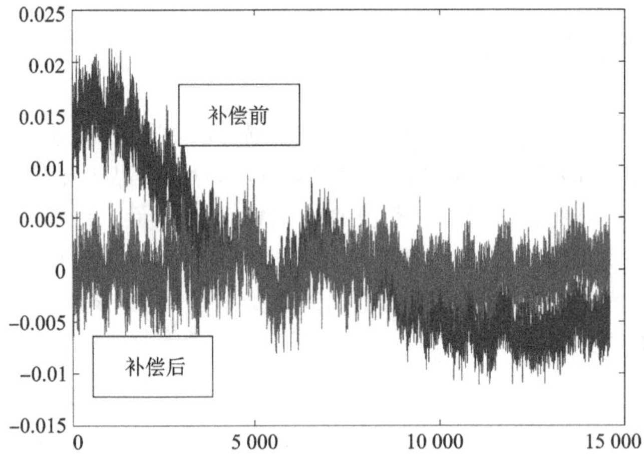

图3　陀螺4阶补偿对比曲线

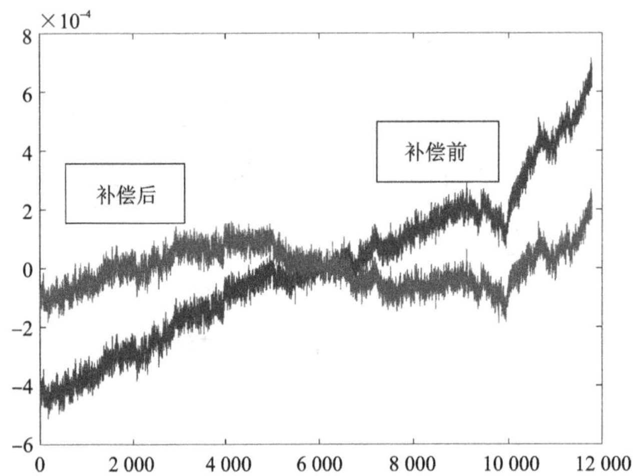

图4　加速度计2阶补偿对比曲线

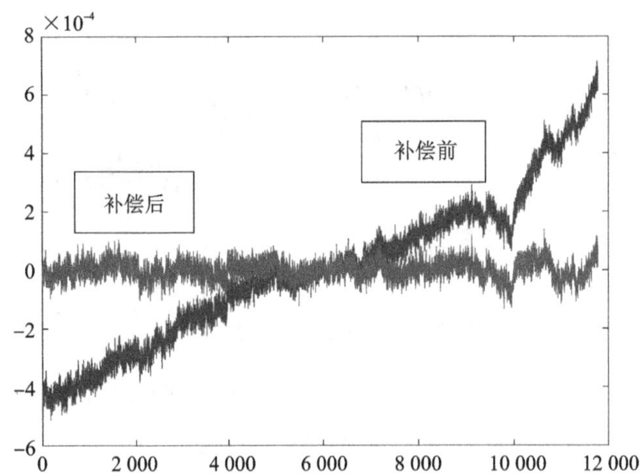

图5　加速度计3阶补偿对比曲线

表 3 MEMS 陀螺补偿前后结果对比

MEMS 陀螺	补偿前/(°/h)	2 阶模型补偿后/(°/h)	3 阶模型补偿后/(°/h)	4 阶模型补偿后/(°/h)
均值	4.113 72	4.113 76	4.113 74	4.113 68
标准差	25.348 392	10.136 662 2	8.104 039 2	7.523 064

表 4 MEMS 加计补偿前后结果对比

MEMS 加计	补偿前/mg	2 阶模型补偿后/mg	3 阶模型补偿后/mg
均值	4.798 578	4.798 578	4.798 577
标准差	0.258 084	0.069 707	0.031 776

由补偿前后测试数据的标准差来看，MEMS 陀螺在温度补偿后标准差（即零偏稳定性 1σ）减小了接近 3 倍，MEMS 加速度计在温度补偿后标准差（即零偏稳定性 1σ）减小了接近 7 倍。实验验证时改变微惯性测量单元的放置方向和温度实验的设置曲线，温度补偿均可获得较好的效果。

5 结束语

本文从工程应用角度出发，设计了微惯性测量单元温度漂移建模试验方法以及验证方法，辨识出产品的温度补偿模型。结果表明，补偿后的 MEMS 陀螺和加速度计的输出精度有了显著的提高，并且模型准确。该温度补偿方法具有实现简单，无温变速率要求，无较大系统开销等特点，因此非常适合于微惯性导航系统等要求快速启动、体积重量小、功耗低的应用领域。

参考文献

[1] 陈福彬，张科备. 石英挠性加速度计温度补偿算法[J]. 中国惯性技术学报，2016，24(1)：98-102.

[2] 王磊，徐九龙. 低成本微惯性器件标定与温度补偿方法研究[J]. 机械设计与制造，2014，10：257-161.

[3] 贾勇，李岁劳. MEMS 陀螺零偏温度补偿方法[J]. 机械与电子，2019，37(3)：18-21.

[4] 张鹏飞，王宇，汤建勋. 机抖激光陀螺捷联惯导系统的温度补偿方法[J]. 红外与激光工程，2010，8(4)：675-679.

基于 FMECA 的飞机防冰系统可靠性研究

王振　郝伟　杜玉杰

(滨州学院飞行学院,山东·滨州,256600)

摘要:复杂的飞行气象条件可能导致飞机积冰,飞机积冰严重影响飞行安全。本文在分析飞机防冰系统基本结构和工作原理的基础上,运用 FMECA 分析法,对飞机防冰系统的可靠性进行分析。建立了飞机防冰系统的分级功能框图,并依据可靠度标准对飞机防冰系统的零部件进行了定性危害性分析,建立了 FMECA 分析工作表,得出飞机防冰系统的定性危害性矩阵。为飞机防冰系统的可靠性分析提供了有益的依据,为今后飞机防冰系统的研发、生产、改进、维修等提供了良好的信息支撑。

关键词:防冰系统;FMECA;可靠性分析

0　引　言

飞机积冰严重影响飞行安全,积冰会导致飞机的空气动力性能、发动机性能变差,部分仪表显示不准,也会使飞机在飞行中阻力变大,升力变小,从而影响飞机的稳定性和操纵性。据美国 1973—1977 年的事故分析,由飞机积冰造成的事故占到了全部事故的 2.56%和致命事故的 4%。而到 1981—1988 年,由于飞机积冰而造成的事故在美国发生了 542 起。在我国由飞机积冰造成的飞行事故发生过几十起,2006 年我国自主研发的空警-200 预警机试飞过程中,由于积冰发生空难造成我国解放军历史上最严重的空难。

飞机的防冰系统是飞机重要的组成部分,本文采用 FMECA 分析法(故障模式及危害性分析法)对 B737-300 飞机的防冰系统进行可靠性分析,对提高飞机在积冰气象条件下的飞行能力和飞行安全具有重要意义。

1　B737-300 飞机防冰系统概述

B737-300 飞机的防冰系统主要分为热防冰和电防冰,机翼、尾翼、发动机整流罩等采用发动机引气进行热防冰,大气数据探测器、天线等采用电加热防冰。

1.1　防冰系统基本结构

1.1.1　机翼防冰系统

机翼防冰系统一般采用压气机引气的热防冰。大部分飞机的机翼防冰系统在地面上是不能工作的,所以空地感应开关会在飞机着陆时切断机翼防冰系统。飞行器在空中时,采用正常的加热功率,防止过热。机翼防冰系统在起飞爬升期间停止工作。机翼防冰开关通常有三个位置(如图 1 所示):关闭(OFF)、自动(AUTO)和开启(ON)位置。

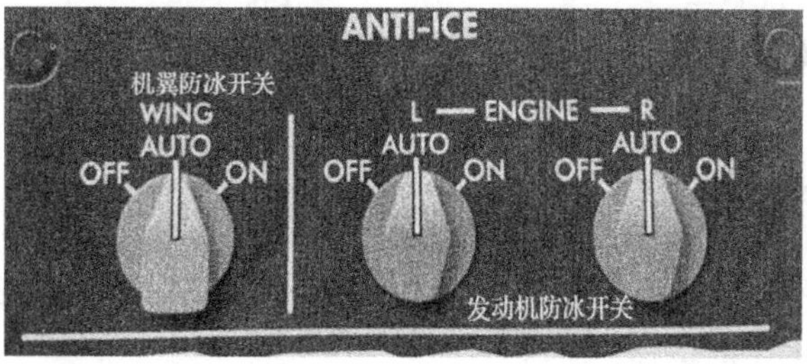

图 1　机翼、发动机进口整流罩防冰控制开关

1.1.2　发动机整流罩热防冰系统

发动机整流罩防冰系统一般采用压气机引气温控防冰器，通过发动机防冰器控制开关。这类系统可以根据防冰控开关的结冰信号自动控制防冰控系统。

1.1.3　大气数据探测器防冰系统

大气数据探测器防冰系统一般由探头、检测器、总压管、静压孔、迎角探测器和大气层温度检测器等组成。大气数据探测器一般分布在飞机头部（如图 2 所示）。在波音系列飞机上，静压口一般不安装温控器。

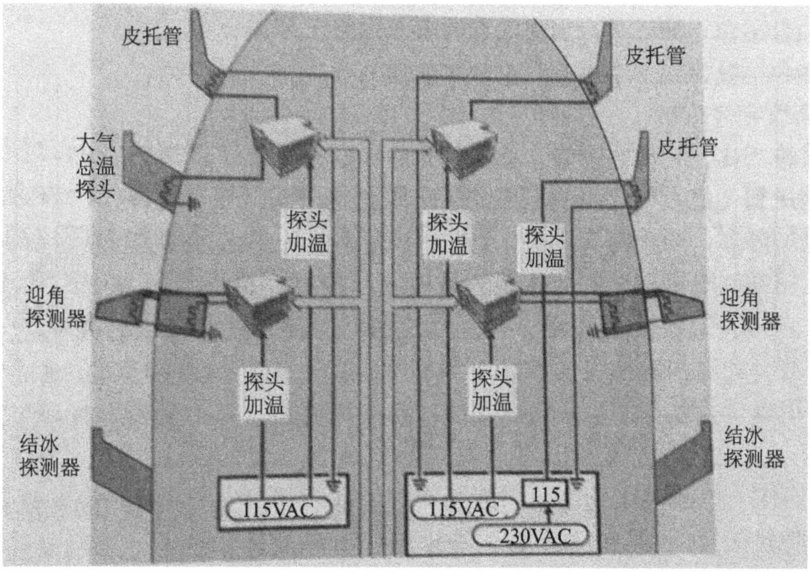

图 2　波音 737－300 飞机大气数据探头和结冰探测器的分布

1.1.4　驾驶舱风挡防冰系统

前风挡可能因温度过低而结冰；座舱后部风挡玻璃的内部表面，风挡内外表面的冰、霜、雾都会影响驾驶员的视线，因此风挡玻璃一般都具有防冰作用。采用风挡内嵌的温度控制元件实现驾驶舱风挡的加温。风阻丝型风阻电热抗冰发热体主要有两种类型：一种是电阻丝型，其电阻丝均匀分布在风阻丝型内部；另一种是导电膜型，其风阻材料的透明导电膜均匀地镀在风阻丝型外部内表面。

3 B737-300飞机防冰系统的FMECA分析

3.1 FMECA方法概述

故障模式影响分析(FMEA)和危害性分析(CA)构成了整个FMECA系统。FMEA是CA的基础,CA是FMEA的延伸。

在飞机防冰系统维护阶段,采用FMECA模型,对各子系统、各部件等构成要素进行分析,找出系统运行过程中的各种故障及相关因素,对各故障模式进行风险评估。该方法可以有效地降低故障影响的严重性,提高系统的可靠性,对系统的薄弱环节进行改进,提出新的系统维护方案等。

3.1.1 FMECA基本原理

在分析系统内各产品的故障模式的同时,对相关影响因素进行调查研究,结合各模式的影响程度、易发现难度、发生概率等进行分析,根据危害程度选择相应的优化与补偿措施。

3.1.2 FMECA的分析过程

FMECA分析过程如图3所示。

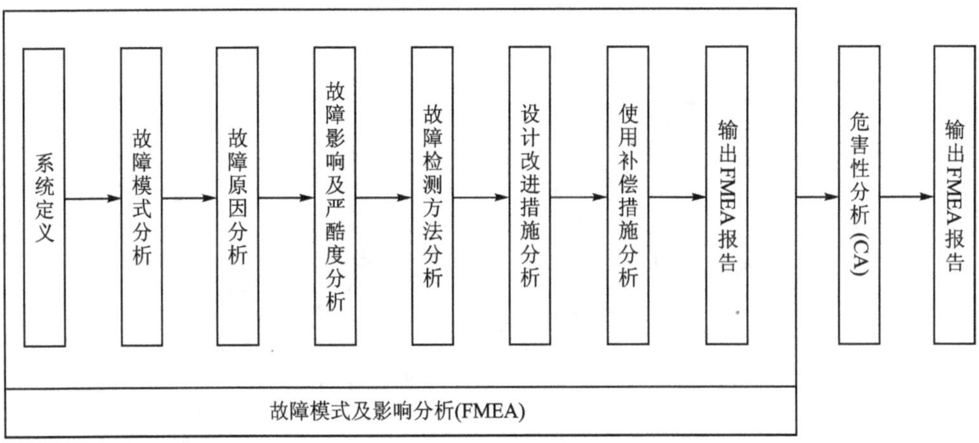

图3 FMECA分析步骤流程图

3.1.3 FMECA的目的和任务

FMECA的任务如下:

(1) 在对系统原理、系统功能、部件结构等充分掌握的基础上,进行系统功能分析和绘制可靠性框图。

(2) 明确系统和相关零部件出现故障的具体情况。

(3) 对各故障出现的原因、发生的概率等级进行明确。

(4) 归纳自我和系统的影响力程度。

(5) 评估严酷度等级。

(6) 确定故障模式的检查方法。

(7) 进行故障模式危害性排序。

(8) 找出弱点并提出改进措施。

(9) 制作表格。

3.2 飞机防冰系统故障统计分析

3.2.1 故障模式统计

对飞机防冰系统进行 FMECA 分析之前，通过对近年来飞机防冰系统在飞行和日常维修过程中发现的故障进行统计，对故障数据进行调整后的零件更换或故障报告，并在飞机履历上做记录。这些资料仅供参考。整理故障数据，得出故障模式的统计数据见表 1。

表 1 故障模式统计

<table>
<tr><th>系统名称</th><th>故障频数</th><th>故障频率/%</th><th>故障模式</th><th>频 数</th></tr>
<tr><td rowspan="6">机翼防冰系统</td><td rowspan="6">48</td><td rowspan="6">48</td><td>发动机压气机变形</td><td>7</td></tr>
<tr><td>空-地感应开关磨损</td><td>9</td></tr>
<tr><td>结冰探测器磨损</td><td>3</td></tr>
<tr><td>环型喷射管损坏</td><td>17</td></tr>
<tr><td>防冰管路断裂</td><td>4</td></tr>
<tr><td>防冰过热电门损坏</td><td>8</td></tr>
<tr><td rowspan="7">大气数据探测器防冰系统</td><td rowspan="7">39</td><td rowspan="7">39</td><td>机翼数据探头损坏</td><td>6</td></tr>
<tr><td>机翼数据探测器损坏</td><td>9</td></tr>
<tr><td>总压管磨损</td><td>4</td></tr>
<tr><td>静压口变形</td><td>5</td></tr>
<tr><td>迎角探测器磨损</td><td>8</td></tr>
<tr><td>大气总温探头损坏</td><td>3</td></tr>
<tr><td>探头加温器磨损</td><td>4</td></tr>
<tr><td rowspan="2">驾驶舱风挡防冰系统</td><td rowspan="2">13</td><td rowspan="2">13</td><td>电阻丝断裂</td><td>7</td></tr>
<tr><td>加温导电膜磨损</td><td>6</td></tr>
</table>

3.2.2 故障数据统计分析

通过统计方法，整理计算各个子系统故障占飞机防冰系统总故障的比重，对飞机防冰系统故障情况进行整体描述，从整体上把握飞机防冰系统的故障概况，为飞机防冰系统维护工作和提出改进措施及制订维护方案提供参考。

由表 1 可以看出飞机防冰系统各子系统的故障频率为：机翼防冰系统(48%)，大气数据探测器防冰系统(39%)，驾驶舱风挡防冰系统(13%)。

机翼防冰系统系统是故障最为频发的子系统，在外场历史故障数据中主要表现为发动机压气机故障、空-地感应开关损坏、结冰探测器损坏、环型喷射管损坏、防冰管路破损、防冰过热电门故障。因此要加强故障频发部位的日常维护和部件检查。

3.2.3 故障模式统计分析

（1）故障模式整体分析

根据整理发现的故障模式，得到整个系统的故障模式频率统计概况并进行排序，排序结果见表2。

表2 故障模式统计排序表

故障模式	故障模式频数	故障频率/%
损坏	43	43
磨损	34	34
变形	12	12
断裂	11	11

由表2可以看出，损坏，磨损占主要比率，在故障数据“磨损”主要表现为：由于飞机起降频繁，活动部件磨损；损坏主要表现为：原件故障或由于老化等原因元件不可使用。

3.3 飞机防冰系统FMECA分析

根据FMECA方法分析，在历史故障数据统计分析的基础上针对某型飞机防冰系统进行FMECA分析，FMEA是首要分析内容。

3.3.1 飞机防冰系统FMEA分析

飞机防冰系统FMEA分析步骤如下：

（1）系统定义

系统组成：机翼防冰系统、大气数据探测器防冰系统和驾驶舱风挡防冰系统。

功能：保证飞机飞行中的安全，及时预防积冰并除掉飞机上的积冰，确保飞机安全运行。

（2）分析规则

① 严酷度类别定义

分析前应对故障模式严酷度类别定义，严酷度类别定义见表3。

表3 严酷度类别定义

严酷度类别	严重程度定义
Ⅰ类（灾难的）	造成人员死亡或系统（如飞机）毁坏
Ⅱ类（致命的）	人员严重受伤或飞机部分损坏
Ⅲ类（中等的）	使人员轻度受伤，系统轻度损坏导致任务延误
Ⅳ类（轻度的）	对人员或任务无影响或影响很小，增加非计划性维护或修理

② 故障判据：根据飞机的维护规程，规定的性能参数下降，有零部件磨损、断裂等引起非计划性维修。飞机防冰系统FMEA表见表4。

根据危害性分析，机翼防冰系统、大气数据探测器防冰系统、驾驶舱风挡防冰系统发生故障会导致严重的后果，加强对易出现故障的零件在日常维修工作中的检查。频率高、严酷度高的故障模式危害更大。进行日常的维修工作时，要加强故障模式频发的元件，要定期维护以保证飞机防冰系统的安全性、可靠性。

表 4 飞机防冰系统 FMEA 表

名 称	代 码	故障模式	故障原因	故障影响	检测方法	补偿措施	严酷度
机翼防冰系统	A1	发动机压气机变形	使用时间过长	热气流压力不足	目视检查 功能检查	更换发动机压气机	Ⅲ
	A2	空-地感应开关磨损	使用时间过长	过热	目视检查 功能检查	更换空-地感应开关	Ⅳ
	A3	结冰探测器磨损	使用时间过长	过热	目视检查 功能检查	更换结冰探测器	Ⅲ
	A4	环型喷射管损坏	使用时间过长	不能有效	目视检查 功能检查	更换环型喷射管	Ⅳ
	A5	防冰管路断裂	飞行中的磨损	不能有效	目视检查	更换防冰管路	Ⅳ
	A6	防冰过热电门损坏	使用时间过长	过热	目视检查 功能检查	更换防过热电门	Ⅲ
大气数据探测器防冰系统	B1	机翼数据探头损坏	使用时间过长	数据探测不准确	功能检查	更换机翼数据探头	Ⅲ
	B2	机翼探测器损坏	使用时间过长	数据探测不准确	功能检查	更换机翼探测器	Ⅲ
	B3	总压管磨损	飞行中的磨损	数据探测不准确	目视检查	更换总压管	Ⅲ
	B4	静压口变形	使用时间过长	数据探测不准确	目视检查	更换静压口	Ⅲ
	B5	迎角探测器磨损	使用时间过长	数据探测不准确	目视检查 功能检查	更换迎角探测器	Ⅲ
	B6	大气总温探头损坏	使用时间过长	数据探测不准确	目视检查 功能检查	更换大气总温探头	Ⅲ
	B7	探头加温器磨损	使用时间过长	探头结冰	目视检查 功能检查	更换探头加温器	Ⅲ
驾驶舱风挡防冰系统	C1	电阻丝断裂	使用时间过长	驾驶舱风挡结冰	功能检查	更换电阻丝	Ⅲ
	C2	加温导电膜磨损	使用时间过长	驾驶舱风挡结冰	目视检查 功能检查	更换加温导电膜	Ⅱ

3.3.2 飞机防冰系统 CA 分析

(1) 故障模式概率

失效模式的概率，就是失效模式的相对数量。其定义为第 i 个部件，即发生第 j 种故障的次数 n_j 与该零件全部故障模式发生的总次数 N_i 之比，即

$$\alpha_{ij}=\frac{n_j}{N_i} \tag{1}$$

(2) 危害度

产品的故障模式中，某一故障模式在特定程度下具有的危害度值为 C_{ij}，对给定的严酷度

等级和任务阶段而言，第 j 个故障模式的危害性 C_{ij} 可由下式计算：

$$C_{ij}=\alpha_{ij}\times\beta_{ij}\times\lambda_i\times t \tag{2}$$

α_{ij}——零部件 i 以故障模式 j 而引起部件的故障模式概率；

β_{ij}——零部件 i 以故障模式 j 发生故障，造成该零部件损伤的概率；

$\beta_{ij}=1$，表示一定发生损伤；

$\beta_{ij}=0.5$，表示可能发生损伤；

$\beta_{ij}=0.1$，表示很少发生损伤；

$\beta_{ij}=0$，表示一定无损伤。

β_{ij}——零部件 i 的故障率。

t——工作的时间。

就某一特定的严酷度等级和任务阶段而言，零部件 i 的危害度 C_i 是零部件 i 在这一严酷度等级下的各种故障模式危害度 C_{ij} 的总和，有 n 种故障模式的元部件危害度计算式为

$$C_j=\sum_{j=1}^{n}C_i=\sum_{j=1}^{n}\lambda_j\times\alpha_i\times\beta_i\times t_j \tag{3}$$

采用危害性矩阵法，在FMEA的基础上进行危害度分析并填写危害度分析表。故障模式影响条件概率 β_i 和故障率 λ_j 危害度分析表如表5所列。

表5 危害度分析表

名称	编号	故障模式	严酷度	α_i	β_i	λ_i	$C=\alpha_i\times\beta_i\times t_j\times\lambda_j$
机翼防冰系统	A1	发动机压气机变形	Ⅲ	0.145	0.5	0.003 873 649	0.000 280 84
	A2	空-地感应开关磨损	Ⅳ	0.187	0.8		0.000 579 4
	A3	结冰探测器磨损	Ⅲ	0.062	0.5		0.000 120 0
	A4	环型喷射管损坏	Ⅳ	0.354	1		0.001 371 2
	A5	防冰管路断裂	Ⅳ	0.083	0.6		0.000 192 9
	A6	防冰过热电门损坏	Ⅲ	0.166	0.6		0.000 385 8
大气数据探测器防冰系统	B1	机翼数据探头损坏	Ⅲ	0.153	0.5	0.000 794 124	0.000 060 7
	B2	机翼数据探测器损坏	Ⅲ	0.230	0.8		0.000 146 1
	B3	总压管磨损	Ⅲ	0.102	1		0.000 081 0
	B4	静压口变形	Ⅲ	0.128	0.5		0.000 508 2
	B5	迎角探测器磨损	Ⅲ	0.205	0.6		0.000 097 6
	B6	大气总温探头损坏	Ⅲ	0.077	0.5		0.000 030 5
	B7	探头加温器磨损	Ⅲ	0.102	0.6		0.000 048 6
驾驶舱风挡防冰系统	C1	电阻丝断裂	Ⅲ	0.54	0.5	0.003 657 48	0.009 875 2
	C2	加温导电膜磨损	Ⅱ	0.46	1		0.001 682 44

根据危害度分析表和故障模式影响分析表，绘制飞机防冰系统危害性图。飞机防冰系统危害性矩阵图如图4所示。

在危害性矩阵图中，故障模式所对应的点到对角线的垂足越远离原点说明其危害性越高。垂足远离原点的故障模式，更要加强关注。在日常维护工作中，要加强故障模式频发的电阻丝，环型喷射管、加温导电膜等重要部件的检修和维护。

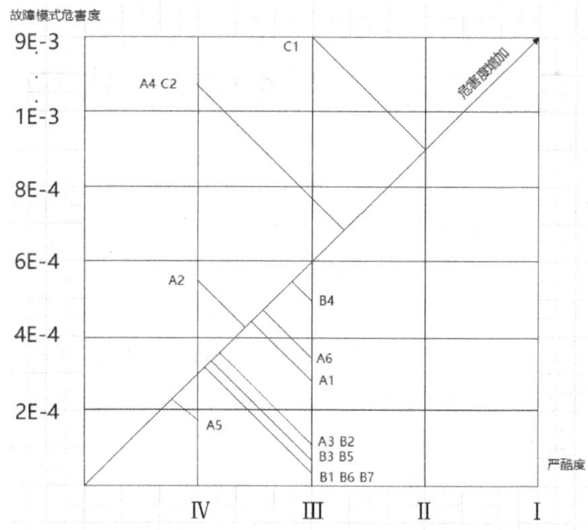

图 4 飞机防冰系统危害性矩阵图

4 结 论

(1) 对可靠性设计中的 FMECA 分析方法和程序进行了系统阐释,揭示了 FMECA 中分析内容的相互联系和含义,为飞机各系统进行可靠性设计提供了理论依据。

(2) 采用 FMECA 分析方法对飞机防冰系统的可靠性进行了分析,建立了飞机防冰系统重要维修项目的定性危害性矩阵,为防冰结构、制定预防性维修大纲提供了依据。

(3) 依据 FMECA 的分析结果,提供了预防维修任务,为下一步确定维修间隔奠定了基础。

参考文献

[1] Reehorst A,Ghung J,Potapczuk M. Study of Icing Effects on Performance and Controllability fan Accident Aircraft[J]. JOURNAL OF AIRCRAFT,2000,1(2).

[2] 国防科学技术工业委员会. GJB1391—1292 故障模式、影响及危害性分析程序[M]. 北京:国防科工委军标出版社,1992.

[3] 金兴明,等. 结合 FMECA 可靠性预计法[J]. 北京航空航天大学学报,1992,1:32-37.

[4] 邵维贵. FMECA 和 FTA 在某型飞机起落架系统故障分析中的应用研究[D]. 成都:西华大学,2019.

[5] 何珂,姜萌,刘洋成,等. 多棱立辊式玉米收获机割台 FMECA 分析[J]. 农机化研究,2018,40(12):38-42.

[6] 蒋平,李浩泽,杜洪恩,等. 基于 FMECA 方法的旋耕机可靠性分析[J]. 中国农机化学报,2019,40(12):212-216.

高通量卫星在航空通信领域里的应用

张磊　张润萍　李蔚　邱丽原

（海军航空大学，山东·烟台，264001）

摘要：卫星通信在海洋、天空以及偏远地区等地面通信无法触及的领域提供着必要的基础通信服务，同时也是地面在紧急状态下的备份与补充。发展卫星通信对我国军民领域有着现实的需求，特别是保障我国日益增长的海上、空中利益，其作用不可替代。随着我国高通量卫星（HTS）的升空，未来高通量卫星将在很多领域得到广泛的应用。本文着重讨论高通量卫星在航空通信领域的应用与发展。

关键词：高通量；卫星；航空通信

1　引　言

2020 年 7 月，我国成功将高通量卫星（High Throughput Satellite，HTS）“亚太 6D”送入地球静止轨道，其通信容量达到 50 Gbps，相比 2017 年发射的首个高通量卫星——中星 16 号卫星，通信容量高出了 1.5 倍。这是我国目前通信容量最大、波束最多、输出功率最大、设计最复杂的民商用通信卫星，标志着我国高通量通信卫星研制能力达到国际先进水平。随着我国航天事业的蓬勃发展，未来高通量卫星将在很多领域得到广泛应用。

高通量卫星概念于 2008 年提出，在同样频谱资源的条件下，可提供比常规卫星高出数倍甚至数十倍的容量。尽管此概念没有说明高通量卫星的具体标准，但卫星通信业界认为：高通量卫星属于宽带通信卫星，用户链路频段不局限于 Ka 频段，其通信容量应大于 10 Gbps。与传统广播电视卫星的广域波束天线覆盖方式不同，我国“亚太 6D”卫星使用的是多波束天线，共有 90 个用户波束，形成对地面的“蜂窝式”覆盖。单波束容量可达 1 Gbps 以上，可支持近 100 M 的应用速率，为用户提供高质量的话音、数据通信服务。

HTS 卫星对我国卫星通信应用意义巨大：一方面通信容量跨越式发展，犹如蜂窝技术 2G 到 3G 的跨越，能够支撑更多样的数据服务，呈现多元化发展；另一方面通信成本大幅降低，从而推动更大规模的应用。

2　系统结构与特点

2.1　HTS 卫星通信系统结构

高通量卫星通信系统分为空间段、地面段和用户段，为星形网络结构。馈电链路工作频段为 Ka 频段，用户链路视应用场景来决定频段，可为 C 频段、Ku 频段、Ka 频段。空间段为一颗 GEO 高通量通信卫星。地面段包括主控站、网络控制中心（NCC）、若干个关口站，其中关口站将陆地宽带互联网业务、移动宽带多媒体业务接入至高通量卫星通信系统，以实现对卫星宽带多媒体业务的支持；用户段包括便携式 VSAT 地球站、固定地球站、车载 VSAT 地球站。HTS 卫星通信系统结构如图 1 所示。

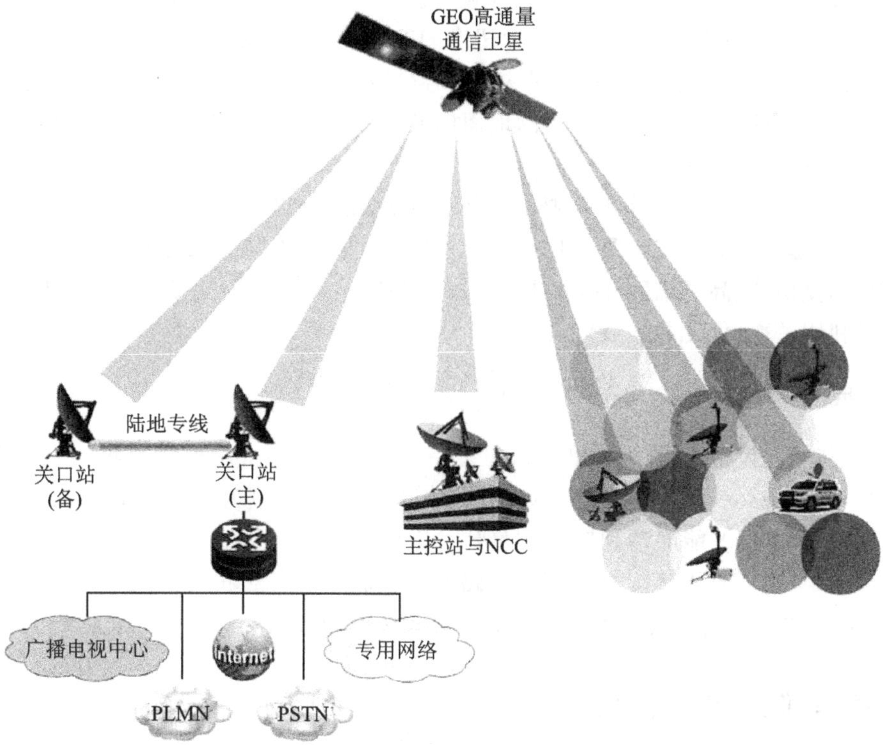

图 1　HTS 卫星通信系统结构

按使用频段和卫星轨道划分，HTS 主要有三种类型：

① Ku 频段 GEO 的 HTS：主要在宽体飞机上使用，用于越洋连接，满足长途飞行机载通信的需要。根据 NSR 的预测，未来 10 年，对 Ku 频段 GEO 的 HTS 容量需求将达到 30 Ghit/s，其中 45%为宽体客机使用，用于越洋连接。

② Ka 频段 GEO 的 HTS：主要在窄体飞机和商务机上使用。对于商务机乘客来说，飞机提供更高带宽服务应该是标配。

③ 非 GEO 的 HTS：主要在宽体飞机上使用，但目前吸引力较低，随着电控平板天线技术的成熟，应用会更广。

从系统分类上看，HTS 主要分为两类：开放系统(open systems)和封闭系统(closed systems)。所谓开放系统，是指服务提供商向卫星运营商购买容量，自己定义服务等级，选择设备并向用户出售服务。封闭系统则是指服务提供商只能转售由卫星运营商确定的服务，不能定义服务等级。

2.2　HTS 卫星的主要特点

HTS 卫星的基本特点是：高频段(Ku 和 Ka 频段)、多点波束、频率复用、整星吞吐量一般在 100 Gbps 以上、透明转发以及地面多关口站接入。其主要优点包括频谱效率高、点波束天线、超宽带转发器，可以实现高带宽和高吞吐量，同时也降低了成本。HTS 的点波束可以改善链路性能，相比于传统卫星，HTS 数据速率更高，可用性更好。HTS 卫星的技术核心是多波束技术和频率复用技术。

2.2.1 多波束技术

目前，HTS卫星应用过程主要选取Ka频段。Ka频段轨位频率资源较为丰富，可用的带宽较大。传统卫星单波束覆盖区域要远远超出HTS卫星单波束覆盖区域。HTS卫星应用多个不同的Ka波束进行拼接，从而覆盖过去Ku与C波束可覆盖的区域。多波束天线技术采用大量的窄点波束，以高增益来覆盖较大的地面区域，同时又能根据需要调整波束形状。

2.2.2 频率复用技术

在HTS卫星中合理应用多波束技术，能为频率复用提供较大的应用空间。如果卫星波束数量较多，频率复用对系统也具有良好的应用价值。由于不同波束之间是空间分集的，可以积极采用频率复用，提高频谱利用率，进而提高系统容量。HTS卫星通过频率复用能全面提升卫星频谱利用效率，优化数据吞吐容量。

2.3 典型系统

继2011年成功发射首颗卫星ViaSat-1之后，美国卫讯公司在短短数年间先后提出了发展ViaSat-2和ViaSat-3卫星的计划。ViaSat-1卫星单星吞吐量为140 Gbps，ViaSat-2卫星实现2.5倍增长，ViaSat-3能够达到Tb/s量级。ViaSat-3卫星不仅实现了卫讯公司从美国到区域再到全球的扩展，而且大幅提升了用户链路速率：家庭用户互联网接入100 Mbps以上，飞行中连接(IFC)数百Mbps，海事和油气平台用户接入接近1 Gbps。

3 航空领域应用分析

传统的机载超短波或短波通信存在信息速率低、传输容量小、通信范围覆盖小、通信质量不稳定等弱点。而机载卫星通信，特别是特种飞机卫星通信系统，具备通信容量大、机动灵活、覆盖面积大等优势，因而受到国内外业界的关注。由于卫星资源和载机条件的限制，以往机载卫星通信应用并不广泛。随着技术的发展，已解决了卫星移动点波束、抗干扰等技术问题；同时，机载天线的自动跟踪、小型化等技术也已成熟，因此，机载卫星通信系统越来越受到民用和军事通信领域的关注。当前，HTS系统部署逐年增加，并且成为通信卫星领域发展最快、关注程度最高、潜力最大的一类卫星系统，其未来的应用领域也将不断拓展。

3.1 民用航空领域

近年来，移动互联网和航空旅客运输业市场都呈现高速发展态势，旅客对在航程中告别“网络信息孤岛”颇为期待，机载航空通信需求巨大，为基于HTS卫星通信的机载应用带来了机遇。

宽带卫星通信系统可为航班提供一套完整的卫星通信应用解决办法，即将话音、数据、飞行数据、航空天气预报以及更多的管理集成在一个包，可实现国内航班和国际航班的全程通信接入服务，为航空公司飞行管理应用提供支持。此前，Ku频段机载卫星通信系统在美国客机中已广泛应用，但每名乘客享受的最高速率仅能达到陆地3G移动通信的标准。此外，在为乘客提供多媒体通信服务的同时，宽带卫星通信系统也可为空中交通管制和飞机导航系统及应急通信提供备份使用，为飞行管理驾驶舱数据、客舱乘客状态信息传输提供宽带接入服务。

在空中，我国的民航飞机有 3 800 架，通航固定翼飞机以及直升机分别超过 1 800 架和 900 架，这些也都是未来高通量卫星非常有效的用户。目前，我国政府主管部门已经放开机上手机使用。从 2018 年初开始，各航空公司也陆续宣布允许乘客在飞机上使用手机，机载航空通信产业迎来重要的发展机遇，宽带卫星通信需求爆发在即。HTS 通信卫星可进一步提高客机舱内 Wi-Fi 的通信速率，满足旅客出行期间享受宽带多媒体业务的实际需求。

3.2 军用航空领域

机载通信系统是实现空中飞机平台之间、空中飞机与地面单元之间信息化铰链的核心系统，主要应用包括：地空视距/超视距指挥引导、大范围地理环境及战场态势信息共享；大容量传感器数据的实时传输与分发；机群战术级/火力级协同等。从通信覆盖范围上看，需要支持飞机在广袤地域和海域进行远程作战时的通信保障，通信距离由视距扩展至数千公里；从传输组网能力上看，为满足复杂电磁环境下更多、更先进的机载武器和传感器应用要求，需要大幅提升通信传输带宽、组网容量、抗干扰能力等主要技术指标，提高智能化组网能力、异构网络互连能力等；从作战任务上看，机载通信装备需要支持传感器数据协同、时敏目标快速瞄准、网络化制导等应用模式。

卫星通信作为支持军事作战行动的主要机载远程通信手段之一，在军事应用领域已大量装备于海陆空军各种作战平台。随着作战飞机的高速化、多功能、综合化的发展，由此带来的信息种类和信息容量需求迅猛增长，信息应用模式也必须满足新的作战任务要求。从技术发展来看，机载卫星通信的发展趋势之一是向更高频段扩展。由于高频段可提供更好的传输速率，具有良好的抗干扰、抗截获能力，因此，HTS 卫星受到越来越多的关注。

3.2.1 美国卫星通信发展概况

美国卫星通信手段依赖性极强，其卫星通信建设充分利用商用卫星等多种卫星资源满足其作战需求成为首选路线。美军针对近期局部战争需求及未来与潜在对手对抗预测，提出了维持原有体系结构，以第三代“宽带全球卫星通信”(WGS)、窄带“移动用户目标系统”(MUGS)和受保护“先进极高频”(AEHF)军用通信卫星为基础，作为其主要的空间信息传输资源，并加大了对商业卫星资源的应用，形成了军民结合、多种通信卫星资源并存的军用通信卫星体系结构。

美国空军机载卫星通信系统一般分为战术级和战役级，战术级机载站工作于 UHF 频段，一般用于战略轰炸机和大型运输机的远程通信指挥；战役级机载站工作于 Ka 和 Ku 频段，主要用于预警机和空中指挥所飞机的远程预警和指挥控制。由于 Ku 频段或 Ka 频段频率相对较高、相同速率情况下具有天线口径小、信息速率高、抗干扰能力强等优点，因此，机载卫星移动通信系统宜使用 Ku 频段或 Ka 频段频率。

美国全球鹰无人飞机上装备的卫星通信系统是机载 Ku 频段卫星通信典型的军事应用。全球鹰无人飞机上装备了多种通信系统。其中，机械座架的卫星通信天线为抛物面天线，发送速率最高可达几十 Mbps，通过卫星中继，可以在全球范围内任何位置与总部交互数据。

3.2.2 应用领域分析

近年来，我国周边安全环境日趋复杂，海洋权益与主权矛盾多发，与国家利益相关的安全问题愈发突出，为作战行动提供大容量、广域覆盖和可靠的通信保障是当前面临的一项挑战。

随着卫星制造技术和毫米波技术的发展，机载卫星通信向 Ka 频段发展已逐步应用。由于 Ka 频段的频率高、波束很窄，具备较强的抗截获能力；同时，机载站天线尺寸小、终端小型化,更适宜在飞机上安装。另外,Ka 频段卫星波束可以形成移动的点波束,灵活机动;Ka 频段频率抗电离层闪烁,电波在核爆炸后能较快恢复到正常状态,因而在军事通信领域受到高度重视。

(1) 机载宽带大容量卫星通信运用

未来空中战场具有高度信息化特征,机载平台和机载武器作战对信息优势的依赖会越来越强。高分辨率的战场侦察情报信息实时传输需求一直以来都是推动机载通信向宽带化发展的主要因素。网络化、智能化、综合化的先进机载通信技术能够有效地提高机群作战的体系化对抗能力,实现由平台为中心向网络为中心转变。

机载宽带大容量通信主要应用于预警机、指挥通信飞机、有人/无人侦察机、通信中继飞机等 C^4ISR 平台等,实时传输大容量的侦察情报信息、视频信息、图像信息,以及指挥控制、网络管理等综合信息,为陆海空多层空间的大量节点和战术节点提供高质量信息服务。HTS 卫星的应用能够提升作战平台的信息传输容量,进一步有效提升空地、空海一体化信息作战的能力。

(2) 战场空中通信节点运用

战场空中通信节点(BACN)是一种能扩展通信距离的机载通信中继系统。通过实现多种数据链网络系统的集成和互联,为战场指挥官、作战单元提供空中通信网关能力及增强的态势感知能力,支持各作战单元在不同层次的互联、互通与互操作,可为作战飞机和地面部队提供无缝的通信覆盖以及图像、视频、话音和数字文电等丰富的信息支持。利用 BACN,地面上的特种部队士兵能用民用蜂窝电话与战斗机上的飞行员通话。特别适合在阻挡视距通信的崎岖山区以及军民协同、不同军种乃至不同国家军队协同作战的战场上应用。发展 BACN 是为作战行动提供大容量、广域覆盖和可靠的通信保障的一个可行解决方案。HTS 卫星作为大容量通信的典型应用,可视为战场空中通信节点的重要节点,为战场空中通信节点的大容量通信提供技术手段。

战场空中通信节点的主要应用领域包括以下几方面。

① 可提供丰富的网络资源与服务。在缺乏可靠通信设施和通信资源的作战区域,利用具有高度集成的空中通信资源以及高空优势的战场空中通信节点,可为分散的作战平台提供高可靠、宽覆盖、大容量、便捷的网络服务。

② 可提供远程/超视距的通信覆盖。战场空中通信节点集成各种战术数据链、通用宽带数据链,可参与构建空基宽带骨干网络,并作为网关为处于网络边缘的各种战术数据链提供远程超视距的通信服务,实现战区内广域分布各个作战单元、后勤保障单元间的无缝网络互联。

③ 可提供隐蔽突防时的态势共享与协同。战场空中通信节点具有多通道能力、网关能力以及信息集成处理能力,实现异构网络系统的互联,完成前突与后方作战单元之间的态势共享与协同。

④ 可为网络使能武器提供有效的信息支持。利用战场空中通信节点集成通信能力、网关能力,可在指挥员、传感器、武器平台和网络使能武器之间建立高吞吐量的网络,使得指挥员能够定位和追踪高速移动目标,提高目标引导效率和准确性,提供飞行目标的实时更新数据。

⑤ 可提供泛在的网络接入信息服务。通过多种数据链和网络系统的集成接入与互操作,战场空中通信节点可为其覆盖范围内的各用户提供泛在的网络接入(包括各种数据链接入、基于 IP 的网络接入以及全球信息栅格接入等)信息服务。

⑥ 可提供应急通信。利用战场空中通信节点的空中优势以及集成的多种通信手段,可支撑应急部门的关键通信需求,实现不同部门之间的有效协同和联动,提升危机事件发生时的快

速反应和处理能力。

针对上述战场空中通信节点应用需求，对机载高通量通信手段性能与能力需求分析见表 1。

表 1　卫星性能与能力需求分析

通信手段	应具备的性能与能力
机载宽带 大容量通信 （Ku 或 Ka 波段）	支持大容量机载传感器信息和网络信息实时传输； 采用高速抗多径调制解调、多通道并行处理技术； 采用小型化高增益定向机载天线，扩展传输距离； 高精度的捕获、跟踪与对准能力
机载大容量 抗干扰卫星通信 （Ka/Ku 波段）	用于大型特种飞机、无人机等平台，具备话音、中高速数传和抗干扰数传功能； 可以适配多种军民用卫星通信系统； 传输速率可达数十 Mbps； 根据平台安装限制选择带自动伺服功能的抛物面天线或平板阵列天线

（3）高速机载平台运用

空天作战是未来战场的主要作战形式，未来战场的空中打击力量将主要靠高度和速度取胜。高超声速飞行器是高机动机载平台的主要力量，引领空天武器发展新趋势。随着外层空间军事化进程加快，战争形态、作战样式、行动方式都发生着深刻变革，卫星通信才能满足未来通信需求。高超声速机载平台的通信需求主要包括：

① 全范围全时段。由于高超声速飞行器飞行距离远，航时长，速度快，具有全球打击能力，因此，要求通信系统能为飞行器提供超视距全球覆盖，且通信越区的切换要远快于传统通信，以保证全时段不间断通信。

② 传输速率高。高超声速飞行器具备快速响应能力，在飞行任务中须处理指挥控制、火力控制、战斗行动、搜索营救等大量话音和数据信息，至少要达到 100 Mbps 以上。因而，提高通信系统的数据传输速率才能满足实现超高声速平台实时、大业务量的通信的需求。

③ 捕获时间短。由于高超声速飞行器须在战场上进行侦查、打击、躲闪等任务，因此飞行器会有各种战术动作，通信系统须能很好地进行同步跟踪，期间即使产生通信中断，通信系统也要在更短时间内对信号进行重新捕获。此外，飞行器的速度、加速度很大，造成通信信号的严重多普勒频移衰落，导致载波捕获以及后续的数据解调性能变差，这就对通信系统的快速捕获以及补偿技术提出了苛刻的要求。

随着未来飞行器面向空天一体作战，飞行器的速度与机动性越来越高，对高超声速机载平台上装备的通信设备的要求也越来越高。HTS 卫星大容量、多波束切换、频率复用等特点可为高超声速飞行器的通信提供解决途径，将成为满足未来高超声速条件下通信的主要手段。

3.3　典型系统

3.3.1　新型 Ka 波段全球航空卫星通信终端(GAT-5518)

据 ASD News 网站报道，美国 Viasat 公司于 2019 年 5 月 29 日宣布了其新型 Ka 波段全球航空卫星通信终端(GAT-5518)的可用性。GAT-5518 可为政府和商业航空飞机(从政府关注的无人机和军用固定翼飞机到 VIP 商务机)提供飞行连通(IFC)服务。GAT-5518 终端结构紧凑，可提供更高的数据速率、更高的前向链路容量(卫星到飞机)和更高的反向链路容量(飞机到卫星)，可执行高带宽应用，如先进的视频流服务。

GAT-5518终端由18英寸双轴可控双向Ka波段天线组成，包含一个集成天线控制单元(ACU)、一个天线供电单元和一个调制解调器。GAT-5518的天线可以安装在机尾、机身或舱口。

GAT-5518是最新的卫星通信创新产品，是Viasat一系列Ka波段航空天线系统之一，其用例包括：

① 政府和军事任务：GAT-5518能够满足无人机和固定翼飞机的各种需求，可执行实时情报、监视和侦察(ISR)，开展作战支持空运任务，在战场上运送人员和设备，提供先进的态势感知、航行任务规划、医疗后送和远程医疗服务、搜救、边境监视和海上监视等服务。此外，该终端还要利用Viasat的混合自适应网络(HAN)架构，让用户可在商业和政府卫星通信网络之间无缝操作。HAN架构设想了一个端到端的网络，通过在高度竞争环境下实现分层弹性，以缓解拥塞情况、对抗有意或无意的干扰源和网络威胁。

② 商务及公务机应用：GAT-5518终端为商务和公务飞机提供了一个增强的解决方案，为VIP乘客提供了卓越的性能，包括视频会议、语音通话、企业VPN接入、网页浏览以及音频、视频和实时电视流媒体等应用。

3.3.2 EpicNG卫星

国际通信卫星(Intelsat)有限公司是全球最大的卫星运营商之一，而史诗(Epic)卫星平台是Intelsat高性能的卫星平台，能够实现高容量、高效率、高吞吐量、高性能、多频段、弹性与安全、开放平台、后向兼容、灵活性、互补覆盖、全区域覆盖和更低的花费。

卫星通信推动了无人机的超视距使用，但是传统的卫星通信天线太大，难以被小型战术无人机和商业无人机携带。为此，国际通信卫星(Intelsat)公司研发了EpicNG多点波束HTS卫星的小型战术卫星通信终端。这些卫星的终端比较轻巧，能够由质量不足600 kg的无人机携带。

4 结束语

HTS不仅是当前卫星通信的发展热点，也将是未来十年乃至二十年的发展方向。我国对高通量宽带卫星的使用，标志着我国高通量卫星宽带业务正式进入商业运营发展阶段。不论是在民用还是军用领域，HTS卫星系统将会越来越得到广泛的应用，特别是在未来航空领域，HTS卫星的应用将改变人们的出行感受，也将对未来空中战场的作战样式起到深远的影响。

参考文献

[1] 庞立新，李杰，冯建元. 高通量通信卫星发展综述与思考[J]. 无线电通信技术，2020，(4)：371-376.

[2] 高鑫，门吉卓，刘晓滨，等. 高通量卫星通信发展现状与应用探索[J]. 卫星应用，2020，(8)：43-48.

[3] 薛培元. 国外高通量卫星(HTS)在机载通信中的应用[J]. 卫星应用，2015，(7)：15-18.

[4] 孙晨华，章劲松，赵伟松，等. 高低轨宽带卫星通信系统特点对比分析[J]. 无线电通信技术，2020，(5)：505-510.

[5] 艾文光，赵大勇，邓军，等. 机载Ku、Ka频段卫星通信系统综述[J]. 电子科技，2011，(10)：138-140.

[6] 陈冬. 机载通信系统新技术研究[J]. 中国新通信，2016，(10)：8-10.

[7] 张健. 近年美军卫星通信发展分析[J]. 国际太空，2017，(8)：30-34.

[8] 于耀. 美军战场空中通信节点研究进展[J]. 电讯技术，2014，(6)：845-850.

[9] 余怀瑾，依那，杨峰，等. 高超音速机载平台卫星通信应用及发展方向[J]. 信息通信，2016，(8)：79-81.

[10] 郭林. 高通量卫星通信应用若干问题的思考[J]. 卫星应用，2018，(9)：56-61.

[11] 严涛，王瑛，曲博，等. 高通量卫星Epic平台发展现状[J]. 空间电子技术，2018，(1)：60-64.

无人机技术

基于多模板响应孪生网络的无人机目标跟踪算法

张博恒[1]　柴栋栋[2]　吴东剑[1,4]　李家霖[1]　孙明健[1,3]

（1. 哈尔滨工业大学航天学院，黑龙江・哈尔滨，150001；
2. 北京航天试验技术研究所，北京，10074；
3. 哈尔滨工业大学（威海）信息科学与工程学院，山东・威海，264200；
4. 香港大学工程学院，中国香港，999077）

摘要： 无人机已经被广泛应用在军事、民用和科研领域，目标跟踪是无人机研究的重点内容之一。针对无人机目标跟踪经常会出现形变、遮挡和超出视野问题，提出一种基于多模板响应孪生网络的无人机目标跟踪算法。首先，针对室外无人机目标跟踪背景较为复杂，搭建多个通道的孪生网络架构；其次，利用具有不同特征的跟踪对象搭建模板库，进而解决跟踪过程中的形变问题；最后，提出遮挡或者超视野的判断方法以及利用局部和全局搜索方法，解决长期目标跟踪中的遮挡和超出视野问题。在无人机目标跟踪数据集 UAV123 上的实验结果表明：提出的算法能够有效处理形变、遮挡和超出视野问题，相比较 SiamFC 跟踪算法，平均精度提高了 4.8%，平均成功率提高了 5.8%。

关键词： 无人机；孪生网络；目标跟踪；多模板响应；形变；超出视野

1　引　言

无人机作为一种空中飞行机器人，具有很好的机动性，通过各种人工智能技术，现在已经可以实现简单的自主避障、航拍测绘、救援等，为人类节约大量的劳动力，并可在危险场合中减少伤亡。目标跟踪是无人机实现智能化作业的保障，是无人机视觉处理研究的主要组成部分，因此研究无人机目标跟踪具有重要的意义。

无人机在空中作业的背景一般比较复杂，可能存在山川、草地甚至沼泽等复杂的背景信息；同时无人机飞行路径变化多样，目标物在视野中可能存在形变、遮挡和超出视野等问题。针对这一系列问题，国内外学者提出了众多解决办法。最经典的目标跟踪算法是基于 Mean Shift 的跟踪算法，但由于其主要考虑颜色直方图特征，效果不是很好。滤波算法是研究目标跟踪的主要方向之一，其原理是设计一个模板，利用模板与候选区域做相关运算，进而找到准确的位置。比较经典的滤波类方法有 TLD（Tracking-Learning-Detection）、KCF（Kernelized Correlation Filter）、SAMF（Scale Adaptive with Multiple Features）等，但都是采用人工特征，对于具有复杂背景的无人机目标跟踪而言，效果不是很理想。同时，该类算法多数需要以一定频率更新简单的模板，这样的方法应用在无人机这种长期目标跟踪场合上很容易造成跟踪漂移。

最近几年，深度学习开始出现在目标跟踪领域，其采用深度特征，有的可以进行端到端训练，与滤波算法相比，其鲁棒性更好。比较经典的跟踪算法有 GOTURN（Generic Object

Tracking Using Regression Networks)、SiamFC(Siamese Fully-Convolutional)、SiamRPN(Siamese Region Proposal Network)等。这些跟踪算法能够进行深度学习训练,并能够学习到卷积特征,跟踪精度相对较高,但当目标物发生形变、遮挡或者超出视野时,跟踪效果就明显下降。杨康等人针对形变问题,提出了一种双重注意力机制孪生网络去调整网络模型,提升网络的判别能力,但这种方法对于尺度变化较大或者超出视野等情况跟踪效果不是很理想。Yun等人利用分割算法对前后景进行分割,并用颜色特征对遮挡进行处理,这种方法无法处理复杂的背景或者复杂颜色的跟踪对象。当发生超出视野或者遮挡情况时,Zhao等人利用检测器来检测物体并重新初始化跟踪器,这种方法鲁棒性强,但检测器的性能直接影响跟踪的结果,而且用在检测器上更多的时间更多,降低了跟踪速度。刘芳等人提出SiamRAT算法,利用Hash指纹计算两幅图的相似性,建立具有不同角度的模板库,采用自适应方法进行模板更新,这种方法虽然对形变有一定效果,但Hash算法经过下采样,丢失了较多细节,对于小目标而言,跟踪效果不是很好。Wei等人针对形变和遮挡问题,利用特征空间的L2距离计算两幅图的相似性,跟踪效果较好,但没有考虑到偶尔的一次跟踪漂移将会导致整个模板库的污染,从而降低整体跟踪效果。Danelljan等人提出ECO滤波类跟踪算法,可采用卷积特征和手工特征相结合,利用高斯混合模型来减少在线训练的外观相似的样本集,定期更新训练好的模型,但是需要平衡跟踪漂移和目标外观变化之间的问题。Sauer等人提出THOR跟踪算法,设计了一种动态目标表示方法,用来对目标物形变进行建模,跟踪效果较好,但需要调整较多超参数,且不能进行端到端训练。

可以看出,目前针对目标物存在形变、遮挡等情况有一定的研究,但模板更新或者模板响应的策略还不够好,容易造成跟踪失败;上述研究大多数集中在短期目标跟踪,针对无人机目标跟踪这种长期目标跟踪情况,更需要结合超出视野问题一起解决。

综上所述,提出一种基于多模板响应的孪生网络无人机跟踪算法,用于解决无人机目标跟踪中的形变、遮挡和超出视野问题。首先,本文利用AlexNet搭建全卷积孪生网络,针对无人机跟踪背景一般较为复杂,引入了带有随机噪声通道和高斯模糊通道,增加模型的抗干扰能力。其次,在特征空间中利用余弦相似度计算不同的跟踪结果并加以约束,并建立具有不同卷积特征的模板库,对模板库中的模板响应进行选择性叠加,解决跟踪对象的形变问题。最后,提出跟踪目标被遮挡或者超出视野的简易判断方法,并针对超出视野情况,提出局部搜索和全局搜索方案。

2 多模板响应孪生网络模型与跟踪算法

无人机在高空作业的特殊情形下,经常会变换位姿,调整云台视角,加上目标物的运动或者环境的干扰,目标物经常会出现由于视角变换带来的视觉外观变化,即形变,也会出现半遮挡或者全遮挡和超出视野问题。为解决无人机目标跟踪过程中可能会出现的形变、遮挡和超出视野等问题,提出基于多模板响应的孪生网络无人机目标跟踪算法,其整体架构如图1所示。整个网络利用改进后的AlexNet作为卷积特征提取器,网络的具体参数如表1所列。主体可以分为模板分支和搜索分支,每个分支都增加了随机噪声通道和高斯模糊通道。每个分支三个通道经过第一个卷积层(Conv1)和池化层(Pool1)后进行叠加,然后再送入第二个卷积层(Conv2)。其中模板分支输入图像大小为127×127,搜索分支输入图像大小为255×255。

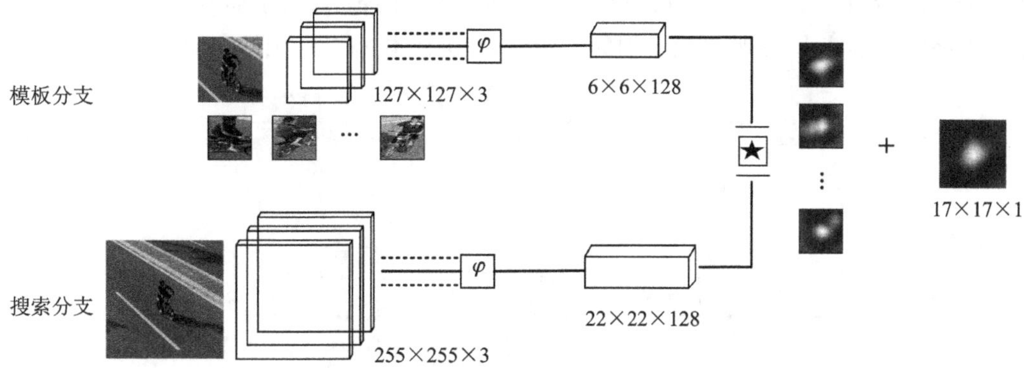

图 1　跟踪算法整体示意图

表 1　网络各层具体参数

网络层	卷积核	步长	模板分支	搜索分支
Conv1	11×11	2	59×59×96	123×123×96
Pool1	3×3	2	29×29×96	61×61×96
Conv2	5×5	1	25×25×256	57×57×256
Pool2	3×3	2	12×12×256	28×28×256
Conv3	3×3	1	10×10×192	26×26×192
Conv4	3×3	1	8×8×192	24×24×192
Conv5	3×3	1	6×6×128	22×22×128

基于孪生网络的目标跟踪算法是通过深度学习来构造一个相似性函数 f，求得样本图像 z 和候选图像 x 的相似性。而通过深度学习进行相似性学习采用的主要方法就是孪生网络框架，在孪生网络框架中首先对输入的 z 和 x 分别使用各自独立的 φ，即整个函数可以表示为

$$f(z,x)=\varphi(z)*\varphi(x)+\boldsymbol{b} \tag{1}$$

式中，φ 代表一种特征映射操作，将原始图像映射到特定的特征空间；$*$ 代表卷积操作；$\boldsymbol{b}\in\mathbb{R}$，表示得分图上每个位置的取值。整个式子最终得到样本图像各个位置与候选图像相似值。

2.1　网络的训练

网络的训练数据集采用 ILSVRC2015 和 got10k 两大数据集，均为目标跟踪训练常用的标准的视频序列数据集。前者包括 30 个基本的常见物体类别，具有 1952 个视频序列，每个视频序列由 23～261 张图片组成。后者则包括了 10 000 个视频序列，可细分为 563 个常见的物体类别。

得到原始训练数据后，首先需要对样本进行裁剪，生成训练需要的样本对，样本对样例如图 2 所示。

图 2 中，图 2(a)是模板分支原始图片，图 2(b)和图 2(c)分别是原始图片 2(a)经过高斯模糊和随机噪声生成的，三者大小都为 127×127。同理，图 2(d)是搜索分支原始图片，图 2(e)

和图 2(f)是原始图片 2(d)经过高斯模糊和随机噪声生成的,三者大小都为 255×255。为了增加孪生网络的判别能力,增加不同类别的负样本对,负样本对样例如图 3 所示。

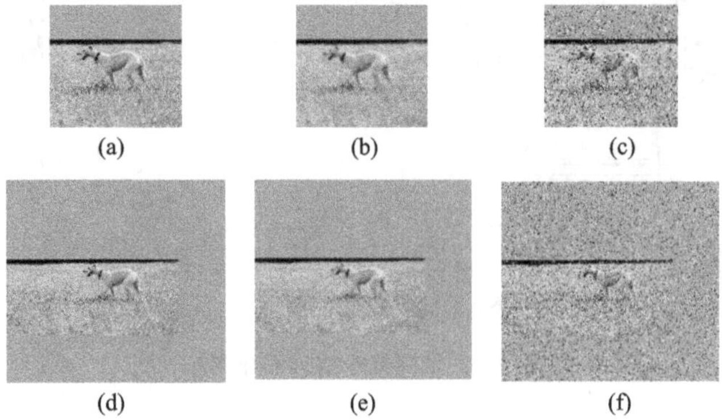

图 2　训练样本对

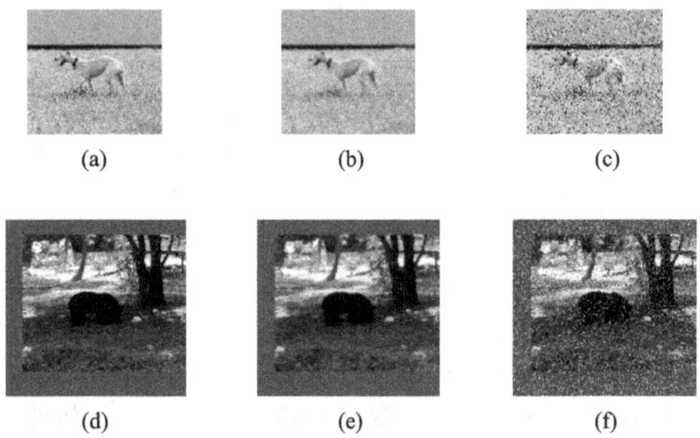

图 3　增加的负样本对

图 3 中,图 3(a)是模板分支原始图片;图 3(d)则是搜索分支原始图片,为随机选择且与图 3(a)非同类的样本,构成负样本对。与正常样本对生成方法相同,经过高斯模糊和随机噪声生成图 3(b)与图 3(e)和图 3(c)与图 3(f)。样本对的损失函数定义为

$$l(y,v)=\log(1+\exp(-yv)) \tag{2}$$

式中,标签的真值用 y 来表示,且 $y\in(+1,-1)$,实际值用 v 来表示。训练时,采用所有候选位置的平均损失值来表示,如

$$L(y,v)=\frac{1}{D}\sum_{u\in D}l(y[u],v[u]) \tag{3}$$

式中,最后得到的得分图用 D 表示,而 u 表示得分图中所有的位置。同时,整个数据集的损失函数是所有样本对损失值的平均值。其中,$y[u]$ 的定义为

$$y[u]=\begin{cases}+1 & \text{if } k\parallel u-c\parallel \leqslant R\\ -1 & \text{otherwise}\end{cases} \tag{4}$$

式中,k 为网络的总步长,c 为目标的中心,R 为定义的半径,即只要和目标距离不超过 R 就是正样本,否则为负样本。

训练网络参数 θ 通过 SGD(Stochastic Gradient Descent)来最小化

$$\text{argmin}_\theta = \underset{(z,x,y)}{E} L(y,f(z,x;\theta)) \tag{5}$$

训练采用 Pytorch 框架，迭代 50 步，每次迭代的 batch-size 大小为 8，学习率采用手动调整，调整范围为 $10^{-5} \sim 10^{-2}$。

2.2 多模板多响应方法

目标跟踪中，都需要在第一帧利用模板对跟踪器进行初始化，一般深度学习方法在后续的跟踪过程中不再更新模板信息。但当在跟踪的过程中，遇到目标物发生形变等情况时，依然使用最初的模板，跟踪器的响应往往就会出现明显降低，跟踪很容易失败。

本文针对这种不足，提出利用余弦相似度区分不同的图片特征，建立不同卷积特征的模板库，对于不同模板的响应有选择性的叠加，解决因目标物形变带来的跟踪效果下降问题。余弦相似度是通过测量两个向量内积空间的角度来判断两个向量的相似性。对于提取卷积特征后的图像，一般先将其归一化，再用余弦相似度判断两个向量的余弦角度，从而判断卷积特征的相似度，最后将结果归一化到 $[-1,+1]$。

在二维向量三角形中，假设向量 a 坐标为 (x_1,y_1)，向量 b 坐标为 (x_2,y_2)，两向量之间的夹角为 θ，则余弦值计算公式为

$$\begin{aligned}\cos\theta &= \frac{a \times b}{\|a\| \times \|b\|} \\ &= \frac{x_1x_2 + y_1y_2}{\sqrt{x_1^2+y_1^2} \times \sqrt{x_2^2+y_2^2}}\end{aligned} \tag{6}$$

当 a 和 b 为 n 维向量时，a 坐标为 $(x_1,x_2,\cdots,x_n)$，向量 b 坐标为 $(y_1,y_2,\cdots,y_n)$，两向量之间的夹角为 θ，则此时余弦值计算公式为

$$\cos\theta = \frac{\sum_{i=1}^{n}(x_i \times y_i)}{\sqrt{\sum_{i=1}^{n}x_i^2} \times \sqrt{\sum_{i=1}^{n}y_i^2}} \tag{7}$$

公式(7)即是 n 维向量下的余弦相似度计算公式。其中，结果越接近 1，两个向量越相似。

在多模板响应算法中，将第一帧的模板 T_1 始终保留在模板库 $T_t^* = \{T_1,T_2,\cdots,T_t\}$ 中，计算第 k 帧跟踪结果 T_k 与模板库中的每个模板的余弦相似度。如果计算出的结果 $S_t{}^* = \{S_1,S_2,\cdots,S_t\}$ 中，每个元素均小于设定的阈值 τ_1，大于设定的阈值 τ_2，则模板库加入该跟踪结果 T_k，否则不加入。其中，通过大小阈值的设定，也防止偶尔一次跟踪漂移而污染整个模板库。规则表达式如公式为

$$T_{t+1}^* = \begin{cases} T_t{}^* \cup \{T_k\} & \text{if } \tau_2 < S_i < \tau_1, \forall S_i \in S_t^* \\ T_t^* & \text{otherwise} \end{cases} \tag{8}$$

对应模板库中的模板 $T_t^* = \{T_1,T_2,\cdots,T_t\}$，与搜索区域的响应定义为 $M_t^* = \{M_1,M_2,\cdots,M_t\}$，为了避免模板库中可能存在跟踪漂移后的结果，本文只保留了第一帧的响应和响应峰值最靠前的 N 帧模板，保留下来的响应通过求和取平均得到最终的响应 M。

2.3 遮挡或者超出视野判断及长期目标跟踪方法

响应图是反映跟踪器跟踪结果的重要依据。经过跟踪算法实验发现，当目标物处于一个理想的环境下，背景简单，那么响应曲线几乎接近理想的二维高斯曲线；而当目标物被遮挡或者超出视野时，响应图会出现大量的波峰，且响应图的最大值响应明显偏低，如图 4 所示。针对本文提出的跟踪算法，提出判断超出视野的方法。

图 4 中，图 4(a)是跟踪效果较好的跟踪结果，图 4(b)是其响应图的三维显示图，图 4(c)是完全被遮挡的跟踪结果图，图 4(d)是其响应图的三维显示图。

本文提出利用平均峰值水平与标准差(Average Peak Level And Standard Deviation)来反映响应图的波动程度和检测目标的置信度，即

$$\mathrm{APLSD}=\frac{F_{\max}-F_{\min}}{\mathrm{mean}\left(\sum\limits_{w,h}(F_{w,h}-F_{\min})\right)}\times F_{\mathrm{std}} \tag{9}$$

式中，$F_{\max}$，$F_{\min}$，$F_{w,h}$ 分别表示最高、最低和(w，h)位置上的响应，F_{std} 代表响应图的标准差。该判据可以反映响应图的波动程度，当 APLSD 小于历史平均值的一定倍数时，就是目标物被遮挡或者超出视野，需要扩大搜索范围。

针对本文提出的跟踪算法，设计了一种从局部到全局的目标搜索方法。局部搜索时利用最小外接圆和外接矩形的方法进行扩展。当跟踪器判断目标物被遮挡或者超出视野，则保留上一帧跟踪的目标框，在该框的基础上循环增加外接最小圆和外接最小矩形，直至外接矩形面积大于整个画面面积的一半。而每一次的外接最小矩形，也作为目标搜索的区域。搜索方法如图 5 所示。

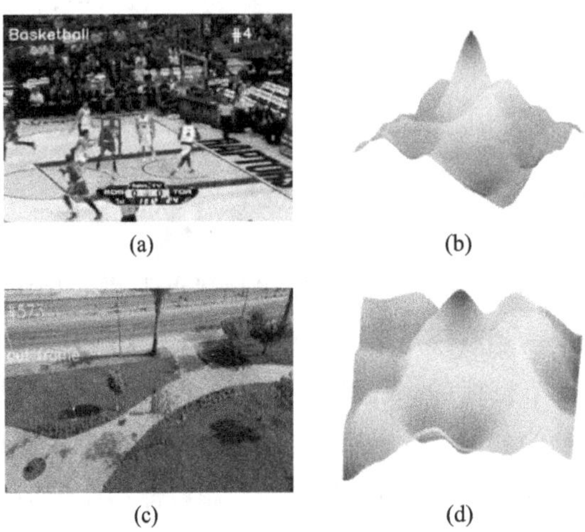

图 4　跟踪结果及其响应图

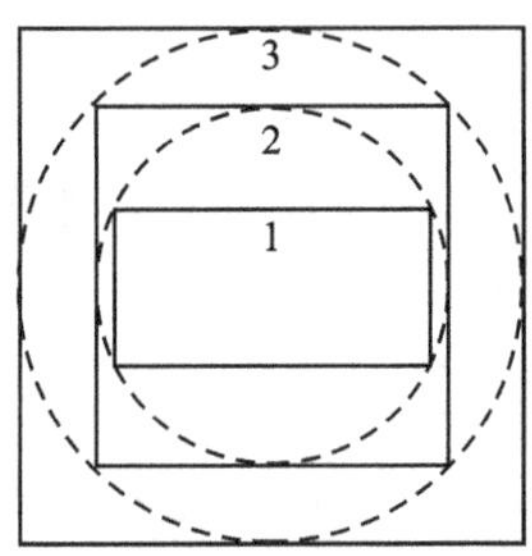

图 5　局部搜索方法示意图

图 5 中，数字 1 代表上一帧跟踪的目标框，数字 2 代表第二次扩大的搜索区域，数字 3 代表第三次扩大的搜索区域，依次类推。

SURF(Speeded Up Robust Features)是一种稳健的局部特征点检测和描述算法，对图像的缩放、旋转和仿射变换不敏感，而且检测速度较快，适用于图像的特征点提取和特征描述子

匹配等场合。进行目标跟踪时，当在较多场合中目标物占据整个画面比例较小，而且部分的背景不含有纹理特征，在进行全局搜索的时候，便可以利用 SURF 特征点进行部分区域的排除。当局部搜索依然没有效果时，则拓展到全局搜索，全局搜索采用 SURF 特征点排除和二次重检测的方法。全局搜索方法如图 6 所示。

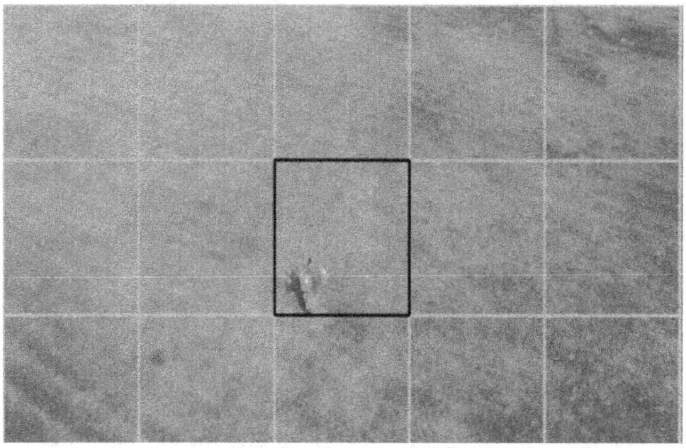

图 6　全局搜索方法示意图

在第一帧的时候，提取目标物的 SURF 特征点，为目标物创建描述符，当局部搜索失败时，将整个图像分为 L 块，每一块进行 SURF 特征点提取，当特征点数量大于阈值 φ_1 的时候，进行相同跟踪器的第二次重新检测，并且重新检测的得分值大于设定的阈值 φ_2 时，取其中得分最大值作为目标区域，并继续跟踪。

3　跟踪算法步骤与流程

步骤 1　将第一帧的模板加入模板库。

步骤 2　分别用模板库的元素初始化模板分支，得到模板原始图像，并生成相应的高斯模糊和随机噪声图像。分别提取模板分支各个通道卷积特征并求和得到 $f_{e1}, f_{e2}, f_{e3}, \cdots, f_{ek}$（假设模板库中有 k 个元素）。

步骤 3　输入搜索图像，并生成相应的高斯模糊和随机噪声图像，利用搜索分支对当前各通道图像提取卷积特征并求和得到 f_{i}。

步骤 4　对 $f_{e1}, f_{e2}, f_{e3}, \cdots, f_{ek}$ 和 f_{i} 分别做相关运算，得到响应图 $M_1, M_2, M_3, \cdots, M_k$。选择部分模板响应并求和取平均，得到整体响应 M。

步骤 5　通过响应 M 得到跟踪结果，并通过卷积特征空间的余弦相似度判断跟踪结果是否加入模板库。

步骤 6　重复步骤 2 至步骤 5，直至跟踪结束。

跟踪算法整体流程如图 7 所示。

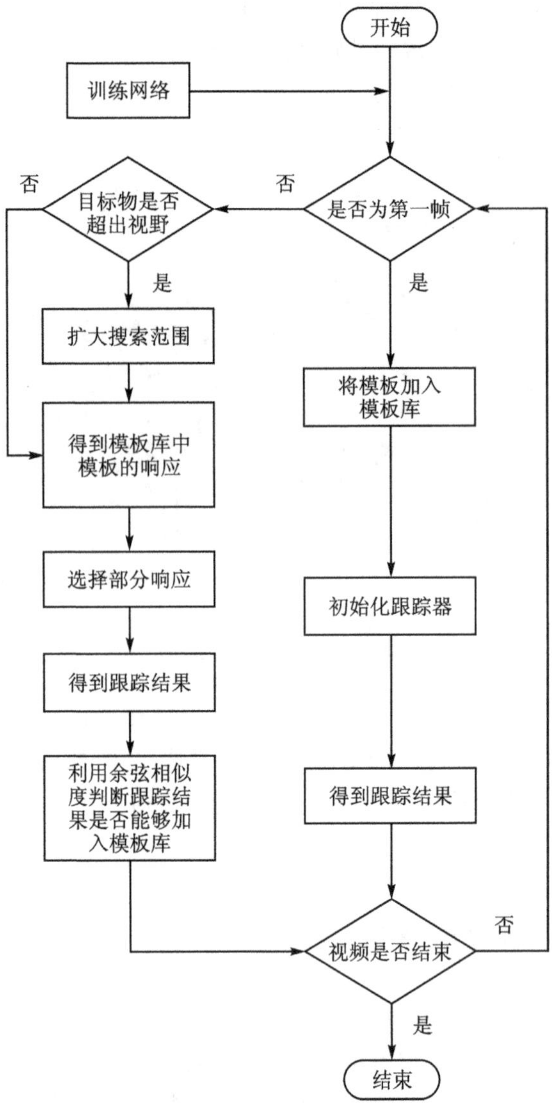

图7 跟踪算法流程图

4 实验结果及分析

实验数据：本文使用数据集UAV123进行算法的测试和分析。UAV123是公开的无人机航拍数据集，总共包括123个带有手工标注的视频序列，整个数据集主要分为长期目标跟踪数据集UAV20L和短期目标跟踪数据集UAV123两个子部分。数据集中包括遮挡、形变、超出视野等各类影响因素，符合本课题算法验证的要求。

评价指标：UAV123数据集适用的评价指标为精度图和成功率图。其中，根据跟踪算法得到的位置的中心点与人工标注的位置的中心点之间的欧式距离，小于不同的给定阈值的百分比而绘制的曲线图为精度图。当某一帧跟踪的位置与手工标注的位置，两者的交并比大于给定的阈值，则视为跟踪成功。成功跟踪帧数的百分比与不同阈值关系而绘制的曲线为成功率图。更多的情况下，跟踪算法评估采用(One-Pass Evaluation)OPE方法，即采用第一帧的标注框初始化跟踪器，并进行平均精度和平均成功率的计算。本文采用的评价指标即为平均精度和平均成功率。

仿真使用的实验平台为：Intel(R) Core(TM) i5-7300HQ CPU @2.50GHz；显卡：NVIDIA GeForce GTX 1050；系统：Ubuntu 16.04.2，64位；Python：3.6；Pytorch：1.3.0；CUDA：10.2.89。

4.1 跟踪算法测试及结果分析

为了验证本文提出算法针对无人机目标跟踪存在遮挡和形变的场景具备有效性和先进性，将本文提出的算法和SiamFC算法、STRCF算法、EAST算法、SiamRAT算法进行对比，其中，SiamFC是比较经典的全卷积孪生网络目标跟踪算法，后三者目标跟踪算法专门对目标存在形变和遮挡进行了处理。本文选择了数据集UAV123中的UAV123@10fps部分，指标选择平均精度，其中部分数据来自对比算法的论文内容，实验的结果如表2所列。

表2 针对形变和遮挡问题各算法在平均精度上的对比

算法	Ours	SiamFC	SiamRAT	STRCF	EAST
形变	0.682	0.446	0.547	0.527	0.508
遮挡	0.618	0.457	0.601	0.563	0.582

从实验结果可以看出，本文提出的算法针对形和遮挡问题具有较好的效果，其中在精度上比未做过对形变和遮挡特殊处理的SiamFC跟踪算法分别提高了52.9%和35.2%。之所以能够提高指标，得益于本文搭建的孪生网络框架，包括针对形变和遮挡问题提出的多模板响应算法以及局部和全局搜索算法，该算法能够通过余弦相似度判断卷积特征空间的余弦角度，从而判断两幅模板的卷积特征是否相似，在判断为遮挡或者超出视野情况之后，能够及时继续跟踪，减少漂移。

为了进一步验证算法的效果，在UAV123数据集上对比了单独采用多模板响应算法的跟踪效果(Ours_NO)，对比了单独采用全局和局部搜索算法的跟踪效果(Ours_NM)，评价指标采用了平均精度和平均成功率，对比图如图8所示。

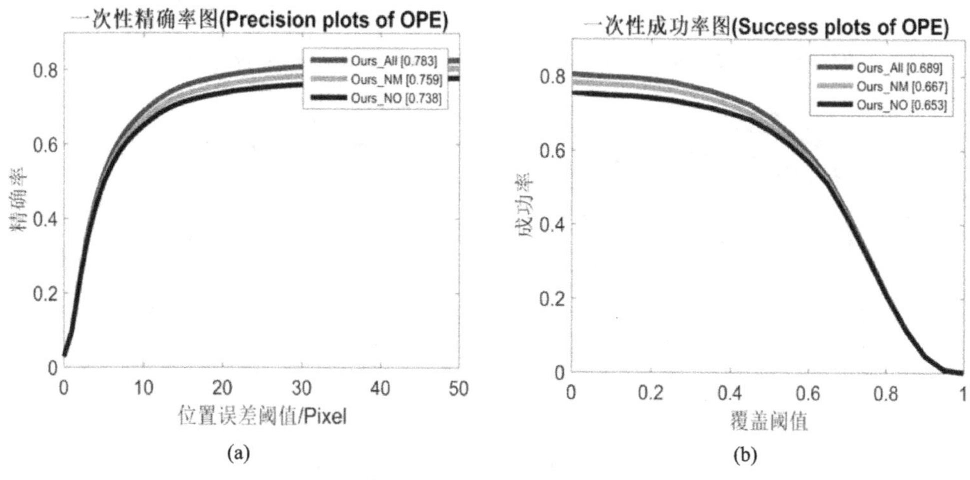

图8 单独采用多模板响应算法和搜索算法对比

从图 8 中可以看出，增加多模板响应后的跟踪算法在平均精度和平均成功率上都比没有加多模板响应更好，原因是其能够处理跟踪目标在跟踪过程中因视角变化而带来的外观形状变化。同时，采用局部和全局搜索算法，能够有效地应对超出视野和遮挡问题，能够提高算法的平均成功率和平均精确率。

4.2 算法比较

本文选取了用 Python 实现的开源项目中的 SiamRPN、SiamFC、SAMF、DSST、KCF、CSK 等几个常见的目标跟踪算法，并在 UAV123 数据集上进行对比，结果如图 9 所示。

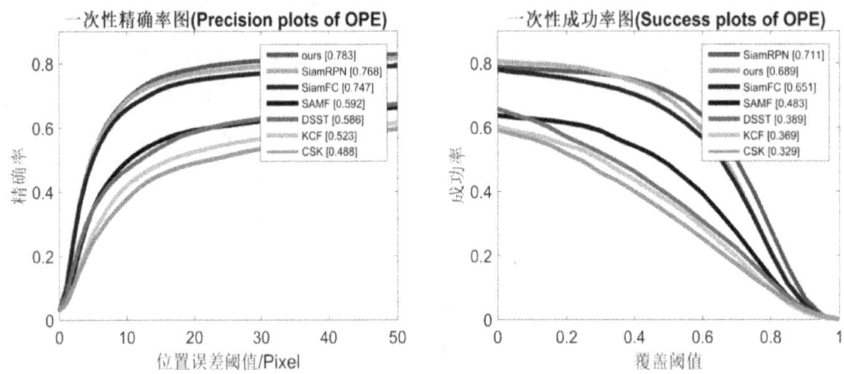

(a) 平均精确率和平均成功率

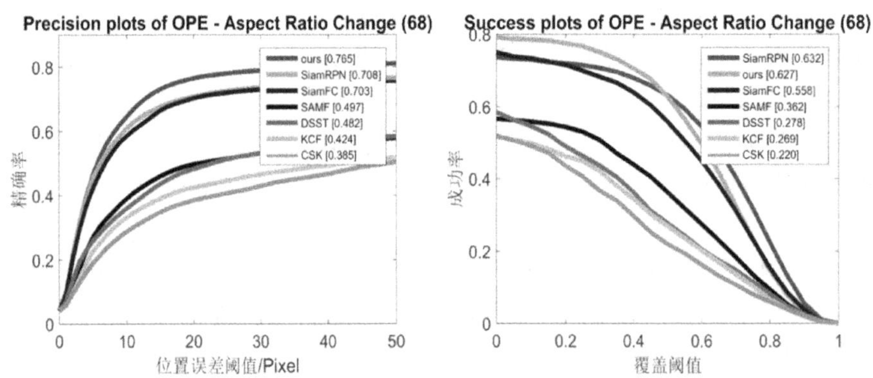

(b) 高宽比变化

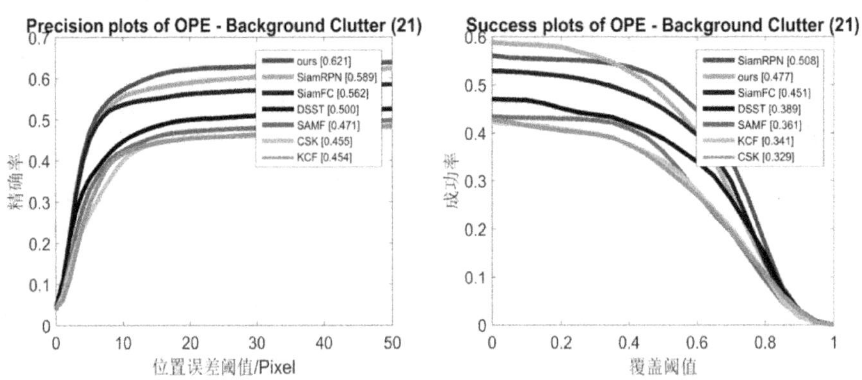

(c) 复杂背景

图 9 各跟踪算法在 UAV123 数据集上的对比

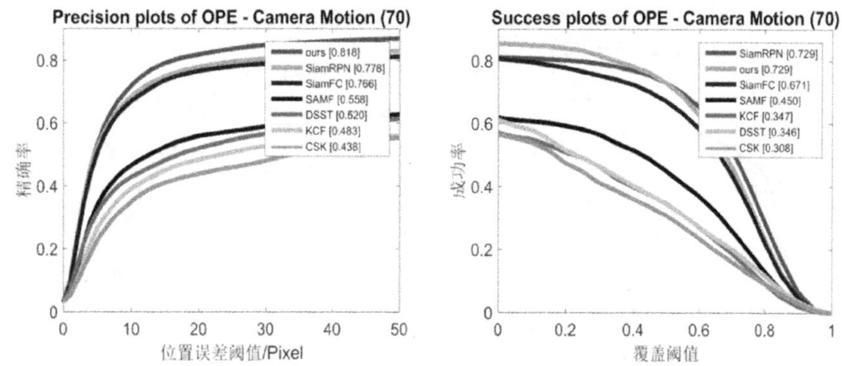

(d) 相机运动

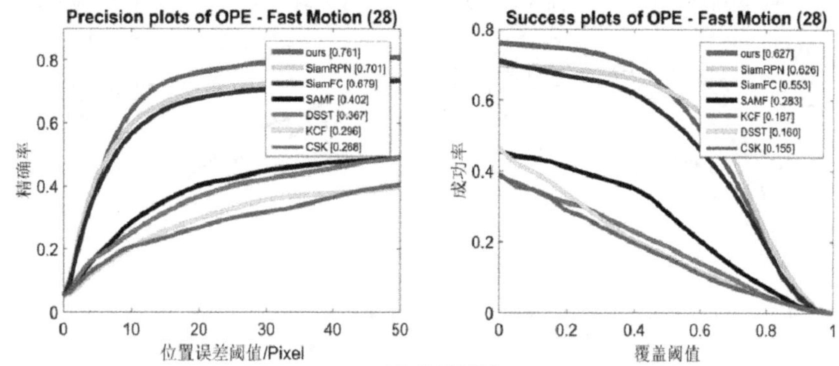

(e) 快速运动

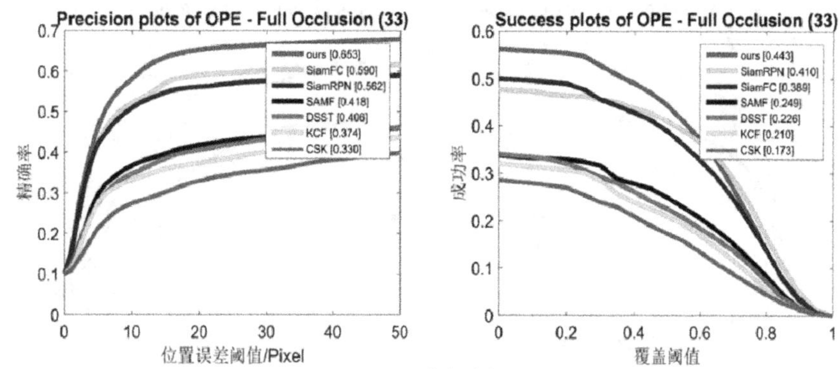

(f) 全部遮挡

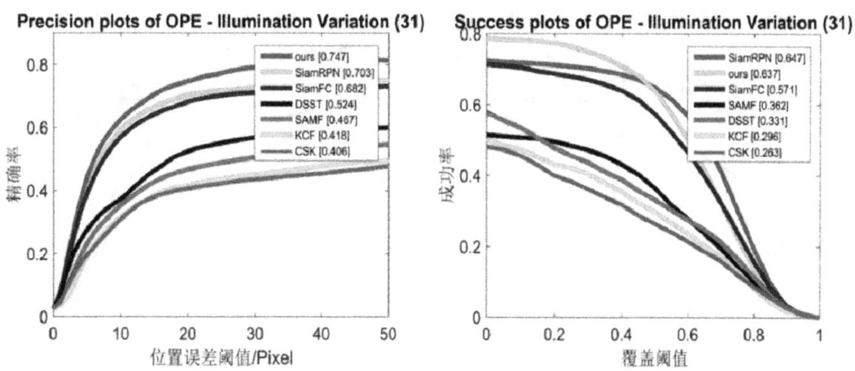

(g) 光照变化

图 9　各跟踪算法在 UAV123 数据集上的对比(续)

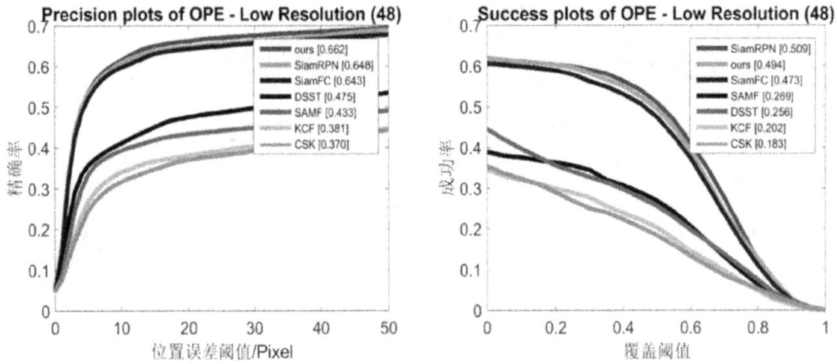

(h) 低分辨率

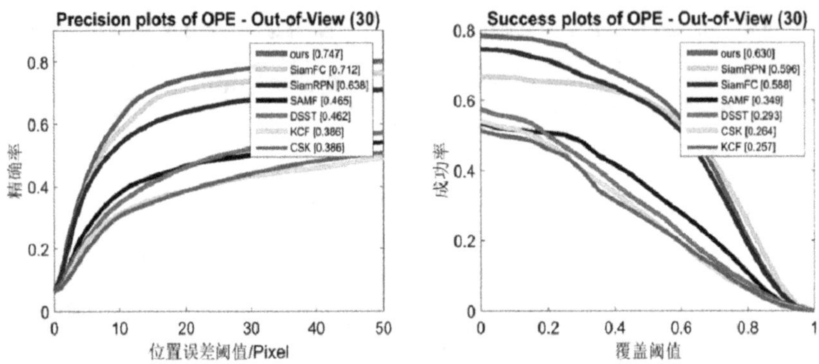

(i) 超出视野

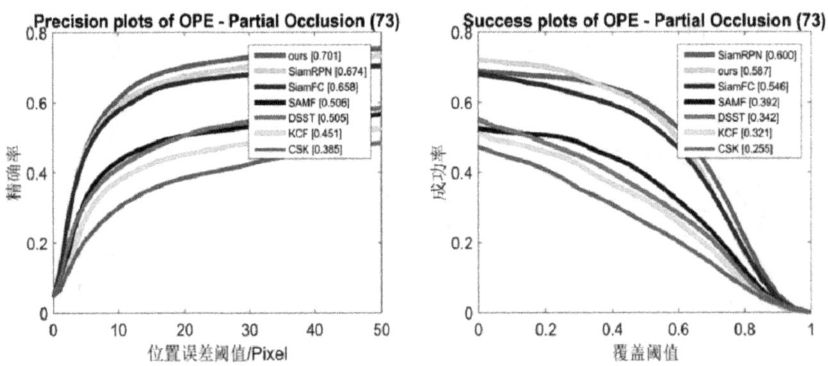

(j) 部分遮挡

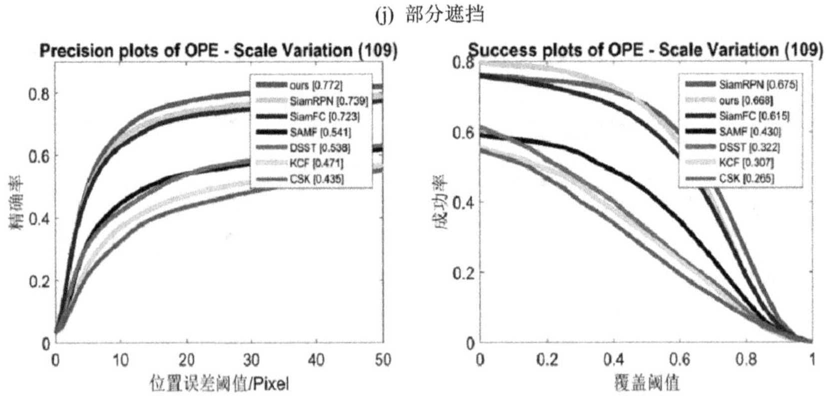

(k) 尺度变化

图9　各跟踪算法在UAV123数据集上的对比(续)

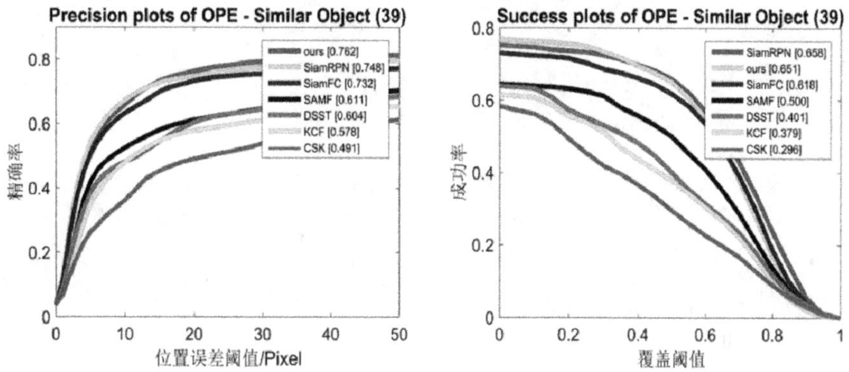

(l) 相似物体

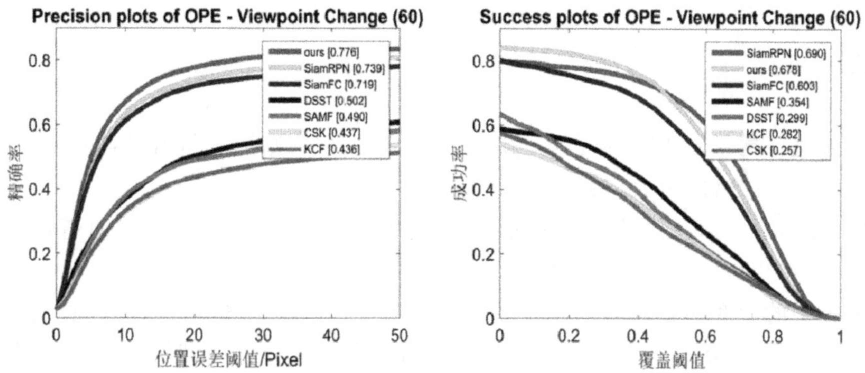

(m) 视角变换

图 9　各跟踪算法在 UAV123 数据集上的对比(续)

从图 9(a)可以看出,本文改进后的算法在精度和成功率两个方面都表现较好,相比较 SimaFC 跟踪算法,整体平均精度指标提高了 4.8%,整体平均成功率指标提高了 5.8%。从图 9(m)、图 9(i)、图 9(f)中分别可以看出由于视角变化而带来的形变部分,成功率提高了 12.4%;超出视野部分,成功率提高了 7.1%;全部遮挡部分,成功率提高了 13.8%,表明本文提出的算法,针对无人机的目标跟踪情况具有有效性和先进性,针对形变、遮挡和超出视野提供的解决办法更具鲁棒性。相比较 SiamRPN 跟踪算法,本文提出的算法整体的部分指标表现的略差,主要可能是由于训练样本数量的差异,如果加大本文的训练样本数量,指标还会有所提高。

以数据集的子序列 person7 为例,在第 353 帧之前,目标物未发生旋转和形变,大部分跟踪器都能比较准确的跟踪;在第 353 帧到 694 帧之间,目标物发生了旋转和形变,除了本文提出的算法和 SiamRPN、SiamFC 算法能够正常跟踪,其他算法均发生了漂移,且本文提出的算法精度相对比较高;在第 695 帧到 724 帧之间,发生了超出视野情况,可以看出,SiamFC 和 SiamRPN 跟踪算法没有进行大范围的搜索,发生了跟踪漂移现象。同时,本文提出的算法在第 734 帧发现目标物,能够继续跟踪,优于其他跟踪器。跟踪效果对比如图 10 所示。

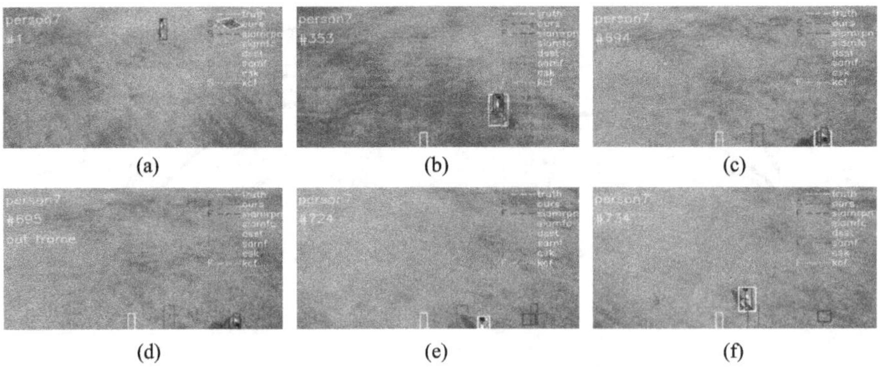

图10　各跟踪算法在person7序列上的跟踪效果对比

5　结　论

针对无人机视觉目标跟踪场合经常出现的目标物形变、遮挡和超出视野问题，本文提出基于多模板响应孪生网络的无人机目标跟踪算法。

(1) 本文针对无人机目标跟踪存在形变、遮挡和超出视野情况，搭建多通道输入孪生网络模型，并利用余弦相似度算法计算模板特征空间向量角度，搭建具有不同特征的模板库，解决目标跟踪过程中的形变和遮挡问题。通过在数据集UAV123上进行验证，相比较SiamFC跟踪算法，在平均精度上提高了4.8%，平均成功率提高了5.8%，在形变部分，成功率提高了12.4%。

(2) 本文针对无人机目标跟踪算法存在遮挡和超出视野问题，提出遮挡和超出视野的判断方法，并提出局部和全局搜索方法，有效地处理遮挡和超出视野问题，提高了无人机目标跟踪的鲁棒性。在UAV123数据集上的超出视野部分和全部遮挡部分进行验证，相比较Siam-FC跟踪算法，成功率分别提高了7.1%和13.8%。

参考文献

[1] MCGUIRE K, DE CROON G, DE WAGTER C, et al. Efficient Optical Flow and Stereo Vision for Velocity Estimation and Obstacle Avoidance on An Autonomous Pocket Drone[J]. IEEE Robotics and Automation Letters, 2017, 2(2): 1070-1076.

[2] KRISTENSEN A S, AHSAN D, MEHMOOD S, et al. Rescue Emergency Drone for Fast Response to Medical Emergencies due to Traffic Accidents[J]. World Academy of Science, Engineering and Technology International Journal of Health and Medical Engineering, 2017, 11(11): 637-641.

[3] 刘亚伟，李小民. 无人机航拍视频中目标检测和跟踪方法综述[J]. 飞航导弹，2016(9): 53-56, 70.

[4] LIU Y W, LI X M. Review of Target Detection and Tracking Methods in UAV Aerial Video[J]. Winged Missiles Journal, 2016(9): 53-56, 70.

[5] COMANICIU D, RAMESH V, MEER P. Real-time Tracking of Non-rigid Objects Using Mean Shift[C]// Proceedings IEEE Conference on Computer Vision and Pattern Recognition. CVPR 2000 (Cat. No. PR00662). IEEE, 2000, 2: 142-149.

[6] COMANICIU D, RAMESH V, MEER P. Kernel-based Object Tracking[J]. IEEE Transactions on pattern analysis and machine intelligence, 2003, 25(5): 564-577.

[7] 尹宏鹏,陈波,柴毅,等.基于视觉的目标检测与跟踪综述[J].自动化学报,2016,42(10):1466-1489.

[8] KALAL Z,MIKOLAJCZYK K,MATAS J. Tracking-learning-detection[J]. IEEE Transactions on Pattern Analysis and Machine Intelligence,2011,34(7):1409-1422.

[9] HENRIQUES J F,CASEIRO R,MARTINS P,et al. High-speed Tracking with Kernelized Correlation Filters[J]. IEEE transactions on pattern analysis and machine intelligence,2014,37(3):583-596.

[10] LI Y,ZHU J. A scale Adaptive Kernel Correlation Filter Tracker with Feature Integration[C]//European Conference on Computer Vision. Springer,Cham,2014:254-265.

[11] HELD D,THRUN S,SAVARESE S. Learning to Track at 100 fps with Deep Regression Networks[C]//European Conference on Computer Vision. Springer,Cham,2016:749-765.

[12] BERTINETTO L,VALMADRE J,HENRIQUES J F,et al. Fully-convolutional Siamese Networks for Object Tracking[C]//European Conference on Computer Vision. Springer,Cham,2016:850-865.

[13] LI B,YAN J,WU W,et al. High Performance Visual Tracking with Siamese Rregion Proposal Network[C]//Proceedings of the IEEE Conference on Computer Vision and Pattern Recognition. 2018:8971-8980.

[14] 杨康,宋慧慧,张开华.基于双重注意力孪生网络的实时视觉跟踪[J].计算机应用,2019,39(6):1652-1656.

[15] CHEONG Y Z,CHEW W J. The Application of Image Processing to Solve Occlusion Issue in Object Tracking[C]//MATEC Web of Conferences. EDP Sciences,2018,152:03001.

[16] ZHAO J,XIAO G,ZHANG X,et al. An improved Long-term Correlation Tracking Method with Occlusion Handling[J]. Chinese Optics Letters,2019,17(3):031001-031001.

[17] 刘芳,杨安喆,吴志威.基于自适应 Siamese 网络的无人机目标跟踪算法[J].航空学报,2020,41(1):323423-323423.

[18] REN TAN W,LAI S H. i-Siam:Improving Siamese Tracker with Distractors Suppression and Long-Term Strategies[C]//Proceedings of the IEEE International Conference on Computer Vision Workshops. 2019:0-0.

[19] DANELLJAN M,BHAT G,SHAHBAZ KHAN F,et al. Eco:Efficient convolution operators for tracking[C]//Proceedings of the IEEE Conference on Computer Vision and Pattern Recognition. 2017:6638-6646.

[20] SAUER A,ALJALBOUT E,HADDADIN S. Tracking Holistic Object Representations[J]. arXiv preprint arXiv:1907.12920,2019.

[21] KRIZHEVSKY A,SUTSKEVER I,HINTON G E. Imagenet Classification with Deep Convolutional Neural Networks[C]//Advances in neural information processing systems. 2012:1097-1105.

[22] RUSSAKOVSKY O,DENG J,SU H,et al. Imagenet Large Scale Visual Recognition Challenge[J]. International Journal of Computer Vision,2015,115(3):211-252.

[23] HUANG L,ZHAO X,HUANG K. Got-10k:A Large High-diversity Benchmark for Generic Object Tracking in the Wild[J]. IEEE Transactions on Pattern Analysis and Machine Intelligence,2019.

[24] ZHU Z,WANG Q,LI B,et al. Distractor-aware Siamese Networks for Visual Object Tracking[C]//Proceedings of the European Conference on Computer Vision (ECCV). 2018:101-117.

[25] BAY H,TUYTELAARS T,VAN GOOL L. Surf:Speeded up Robust Features[C]//European Conference on Computer Vision. Springer,Berlin,Heidelberg,2006:404-441.

[26] MUELLER M,SMITH N,GHANEM B. A Benchmark and Simulator for UAV Tracking[C]//European Conference on Computer Vision. Springer,Cham,2016:445-461.

[27] LI F,TIAN C,ZUO W,et al. Learning Spatial-temporal Regularized Correlation Filters for Visual Tracking[C]//Proceedings of the IEEE Conference on Computer Vision and Pattern Recognition. 2018:

4904-4913.

[28] HUANG C,LUCEY S,RAMANAN D. Learning Policies for Adaptive Tracking with Deep Feature Cascades[C]//Proceedings of the IEEE International Conference on Computer Vision. 2017: 105-114.

[29] DANELLJAN M, HÄGER G, KHAN F, et al. Accurate Scale Estimation for Robust Visual Tracking [C]//British Machine Vision Conference, Nottingham, September 1-5, 2014. BMVA Press, 2014.

[30] HENRIQUES J F, CASEIRO R, MARTINS P, et al. Exploiting the Circulant Structure of Tracking-by-detection with Kernels[C]//European Conference on Computer Vision. Springer, Berlin, Heidelberg, 2012: 702-715.

基于视觉惯性导航系统的无人机输电线自主巡线方法研究

吴东剑[1,4]　柴栋栋[2]　张博恒[1]　李家霖[1]　孙明健[1,3]

(1. 哈尔滨工业大学航天学院，黑龙江・哈尔滨，150001；

2. 北京航天试验技术研究所，北京，10074；

3. 哈尔滨工业大学(威海)信息科学与工程学院，山东・威海，264200；

4. 香港大学工程学院，中国香港，999077)

摘要：针对无人机在输电线巡线领域受到环境的影响无法稳定自主识别巡线的问题，本文在原有视觉信息和惯导信息松耦合非线性优化的基础上，设计了基于视觉信息与惯性信息的紧耦合非线性优化方法，使无人机能够在不利环境条件下仍然能够精确完成估计自身位置姿态，进行稳定的自主巡线。本文对无人机的视觉惯性导航系统进行设计，首先用纯视觉运动恢复结构，再进行视觉惯导信息校准作为系统前端初始化的方法；其次，后端非线性优化是选择使用基于集束调整的非线性紧耦合优化的优化方法；然后，设计一种基于舒尔补法的边缘化滑窗来解决信息累计、计算量过大的问题；最后，利用 EuRoC 无人机数据集对设计的系统进行性能测试，利用 Evo 评估程序结合性能测试收集到的轨迹信息对系统性能进行具体评估，评价指标包括绝对位置误差、绝对姿态误差、相对位置误差、相对姿态误差，实验结果表明，本文设计的方法在运算能力较弱、初始信息位置的巡线无人机平台上的性能要优于 S-MSCKF 系统，并且在应对快速运动时丢失目标的问题上该方法也要优于 VIORB 系统，说明本文设计的方法能够使无人机实现稳定的自主巡线。

关键词：无人机输电线巡线；视觉惯性导航系统；集束调整；滑窗边缘化

1 引　言

无人机全称为无人驾驶空中机器人或无人驾驶空中飞行器。近年来人工智能的兴起，无人机的研究由人工控制阶段向自主飞行控制阶段变革。其中，最具有代表性的就是无人机自主循迹。基于视觉导航的无人机的自主循迹过程首先是利用摄像头获取引导标识的各种特征信息，再通过控制模块进行数据融合，并将指令发送给飞控模块，使得无人机完成循迹的全过程。由于无人机维度较多，所以无人机自身位姿状态估计是自主循迹方法研究的难点之一。

近几年来，通过多传感器融合结合惯性导航模块(IMU)和单目视觉相机的各自优点的研究方法日益兴起。视觉惯性导航系统是利用 IMU 的积分方法来解决单目相机无法恢复尺度的问题。同时在特征稀疏、光线变化、运动模糊导致视觉跟踪丢失的情况下，能够通过 IMU 的测量值增加系统的约束条件，提高系统的鲁棒性和精确度。图像处理和计算机视觉是当前无人机输电线巡线方向的研究(无人机自主循迹的研究)的重点，同时，因为无人机输电线巡线时会面临许多带有不同特征的飞行环境，因此，无人机在输电线巡线时准确地识别输电线路并稳定地进行循线是研究的重点与难点。

针对无人机在巡线过程中受到环境影响导致自身状态估计不准确以及鲁棒性不佳的问题,本文在无人机和单目相机数学模型及信息处理方法的基础上,设计了一种视觉惯性导航系统的整体框架,提出了一种基于集束调整的非线性图优化方法。针对优化变量累计过多,计算量过大的问题,提出了滑窗边缘化的概念来保证无人机信息处理的实时性。

2 单目相机与惯性导航模块的数据处理方法

视觉里程计通过对相机提取的图像进行比较来进行位姿估计。通常情况下会选取图像中的标志性特征进行比较。特征角点的提取是目前主要采用的特征提取策略,特征角点具有稳定性强、对光照和动态物体不敏感及区别性高等优点。

Harris 角点法是一种比较常用的特征角点提取方法。Harris 角点检测算法的数学模型为

$$E_{x,y}=\sum_{u,y}w_{u,y}(I_{x+u,y+v}-I_{u,v})^2 \tag{1}$$

式中,I 为图像强度,E 为位移(x,y)所产生的变化。对式(1)泰勒展开,则有

$$E_{x,y}=\sum_{u,y}w_{u,y}(x^2I_u^2+2xyI_uI_v+y^2I_v^2) \tag{2}$$

式中,w 为图像窗口,其表示形式为

$$w_{u,v}=\exp-\frac{u^2+v^2}{2\sigma^2} \tag{3}$$

将式(2)改为矩阵形式,有

$$E_{x,y}=(x,y)\boldsymbol{M}(x,y)^{\mathrm{T}} \tag{4}$$

其中,矩阵 M 为

$$\boldsymbol{M}=\sum_{u,y}w_{u,v}\begin{bmatrix}I_u^2 & I_uI_v\\ I_uI_v & I_v^2\end{bmatrix} \tag{5}$$

设 α 和 β 为矩阵 $\boldsymbol{M}$ 的特征值,通过构建 α 和 β 为坐标系,可以直观地描述 $\boldsymbol{M}$ 矩阵的相关性质,如图1所示,将 $\alpha-\beta$ 坐标系分为三种情况:

① 当 α 和 β 都很小时,特征区域为平坦的无特征区域,此时无论如何移动,都只有极小的改变,$E_{x,y}$ 为常值。

② 当 α 和 β 中的一个值高,一个值低的时候,$E_{x,y}$ 呈脊状,此时只有沿着边缘移动才会出现极小的改变。此时检测到的为边缘特征。

③ 当 α 和 β 的值都很高时,$E_{x,y}$ 呈尖峰状,此时无论如何移动窗口,$E_{x,y}$ 都会增加,此时检测到的是角点特征。

通过结合角点响应和角点质量来选择出合适的角点,其中角点响应公式为

$$R=\mathrm{Det}-k\,\mathrm{Tr}^2 \tag{6}$$

$$\mathrm{Tr}(M)=\alpha+\beta \tag{7}$$

$$\mathrm{Det}(M)=\alpha\beta \tag{8}$$

式中,k 一般取 0.04~0.06。

获得图像中的特征之后,接着要对特征进行判别,而后进行图像的追踪。光流法是一种描述同一特征点随时间在不同图像中运动的方法。KLT 稀疏光流法通过引入金字塔分层的方法来得到更加精确的运动量,最终的计算公式为

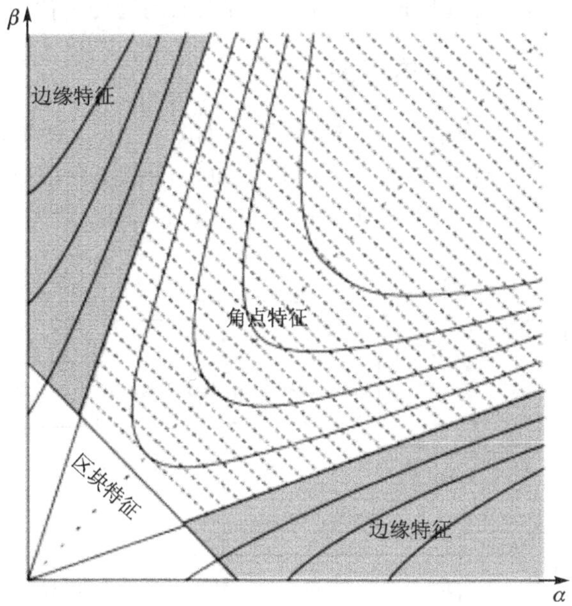

图 1　检测特征

$$d = \sum_{l=0}^{L} 2^l d^l \tag{9}$$

其中，d 代表位移向量，L 代表金字塔的第 L 层。

为了能够将视觉信息与 IMU 信息进行融合，需要对 IMU 采集的数据进行预处理，通过惯导信息进行积分处理，完成信息的对齐，处理示意图如图 2 所示。通过对 IMU 的线加速度和角加速度在图像的相邻帧之间进行积分处理得到相邻两帧的位置、速度、旋转等信息。

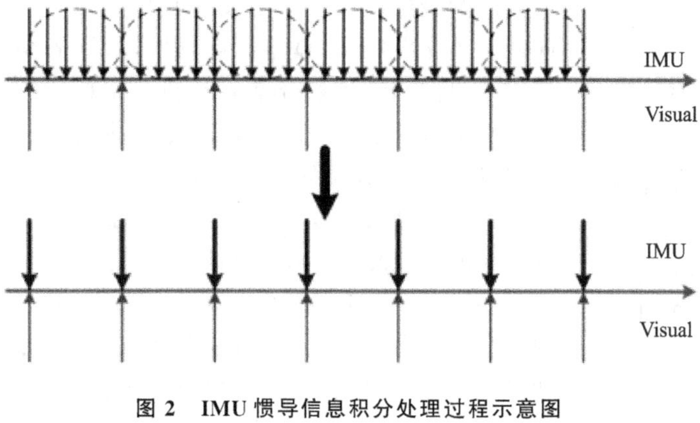

图 2　IMU 惯导信息积分处理过程示意图

3　视觉惯性导航系统设计

无人机输电线巡线时通过单目相机和惯性导航模块获取的数据经过处理之后，为了有效利用这些数据，本文设计了视觉惯性导航系统。系统分为前端和后端，前端的作用主要是将视觉信息和惯性信息进行初始化；后端则是将视觉与惯性信息进行数据融合，本文提出了一种紧耦合优化的方法，同时提出后端处理过程中计算量较大的问题的解决方案。

3.1 视觉惯性导航系统整体框架

整个视觉惯性导航系统分为前端和后端两部分，如图3所示，前端部分负责对单目相机和IMU收集到的数据信息进行预处理，并对系统进行初始化；后端主要对前端预处理的数据进行数据融合，并进行非线性优化，计算出无人机的位姿状态，返回到无人机飞控模块中对无人机进行相关控制。

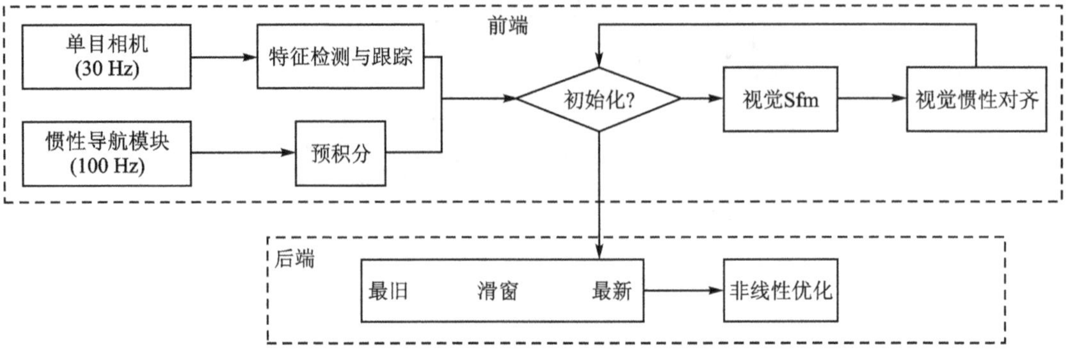

图3 视觉惯性导航系统结构图

3.2 前端初始化

无人机在进行紧耦合非线性优化之前，需要对系统进行标定，即系统先对视觉信息进行运动恢复结构(Structure from Motion，SfM)，然后再将视觉惯性信息进行校准，完成初始化，具体的初始化步骤如图4所示。系统前端首先在滑窗内寻找与当前帧匹配特征点数较多的关键帧作为参考帧，通过参考帧与当前帧三角化出实际3D路标点，根据求解的3D路标点求解出相机位姿，将IMU预积分结果与视觉初始化结果进行对齐处理，计算出绝对尺度、陀螺仪偏置、重力加速度以及每个时刻的速度，最后完成对系统的校准初始化。

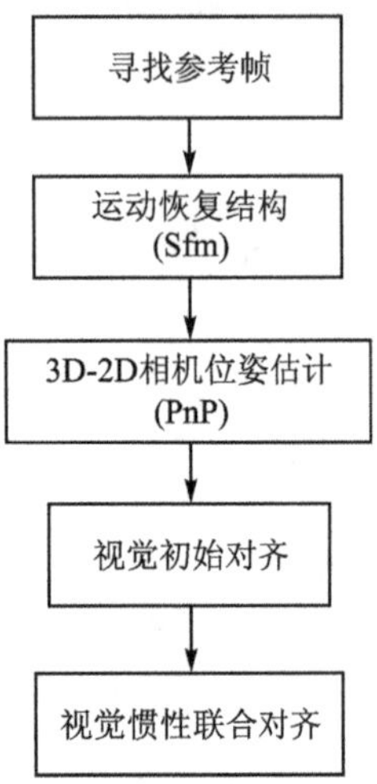

图4 前端初始化流程图

运动恢复结构是一种从运动中的相机所拍摄的一组图像或视频序列中恢复出相机运动轨迹的方法。对于运动恢复结构，首先要进行3D路标点的求取。本文将相机所提取跟踪的两帧的特征点作为匹配点，应用五点法恢复两帧之间的旋转矩阵 $\boldsymbol{R}$ 和平移向量 $\boldsymbol{t}$。接着利用三角化的方法以单目相机的运动参数信息来估计图像的深度信息。根据对极几何的定义，则两个特征点的转换关系为

$$s_1 x_1 = s_2 \boldsymbol{R} x_2 + \boldsymbol{t} \tag{10}$$

式中，x_1 和 x_2 为特征点归一化后的坐标，$\boldsymbol{R}$ 和 $\boldsymbol{t}$ 是经过五点法求取的旋转矩阵和平移向量。通过在式(10)左右两端同时左乘 $x_1^{\wedge}$ 就可以求出两帧下特征点的深度信息，即

$$s_1 x_1^{\wedge} x_1 = s_2 x_1^{\wedge} R x_2 + x_1^{\wedge} t \tag{11}$$

当系统利用2D-2D对极几何的方法求出实际特征的坐标点之后，后续所有位姿求解都采

用 3D-2D 的求解方法来求解系统位姿信息，即利用 PnP(perspective-n-point)的方法对相机位姿进行估计，同时再次利用三角化测量算出滑窗内的所有 3D 特征点坐标。系统通过纯视觉运动恢复结构求解出了位姿估计时所需要的视觉尺度信息。

接着，要对视觉惯性信息进行对齐校准。视觉惯性信息对齐校准的过程如图 5 所示，视觉惯性信息对齐校准初始化主要包含三部分：分别是陀螺仪偏置的校准，初始化速度、重力和尺度因子，以及修正重力矢量。完成初始化的所有过程后，将所有计算出来的数据传送到后端的紧耦合非线性优化器中，对无人机的位姿进行估计。

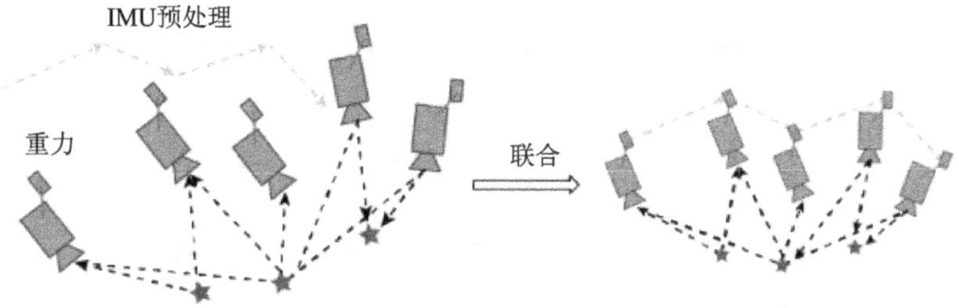

图 5　视觉惯性信息对其校准初始化

3.3　后端紧耦合非线性优化

完成估计初始化步骤之后，构建一个带有滑动窗口的紧耦合估计器，用以提高状态估计的准确性以及鲁棒性。

3.3.1　基于集束调整的非线性优化

紧耦合非线性优化是将 IMU 信息与视觉信息结合到一起进行非线性优化，利用 IMU 的积分误差在相邻两帧图像间较小的优势来预测两帧之间的无人机运动，完成位姿估计。紧耦合非线性优化在解决了松耦合的视觉信息无法矫正的缺点的同时提高了系统在视觉信息较模糊地方的运行的鲁棒性。本文搭建的系统运用以集束调整法为基础的紧耦合非线性优化方法。

集束调整是一种视觉重建方法，通过将要优化的参数联合在一起，来产生最优的 3D 结构或完成位姿、校准方面的最优估计。所谓最优，是指通过最小化代价函数来找到参数的估计值，最小化误差项的同时，估计量可以实时地与实际物体的结构、相机的运动相符合。集束指的是任何实际物体的特征点所射出的光线都会汇聚到每个相机的中心点，且它们都会调整到自己的最佳位置。不同于独立构建模型的方法，集束调整法将所有的参数信息都放入同一个集束当中进行调整，使整个系统的位姿估计可以在任何时刻都会做出最合适的调整。

根据集束调整定义，需要将视觉惯性导航系统中的状态变量设置为待优化变量，其中包括 IMU 状态、3D 点逆深度值和相机外参。

$$\begin{aligned}\boldsymbol{\chi} &= [x_0, x_1, \cdots, x_n, x_c^b, \lambda_0, \lambda_1, \cdots, \lambda_m] \\ \boldsymbol{x}_k &= [p_{b_k}^w, v_{b_k}^w, q_{b_k}^w, b_a, b_g], \quad k \in [0, n] \\ \boldsymbol{x}_c^b &= [p_c^b, q_c^b]\end{aligned} \tag{12}$$

其中，x_i 表示为无人机的状态参数，λ_i 表示 $m+1$ 个 3D 点的逆深度，x_c^b 表示相机的外参。那么后端优化的目标函数为

$$\min_{\chi}\left\{ \| r_p - H_p \boldsymbol{\chi} \|^2 + \sum_{k \in B} \| r_B(\hat{z}_{b_{k+1}}^{b_k}, \boldsymbol{\chi}) \|^2 + \sum_{(i,j) \in C} \rho(\| r_C(\hat{z}_{b_l}^{c_j}, \boldsymbol{\chi}) \|_{P_l^{c_j}}^2) \right\} \tag{13}$$

式中，r_B、r_C 为惯性导航模块状态信息和视觉信息的残差项，r_p、H_p 为滑窗边缘化的先验信息。通过对目标函数残差项进行集束调整，就得到了如图6所示的约束关系，通过确定的单目相机、惯性导航模块以及路标点之间的约束关系，就可以估计出无人机实际的位姿。

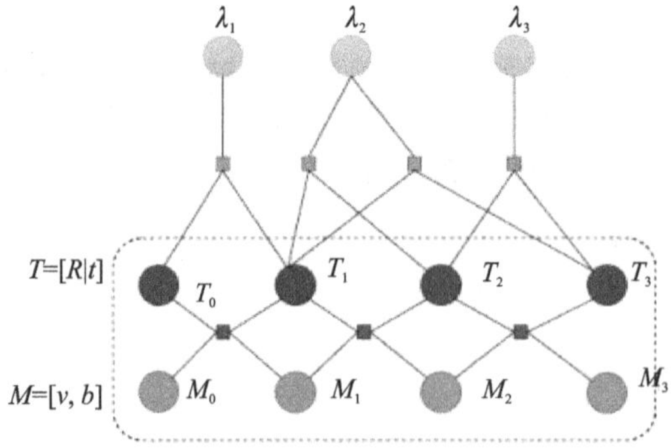

图6　单目相机、IMU、实际路标点之间的约束关系

3.3.2　边缘化滑窗优化

视觉惯性导航系统的后端在进行集束调整过程时，采用了高斯牛顿法对目标函数进行非线性优化。所以随着巡线的进行会导致最小二乘残差项越来越多，信息矩阵规模越来越大，计算量也会随之增大，对实时性造成不小的影响。为了使优化变量的个数保持在一定范围内，本文在视觉惯性导航系统后端优化过程中加入了滑窗，通过减少计算量来实现视觉惯性导航系统的实时性要求。

后端迭代优化的增量方程为

$$\boldsymbol{H}\delta x = b \tag{14}$$

$$\boldsymbol{H} = \boldsymbol{J}^{\mathrm{T}} \sum\nolimits^{-1} \boldsymbol{J} \tag{15}$$

$$b = -\boldsymbol{J}^{\mathrm{T}} \sum\nolimits^{-1} r \tag{16}$$

其中，r 是残差项。根据基于高斯牛顿法的非线性优化理论，利用 $\boldsymbol{H}$ 矩阵的稀疏性，采用舒尔补来进行消元处理，经过这种转化的系统没有舍弃任何约束，且没有丢失信息。所以这种方法可以有效地减小计算量，降低计算负担。

4　实验结果及分析

测试实验在图像特征提取实验中所使用的数据集为 Ömer Emre Yetgin 博士与土耳其电力传输公司合作从实际的飞机所采集到的输电线视频中提取的图像。在对视觉惯性导航系统的性能进行测试时所运用的数据集为苏黎世联邦理工学院的 ETH 实验室为欧洲机器人挑战赛所采集的数据集(European Robotics Challenge, EuRoC)。用作对比系统性能的视觉惯性导航系统算法包括三个，分别是：S-MSCKF 双目视觉惯性导航算法、基于扩展卡尔曼融合滤波器 R-VIO 视觉惯性导航算法和 VIORB 视觉惯性 SLAM 算法。

本文程序采用 C++语言，特征提取实验运行环境为 MATLAB 2018b，采用 Windows10 64位操作系统，平台的处理器为 i7-5500U CPU@2.4GHz。系统搭建在 Ubuntu 16.04 的 Linux 系统上。

(1) 基于 Harris 角点法的输电线特征提取

为了验证基于 Harris 角点法输电线特征提取的效果,选取数据集中的 200 张图像来进行特征提取,一些关键帧的提取结果如图 7 所示。

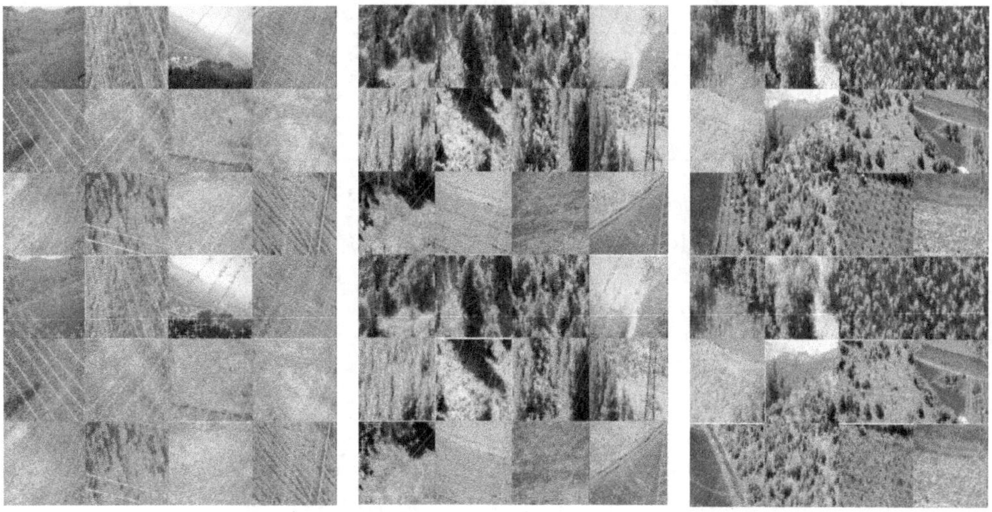

图 7 原图与特征提取图部分图像

通过对清晰组、部分清晰组、模糊组进行综合对比、分析,可以得出下列结论:利用 Harris 角点法对输电线图像进行特征提取,可以得到输电线的特征。但在实际的环境中,由于无人机从高空俯拍的原因,大部分场景纹理不够明显。同时由上述对比实验可以明显看出:在森林等被绿色植被覆盖的区域或者光照强度不高、物体纹理模糊的区域,单单依靠 Harris 角点法依旧无法准确识别并提取输电线特征。容易在利用 KLT 稀疏光流进行跟踪时造成目标丢失,进而影响无人机自主巡线的性能表现。

(2) 数据集测试结果与分析

在 ROS 中进行完视觉惯性导航系统测试之后,从 ROS 系统下导出各个时间戳下的位姿信息。然后利用 EVO 测量评估视觉惯性导航系统的性能。表 1 显示的为所有子数据集中,论文系统运行轨迹与真实轨迹的数值信息对比。从表中可以看出本文的视觉惯性导航系统所利用的姿态点个数远少于实际位置姿态点个数。但系统的运行轨迹、运行时间、运行距离都与真实轨迹、无人机运行时间、无人机运行距离能够很好地贴合。

表 1 系统运行轨迹值与真实轨迹值

数据集	路标点/个	飞行距离/m	飞行时间/s
MH_01_easy	770	74.169	180.000
MH_01_groundtruth	36 382	80.626	181.905
MH_02_easy	807	67.225	148.000
MH_02_groundtruth	29 993	73.473	149.960
MH_03_medium	886	122.972	128.000
MH_03_groundtruth	26 302	130.928	131.505
V1_01_easy	1 017	54.839	135.000

续表 1

数据集	路标点/个	飞行距离/m	飞行时间/s
V1_01_groundtruth	28 712	58.592	143.555
V1_02_medium	753	67.467	78.000
V1_02_groundtruth	16 702	75.891	83.505
V1_03_difficul	916	65.447	96.000
V1_03_groundtruth	20 932	78.982	104.655

重绘完系统的运行轨迹之后，利用绝对位置误差(ATE)、绝对姿态误差 (ARE)、相对位置误差(RTE)、相对姿态误差(RRE)共四个评价指标对系统性能进行评估。评估结果如图 8 所示。

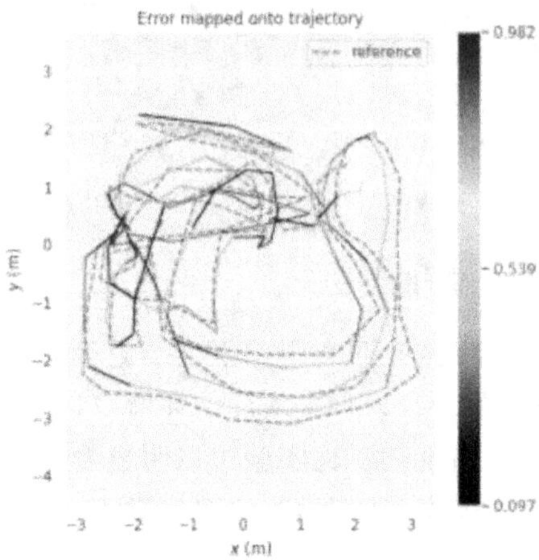

(a) EuRoC数据集下绝对位置误差(ATE)热度分布图

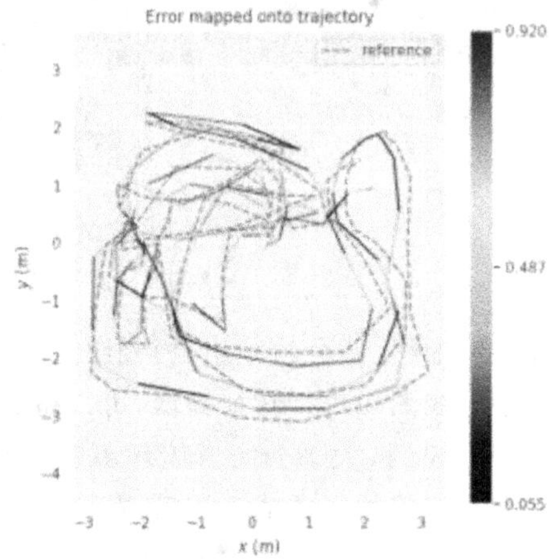

(b) EuRoC数据集下绝对姿态误差(ARE)热度分布图

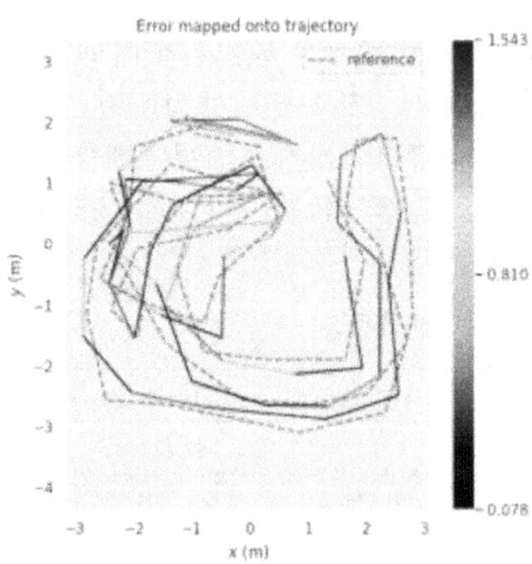

(c) EuRoC数据集下相对位置误差(RTE)热度分布图

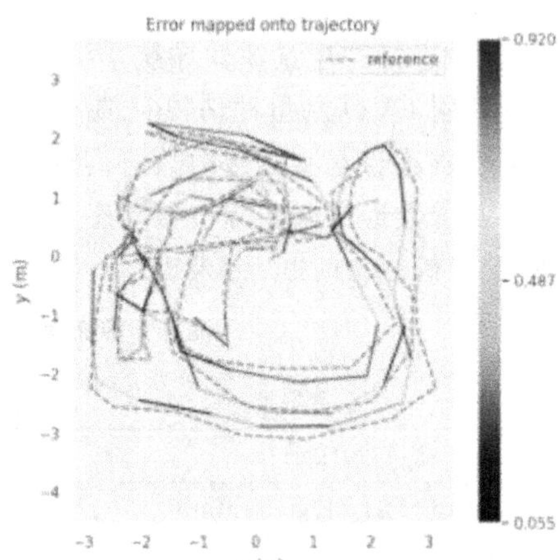

(d) EuRoC数据集下相对姿态误差(RRE)热度分布图

图 8 评估结果图

结合图 8 所示的结果，并用均方根误差(RMSE)作为评价标准。系统绝对位置误差和绝对姿态误差的均方根误差均小于 0.5，说明在整体上本文系统可以很好地贴合无人机的实际运动轨迹；由相对位置误差和相对姿态误差的均方根误差中同样可以得出，在每个小范围内，本系统所估计的运动轨迹都可以做到贴合实际情况下无人机在每一处的位置姿态。观察系统在不同数据集下的均方根误差变化可以得出，随着环境条件的逐渐恶劣，无人机视觉惯性导航系统对于自身的状态估计也会产生一定的偏差，但总体来说，并不影响无人机实现状态估计，完成飞行任务。

为了更加多方面地对本视觉惯性导航系统性能进行评估，对另外三个作为对比组的视觉惯性导航系统的轨迹数据进行了采集。各视觉惯性导航系统轨迹数据，如表 2 所列。其中，①代 表本文设计的系统，②代表 VIORB 系统，③代表 S-MSCKF 系统，④代表 RVIO 系统。从表 2 可以看出，对比于其他系统，本系统由于和 VIORB 一样，采用提取关键帧进行位姿估计，所以在路标点的个数选取上较少，这样在一定程度上节约了系统内存计算运行时间。但同时，根据运行距离可以看出，本文设计的系统的运行轨迹除 MH_05、V1_01 外，均为所有算法里最短的。本文系统在所有环境条件下均能很好地运行，完整地跑完所有数据集，完成无人机的位姿估计。

表 2　各视觉惯性导航系统轨迹数据

数据集	路标点/个				飞行距离/m				飞行时间/s			
	①	②	③	④	①	②	③	④	①	②	③	④
MH_01	770	190	—	—	74.2	76.1	—	—	180	182	—	—
MH_02	807	178	1739	—	67.2	68.9	77.3	—	148	151	152	—
MH_03	886	159	1560	2684	123.0	125.2	133.3	152.3	128	135	134	135
MH_04	661	167	1214	—	87.8	89.3	93.8	—	95	99	101	—
MH_05	633	176	1243	2250	94.5	93.7	101.1	103.5	106	106	113	113
V1_01	1017	146	1600	2821	54.8	53.3	59.0	61.9	135	140	145	145
V1_02	753	—	971	1643	67.5	—	76.2	77.9	78	—	85	84
V1_03	916	—	1271	2088	65.5	—	80.0	83.5	96	—	106	107
V2_01	754	150	1108	2269	33.3	34.1	37.6	45.7	101	108	113	114
V2_02	1005	212	2333	1395	77.1	77.9	87.7	84.3	108	117	117	117
V2_03	1030	—	1909	1385	75.5	—	98.1	98.6	106	—	116	116

5　结　论

根据实验结果的定性与定量分析，本文设计的基于视觉惯性导航系统的无人机输电线自主巡线方法，在运算能力较弱、初始信息未知的巡线无人机平台上选择要优于 S-MSCKF 系统。在快速运动时更加不容易丢失目标的无人机平台上选择论文系统要优于 VIORB 系统。并且该方法提高了无人机巡线过程中自身位姿估计的鲁棒性以及准确性。

参考文献

[1] Robert M, Vijay K, Peter C. Multirotor Aerial Vehicles: Modeling, Estimation, and Control of Quadrotor [J]. IEEE Robotics& Automation Magazine, 2012 (9): 20-32.

[2] Tong Qin, Peiliang Li, Shaojie Shen. VINS-Mono: A Robust and Versatile Monocular Visual-Inertial State

Estimator[J]. IEEE Transactions on Robotics. 2018,8(34):1004-1020.

[3] Harris C,Stephens M. A combined corner and edge detector[C]// Alvey Vision Conference,Manchester, 1988: 147-151.

[4] Shi J,Tomasi C. Good Features to Track[C]// IEEE Computer Society Conference on Computer Vision and Pattern Recognition,1994: 593-600.

[5] Nistér D. An efficient solution to the five-point relative pose problem[J]. IEEE Transactions on Pattern Analysis and Machine Intelligence,2004,26(6): 756-770.

[6] Sun K,Mohta K,Pfrommer B,et al. Robust Stereo Visual Inertial Odometry for Fast Autonomous Flight [J]. IEEE Robotics and Automation Letters,2018,3(2): 965-972.

[7] Raúl Mur-Artal,Juan D. Tardós. Visual-Inertial Monocular SLAM With Map Reuse[J]. IEEE Robotics and Automation Letters,2017,2(2): 796-803

无人机结构健康监测系统设计

杨宁　张建德*　孙华亮　郑鹏　赵波

（山东航天电子技术研究所，山东·烟台，264670）

摘要：为了提高无人机的生存能力并降低维护成本，设计无人机结构健康监测系统，实现对无人机关键结构的载荷监测、疲劳损伤监测以及振动监测。系统主要由结构传感器、数据处理子系统、数据服务子系统以及状态监控子系统四部分组成，其通过结构传感器与数据处理子系统获取测量结果，并输出给数据服务子系统，数据服务子系统通过测量结果分析结构载荷分布情况、疲劳损伤情况以及振动情况，实现无人机结构损伤自主诊断与性能评估，从而有效提高无人机作战任务可靠性和安全性。

关键词：结构健康监测；无人机；传感器选型；光纤传感解调；性能评估

1 引　言

结构健康监测技术是利用各类传感器获取能够反映结构健康状况的状态数据（如应力、应变、振动等），并结合信号处理技术提取结构的特征参数，进而实现结构健康状况的自诊断及性能预测。结构健康监测系统能够对被测结构进行实时检测与诊断监控，并对其性能进行评估，在建筑、航空航天、交通运输等多个领域已得到广泛应用。

1979年，美国NASA启动了智能蒙皮计划，Claus等人首次将光纤光栅（Fiber Bragg Grating，FBG）传感器埋入碳纤维增强复合材料蒙皮中，使材料具有感知能力和损伤判断能力。此后，美国针对F-18、F-22和JSF等飞行器都进行了结构健康监测技术的研究。NASA德莱顿飞行研究中心对基于FBG传感器的飞机机翼结构健康监测进行了研究。结构健康监测技术也被应用于欧洲联合研制的Eurofight 2000战机中，并进行了一系列的飞行载荷监测试验。空客公司研制了基于压电元件的结构疲劳裂纹监测系统并将其应用于A340-600结构疲劳裂纹的监测。

无人机作为未来战场的新锐力量越来越受到重视。相对于传统的有人驾驶战机来说，无人机的发展方向必然是大过载、复杂作战环境，这必然会导致无人机关键结构损伤和失效模式的复杂多样性、预报与判别的难度加大，导致无人机被迫提早全面检查或拆卸维修，影响使用寿命和加大维护成本。为了提高无人机的生存能力并降低维护成本，设计无人机结构健康监测系统，实现无人机结构损伤自主诊断与性能评估。

2 系统总体设计

无人机结构健康监测系统主要实现无人机关键结构载荷监测、疲劳损伤监测以及振动监测三部分功能，其总体方案是通过结构传感器获取测量结果，并输出给后端处理平台，后端处理平台通过测量结果分析结构载荷分布情况、疲劳损伤情况以及振动情况，实现无人机结构实时监控。系统整体框架如图1所示。

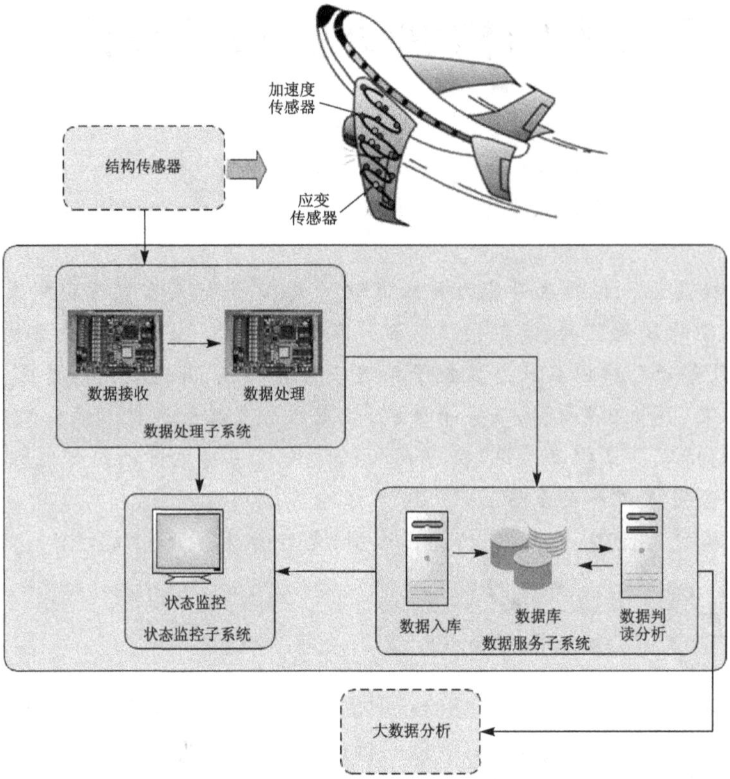

图1 无人机结构健康监测系统框架

由图1可知,系统主要由结构传感器、数据处理子系统、数据服务子系统以及状态监控子系统四部分组成。

(1) 结构传感器

结构传感器主要是加速度传感器与应力应变传感器。

(2) 数据处理子系统

数据处理子系统主要由数据接收模块与数据处理模块两部分组成。数据接收模块主要负责接收结构传感器的测试数据(结构载荷分布情况、疲劳损伤情况以及振动情况相关数据),并发送给数据处理模块;数据处理模块对接收数据进行实时处理,将处理后的测试数据以物理量形式显示出来,并完成测试数据发送。

(3) 数据服务子系统

数据服务子系统主要由数据入库模块、数据判读分析模块与数据库三部分组成。数据入库模块主要负责完成传感器测试数据的实时入库,并实现传感器测试数据的查询;数据判读分析模块依据数据判读准则,建立数据监视判读知识库,实现结构载荷分布情况、疲劳损伤情况以及振动情况的自动监视判读和结果分析;数据库按照数据结构组织、存储和管理结构载荷分布情况、疲劳损伤情况以及振动情况源码数据、解析后数据,以及数据判读分析结果等数据,辅助实现大数据的联合分析和状态监测。

(4) 状态监控子系统

状态监控子系统接收数据处理模块与数据判读分析模块发送的测量与判读结果,显示结构载荷分布情况、疲劳损伤情况以及振动情况，实现无人机结构健康实时监测，并提供用户控制界面，实施用户控制。

3 传感器方案设计

3.1 结构载荷传感器方案

在各种测试物理量中，将无人机多个结构部件质心处的加速度作为弹性有效载荷的输入变量，待测物体的质量为已知，即可获得待测部位承力情况。与此同时，利用加速度积分，可获取传感维度上的位移。通过后续分析计算可得到整个机体的承力和位移分布。根据载荷监控特点，选用低频加速度传感器。

加速度传感器按支撑方式分类，可分为宝石轴承支撑加速度计、液体悬浮支撑加速度计、气体悬浮支撑加速度计和挠性支撑加速度计等。加速度传感器按敏感信号方式分类，可分为电容式加速度计、半导体压阻式加速度计、电感式加速度计、压电式加速度计、光纤加速度计等，如图 2、图 3 所示。

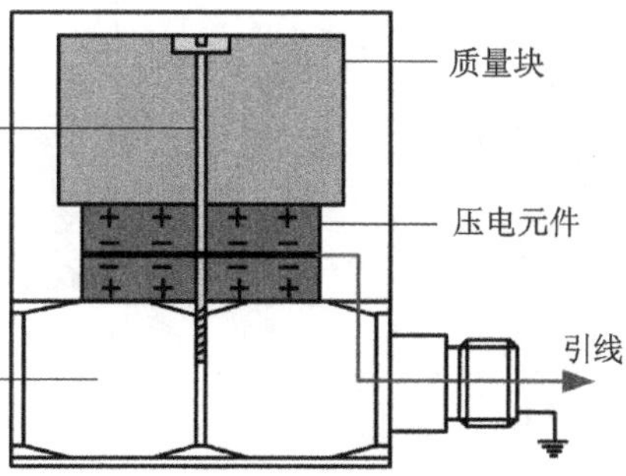

图 2 压电加速度传感器

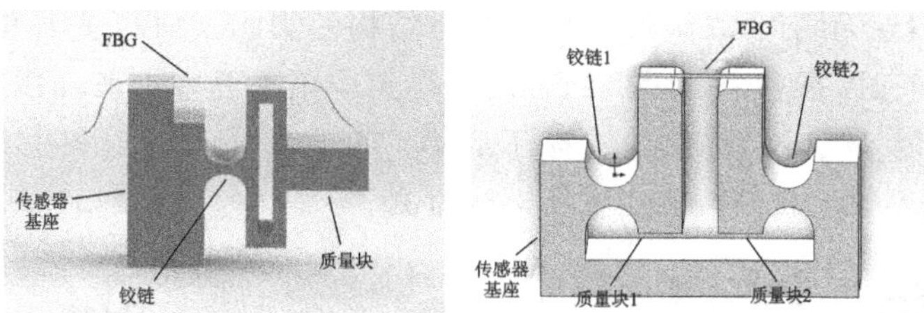

图 3 FBG 光纤加速度传感器

综合考虑，首选压电式加速度传感器对无人机机翼加速度数据进行测量，通过在合适位置布放加速度传感器获得机翼整体的加速度分布，通过对加速度数据进行积分、滤波等一系列数字处理，最终获得机翼整体范围内的承力与形变状态。在此基础上，考虑加入少量 FBG 光纤加速度传感器，进行加速度的辅助和对比测试，通过改进方案和工艺设计，推进 FBG 光纤加速度传感器在无人机机翼健康监测中的实际应用。

3.2 疲劳损伤传感器方案

近年来,为了提高飞机的生存能力,结构健康监测技术逐步应用于飞机结构件设计制造、地面试验、飞行试验与常规检测中,可以有效监测飞机结构疲劳寿命,对保证飞行安全有着重要的理论意义和实际应用价值。其中,应力应变法在被监测结构关键部位内埋或粘贴传感器进行测量,最为直接有效。

基于应力应变测量的结构健康监测核心是设计小型化、便于安装的传感器。目前主要有电阻应变式、光纤 F-P 式、光纤 FBG 式、碳纳米管式应力应变传感器,如图 4 所示。

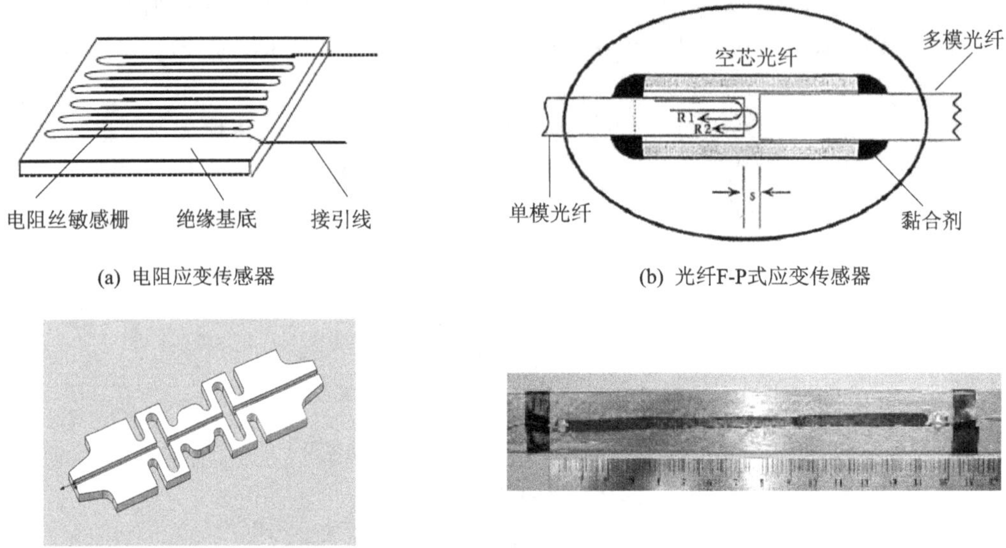

(a) 电阻应变传感器　(b) 光纤F-P式应变传感器

(c) 金属基底FBG应变传感器　(d) 碳纳米管应变传感器

图 4 结构应力应变传感器

针对大型结构的健康监测,一方面,对传感器数量的需求越来越多,传感器要形成网络;另一方面,传感器要实现无线化,以降低大量走线对结构的影响。FBG 光纤传感器由于易于大规模复用和组网的特性,在多个实际系统中已经得到应用。近些年来,FBG 光纤传感器在小型化方面也取得了大量进展,有效地支撑了应力应变测量向小型化转移。因此,主要采用 FBG 光纤传感网络对无人机结构的应变场进行监测。

3.3 结构振动传感器方案

当无人机活动结构的某些部件出现损伤时,结构的振动特性会发生变化。因此,活动结构的健康监测主要采用振动测量技术。根据监测结构特点,选用高频加速度传感器测量。前述加速度传感器均可用于振动加速度传感,其区别在于:① 安装部位与测试目的不同;② 测试频率范围不同。因此,压电式加速度传感器作为首选方案。同时,考虑大部分电动活动结构都存在电磁干扰,容易导致电学传感器噪声,而采用光学传感器网络是一个有效的解决手段。因此,考虑加入少量 FBG 光纤加速度传感器,进行加速度的辅助和对比测试,并通过改进方案和工艺设计,推进光纤 FBG 加速度传感器在无人机结构振动健康监测中的应用。

4 数据处理子系统设计

压电式加速度传感器的数据解调技术已经相对成熟，因此，数据处理子系统主要进行光纤传感数据解调方案的设计，包括结构载荷与疲劳损伤光纤传感数据解调方案与结构振动光纤传感数据解调方案两部分。

4.1 结构载荷与疲劳损伤光纤传感数据解调

结构载荷与疲劳损伤光纤传感主要是利用光纤传感器对结构温度、应力应变、低频加速度进行测量，其采用波分复用技术、并行探测技术，并综合使用法布里-珀罗(F-P)标准具和乙炔(C_2H_2)气室进行实时复合波长参考的校正，实现了温度、应变、加速度等的稳定光纤光栅传感解调。其中，温度测量主要是对应力应变、加速度测量进行补偿，解决光纤测量中的多物理量耦合问题，提高测量精度。

基于 F-P 标准具和 C_2H_2 气室的可调谐滤波解调系统如图 5 所示。系统主要由光源模块、并行探测模块和数据处理模块构成。光源模块为 FBG 传感器、标准具和气室提供扫描光源；并行探测模块实现扫描光束的分束、收集、波长参考等；数据处理模块则对采集信号进行光电转换、分析计算，获取 FBG 反射光信号的波长数据。

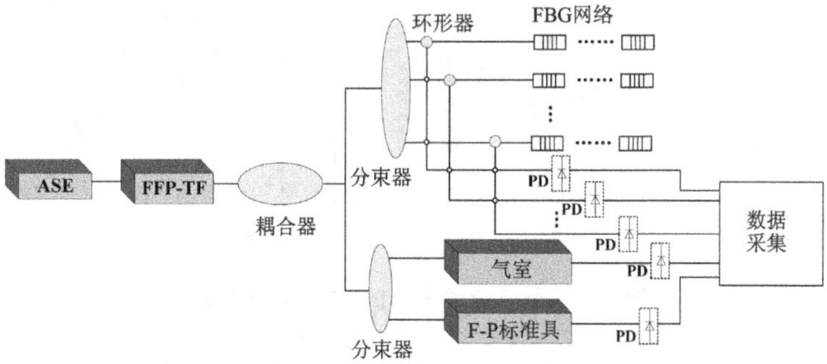

图 5 基于 F-P 标准具和 C_2H_2 气室的稳定 FBG 传感解调系统

基于复合波长参考的 FBG 解调过程如图 6 所示，利用基于 F-P 标准具建立的扫描光源时间-波长曲线和 C_2H_2 气室确定的波长校正值，对 FBG 进行复合波长参考的精确解调。首先，利用质心法对 FBG 反射信号寻峰，确定峰值位置，并根据扫描光源时间-波长曲线初步获得 FBG 反射波长 λ_f；然后，利用气室确定的波长校正值 $\Delta\lambda$ 对 FBG 反射波长 λ_f 进行校正，获得 FBG 实际反射波长 λ_{FBG}，即

$$\lambda_{FBG} = \lambda_f - \Delta\lambda \tag{1}$$

4.2 结构振动光纤传感数据解调

采用光波长解复用法实现高频振动加速度的解调。同时，为了保证解调系统具有防振动等可靠性，采用光纤耦合的集成波分解复用器，而不采用现有的基于衍射光栅的分立器件光谱检测法。基于衍射光栅和 CCD 的光谱检测法对于振动和高低温相对敏感，而采用光纤耦合的集成波分解复用器没有任何机械移动机构，且无需精密的光学对准机构，所以具有较强的可靠性。解调方案如图 7 所示，主要包括宽带光源、波分复用 FBG 阵列、集成光波导解复用模块、光电探测器阵列、并行模数转换模块和数字信号处理器。

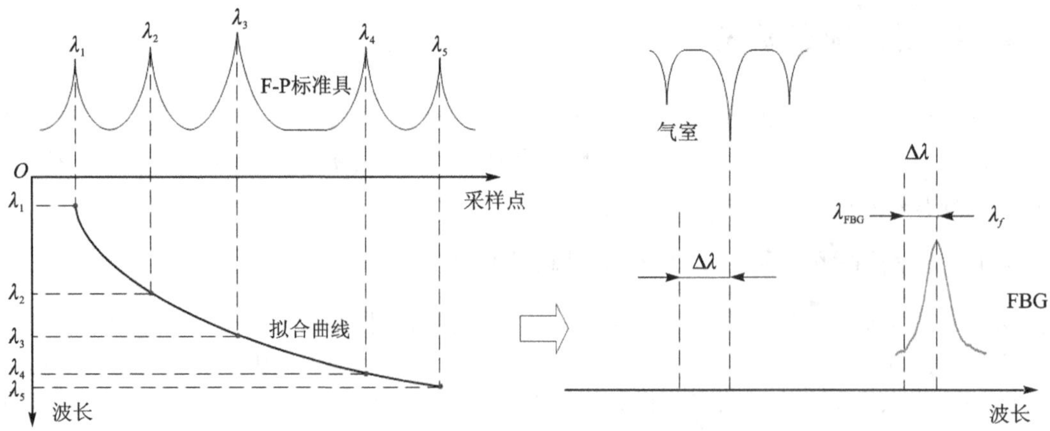

图6 基于复合波长参考的FBG解调示意图

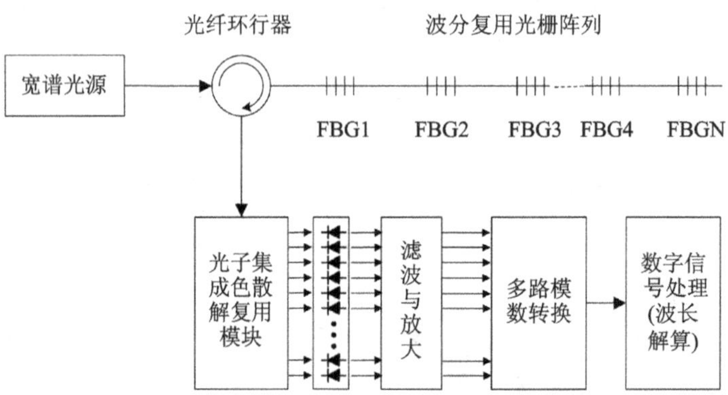

图7 基于波分解复用的FBG解调方案

假设待测FBG反射谱是高斯型光谱,则FBG反射函数可以表示为

$$R_{\mathrm{FBG}}(\lambda)=R_0\exp\left[-4\ln 2\frac{(\lambda-\lambda_{\mathrm{FBG}})^2}{\Delta\lambda_{\mathrm{FBG}}^2}\right] \tag{2}$$

其中,R_0 是FBG的峰值反射率,λ_{FBG} 是待测FBG的中心波长,$\Delta\lambda_{\mathrm{FBG}}$ 是待测FBG高斯谱的半高全宽。待测FBG反射谱和光解复用模块相邻通道透射谱的关系如图8所示。

这里的集成光解复用模块的每个通道的传输函数也为高斯函数,则第 m 通道的光谱透射函数为

$$T_{D,m}(\lambda)=T_m\exp\left[-4\ln 2\frac{(\lambda-\lambda_m)^2}{\Delta\lambda_m^2}\right] \tag{3}$$

其中,T_m 和 $\Delta\lambda_m$ 分别是光解复用模块的第 m 通道透射系数和高斯透射光谱半高宽。λ_m 是光解复用模块的第 m 通道的透射光谱中心波长。当待测FBG的反射光耦合到光解复用模块后,不同波长的光被分离后入射到不同的通道。FBG的反射光谱与光解复用模块两个相邻的不同波长输出通道的透射光谱发生重叠。用 P_m 和 P_{m+1} 分别表示第 m 通道和第 $m+1$ 通道的输出光功率。P_m 和 P_{m+1} 分别为FBG反射光谱与解复用模块的第 m 通道和第 $m+1$ 通道透射光谱的卷积,可表示为

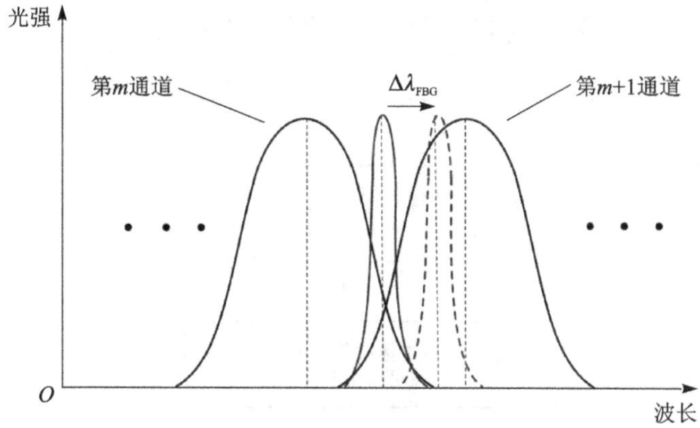

图 8 光解复用模块相邻通道透射谱与 FBG 反射谱的关系

$$P_m = (1-\alpha_m)\int_0^{\infty} s(\lambda)\cdot R_{FBG}(\lambda)T_{D,m}(\lambda)\mathrm{d}\lambda \tag{4}$$

$$P_{m+1} = (1-\alpha_{m+1})\int_0^{\infty} s(\lambda)\cdot R_{FBG}(\lambda)T_{D,m+1}(\lambda)\mathrm{d}\lambda \tag{5}$$

其中，$s(\lambda)$是光源输出功率谱，α_m 与 α_{m+1} 是第 m 通道和第 $m+1$ 通道的衰减系数。

假设光解复用模块每个通道具有相同的透射系数和半高宽，相邻通道输出光功率比的对数与待测 FBG 波长的关系为

$$\log\left(\frac{P_{m+1}}{P_m}\right) = \frac{1}{\ln 10}\cdot\left(\frac{8\ln 2\Delta\lambda_m}{\Delta\lambda_m^2+\Delta\lambda_{FBG}^2}\lambda_{FBG} - \frac{4\ln 2(\lambda_{m+1}^2-\lambda_m^2)}{\Delta\lambda_m^2+\Delta\lambda_{FBG}^2}\right) \tag{6}$$

式(6)为待测 FBG 波长解算公式，光解复用模块的相邻通道输出光功率比的对数与待测 FBG 中心波长呈线性关系，因此通过检测相邻通道输出光的功率值，即可解调出待测 FBG 的中心波长值。

5 数据服务子系统设计

无人机结构测量结果实时传输给数据服务子系统进行后端数据处理，通过测量结果分析无人机损伤情况，并进行剩余寿命预测，实现无人机结构健康监测。

损伤力学作为新发展的一门学科，通过引入损伤度并构建损伤演化方程，将结构件的损伤场与应力场耦合起来。应用损伤力学解法，求解结构的损伤度，并评估结构件的剩余寿命，如图 9 所示。

5.1 损伤演化方程的建立

采用试验手段，研究机体材料在承受一段疲劳载荷后其材料状态的变化，包括材料的细观和微观结构、材料的宏观力学参量等，找出材料损伤程度与材料状态的某种联系，建立材料损伤度的表示方法。

设计系列标准件疲劳试验，研究应力场特性（主要指均匀应力场、非均匀应力场、危险点应力状态、应力梯度效应以及塑性区等）、载荷循环特征（应力比、应力变程）对材料疲劳损伤演化规律的影响。

依据以上试验研究和理论分析，建立损伤演化速率与各主要影响参量的函数表达式，即损

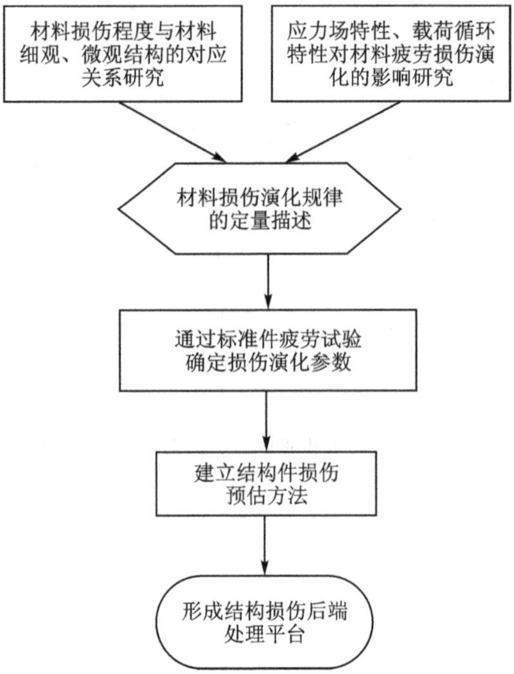

图9 基于损伤力学的结构损伤评估

伤演化方程。

5.2 损伤演化方程参数识别

由于上述损伤演化方程包含诸多材质参数，这些材质参数反映了材料本身的疲劳特性，需要通过试验来确定。

根据前面得到的损伤演化方程，充分分析材料损伤演化特性及各种影响因素的作用方式，有针对性地设计较少的系列标准件疲劳试验，根据试验结果识别损伤演化参数，如可以通过进入塑性区疲劳试验和不进入塑性区疲劳试验的结果对比来确定材料进入塑性区后的疲劳性能参数。

5.3 结构损伤分析方法的建立

以材料损伤演化规律为基础，考虑复杂的结构件几何构型、复杂应力状态以及应力场随外载荷的非线性变化等因素的影响，考虑从结构载荷谱到危险点应力谱的损伤力学规范化处理，建立无人机结构件的损伤分析方法。

5.4 结构损伤处理平台的建立

将上述方法形成损伤分析模块，并通过对现有商用有限元软件的二次开发，实现其与结构件有限元应力分析模块的交互，最终形成结构损伤后端处理平台，进而通过无人机结构测量结果实时分析无人机结构损伤情况，并进行结构剩余寿命预测。

6 结 论

为了提高无人机的生存能力并降低维护成本，设计无人机结构健康监测系统，实现对无人机关键结构的载荷监测、疲劳损伤监测以及振动监测。系统主要由结构传感器、数据处理子系统、数据服务子系统以及状态监控子系统四部分组成，其中，结构传感器主要是加速度传感器与应力应变传感器，数据处理子系统主要进行光纤传感数据解调方案的设计，数据服务子系统进行后端数据处理，通过测量结果获取机身载荷数据，分析无人机损伤情况，并进行剩余寿命预测，实现无人机结构健康监测。

参考文献

[1] 何绪飞，艾剑良，宋智桃. 多元数据融合在无人机结构健康监测中的应用[J]. 应用数学和力学，2018，39(4)：395-402.

[2] 孙侠生，肖迎春. 飞机结构健康监测技术的机遇与挑战[J]. 航空学报，2014，35(12)：3199-3212.

[3] 梁栋，范志锋. 结构健康监测系统的软件主体协作规范[J]. 测控技术，2015，34(12)：108-112.

[4] 路玲玲，王曦，黄晨光. 结构健康监测系统中传感器优化布置组合算法[J]. 力学与实践，2012，34(1)：80-84.

[5] Chen X H，Omenzetter P. A framework for reliability assessment of an in-service bridge using structural health monitoring data[J]. Key Engineering Materials，2013，558：39-51.

[6] 卿新林，王奕首，赵琳. 结构健康监测技术及其在航空航天领域中的应用[J]. 实验力学，2012，27(5)：517-526.

[7] 吴春利. 基于应变模态桥梁健康监测关键技术研究[D]. 长春：吉林大学，2012.

[8] Moore E Z，Nichols J M，Marphy K D. Model-based SHM：demonstration of identification of a crack in a thin plate using free vibration data[J]. Mechanical Systems and Signal Processing，2012，29：284-295.

[9] Pak C G. Wing shape sensing from measured strain[J]. AIAA Journal，2016，54(3)：1068-1077.

[10] Giurgiutiu V，Xu B L，Chao Y，et al. Smart sensors for monitoring crack growth under fatigue loading conditions[J]. Journal of Smart Structures and Systems，2016，2(2)：101-113.

[11] 李丹婷，吕当侠，朱明晨，等. 无人机结构健康监测系统设计[J]. 测控技术，2019，38(7)：40-43.

[12] 江涛. 某型无人机起落架的声发射检测方法研究[D]. 南昌：南昌航空大学，2018.

无人机异常行为研究进展与展望

郝伟　胡波　杜玉杰　马文来

（滨州学院飞行学院，山东·滨州，256600）

摘要： 随着无人机任务复杂度的不断提升、外部干扰的不断增多，无人机出现异常行为的现象频发，给无人机本体、地面人员及周围环境带来严重的危害。针对无人机异常行为进行研究，已经刻不容缓。本文通过查阅大量相关文献，总结得出无人机异常行为的概念，将无人机异常行为的产生原因分为内部因素和外部因素，其中内部因素主要包括无人机飞行控制器、无人机传感器以及无人机执行器引起的异常，外部因素主要包括无人机操控人员的异常操作和地面基站的异常信息传输。此外，本文对无人机异常行为的检测方法进行了概括总结，并对未来的研究方向进行了展望。

关键词： 无人机；异常行为；进展；展望

1　引　言

近年来，无人机以体积小、可垂直起降、可定点悬停等优点在农林植保、航空摄影、物流运输、海上搜救、武警支援等民用、军事领域得到越来越广泛的应用。然而，随着无人机任务复杂度不断提升、外部干扰不断增多，加上飞行环境、无人机本体结构以及控制性能等存在一定的差异，无人机出现异常行为的现象不断增多，比如：无人机在运行过程中脱离预设运行轨道、无人机本体出现零部件故障、操控人员不恰当操控、地面基站传送信息有误等给无人机本体、地面人员及周围环境等带来严重的危害。因此，对无人机异常行为进行研究，明确异常行为发生原因，对异常行为进行针对性检测，已经迫在眉睫。

针对无人机异常行为这一概念，目前尚无明确定义。针对其他研究对象的异常行为，文献[7]中给出了异常行为的一般概念，是指违反规则或他人期望，并引起非议或惩罚或危险的行为，而文献[8]对船舶异常行为进行了定义，是船舶在驾驶人员的操控之下以航行和避让为目的所采取的行为方式及其规律。

因此，异常行为可定义为违反既定的规定或是使用者操控者的期望，在一定程度上造成危险或是不可控的行为。对于无人机来说，主要指无人机的操控、运行过程中或是与地面基站进行交互时产生的违反运行规律以及脱离预设指令的非正常行为。通常情况下，引起无人机异常行为的原因主要包括无人机自身传感器异常、执行器异常、机械结构异常、通信异常以及飞手的不恰当操作等。本文通过查阅相关文献，对无人机异常行为的影响因素和检测方法进行了总结，并对未来的发展方向进行了展望。

2 无人机异常行为的影响因素

2.1 无人机异常行为的内部影响因素

无人机正常运行应具备的基本特征表现为稳定、准确、环境感知等，通常需要的硬件配置主要包括飞行控制器、传感器以及执行器等。无人机在运行过程中，上述硬件配置均存在发生异常行为的可能，统称为内部影响因素，是无人机出现异常行为的主要因素。

(1) 飞行控制器异常。无人机飞行控制器相当于无人机的大脑，通过读取无人机机载传感器的数据，并对其进行处理之后控制无人机运行。飞行控制器发生异常的主要表现通常包括作动器或操纵面的卡死、松浮、偏差和损伤等，具有随机性、不易确定性、并发性等特点。飞行控制器发生异常的原因主要包括设计问题、制造问题以及人为因素等。设计问题是指设计过程中设计开发者的任一失误而导致的飞行控制器的故障；制造问题是指在制造过程中，任一道工序的失误如系统的材料缺陷、系统设计偏差等；人为因素主要是指地面维修操纵人员的失误等[16]。

(2) 传感器异常。无人机机载传感器通常包括姿态测量单元、全球定位系统、激光雷达、机载摄像机等。传感器在无人机的运行过程中能及时地将飞行过程中遇到的问题及时地反馈给无人机，对于事故的避免以及运行过程中无人机的实时状态都起到了很好的监测功能。文献[15]和[17]对无人机传感器异常进行了总结，传感器异常通常包括完全异常、偏置异常、漂移异常、乘性异常、周期性异常、离群数据异常等类型。文献[18]～[21]对无人机传感器偏差异常进行了研究。文献[22]对无人机传感器卡死异常、常值漂移异常和恒增益异常进行了研究。文献[23]对无人机机载加速度计、陀螺仪和磁罗盘等异常行为进行了统计分析。文献[24]对加速度计和陀螺仪的异常表现及产生原因进行了分析。文献[25]通过人为设置传感器输出为 0 对无人机定高模式下的传感器异常进行了研究。

(3) 执行器异常。无人机执行器包括电机、螺旋桨、机翼、舵面等。文献[26]和[27]将无人机舵面异常分为完全失效和部分失效两类。完全失效指舵面对控制指令没有作出响应，包括舵面卡死与舵面漂浮两种；部分失效指能对控制指令作出响应，但是未达到预期的效果，主要指舵面损伤，当舵面损伤时，舵面的控制效能减弱，舵面控制通道的增益损失。文献[28]将无人机执行器故障分为了偏差异常、稳定性异常、震动异常和卡死异常等，通常包括齿轮磨损、传动杆变形、电机烧坏、电压异常、阀门结垢、传动杆结垢等。文献[29]针对无人机执行器控制效率损对系统耦合性的影响，设计了一种基于观测器的鲁棒自适应容错控制方法。文献[30]指出无人机旋翼损伤老化后，力矩输出电机出现磨损故障导致执行器输出力矩与期望力矩有所不同。文献[31]通过对无人机执行器异常进行研究，针对性地提出两种故障模型：执行器加性异常模型和执行器乘性异常模型，上述两种异常均对无人机的动力学特性产生显著影响。文献[25]则同时考虑了空速管传感器堵塞和升降舵、油门杆部分失效等执行器异常。

针对上述无人机异常行为，执行器异常通常是指无人机物理结构的损坏，在无人机运行过程中是最为致命的，将会直接导致无人机损坏甚至坠毁。此外，由于传感器发生异常后，会使一些元器件发生损坏，进而影响到无人机执行器，使其发生异常，因此无人机执行器异常通常会与传感器异常联系在一起进行研究。

2.1 无人机异常行为的外部影响因素

无人机在运行过程中,除了必需的硬件设施之外,还需要操作人员、遥控手柄以及地面基站的相互协作。因此,除了前面提到的无人机硬件设备故障之外,上述因素发生异常也会导致无人机的运行异常,统称为外部影响因素。

(1) 无人机操控人员异常操作。无人机的操控人员所负责的任务主要包括在无人机运行前检查无人机是否有损坏;观察无人机运行航线是否与规划的航线存在差异;注意无人机的遥控手柄的电量;同时观察风力的影响,以便能时刻作出判断。因此,无人机的操控人员可能出现的异常行为主要是无人机在运行前对无人机的观察不充足、导致问题没有及时反馈、无人机遥控手柄异常等,造成无人机在运行过程中出现异常。

(2) 地面基站通信异常。无人机在运行过程中,需要将位置信息与运行过程中可能发生的异常信息传输给地面基站,同时地面基站接收信息,并将有关航线的信息传输给无人机,在GPS的作用下,做好航线规划,使无人机能顺利完成任务,及时返航。因此,地面基站主要负责无人机的通信信息的相互传送,通信异常主要包括无人机接收不到地面基站发出的信号、无人机传送回的信号地面基站未接收以及地面基站通信信号的减弱,使无人机接收到的信号不明确,这些均会导致在无人机在运行过程中发生异常行为。

3 无人机异常行为的检测方法

针对无人机运行过程中可能发生的飞行控制器、传感器、执行器等引起的异常行为的检测方法,国内外众多专家学者进行了研究。

3.1 飞行控制器异常的检测方法

针对无人机飞行控制器异常的检测,文献[32]指出无人机飞行控制系统常用的检测方法是扩展卡尔曼滤波器(Extended Kalman Filter,EKF)。文献[33]~[35]对基于EKF的异常行为检测方法进行了深入研究:文献[33]设计自适应EKF算法解决攻角传感器故障问题;文献[34]基于EKF对空速管异常进行了检测;文献[35]基于EKF对无人机执行机构异常进行了检测。文献[36]提出一种基于等价空间的非线性飞行控制系统快速故障检测的方法,对无人机空速管及升降舵进行了仿真实验验证。文献[37]通过分层滤波算法对无人机飞行控制器异常进行建模分析,可以精准地查找到异常所发生的具体坐标,可以有效地缩减查找时间,提升异常检测速率。文献[38]提出了自适应容错控制检测方法,该方法可实现部分故障自主维护和自适应故障隔离与重构,提高检测效率。文献[39]中提出结合移动平均技术的动态主成分分析(PCA)模型,适用于动态系统的异常检测。

综上所述,针对无人机飞行控制系统的异常行为检测均是在无人机动力学数学模型的基础上进行分析,通过分析故障成因、故障形式以及故障发生程度,进而构建检测模型,并应用于实例中对模型进行仿真验证。

3.2 传感器异常的检测方法

针对无人机传感器异常的检测,文献[40]提到一种基于径向基(RBF)神经网络和最小二乘算法(OLS)的多传感器异常行为检测方法,并通过实例证明该方法适用于无人机传感器异常检测。文献[41]基于最小二乘支持向量机(LS_SVM)和主元分析法(PCA)对小型无人机传感器异常进行了诊断,结果表明该方法的有效性。文献[42]通过 LSTM 神经网络预测的传感器数据与实际数据作差值,将所得结果输入 LSTM 分类器,通过结果的正负判定异常。文献[43]提出用于复杂系统的多重故障诊断的分层多重模型滤波技术,该方法在确定单一故障后,可以继续使用上一组单个的新滤波器来诊断下一故障,提高了检测效率。文献[44]采用基于小波的方法对无人机传感器异常行为进行检测,可在时域和频域中准确定位信号特征的小波变换来识别输出信号中传感器异常状态的发生时刻。文献[45]将小波方法和梯度提升决策树(GBDT)结合,对传感器异常行为进行检测,既提高了故障的可分性,又提高了故障分类的精度。文献[46]则将小波方法和多核支持向量机结合,可以有效地提取信号的特征以及故障点,与单核支持向量机相比故障检测的精度提升至少 10%。

3.3 执行器异常的检测方法

针对无人机执行器异常行为检测,文献[47]和[48]提出基于鲁棒算法的无人机执行器异常行为检测,其中文献[47]基于鲁棒卡尔曼滤波算法,提出了基于创新序列的故障隔离算法,解决了传感器/执行器的故障检测和隔离问题;文献[48]在考虑执行器故障和外部干扰的情况下,提出了基于自适应增强状态卡尔曼滤波器(AASKF)和自适应三级卡尔曼滤波器(AThS-KF)的执行器异常检测方案。该方案可以在对异常进行检测和隔离的同时,对无人机外部干扰进行估计。

文献[49]针对无人机执行器异常,提出一种基于线性矩阵不等式的自适应容错控制器的设计方法,结合实例验证该方法可以实现控制器的在线调节。文献[50]设计了自适应模糊状态观测器对执行器异常进行估计。文献[51]将线性二次型(LQ)技术应用于四旋翼无人机执行器异常行为检测,并在 Qball-X4 上进行了验证。文献[52]采用自适应两阶段线性卡尔曼滤波算法对执行器异常进行识别和隔离。文献[53]将执行器加性故障与乘性故障视为一种不确定性故障,基于自适应反演滑模控制算法,设计了容错控制器。同文献[53]一样,文献[54]针对无人机非线性模型,考虑外界干扰以及执行器故障,设计了线性故障观测器实现了对无人机执行器异常行为的观测。文献[55]基于设计了在线故障估计方法,取代故障重构观测器,较好地实现了无人机执行器异常下的容错控制。

4 总结与展望

当前,针对无人机异常行为的研究主要考虑无人机本体发生异常的情况,即内部因素的影响。无人机执行器异常会加剧无人机系统的强耦合性,进而使无人机自身出现异常行为,影响无人机的正常运行。同样地,无人机控制器和传感器异常也会导致无人机的异常行为。除无人机内部因素之外,外部因素也会导致无人机的异常行为,当前针对外部因素对无人机异常行为影响的研究较少。

通过对影响无人机异常行为的因素进行分析,当前对无人机异常行为检测的研究方法主要包括卡尔曼滤波算法、等价空间方法和自适应观测器方法等。无人机异常行为检测过程通常通过预测检查以及实验模拟判断进行诊断,由此建立相关模型来模拟无人机的异常行为,进而通过飞行实验进行验证,得到异常行为检测结果。本文通过对无人机异常行为相关研究进行梳理,总结出如下关键问题:

(1) 无人机复合异常行为高精度实时在线诊断技术。目前无人机异常行为估计主要集中在对单一异常行为的估计,且精度低、实时性较差,难以满足实际需求,对于多种复合无人机异常情形,缺少针对性研究。为此,急需在无人机异常行为诊断方面开展一系列系统研究,突破异常行为检测的快速、精细化、智能化检测。

(2) 无人机异常行为后的快速鲁棒控制策略。当前针对无人机异常行为的容错控制方法主要包括线性控制、滑模控制、自适应控制、鲁棒控制等,但是大部分缺少实际应用例证。因此,亟需在对异常行为进行精确估计的基础上,同时考虑外部干扰的影响,设计快速、鲁棒、智能容错控制策略,提高控制算法的适应性和针对性,使其能够实现无人机在异常行为下的稳定、安全控制。

参考文献

[1] 陆建志,岑汉东.小型无人机在农业植保方面的应用现状与问题[J].农机使用与维修,2020(5):123.

[2] 刘梅.小型无人机在农业植保方面的应用现状与问题[J].农业工程技术,2018,38(14):37-38.

[3] 孙振文,刘冠华,王明直,等.无人机航拍技术在犯罪现场勘查中的应用探讨[J].刑事技术,2016,41(5):398-401.

[4] 苏检平,薛蓉.无人机在广东溢达针织厂物料运输方面的应用[J].针织工业,2017,(9):15-18.

[5] 周伟,宋军,成旭.无人机在海事监管救助中的应用与选型[J].水运管理,2012,34(4):11-13.

[6] 施诗,陈凯婷.无人机在战场上的应用和展望[J].微计算机信息,2020,(4):154-155.

[7] 龙静云.美国的异常行为社会学[J].思想政治工作研究,1986,(02):46+48.

[8] 马文耀.船舶异常行为的一致性检测[D].大连:大连海事大学,2018.

[9] Xiao K,J Zhao,He Y,et al. Abnormal Behavior Detection Scheme of UAV Using Recurrent Neural Networks[J]. IEEE Access,2019,PP(99):1-1.

[10] Wang Z,Zhang G,Hu B. Real Time Detection and Identification of UAV Abnormal Trajectory[J]. 2020.

[11] 王雷,计世勋.多旋翼无人机飞行数据存储异常解决方法研究[J].中国新通信,2019,21(11):15.

[12] Wang S ,Lei M ,Xiao dong L U . Analysis of abnormal vibration of a UAV during taxiing[J]. Modern Machinery,2019.

[13] Yang X . Reason Analysis and Improving about a Certain Type UAV Abnormal Homing Object-distance [J]. Tactical Missile Technology,2012.

[14] 刘晓东,钟麦英,柳海.基于EKF的无人机飞行控制系统故障检测[J].上海交通大学学报,2015,49(06):884-888.

[15] Heredia G ,Ollero A ,Mahtani R. Detection of Sensor Faults in Autonomous Helicopters[C]// IEEE International Conference on Robotics & Automation. IEEE,2006.

[16] 孙学初.无人机飞控系统故障诊断专家系统设计[D].成都:电子科技大学,2012.

[17] 赵丁.小型无人机传感器故障诊断算法研究及软件开发[D].沈阳:沈阳航空航天大学,2014.

[18] 舒畅.无人机传感器故障诊断方法研究[D].成都:电子科技大学,2017.

[19] 钮永胜,赵新民,孙金玮.采用基于神经网络的时间序列预测器的传感器故障诊断新方法[J].仪器仪表学报,1998,(4):47-52.

[20] Henry,M. Sensor validation and Fieldbus[J]. Computing & Control Engineering Journal,2002,6(6):263-269.

[21] 刘彦超,刘慧文,高薇,等.基于改进粒子滤波算法的小型无人机传感器故障诊断方法[J].重庆理工大学学报(自然科学),2019,33(10):174-179.

[22] 张小敏.基于神经网络的飞控传感器故障诊断[D].南京:南京航空航天大学,2012.

[23] 孟文晔.基于神经网络的无人机传感器故障识别[J].电子技术与软件工程,2019(3):90.

[24] 郭俊. 无人机传感器故障诊断与容错技术研究[D]. 兰州：兰州理工大学，2020.

[25] 王洋，华容. 组合时延预测的无人机传感器故障诊断研究[J]. 电光与控制，2019，26(5)：86-89.

[26] 何梦林. 无人机的故障诊断与容错控制研究[D]. 贵州：贵州大学，2015.

[27] 李慎霞，方舟，李平. 小型无人机舵面故障的控制重构设计[J]. 计算机工程与应用，2011，47(7)：236-240.

[28] 鞠凤娟. 基于 MDARM 和 VxWorks 的小型无人机执行器故障检测方法[J]. 计算机测量与控制，2015，23(6)：1912-1914+1918.

[29] Seema M ，F A fef . A Fault Tolerant Tracking Control for a Quadrotor UAV Subject to Simultaneous Actuator Faults and Exogenous Disturbances[J]. International Journal of Control，2018：1-36.

[30] 赵广磊，高儒帅，陈健楠. 具有执行器故障的四旋翼无人机自适应预定性能控制[J/OL]. 控制与决策，https://doi.org/10.13195/j.kzyjc.2020.0083，2021.04.18.

[31] 张平. 执行器故障下四旋翼无人机容错控制研究[D]. 燕山：燕山大学，2018.

[32] 刘晓东，钟麦英，柳海. 基于 EKF 的无人机飞行控制系统故障检测[J]. 上海交通大学学报，2015，49(6)：884-888.

[33] VanEykeren L，Chu Q P. Sensor fault detection and isolation for aircraft control systems by kinematic relations[J]. Control Engineering Practice，2014，31.

[34] Hansen，Soren，Blanke，et al. Diagnosis of Airspeed Measurement Faults for Unmanned Aerial Vehicles.[J]. IEEE Transactions on Aerospace &Electronic Systems，2014，50(1)：224-239.

[35] Lu P ，Van Kampen E J，Yu B. Actuator Fault Detection and Diagnosis for Quadrotors[J]. Delft University of Technology，2014.

[36] 赵煊，钟麦英，郭丁飞. 基于等价空间的无人机飞行控制系统故障检测[J]. 山东大学学报(工学版)，2017，47(5)：150-156.

[37] 刘哲成，郭丽娟. 基于分层滤波算法的无人机控制系统故障检测技术[J]. 计算机测量与控制，2020，28(5)：23-26+30.

[38] 潘计辉，张盛兵，张小静，等. 无人机容错飞行控制系统研究与应用[J]. 计算机测量与控制，2013，21(9)：2468-2470.

[39] LI Minghu，LI Gang，ZHONG Mai ying. A Data Driven Fault Detection and Isolation Scheme for UAV Flight Control System[C]. 第 35 届中国控制会议论文集，2016.6.

[40] 曹杭炜，李秀娟. OLS 算法在无人机传感器故障诊断中的应用[J]. 飞机设计，2006(2)：56-59.

[41] 高云红，赵丁，李一波. 基于 LS_SVM 与 PCA 的小型无人机传感器故障诊断[J]. 火力与指挥控制，2014，39(7)：111-114.

[42] 李晨，王布宏，田继伟，等. 基于 LSTM-OCSVM 的无人机传感器数据异常检测[J]. 小型微型计算机系统，2021，42(4)：700-705.

[43] 贾彩娟，许晖. 基于分层多模自适应滤波算法的无人机多重传感器故障诊断[J]. 传感技术学报，2009，22(12)：1748-1751.

[44] Qi J T，Han J D. Application of Wavelets Transform to Fault Detection in Rotorcraft UAV Sensor Failure[J]. Journal of Bionic Engineering，2007，4(4)：265-270.

[45] 舒畅，李辉. 基于小波与 GBDT 的无人机传感器故障诊断[J]. 测控技术，2017，36(08)：41-46.

[46] 叶慧. 基于小波与多核支持向量机的无人机传感器故障诊断系统研究[D]. 南京：南京航空航天大学，2014.

[47] Hajiyev C，Caliskan F. Sensor/actuator fault diagnosis based on statistical analysis of innovation sequence and Robust Kalman Filtering[J]. Aerospace Science & Technology，2000，4(6)：415-422.

[48] Zhong Y，Zhang Y，Zhang W，et al. Robust Actuator Fault Detection and Diagnosis for a Quadrotor UAV With External Disturbances[J]. IEEE Access，2018，6：1-1.

[49] 关威，史沛，任艳. 四旋翼无人机执行器故障下的饱和容错控制[J]. 沈阳航空航天大学学报，2019，36

(4):49-53.

[50] Seema M,F A fef. A Fault Tolerant Tracking Control for a Quadrotor UAV Subject to Simultaneous Actuator Faults and Exogenous Disturbances[J]. International Journal of Control,2018:1-36.

[51] Yu B,Zhang Y,Minchala I,et al. Fault-tolerant control with linear quadratic and model predictive control techniques against actuator faults in a quadrotor UAV[C]. Conference on Control & Fault-tolerant Systems. IEEE,2013.

[52] Caliskan F,Hajiyev C. Active Fault-Tolerant Control of UAV Dynamics against Sensor-Actuator Failures [J]. Journal of Aerospace Engineering,2016,29(4):04016012.

[53] 陈胜强. 执行器故障下的四旋翼无人机容错控制方法研究[D]. 长春：长春工业大学,2018.

[54] 王弦. 基于滑模控制的四旋翼无人机执行器故障容错控制研究[D]. 南京：南京邮电大学,2020.

[55] 罗黎明. 基于反步自适应技术的四旋翼无人机执行器故障问题研究[J]. 电子测试,2021(2):43-47.

通信技术

光纤放大器增益及噪声指数测试分析方法

张洋　张志辉　李志增　刘磊
（中电科思仪科技股份有限公司，山东·青岛，266555）

摘要：光纤通信技术具有成本低、损耗低、高安全及不受电磁干扰等特点，光纤放大器有效解决了光信号传输中的衰减，在光纤密集组网中广泛应用。光纤放大器是实现光信号放大、延长传输距离的最佳手段，应用极广。光纤放大器的增益及噪声指数指标直接影响着信号传输质量。本文阐述了一种基于光谱分析仪的光纤放大器增益及噪声指数测试分析方法，详细介绍了光纤放大器光谱测试方法及核心参数的提取及分析。

关键词：光纤放大器；EDFA；增益特性；噪声指数

1　引　言

光纤通信以其良好的通信质量和巨大的带宽资源成为骨干传输的必然选择，是主流的通信媒介。随着通信业务需求的急剧增长，人们对信息的传输提出了越来越高的要求，而密集波分复用技术（DWDM）是目前对传输容量进行扩大的最成熟的技术，已广泛应用于5G组网中。但是由于光纤本身的散射和吸收等因素的影响，信号在传输的过程中严重失真，限制了传输的距离。传统的半导体激光放大器需要进行光电信号转换，从而使系统更加复杂并增加了安装成本。

20世纪80年代末光纤放大器的出现，有效解决了信号衰减的问题。光纤放大器可以直接在光域放大光信号，并具有高增益、偏振无关、无串扰、低噪声系数和低插入损耗等优点。它的产生使光纤通信发生了革命性的变化。光放大器通过提高信号发射功率和补偿传输中的功率损失来延长无电中继的传输距离，大大简化了系统的结构，降低了系统成本；另外，光放大器能够同时透明放大多路高速DWDM信号，实现大容量的光中继。特别是放大器的出现，使得DWDM能够进行各种光信号的处理，如光再生、光开关、波长转换、波长选择等，从而增加网络对光的控制和处理能力，如全光再生、路由功能等。可以说，光放大器的出现使得全光网的实现成为可能。光纤通信技术正向着超高速、大容量通信系统发展，并且逐步向全光网络演进。随着DWDM系统的普及，光放大器势必成为光网络中不可或缺的一环。

2　光纤放大器

光纤放大器的运作机理与光源类似。光纤放大器按照原理的不同大体上分为两类：传输型光纤放大器和掺杂型光纤放大器。其中传输型光纤放大器包括受激拉曼散射光纤放大器和受激布里渊散射光纤放大器。掺杂型光纤放大器包括掺铒光纤放大器（Erbium Doped Fiber Amplifier，EDFA）、掺镱光纤放大器（Ytterbium Doped Fiber Amplifier，YDFA）、掺铥光纤放大器（Thulium Doped Fiber Amplifier，TDFA）以及两种稀土元素的共掺型光纤放大器。传输型光纤放大器利用光纤中的受激散射现象，在泵浦光的作用下，使得光纤内的信号放大。掺杂光纤放大器利用了掺杂离子受激辐射放大的原理，掺稀土元素的光纤是增益介质，在增益介质的吸收波长上提供泵浦，光信号经过增益介质时，便产生光放大现象。与传输性光纤放大器相比，这两种放大器都依靠光激励来实现，但它们的光放大工作原理不同。此外，这两种光纤激光器在特性与应用上有很大的不同。在掺杂型光纤放大器中，EDFA是性能优异、技术最成熟、应用最广泛的光纤放大器。1985年，英国南安普敦大学针对铒离子能级特性将铒离子掺入光纤，首次研制出针对光纤通信第三个窗口（1 550 nm波段）的光纤放大器。到1988年，低损耗的掺铒光纤技术已相当成熟，并达到实用水平。它的研制成功是光纤通信领域内的一次革命。

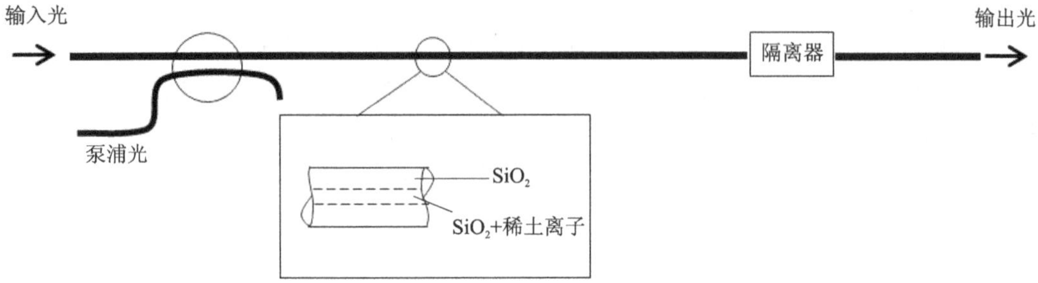

图1 光纤放大器系统组成图

2.1 EDFA工作原理

掺铒光纤中的铒离子工作原理是以爱因斯坦的光受激辐射理论为理论基础的，其工作能级如图2所示，其中E1为基态能级，E2为亚稳态能级，E3为激发态能级。在泵浦光的作用下，铒离子先由基态E1跃迁到激发态E3或E2，跃迁到激发态E3（寿命约为1 μs）的粒子迅速以非辐射跃迁的形式由泵浦态跃迁至亚稳态E2，在该能级上，离子寿命比较长（10 ms）。当泵浦功率较低时，能级E2上的原子数密度N2小于能级E1上的原子数密度N1，此时粒子数正常分布，只存在自发辐射光。随着泵浦源功率增强，N2逐渐增加，在源源不断地泵浦条件下，

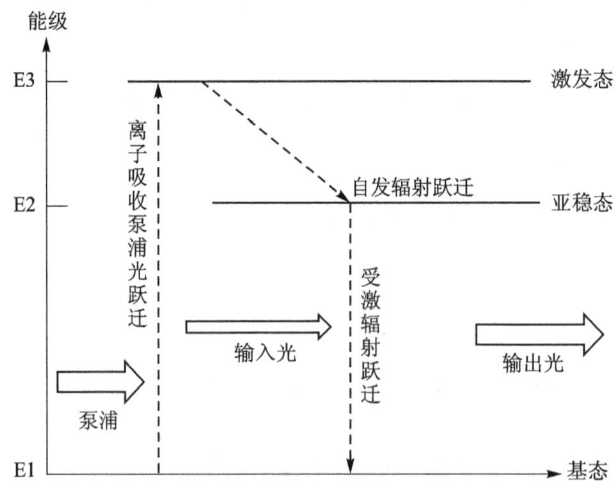

图2 光纤放大器原理

上能级粒子数目不断增加，从而实现了粒子数的反转。一般情况下，掺铒光纤受激发出的光的波长为 1 520～1 570 nm，即 EDFA 通常对 1 520～1 570 nm 的光信号具有放大的作用。当处于这一波段的光信号通过这段掺铒光纤时，处于亚稳态的粒子将会以受激辐射的形式跃迁到基态，产生的出射光子与入射光信号中的光子一模一样，从而大大增加了信号光中的光子数量，即实现了信号光在传输过程中被放大的功能。

在铒离子受激辐射光放大的过程中，有少部分粒子以自发辐射形式从亚稳态跃迁到基态，产生带宽极宽且杂乱无章的光子，并在传播中不断放大，形成了放大的自发辐射（Amplified Spontaneous Emission，ASE），并消耗了部分泵浦功率。在 EDFA 中，ASE 是作为噪声存在的，影响了放大器的性能。因此，光放大器的性能是光网络系统设计者必须考虑的因素，也是衡量光网络系统性能的标准。

2.2 EDFA 性能指标

2.2.1 输出功率和增益特性

理想的光放大器，不管输入功率有多高，光信号都能按同一比例被放大；但实际上并非如此，当输入功率增加时受激辐射加快，减少了粒子反转数，使受激辐射光减弱，导致增益饱和，输出功率趋于平稳（近似于固定功率输出）。通常用 3 dB 饱和输出功率来表示 EDFA 的最大输出能力，即饱和增益下降 3 dB 时所对应的输出功率。

增益特性是 EDFA 的一个重要的特性，表示光放大器的放大能力。在一定浓度范围内，增益随着铒离子的浓度增大，当浓度超过一定值时，增益反而下降。除了铒离子的浓度外，放大器增益还与泵浦强度和掺铒纤长度密切相关。

2.2.2 噪声指数

在 EDFA 输出的光中，信号光和自发辐射光被一起放大，共同形成了影响信号光的噪声源。EDFA 的噪声主要有以下 4 种类型：信号光的散粒噪声，被放大的自发辐射光形成的噪声，ASE 光谱与信号光之间的差拍噪声，宽带 ASE 光谱间的差拍噪声（差拍噪声指的是 ASE 的二次项）。在以上的 4 种噪声里，后两种噪声起着决定性的作用。EDFA 的噪声特性可以用噪声系数来衡量，它是输入信噪比与输出信噪比的比值。光放大器的噪声会使系统的性能劣化，在光的接收端追求的正是低的噪声指数。

3 噪声指数测试及分析

3.1 输入及输出特性

输入功率和输出功率的关系如图 3 所示。通过对信号的探测直接得到各个通道的输入信号功率及输出信号功率。由于光放大器是模拟器件，它会放大与信号一起进入的任何噪声，过高的输入功率会造成光放大器饱和，增益和输出功率取决于输入功率和光放大器的特性。

针对光放大器波长稳定性测试指标，设计了两种信号波长求解方式，即点波长及阈值波长方式，如图 4 所示。对于点方式，波长值与功率值相对应；对于阈值方式，波长值为阈值功率对应的两侧波长的平均值。两种方式都和求解的峰值点有直接关系，峰值点的精确性直接影响着求得的信号波长和功率的精确性。

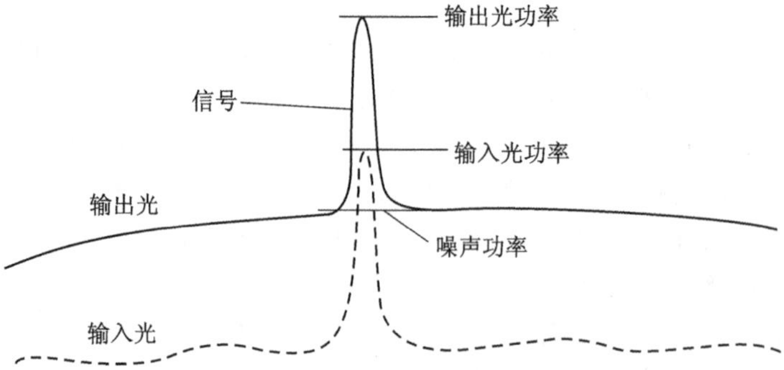

图3 输入功率及输出功率

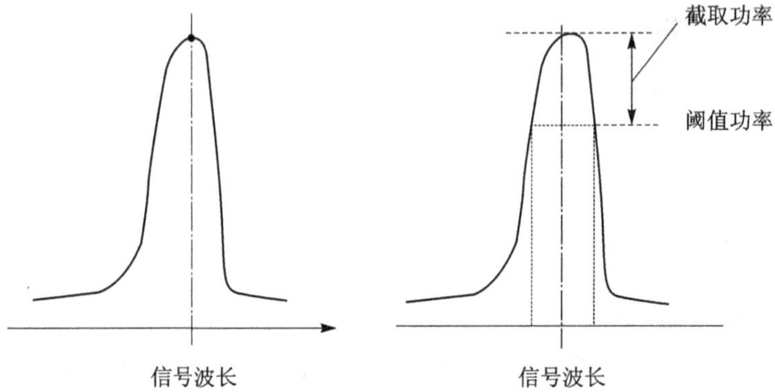

图4 点方式及阈值方式求解波长

3.2 噪声功率

采用区域计算方法来拟合噪声功率。首先，需要设置噪声功率计算区域（噪声功率的波长位置就在信号波长处）和计算方法。常用的计算方法是曲线拟合，共分为五种，分别为：线性拟合 $f(\lambda)=a\lambda+b$；高斯拟合 $f(\lambda)=a\lambda^2+b\lambda+c$；三次多项式拟合 $f(\lambda)=a\lambda^3+b\lambda^2+c\lambda+d$；四次多项式拟合 $f(\lambda)=a\lambda^4+b\lambda^3+c\lambda^2+d\lambda+e$；五次多项式拟合 $f(\lambda)=a\lambda^5+b\lambda^4+c\lambda^3+d\lambda^2+e\lambda+f$。曲线拟合是根据平面上的一些已知数据点，找到一条曲线，使它与这些点最接近。拟合并不要求曲线通过所有的点，这与插值法不同。图5所示为高斯拟合与线性拟合的差异，根据不同的信号波形，应选取适合的拟合方法。在拟合时，需要指定掩盖区间及拟合区间，掩盖区间内的点不参与拟合计算，拟合区间为参与拟合的点的最大范围。通常情况下，掩盖区间需要覆盖信号点，以此保证参与拟合计算的点均为噪声。

选取最小二乘法多项式曲线拟合方式对用户选择的拟合方式进行曲线拟合。假设已知点为$(x_i,y_i)(i=1,2,\cdots,N)$，很容易推算出，系数为下面方程式的解，即

$$\begin{bmatrix} c_0 & c_1 & \cdots & c_m \\ c_1 & c_2 & \cdots & c_{m+1} \\ \vdots & \vdots & \ddots & \vdots \\ c_m & c_{m+1} & \cdots & c_{2m} \end{bmatrix} \begin{bmatrix} a_0 \\ a_1 \\ \vdots \\ a_m \end{bmatrix} = \begin{bmatrix} b_0 \\ b_1 \\ \vdots \\ b_m \end{bmatrix} \tag{1}$$

其中，

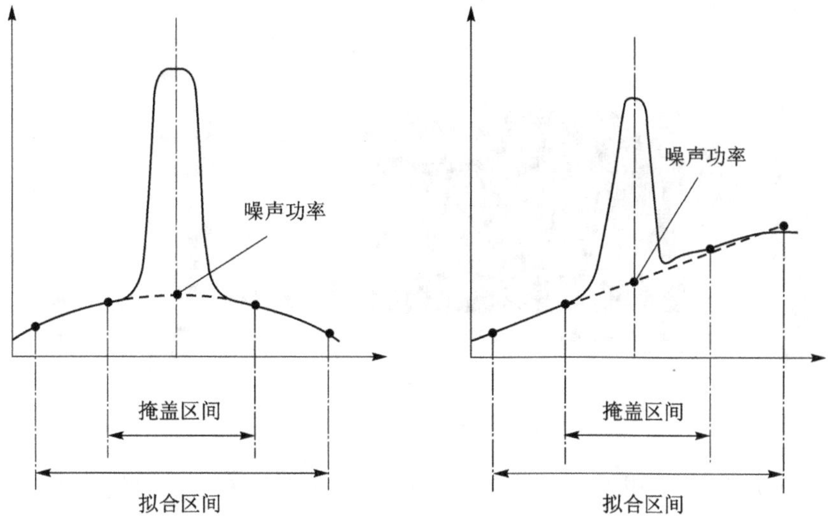

图 5 高斯拟合与线性拟合

$$\begin{cases} c_k = \sum_{i=1}^{N} x_i^k, & k = 0,1,\cdots,2m \\ b_k = \sum_{i=1}^{N} y_i x_i^k, & k = 0,1,\cdots,2m \end{cases} \tag{2}$$

曲线拟合需要找到参考点$(x_i, y_i)(i=1,2,\cdots,N)$，参考点的选择方式也至关重要。

3.3 增益特性及噪声指数

通过上述计算得到信号的噪声功率，根据上面得到的信号功率，可以得到各个通道的增益为

$$G_i = \frac{\mathrm{LOUT}_i - \mathrm{LASE}_i}{\mathrm{LIN}_i} \tag{3}$$

其中，G_i 为各个通道的增益，LOUT_i 为各个通道的输出信号功率，LASE_i 为各个通道的噪声功率，LIN_i 为各个通道的输入信号功率。

根据增益，可以求得光放大器各个通道的噪声指数为

$$\mathrm{NF}_i = \frac{k}{hc^2} \times \frac{\lambda_i^3}{\mathrm{Res}_i} \times \frac{\mathrm{LASE}_i}{G_i} \tag{4}$$

其中，NF_i 为各个通道的噪声指数，h 为普朗克常量；k 为修正系数，通常为光的折射率；c 为真空中的光速；Res_i 为各个通道的分辨率；通常用 3 dB 带宽功率表示。

4 试验与验证

6362A 光谱分析仪采用双通光栅分光单元、高分辨率衍射光栅定位、光学楔形延迟消偏振、小信号和宽波段光谱检测等技术研制而成，适用于 600～1 700 nm 波段范围的 LED、LD、FP-LD、DFB-LD、EDFA、光纤、光纤光栅、光学滤波器、光纤放大器、波分复用器等光源、光电

子器件及有关系统的测试。整机如图6所示。

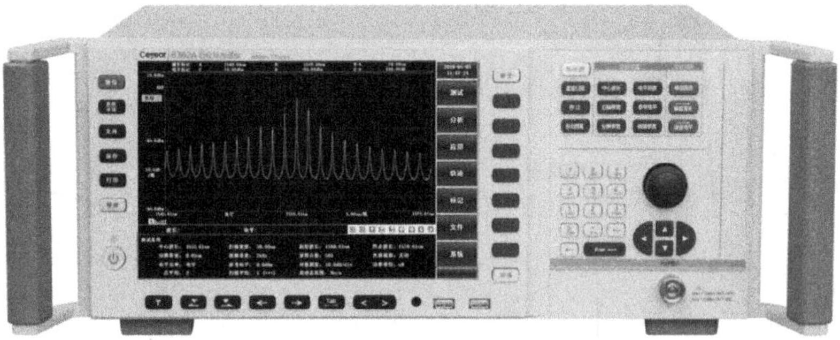

图6　6362A 光谱分析仪

基于6362A光谱仪,应用上述测试分析方法,对光纤放大器进行了测试,测试及分析结果如图7所示。

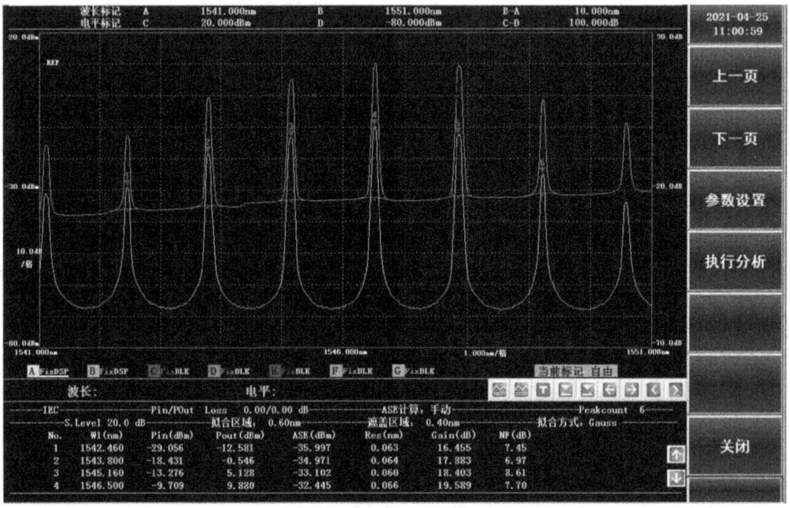

图7　光放大测试及分析结果

测试和分析结果与光纤放大器厂家出厂报告以及计量结果对比,噪声指数分析结果一致。

5　结束语

本文介绍了光纤放大器的发展趋势、系统构成及影响性能的指标。同时,提出了两种不同的核心参数增益和噪声指数参数测试分析方法,最后基于我所研制的6362A光谱分析仪实现对光纤放大器的光谱测试。通过对信号波长和功率及噪声功率的测量方法的设计,能够真实有效地反映出被测光纤放大器的性能。

参考文献

[1] 熊英,曹文华. 高速光纤通信中的光纤放大器及其发展[J]. 光器件,2008(05):35-37.

[2] 谈仲纬,吕超. 光纤通信技术发展现状与展望[J]. 中国工程科学,2020:1-156.

[3] 杨建虎，戴世勋，胡丽丽，等. 光纤放大器应用及研究进展[J]. 激光与光电子学进展，2003(05)：33-38.

[4] 樊国丽，赵尚弘，周万银. 光纤放大器的研究动态[J]. 半导体技术，2005，30(011)：1-3.

[5] 施可彬，盛秋琴，葛春风，等. 掺铒光纤放大器光谱特性和噪声特性的研究[J]. 中国激光，2000(03)：2-5.

[6] 郭玉彬，霍佳丽. 光纤激光器及其应用[M]. 北京：科学出版社，2008：279-300.

[7] Singleton J. 固体能带理论和电子性质[M]. 北京：科学出版社，2009：23-46.

[8] Li B，Jiang L，Wang S，et al. Ultra-Abrupt Tapered Fiber Mach-Zehnder Interferometer sensors[J]. Sensors 2011，11：5729-5739.

基于计算机视觉的远程智能监测与诊断技术

李桓勇　赵杰　申双荣　靳为东　唐建立

（中电科思仪科技股份有限公司，山东·青岛，266000）

摘要：基于计算机视觉的远程智能监测与诊断，是指利用以深度学习为主的图像处理方法，采集状态指示灯的变化、测试数据的跳动、测试曲线的突变等图像信息，经过预处理、特征提取、模型训练等获取智能监测模型，监测被测对象、测试仪器、测试系统等设备的运行状态，进行设备状态智能识别，实现被测对象的智能诊断与分析，为测试人员的决策提供数据和结论支撑。本文将详细阐述通过对测试仪器面板文字的识别、分析从而对待测设备的运行状态进行有效评估的方法；针对测试仪器小型化的趋势，将诊断算法模块化以便于系统集成。同时针对异常情况进行存盘记录，为测试测量过程化的分析提供数据支撑。

关键词：深度学习；文字识别；端侧推理；状态监测

1 引　言

随着深度学习的发展，数字图像处理得到飞速的发展。人工智能赋能百业，各行各业也在积极寻求与人工智能的有效结合以期提升本行业的生产效率。例如在安防领域，通过对摄像头图像的采集和分析，可有效识别道路场景下的各种车辆、人员的违规违法行为，大大降低了公安民警的审核负担；在自动驾驶领域，通过对二维、三维图像的分析，感知车辆周围的信息，为自动驾驶的决策提供依据。基于此，本文创造性地将文字识别技术应用于设备测试过程中，为无人值守下长时间测试提供技术支撑。

传统的测试中，测试人员要时刻盯住测量仪器的面板，通过对比分析数据的变化来判断待测设备的运行状态。这种方法对短时间的测试测量是有效的，但是针对长时间的测试（连续24小时以上），则会造成测试人员的疲劳。在实际的测试中，出现了异常情况，测试人员还要进行手动记录并汇总各个测点的状态，工作量巨大。

基于此，本文将介绍基于深度学习的文字识别技术，构建文字识别网络，对测试仪器的屏幕进行24小时不间断地识别和分析，从而替代人工值守。通过设计具有编码-解码结构的神经网络，对测试仪器的显示面板的数据进行有效的识别，该神经网络可以使用目前常用的端侧推理的方法进行终端侧的部署，以模块化的形式方便集成到现有的测试测量系统中。

系统的整体流程如图1所示。

摄像头获取到数据后进行解码以获得原始的图片，之后经过去噪、抠取感兴趣区域、归一化等预处理操作后，将图片送入文字识别网络中；在文字识别网络识别出文字后，进行相关的阈值比较，从而可以获得待测试设备的运行是否在正常状态中。考虑到全流程的重点是文字识别网络的设计和神经网络模型的部署，因而下文将着重从这两点进行详细介绍。

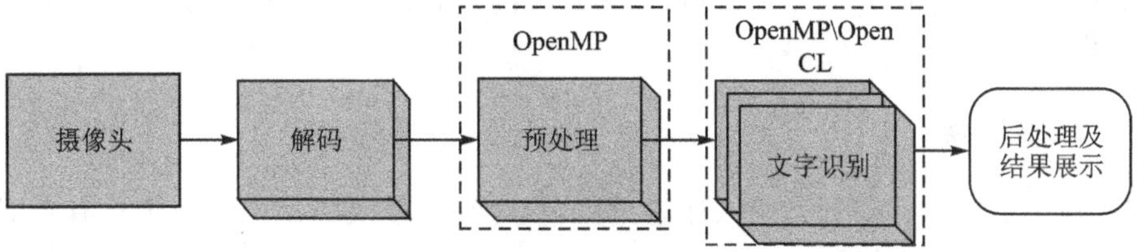

图 1 远程智能监测系统

2 支持端到端的场景文字识别网络结构

目前的文字识别网络大致分为两种：一种是以分割的方法来进行文字的识别;该方法将单个字符进行分割,然后进行识别,因而忽略字符间的语义关联性,同时由于字符大小、光照变化等影响,识别效果一般;另一种是基于序列化的方法,该方法通过对字符图像特征的序列化操作,使得车充分考虑字符间的语义性,从而可以有效地进行文字的识别。

下面将详细介绍基于编码--解码结构的文字识别网络。该模型使用两个有先后顺序的编解码模块,其中编码模块负责对输入图片的特征的提取,而解码模块则负责对提取到的特征进行进一步的处理从而解析出图片中包含的文字信息。

2.1 编码模块

编码模块使用卷积神经网络进行文字图片的特征提取,获取到特征图后,统一送入到长短时记忆网络(Long-Short Term Memory,LSTM)中进行特征间语义信息的关联获取,如图 2 所示。在这一过程中,本文使用了两次 LSTM 结构来进行文字语义间关联特征的学习。通过引入 LSTM,由于网络具有了“长期记忆”,因而可以对具有前后语义联系的特征进行有效的识别,例如在识别出“GH”字符后,下一个字符根据语义特征,应该是“z”字符,故而可以提高识别的准确率。而 LSTM 前置的卷积网络则与常规的卷积神经网络相同,用于对输入图片进行特征提取。

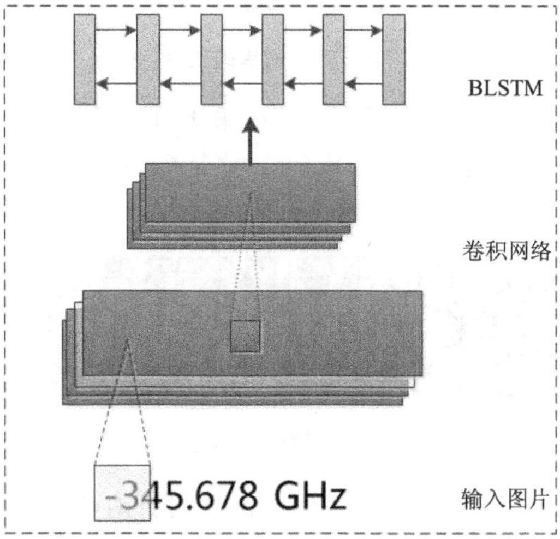

图 2 编码模块

在编码模块获得了图片的特征之后，需要对应的解码模块来进行有效的解码，从而将字符进行有效识别。

2.2　解码模块

解码模块（如图3所示）通过引入注意力机制，对编码模块输出的特征进行有针对性的提取，然后送入到门控循环单元（Gate Recurrent Unit，GRU），对GRU输出的29维特征向量进行概率最大值输出以确定对应的字符，同时引入了末尾字符EOS，当解析到为末尾字符时，解码将终止，这也解决了变长度字符的识别问题。

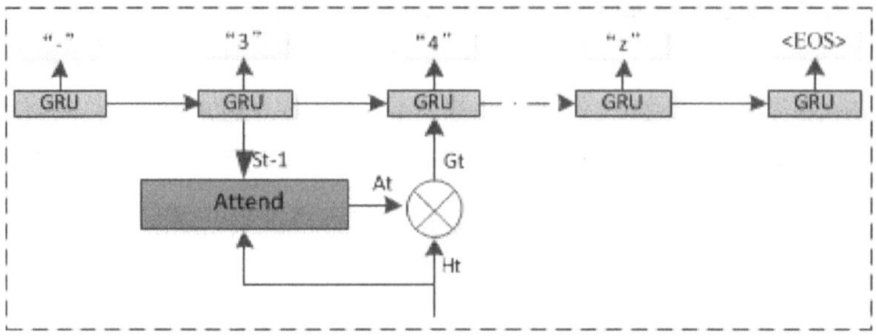

图3　解码模块

3　实验及结果分析

3.1　数据集制作

根据实际的测试情况，选取本公司频谱仪为实验对象，采用罗技可变焦摄像头为数据采集工具，通过程控频谱仪生成待测数据图像，摄像头同步捕捉图像并存盘，制作出的数据集图像部分如图4所示。

图4　用于训练的图片

所有的数据集均为280×32大小的图片，数据采集过后手动进行数据的标注并最终生成训练用的数据集，由于本质为有监督的学习方式，故其标签形式为图片绝对路径和对应的字符，训练集的部分数据集如图5所示。

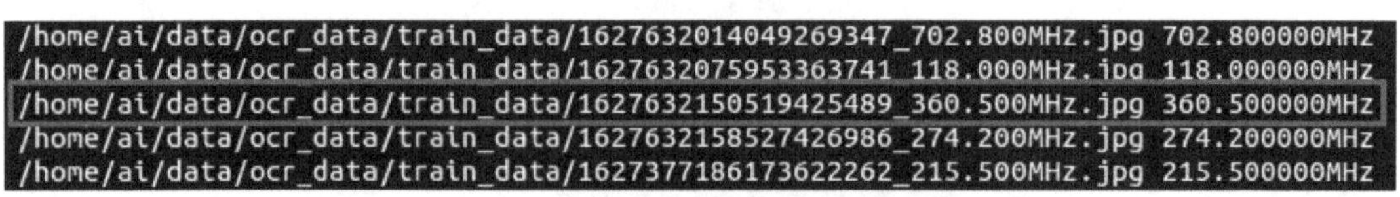
```
/home/ai/data/ocr_data/train_data/1627632014049269347_702.800MHz.jpg 702.800000MHz
/home/ai/data/ocr_data/train_data/1627632075953363741_118.000MHz.jpg 118.000000MHz
/home/ai/data/ocr_data/train_data/1627632150519425489_360.500MHz.jpg 360.500000MHz
/home/ai/data/ocr_data/train_data/1627632158527426986_274.200MHz.jpg 274.200000MHz
/home/ai/data/ocr_data/train_data/1627377186173622262_215.500MHz.jpg 215.500000MHz
```

图5　训练集标签

通过连续的采集，共采集出2万张有效的图片，同时针对测试环境中的高反光、模糊等情况，我们采集了一天中不同时间段的图片以模仿光照变化对图像像素值得影响。针对模糊情况，我们人为调整摄像头焦距，来获取轻微模糊下的图片。对2万张有效图片进行后处理，共制作出 3.8 万张有效的数据集。

3.2 模型训练

为快速训练出有效的模型，同时便于前期模型准确率的验证。模型的训练在 Pytorch 框架下进行，编程语言为 Python。服务器操作系统为 Ubuntu 18.04。GPU 方面，使用一张英伟达 P100 显卡，显存为 16G。

训练时起始学习率设置为 0.01，使用随机梯度下降的方法来进行梯度的计算。Batch Size 设置为 68，共进行 400 轮训练。在实际训练时，我们发现模型能有效收敛，并在最后一轮训练结束后进行模型准确性评估，得出模型在验证集下的正确率为 97.65%。

3.3 模型部署

在训练好模型后，按照任务类型进行有效的部署。所谓部署，是指将服务器上训练好的模型进行量化、压缩、加速等操作，使得其可以运行在目标设备上。

常规的模型部署一般分为云端部署和终端侧部署。云端部署以服务的形式对外提供模型的计算输出，终端侧部署则是以模块化的形式提供给用户进行使用。考虑到测试仪器便捷化、国产化和测试数据保密性要求，本文使用终端侧部署的方式进行模型的部署，过程照中产生的数据均存储在本地，主要方法是通过端侧推理框架 MNN 将模型部署到价格低廉、完全自主可控的 RK3399 开发板上。

部署的几个关键步骤如下：

(1) 模型的转换，用于将模型从 ONNX 格式转换为以.mnn 为后缀的文件。

(2) 模型的压缩，将模型进行层间的合并、降低计算量，从而提高模型推理的速度。

(3) 模型的量化，一般是将 32 位的浮点运算转换为 8 位的整型运算，数据精度的降低会在一定程度上降低模型的准确率，但是在可接受的范围内，模型的量化有助于提高模型前向推理的速度。

(4) 其他诸如快速卷积计算、稀疏卷积计算等针对单个卷积过程的加速。

通过将训练后的模型进行转换并部署到 RK3399 开发板上后，可以完全脱离原有的服务器独立地在开发板上运行。

3.4 实验测试与分析

在实际中为了方便用户操作使用，添加了用户界面，同时在界面上可以设置相关的阈值等，从而可以一键使用。对于超阈值的警戒，将进行颜色变化的示意并对详细的超阈值时间等状态进行存盘以备后续查验。

图 6 所示为实际用户人机交互界面，在绘制好感兴趣区域后，设定仪器正常工作范围时的阈值区间，然后单击“开始监测”按钮，嵌入式的后台将会自动获取摄像头内的数据流并进行预处理，然后经过神经网络的推理后，获取最终的识别结果并与设定的阈值范围进行对比，同时在页面进行显示并以不同颜色加以区分。

在实际测试中，针对 1 920×1 080 分辨率的图片，经过全流程后输出最终结果的各阶段耗时如表 1 所列。

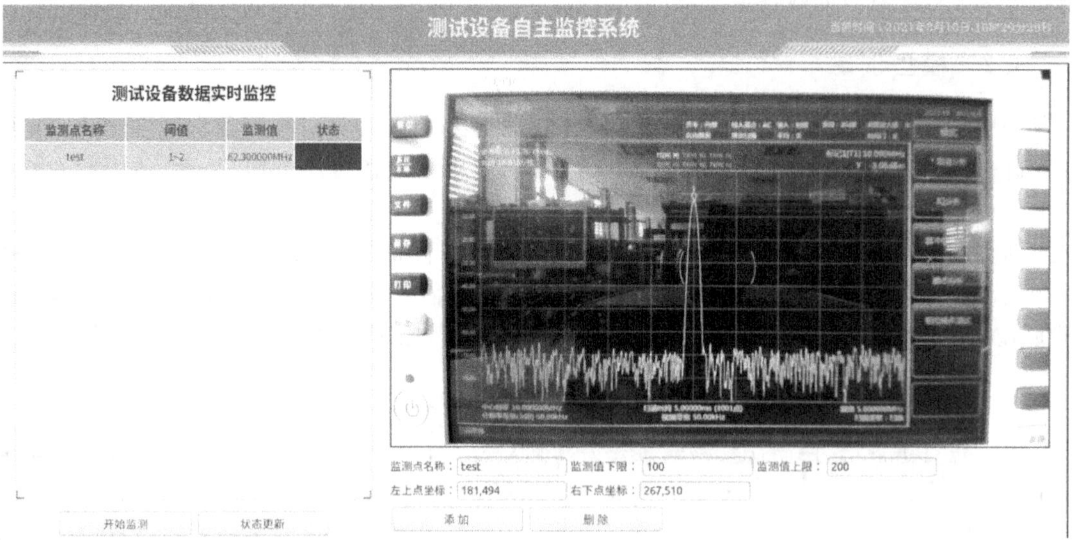

图6 监控系统用户界面

表1 处理全流程各阶段耗时分析表

阶 段	耗时/ms	功 能
摄像头取取流	3	摄像头拍摄待测界面并传输至开发板
预处理	17	进行图像感兴趣区域扣取，归一化等操作
模型前向推理	1140	预处理后的图片送入模型进行推理
后处理	4	根据模型输出，做结果分析、比对并对异常状态存盘

由此可以看出在整个处理流程中，全流程耗时约在1.2 s左右，在渐变的测试环境中是可以满足监控要求的。应该指出的是模型的前向推理过程依然是耗时最多的，如何进一步提高模型前向推理的速度是后续研究的重点内容。

4 结束语

本文研究了适用于终端侧推理的场景文字识别的神经网络。通过引入编码-解码结构，有效地解决了无人值守状态下的测试仪器长时间测试监控难的问题。综合最终测试结果，文字识别准确率达到了97.65%，模型在终端侧单次推理耗时约1.2 s。通过实际的测试，可以有效地与现有仪器进行集成。该技术引入自动测试领域后，将在一定程度上提升仪器的智能化水平，加快推进仪器数字化、智能化、自动化的改造，在航天测控领域具有重大意义。

参考文献

[1] Ruijie Y, et al. Primitive representation learning for scene text recognition[J]. IEEE Conference on Computer Vision and Pattern Recognition, 2021: 284-293.

[2] Ashish Vawani, et al. Attention is all you need[J]. Neural Information Processing Systems. 2017: 5998:6008.

[3] Baoguang Shi, et al. Robust scene text recognition with automatic rectification[J]. IEEE Conference on

Computer Vision and Pattern Recognition. 2016: 4168-4176.

[4] Xiaotang Jiang, et al. MNN: A universal and efficient inference engine. 2020.

[5] Jiang Z. Efficient deep learning inference on edge devices[J]. MLSys, 2018.

[6] Wan Z, et al. On vocabulary reliance in scene text recognition[J]. IEEE Conference on Computer Vision and Pattern Recognition, 2020: 11425-11434.

[7] Yu Cheng, et al. A survey of model compression and acceleration for deep neural networks[J]. IEEE Signal Processing Magazine, Special Issuw On Deep Learning For Image Understanding. arXiv: 1710.09282v9.

[8] R Litman, et al. SCATTER: Selective context attentional scene text recognition[J]. IEEE Conference on Computer Vision and Pattern Recognition. 2020: 11962-11972.

[9] Deli Yu, et al. Towards accurate scene text recognition with semantic reasoning networks[J]. IEEE Conference on Computer Vision and Pattern Recognition. 2020: 12113-12122.

[10] Xing Xu, et al. What machines see is not what they get: Fooling scene text recognition models with adversarial text images[J]. IEEE Conference on Computer Vision and Pattern Recognition, 2020: 12304-12314.

W 波段天线罩电性能测试技术研究

赵代岳　乔承晓　刘尚吉　崔冬雷

（航空工业济南特种结构研究所，高性能电磁窗航空科技重点实验室，山东·济南，250023）

摘要： 电性能指标测试是天线罩研制中的一项重要内容，目前国内的天线罩电性能测试场已经可以覆盖到 Ka 波段，但还没有条件进行 W 波段天线罩电性能的测试。本文从 W 波段天线罩电性能参数和测试方法为切入点，结合该频段特点和难点问题，制定 W 波段天线罩测试系统原理及方案，进行测试系统集成与实现，开展型号应用，验证测试方法、测试系统的可行性，有效解决了该频段天线罩测试的短板。

关键词： W 波段；天线罩；电性能测试

0　引　言

W 波段（75～110 GHz）天线既保有毫米波天线克服烟雾、尘埃等大气环境影响，从复杂的杂波中识别目标及较强的夜视能力的优点，与传统 Ka 波段天线相比，W 波段天线又兼有以下特点：

① 更短的波长和更高的定向性，使之具有更高的分辨率和更强的保密性；

② 更窄波束宽度，使之具有更高的天线增益和更高的角跟踪精度；

③ 更宽的脉冲带宽，使之具有很高的目标成像识别能力；

④ 目前电子战干扰手段主要集中在微波频段，对 W 频段难以进行有效的干扰，具有突出的抗干扰能力。

天线罩是飞机及弹体的一部分，既要保证雷达天线的气动力特性，适应天线的气动加热、使用环境和机械强度的要求，又要保证天线接收微波电磁能量时的功率传输效率、瞄准误差、插入相位延迟、方向图畸变参数等电磁性能指标，针对天线罩电性能指标技术要求，需对其进行电性能的验证与测试。目前国内在微波频段和 Ka 频段的天线罩电性能测试系统已形成了一套完整的测试理论和方法。而在 W 波段，由于测试仪器的限制及线缆损耗过大，测试系统中的射频收发部分不能直接套用传统微波频段和 Ka 频段测试原理和方法，导致无法进行 W 波段的测试，从而制约 W 波段天线罩的研制。

本研究根据 W 波段天线罩的电性能参数，研究适用于 W 波段天线罩的测试原理及方法，并以此构建电性能测试系统，应用于 W 波段天线罩的研制。

1　W 波段天线罩测试难点

W 波段的天线罩的电性能测试无法借用传统的测试原理和方法，其存在以下特点：

① W 波段在大气中传输的时候易受空气中氧分子和水蒸气的影响，氧分子和水蒸气易谐

振、吸收和散射大量电磁能量，电磁波传输信号衰减较大，接收信号信噪比低；

② W 波段微波电缆电磁损耗极大，为保证测试精度和信噪比，不能借用传统的信号传输方式构建系统；

③ 现行电性能测试仪器频段无法直接满足 W 波段测试需求；

④ W 波段天线罩口径尺寸与线缆连接方式、倍频方式等产生冲突，毫米波测试时传输和瞄准误差不能直接借用。

鉴于上述问题，展开研究适用于 W 波段天线罩的电性能测试系统测试原理，并将其进行系统集成于实现，并对测试系统进行相应的验证分析。

2 测试系统原理及方案

2.1 功率传输效率

对于 W 波段天线及天线罩，在给定工作频率和天线在罩内扫描位置的情况下，通过天线罩后天线接收到的最大功率 P_1，与没有天线罩时天线直接接收到的最大功率 P_0之比，称为天线罩的功率传输效率（T_e）。

$$T_e = 10^{\frac{P_1 - P_0}{10}} \times 100\% \tag{1}$$

功率传输效率测试选用“功率比较法”，即 W 波段接收天线固定在转台的俯仰环上，天线罩固定在转台的滚动环上。测试前调整收发天线电轴对准，测试中驱动转台方位，控制天线波束始终对准发射天线，改变天线罩与天线的相对位置，完成测试天线在天线罩内扫描测试。

W 波段天线功率传输效率测试系统由发射天线与支架、信号发生器、W 波段功率放大器、W 波段倍频模块、接收天线、微型变频模块、天线测试转台、频谱仪、转台控制器、天线远场测量数据处理软件及计算机组成。

2.2 瞄准误差及瞄准误差变化率

瞄准误差(Bore Sight Eror，BSE)是指目标的视在方向与目标的实际方向之间角度的偏差，目标的视在方向即瞄准线的方向。在天线系统中，造成瞄准误差的原因很多，比如天线机械系统的传动误差、角传感器的测量误差、信号处理误差等，其中一个重要原因是天线罩引起的瞄准误差。

天线罩的存在使得天线辐射的电磁波将在空气-介质-空气构成的空间中传播，在传播过程中，在介质分界面处必然引起电磁波的反射和折射，尤其是天线罩的非理想性，使得不同部位引起的电磁波的相位延迟不同，从而改变了电磁波的等相位面，使得带罩天线的主向(电轴方向)发生了偏移，波瓣发生畸变，不可避免地产生瞄准误差。所有跟踪雷达天线都有一个瞄准线，而非跟踪雷达天线有一个主波束最大指向线，与天线罩配套以后，罩壁对于天线口径场的幅度分布和相位分布影响，使得瞄准线或主波束最大值指向发生相对偏移，造成对目标的测向误差跟踪雷达的测向误差称为瞄准误差，非跟踪雷达主波束的指向误差称为波束偏移。

设在无限远处沿天线电轴定位的目标角位置为 α_R，单独由天线确定的目标角为 α_a，则瞄准误差为

$$BSE = \alpha_R - \alpha_a \tag{2}$$

瞄准误差 BSE 对天线扫描角 $\Delta\alpha$ 的一阶导数，即当天线在罩内相对于天线罩进行转动时，瞄准误差改变的速率即为瞄准误差变化率 BSS。

$$BSS = \frac{BSE(\alpha_i + \Delta\alpha) - BSE(\alpha_i)}{\Delta\alpha} \tag{3}$$

天线和天线罩之间相对位置的改变会造成瞄准线误差的变化。因为实际工作状态下，天线要在天线罩内特定的俯仰空域范围内进行扫描，所以需要测量天线在多个扫描角下的天线罩瞄准误差。

对于单脉冲体制天线，方向图零深位置对应的横坐标代表了天线的波束指向。瞄准线误差反映的是天线罩对该横坐标对应角度的影响。目前，Ka 频段测试方法有电子定标法、动态电轴跟踪法及搜零法，因 W 波段功率放大器和 W 波段倍频模块均通过硬性波导连接于发射天线上，尺寸较大，同时 W 波段天线罩口径尺寸较小，导致接收端进行天线的角度调整存在干涉，因此选择调整发射端进行瞄准误差测试，采用的方法为搜零法和电子定标法，测试时需将倍频模块设计专门的测试夹具，使其与测试天线同步运动。方向图测试原理如图 1 所示。

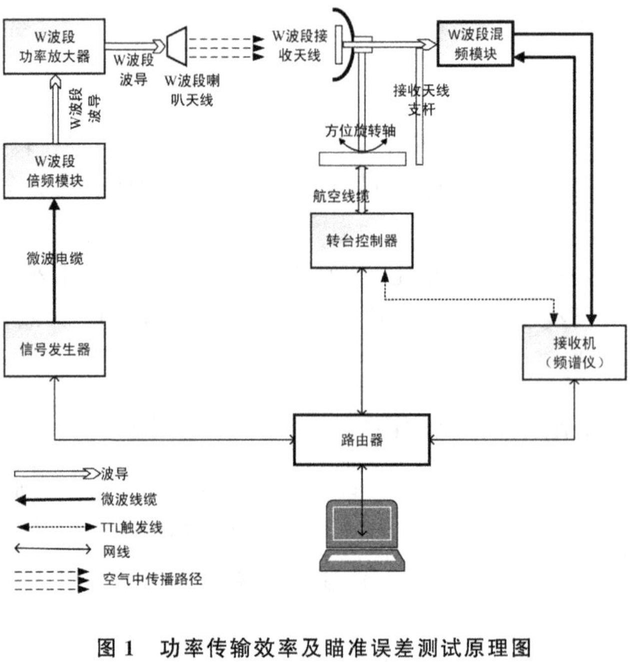

图 1　功率传输效率及瞄准误差测试原理图

2.3　方向图畸变

方向图畸变参数包括波束宽度变化、副瓣电平抬高、远区均方根副瓣电平抬高、镜像波瓣电平、交叉极化电平和零深电平抬高等，通过所测方向图并根据相应的公式计算得到，如图 2 所示。

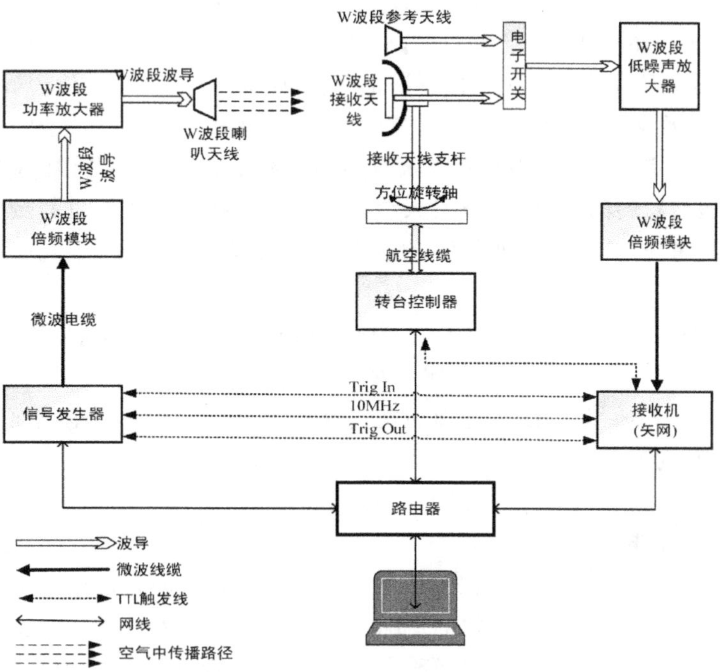

图 2　方向图测试原理图

3　系统组成及实施

3.1　微波测试环境

W 波段天线罩的接收信噪比相对较低，若处在自然环境中，受周围电磁环境的干扰较为严重，那么要实现远场测试条件几乎是不可能的，因此必须构建良好的电磁测试环境。微波暗室是一个能够屏蔽外界电磁干、抑制内部电磁多路径反射干扰、对电磁来波能够几乎全部吸收的电磁测量环境，是进行天线参数测试及电磁波辐射、散射特性测试的理想场所。对于该微波暗室，需构建的参数主要包括微波暗室的尺寸、收发天线距离、静区反射电平等。

3.1.1　收发天线距离

根据电磁波传输理论，测试天线需处于菲涅尔远区，接收天线所接收的微波信号必须满足平面波条件，计算公式为

$$R_{sf} \geqslant 2 \times (D + d)^2 / \lambda_{min} \tag{4}$$

式中：R_{sf}——收发天线距离，单位为 m；

D——接收天线的尺寸，平板裂缝天线为直径，喇叭天线为长边尺寸，单位为 m；

d——发射天线的尺寸，喇叭天线为长边尺寸，单位为 m；

λ_{min}——待测天线工作频段的最小波长，单位为 m。

3.1.2　微波暗室尺寸

微波暗室长度要预留收发天线距离墙面的距离，同时预留吸波材料的高度，其计算公式如下：

$$L = R_{sf} + L_{sq} + L_{fq} + 2 \times h_x \tag{5}$$

式中：L——微波暗室的长度，单位为 m；

L_{sq}——接收天线距离发射端吸波材料的距离，距离$\geqslant 3\times\lambda_{max}$，单位为 m；

L_{fq}——发射天线距离发射端吸波材料的距离，距离$\geqslant 3\times\lambda_{max}$，单位为 m；

h_x——微波暗室内铺设吸波材料的高度，单位为 m。微波暗室内测试的最低频率来选择吸波材料的高度，W 波段天线罩测试系统在选择吸波材料按照 75 GHz 频率进行考虑，工程上吸波材料的选择一般是$\geqslant 20\times\lambda_{max}$（$\lambda_{max}$ 为工作频段内最大波长）。

微波暗室长宽比例选用(1.1～1.5)：1 为好，同时为保证电磁波的入射角度，应满足

$$W = R_{sf}/\tan\theta \tag{6}$$

微波暗室高度是指收、发天线到地面的垂直距离，取决于发射天线垂直面方向图的第一零功率波瓣宽度，应满足

$$H = R_{sf} \times \tan\varphi/2 \tag{7}$$

3.1.3 静区反射电平

当发射天线辐射时，空间各点存在的信号由来自发射天线的直射信号 Ed 和来自吸波暗室表面的反射信号 Er 所组成。在通常的情况下，直射信号的大小取决于与发射天线分开的距离，而反射信号的大小随采样点的位置而改变，因此情况比较复杂。复杂的变化是由于墙上的每一点和吸波暗室中的其他物体都会反射信号。另外，入射信号的组成包括来自发射天线的信号以及来自微波暗室墙面各点的反射信号，甚至来自接收天线的反射信号。

静区就是吸波暗室内电场均匀性满足规范要求的空间区域，其尺寸范围由静区中心和边缘的电场 Ed 的幅度及相位差别的量级来决定，其“静度”取决于吸波暗室墙壁的反射电平量级。一般来反射功率密度与直射功率密度之比作为静区某一点反射能量的量度。

3.2 机械子系统

W 波段微波子系统的机械子系统主要由转台、发射架、天线座三部分构成。

W 天线和天线罩的波束宽度一般只有 1.6°左右，因此测试转台提出了很高的精度和分辨率要求，同时由于 W 波段天线罩反射较大，转台的选择以减少反射和提高机械精度为目的，且能够模拟天线在天线罩内的扫描状态。转台技术要求如下：

(1) 转台要具备方位、俯仰、滚动轴和前后移动轴四个运动自由度，方位轴保证方位扫描角度，俯仰轴保证俯仰空域扫描角度，滚动轴实现多个切面，前后轴保证天线的旋转与天线的相位中心重合；

(2) 各运动轴定位精度$\leqslant$0.01°，重复定位精度为$\pm$0.005°；

(3) 承重不小于 80 kg，且稳定性要好。

天线座为安装天线的天线转台，功能为模拟装机时天线的运动方式及运动轨迹，应具备俯仰和方位两个旋转轴，精度应不低于测试转台的精度，甚至更高。

3.3 微波子系统

W 波段微波子系统主要包括信号发生器、W 波段功率放大器、W 波段低噪声放大器、W 波段倍频模块、接收天线、参考天线、微型变频模块、接收机等。

倍频器是使输出信号频率等于输入信号频率整数倍的电路，在毫米波及更高的太赫兹频

段通常都是采用用倍频的方式实现高频频率源的设计。

如图 3 所示,输入的 Ku 频段的信号(12.5～18.3 GHz)进行 2 次倍频到 Ka 频段(25～36.6 GHz)。虽然前级有源倍频器虽然有一定的增益,但是由于后级倍频器倍频损耗较大,且为系统留出一定的功率余量,所以在两个倍频模块之间加入一级驱动放大器。该驱动放大器是将前级倍频器的输出信号进行一定的功率放大,较好的驱动后级无源倍频器。后级 3 次倍频器是将驱动放大器功率放大后的 Ka 频段的信号进行倍频,最后 W 波段带通滤波器选出课题的目标频段信号(75～110 GHz)。该 W 波段带通滤波器不仅具有选出目标信号的作用,且起到一定的能量回收的作用。W 波段倍频组件就按照上述方案将频率较低的 Ku 波段信号经过 6 次倍频到 W 波段信号。

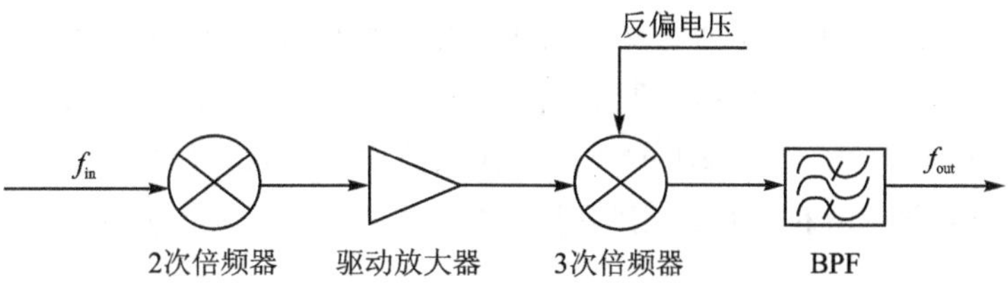

图 3　W 波段倍频信号原理图

3.3.1　W 波段信号产生

W 波段倍频源模块、W 波段功率放大器与信号源一起组成 W 波段信号发生系统,采用合成信号源加扩频模块来实现,倍频模块所需射频功率通过射频电缆从合成源输入,加电和软件控制通过源模块专用连接电缆实现,使用时频率、功率等参数由合成源控制,通过更换不同频段的倍频源模块来完成毫米波信号的产生,具有体积小、使用方便的优点,能够提供与合成信号源相同的频率分辨率,经济高效。

3.3.2　W 波段信号接收

3.3.2.1　频谱分析仪模式

利用频谱分析仪(E4440A/N9030A)与微型变频模块 Keysight - 11970W,可以实现频谱分析仪接收机接收 W 波段的与频谱分析仪混频后的射频信号。

频谱分析仪为 E4440A 时连接示意图如图 4(a)所示,频谱分析仪的 IF Input 端口与 11970W 的 IF 端口相连,频谱分析仪的 LO 中频单元与 11970W 的中频 LO 连接,提供混频信

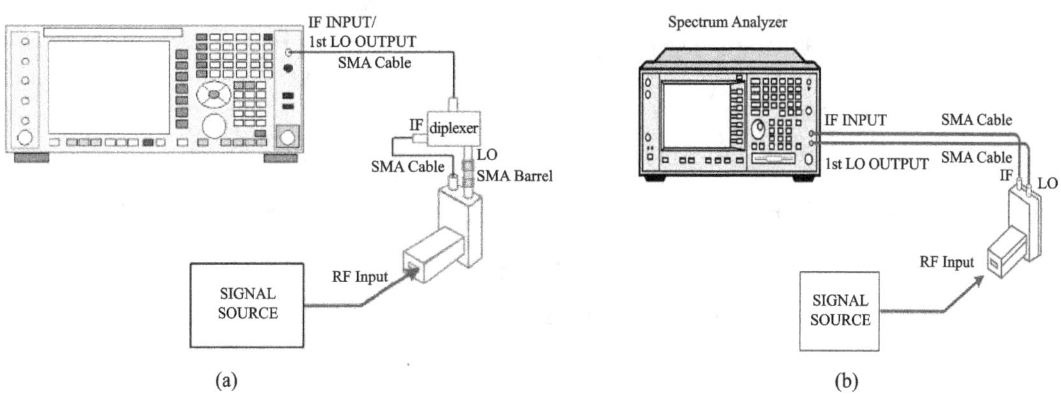

图 4　频谱分析仪与微型变频模块连接示意图

号，RF input 与接收天线连接选用。频谱分析仪为 N9030A 时连接示意图如图 4(b)所示，N9030A 的 IF Input 与 LO 中频单元为同一射频口，需要增加外部双工器。

3.3.2.2　矢量网络分析仪模式

W 波段倍频源模块、W 波段低噪声放大器与矢量网络分析一起组成 W 波段矢量网络分析仪接收模式。倍频模块所需射频功率通过射频电缆从合成源输入，加电和软件控制通过源模块专用连接电缆实现，使用时频率、功率等参数由合成源控制，通过更换不同频段的倍频源模块来完成毫米波信号的产生。

3.4　测控软件

W 波段天线罩电性能测量软件主要包括两部分：实时测量和数据分析。

实时测量软件：主要任务是控制频谱分析仪(或矢量网络分析仪)、测试转台等设备，完成设备控制，实时数据的采集，并将采集的数据保存供数据分析软件使用。

数据分析软件：数据分析软件调用实时测量软件得到的数据，进行适当的变换、计算，输出所需图形、参数等。

4　系统验证与分析

在毫米波试验室进行了系统的实现，并对某型号天线罩进行了相关指标的电性能测试，主要项目包括功率传输效率、瞄准误差、瞄准误差变化率。发射天线为 W 波段喇叭天线，接收天线为型号所用的 W 波段抛物面天线，方向图曲线如图 5、图 6 所示，功率传输效率如图 7 所示，瞄准误差如图 8 所示。

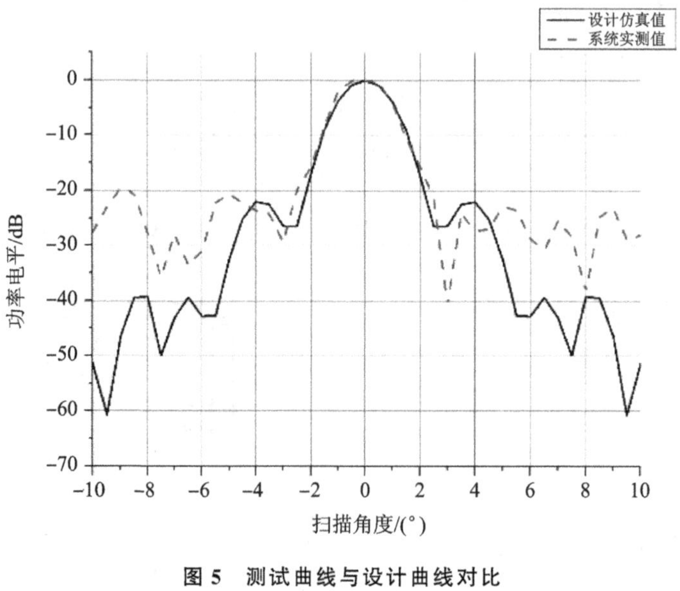

图 5　测试曲线与设计曲线对比

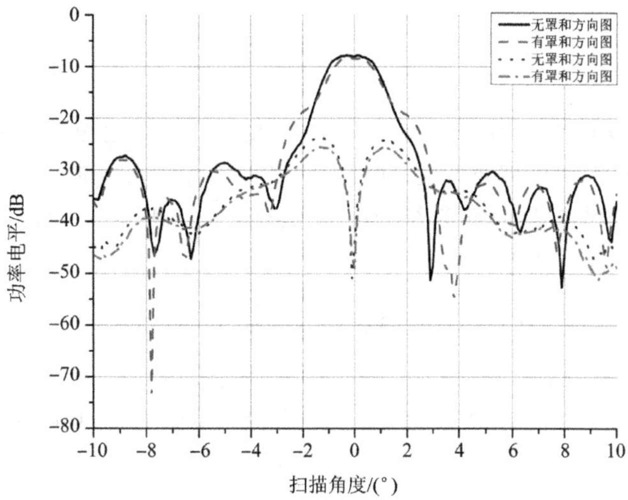

图6 和差方向图测试曲线

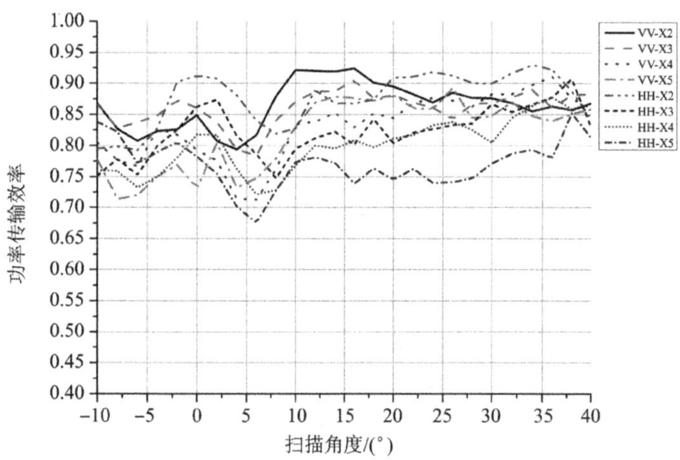

图7 功率传输效率曲线

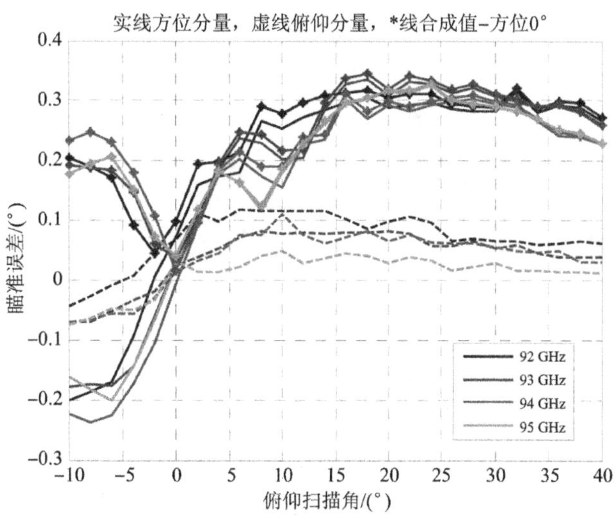

图8 瞄准误差曲线

5 结 论

本文从W波段的天线罩的电性能测试项目为切入点，结合该频段测试存在的困难点，制定W波段天线罩测试系统原理及方案，并依据测试原理和方法实现该测试系统，并从某型号测试项目出发，验证测试方法、测试系统的可行性，有效地解决了该频段天线罩测试的短板，为W波段天线罩设计提供了数据支撑。

参考文献

[1] 毛乃宏，俱信德. 天线测量手册[M]. 北京：国防工业出版社，1987.
[2] 蒯乐，曹振新. 一种多功能自动化天线测量系统[J]. 全国天线年会，2011：1046-1050.
[3] 杜耀维. 天线罩电气设计方法[M]. 北京：国防工业出版社，1993.
[4] 彭望泽. 防空导弹天线罩[M]. 北京：宇航出版社，1993.

分布式光纤传感中光扰偏模块设计与研究

郭洪龙　张冰　任从文　乔山

(中电科思仪科技股份有限公司，山东·青岛，266555)

摘要： 针对分布式光纤传感中偏振噪声抑制问题，本文介绍了基于铌酸锂晶体和挤压光纤两种光扰偏技术，设计基于挤压光纤的光扰偏模块，介绍防潮设计，并完成挤压模块谐振频率测试，使用该光扰偏模块进行偏振噪声抑制，获得相干信号信噪比提升20多倍，具有非常好的实用价值，并且实现简单，可靠性高。

关键词： 分布式光纤传感；光扰偏；偏振相关噪声；挤压光纤

1　引　言

分布式光纤传感越来越得到人们的重视与认可，是现在应用较为广泛的一种分布式光纤传感测试仪为布里渊光时域反射计，简称为BOTDR。该仪器主要用于测试光纤光缆的应变分布、温度分布及损耗分布，是分布式光纤传感技术领域中不可或缺的重量级测试仪器。与传统传感器相比，BOTDR具有测试精度高、重复性好、探测距离长、抗电磁干扰、不受雷电影响、防水、耐腐蚀、耐久性长、体积小、重量轻、便于铺设、易于组网等优点。

分布式光纤传感中一般待测光信号较弱，为了提高测试灵敏度，通常采用信号光与参考光相干的检测方式。相干测试对两束光的偏振匹配比较敏感，参与相干的两束光偏振态一致时，相干信号强度最高，当两束光偏振态正交时，相干效果最差。当光在光纤中传输时，由于环境温度的变化，机械压力和纤芯非对称性等因素导致的随机双折射的影响，使得光纤中光信号的偏振态随时发生变化。例如，在BOTDR中，背向散射的自发布里渊散射光的偏振态会受到外间环境扰动发生变化，即使强度保持不变，在耦合器两束光进行相干后，相干后光强度也会受偏振态变化影响发生起伏，进而影响测试精度。另外，由于光电探测器的偏振响应相关性等，也会使光电探测器的输出信号产生波动，最终造成系统的偏振相关噪声。目前，降低偏振相关噪声较好的方法是使用光扰偏器，其中日本的NTT公司、NBX公司以及Ando公司的分布式光纤传感产品都应用该技术。

本文针对分布式光纤传感中偏振噪声的产生和抑制进行整体介绍，包括基于铌酸锂晶体光扰偏技术和基于挤压光纤光扰偏技术的工作原理，并设计了基于挤压光纤的光扰偏模块，进行挤压结构设计，整个挤压模块加入防潮处理，增加使用寿命，测试挤压模块的谐振频率，降低驱动电压，完成的光扰偏模块嵌入BOTDR整机，通过对比实验，光扰偏模块在分布式光纤传感测试仪器中能够有效抑制偏振相关噪声，测试获得信号的信噪比提升20多倍。

2　光扰偏技术介绍

为了降低分布式传感系统中偏振扰动对系统信号的干扰，通常采用光扰偏技术。采用高速光扰偏器以较高的速度不断改变输入光信号的偏振态,在一时间段内,其综合效果失去了偏振特性,输出光信号偏振度的统计平均值近似为0。然后对扰偏后光相干光信号进行重复采样并平均,进而降低系统偏振扰动噪声影响。目前,常用的光扰偏器主要有基于铌酸锂晶体光扰偏器和基于挤压光纤光扰偏器两种。

基于铌酸锂晶体光扰偏器利用铌酸锂晶体的电光效应,在晶体外施加电场,可以改变晶体的折射率。当光通过晶体时,在晶体外加入一个不断改变的电场,使得晶体的折射率不断发生变化,从而改变输入光的偏振态,如图1所示。由于铌酸锂晶体的电光效应的响应速度很高,因此这种光扰偏器的优点是扰偏速度快,缺点为插入损耗大、造价高、主动损耗较差(扰偏过程中光扰偏器的插入损耗变化)。

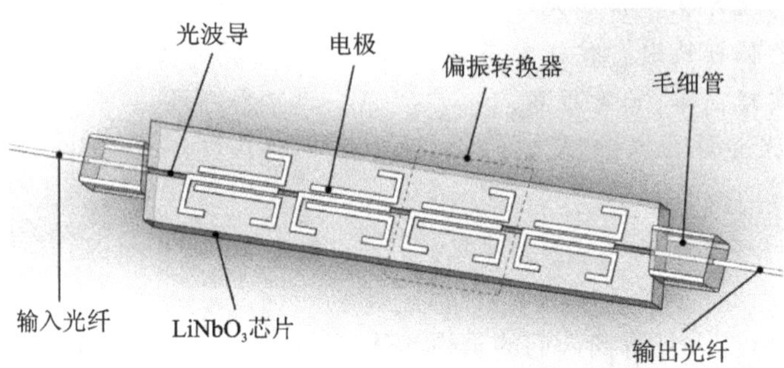

图1 基于铌酸锂晶体光扰偏器结构示意图

基于挤压光纤光扰偏器利用光纤的弹光效应,挤压光纤时,光纤内部的折射率发生相应变化,即产生双折射现象,从而控制传输光偏振态的变化。挤压光纤的挤压结构需要多个串联,每个挤压结构的作用都相当于一个相位可变的波片,竖直方向的挤压结构引起的偏振态变化在邦加球上表现为偏振态绕 OQ 轴旋转;45°方向的挤压结构引起的偏振态变化表现为偏振态绕 OH 轴旋转,如图2所示。与基于铌酸锂晶体光扰偏器相比,它具有插入损耗和主动损耗小、成本低等优点,本文采用基于挤压光纤光扰偏器进行光扰偏。

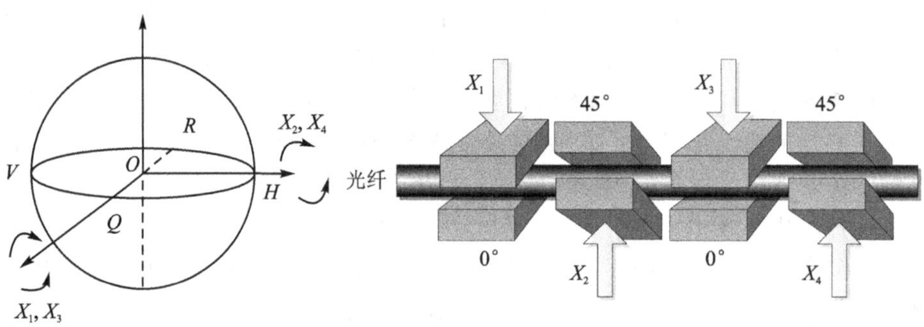

图2 基于挤压光纤光扰偏器结构示意图

光扰偏器的目的是使入射光信号的偏振态经过光扰偏器后在邦加球上尽量均匀、随机分布,利用基于挤压光纤的光扰偏器,在特定方向挤压光纤,入射光的偏振态可以绕轴 OQ、OH 旋转,到达邦加球上任意一点。通过仿真,若驱动信号为正弦波,为了使扰偏后的光信号偏振态接近随机特性,任意两对挤压器的驱动信号的峰峰值电压 V_{pp} 和频率 f 必须满足以下约束:

$$V_{\mathrm{pp1}}=1.53V_{\pi 1} \tag{1}$$

$$V_{\mathrm{pp2}}=1.53V_{\pi 2} \tag{2}$$

$$f_1 \neq f_2 \quad 且 \quad f_1 \neq 2nf_2/(2m+1) \qquad n,m=1,2,3,\cdots \tag{3}$$

式中，V_π 是与输入光波长相关的半波电压。

3 实验及结果分析

基于挤压光纤光扰偏器核心在于光纤挤压结构，本文挤压结构设计做圆弧处理，使得支架和底座紧固起来更加贴合。底座采用圆柱形设计，在加工时更加方便。支架通过顶丝对压电陶瓷进行预压紧。普通顶丝螺纹间距为 0.4 mm，光纤芯径为 125 μm，大螺纹间距的顶丝旋转挤压时，容易把光纤压断，本文对顶丝进行细螺纹设计，并在顶丝顶端做半球处理，防止挤压过程，压电陶瓷受力不均。其中底座加工过程要求严格，使用同一材料先铣圆柱，然后切割加工。该种处理可以保证装配过程使受挤压光纤共轴，减少光纤侧向受力，从而增加光扰偏器的可靠性。

挤压光纤通过压电陶瓷进行驱动挤压，湿度对压电陶瓷的寿命有较大影响。研究发现水可以影响压电陶瓷器件的陶瓷体，而不仅仅限于电子迁移。将相对湿度从 10%增加到 80%会使寿命缩短 20～30 年。因此在高湿度环境工作的压电陶瓷，必须采用高绝缘材料，并采取防潮湿的密封措施。本文中整个挤压结构防潮措施包括上盖和下盖，两个结构通过螺钉紧固。在紧固前，在上下盖接触面均匀涂抹密封胶，紧固后整个腔内跟外界接触只有一个接插件槽和光纤导槽。接插件焊接在腔内一个固定的 PCB 板上，组装完成后，在接插件槽内填充密封胶，光纤导槽同样填充密封胶，从而使整个挤压结构内腔跟外部隔绝。整个装配过程在干燥环境下进行，组装完成后，即使工作在高湿环境下，也能保证压电陶瓷的干燥环境，从而极大提高压电陶瓷的使用寿命，设计完成后的光扰偏器加压结构整体示意图如图 3 所示。

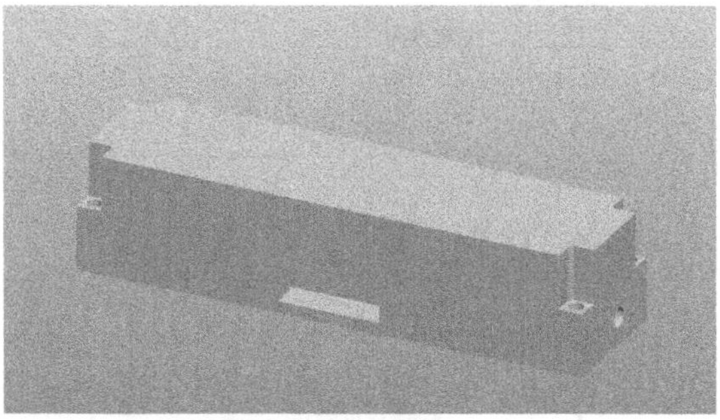

图 3 光纤挤压结构防潮设计示意图

当压电陶瓷工作在线性工作区，并且驱动频率远离谐振区时，要达到需要的挤压位移，通过计算，需要 100 V 左右高压驱动，该驱动电压使用过程安全性低，并且高压驱动会降低压电陶瓷的使用寿命。试验发现，当施加的压电陶瓷驱动电压从 200 V 翻倍到 400 V 时，工作于 80 ℃、层厚度为 40 μm 的压电陶瓷寿命从 3 000 小时缩短到仅 70 小时。下面的方程式给出了电压与寿命相关性的一般关系：

$$t_{\mathrm{DC}}=-A\mathrm{e}^{\frac{W}{kt}} \tag{4}$$

$$\log t_{\mathrm{DC}}=n_1\log V_{\mathrm{DC}} \tag{5}$$

其中，t_{DC} 是压电体的寿命，A 和 n_1 是常数，W 是激活能量，k 是玻耳兹曼常数，T 是开尔文温度，V_{DC} 是所施加的直流电压。

为了增加光扰偏器可靠性，挤压结构设计时利用整个机械结构和压电陶瓷的谐振频率，使其处在共振频率点，从而降低驱动电压，增加驱动效率，减少发热。图4所示为测试得到的压电陶瓷挤压结构的谐振频率曲线。因此光扰偏器的四路挤压驱动频率分布在60 kHz、110 kHz、130 kHz、160 kHz附近，使用低于10 V驱动电压便可满足式(1)、式(2)的电压关系，进而进一步提高光扰偏器的可靠性。

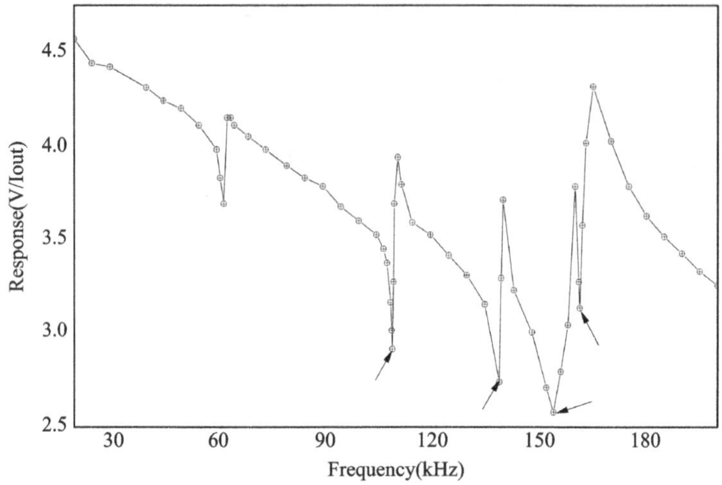

图4 压电陶瓷挤压结构的谐振频率测试曲线

将制作完成的基于挤压光纤的光扰偏模块接入本单位研制的分布式光纤传感仪器内部，并进行对比实验。最终实验测试曲线如图5所示。

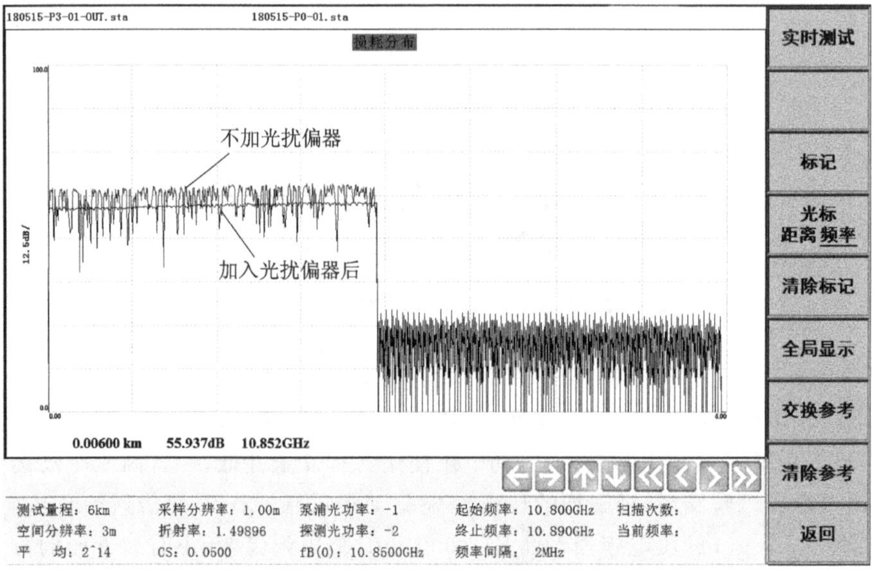

图5 分布式光纤传感仪信号测试不加扰偏器与加入扰偏器对比曲线

实验表明，在不加扰偏器时，偏振扰动对光相干后信号影响较大，测试损耗曲线有较大的起伏,偏振噪声幅度高达 20 dB,容易把待测信号淹没。加入基于挤压光纤光扰偏模块后,整个曲线的信噪比得到较大提升,噪声幅度控制在 1 dB 以内,提升 20 多倍,并且整个曲线的平滑度增加较高。

4 结束语

针对分布式光纤传感中偏振噪声抑制问题,本文概括了基于铌酸锂晶体和挤压光纤两种光扰偏技术工作原理,并设计了基于挤压光纤的光扰偏模块,挤压模块加入防潮处理,增加使用寿命,完成挤压模块谐振频率测试,降低驱动电压,进行光扰偏模块在分布式光纤传感系统中偏振相关噪声抑制实验,将信号曲线的信噪比提升 20 多倍。该模块实现简单,可靠性高,具有非常高的实用价值。

参考文献

[1] 袁明,闫宝东,闫继送.分布式光纤应变传感技术及应用[C].测试新技术研讨会,2014:730-748.

[2] Walker N G, Walker G R. Endless polarization control using four fiber squeezer[J]. Electron Letters, 1987,23(6):290-292.

[3] R. Noe. Endless polarization control in coherent optical communications[J]. Electron Letters, 1986, 22 (15):772-773.

[4] Noe R, Heidrich H, Hoffmann D. Endless polarization control for coherent optics[J]. Journal of Lightwave Technology, 1988, 6(7):1199-1207.

[5] 姚毅,施昆,路伟东,等.在线单模光纤偏振控制器研究[J].光学学报,1995,(5):636-640.

[6] 廖延彪.偏振光学[M].北京:科学出版社,2003.

[7]张岚,段高燕,张晓光,等.电控晶体偏振控制分析与研究[J].光电子技术,2006,(3):144-149.

基于 CZT 的频谱分析法在实时频谱仪中的应用

王晓　张健　李旭　孙发力　王健

（中电科思仪科技股份有限公司，山东·青岛，266555）

摘要：在对射频信号进行频谱分析时，为了实现实时频谱仪扫宽任意可设，本文采用了基于 CZT 的频谱分析算法。通过 MATLAB 仿真分析比较了 CZT 和 FFT，并利用 FPGA 实现了 CZT 算法，将程序应用于实际样机。结果表明，CZT 具有分析频段和频率分辨率可选的优点，能够满足实时频谱仪扫宽任意可设的要求。

关键词：CZT 算法；实时频谱仪；扫宽任意可设

0　引　言

实时频谱仪作为新一代的频谱分析工具，在国防军工、消费电子等领域有着非常广泛的应用。实时频谱仪利用离散傅里叶变换（DFT）来估计输入信号的各个频率成分，DFT 的计算方法包括快速傅里叶变换（FFT）法、复调制频谱细化（ZFFT）法、线性调频 Z 变换（CZT）法等。FFT 可以得到采样频率上的“全景频谱”，但相邻频点之间的间隔较大；ZFFT 是通过复调制和低通采样实现的，适用于细化倍数较低的场合；CZT 计算量较大，但可以在折叠频率内灵活地选择频率窗口和频率分辨率进行频谱细化分析。

实时频谱仪要求扫宽可以任意设置，CZT 上述优点可以满足此要求，同时实时频谱仪使用 FPGA 进行数据处理，能够实现大数据量的快速计算，因此实时频谱仪采用 CZT 法进行频谱分析。本文首先简要介绍了 CZT 算法的原理，然后利用 MATLAB 进行了算法仿真，最后利用 FPGA 进行了算法实现。

1　CZT 算法原理

AD 采样序列是 $x(n)$，它的 Z 变换是

$$X(z)=\sum_{n=0}^{N-1}x(n)z^{-n} \tag{1}$$

Z 平面内，变量 z 沿一般的路径取样，它的值是

$$z_k=AW^{-k} \tag{2}$$

式中，M 是 CZT 要求的点数，可以不等于 N；A 和 W 是任意复数，它们的表达式是

$$A=A_0\mathrm{e}^{\mathrm{j}\theta_0} \tag{3}$$

$$W=W_0\mathrm{e}^{-\mathrm{j}\phi_0} \tag{4}$$

将式(3)、(4)带入式(2)，可得

$$z_k = A_0 e^{j\theta_0} W_0^{-k} e^{jk\phi_0} \tag{5}$$

式中，A_0 是起始采样点 z_0 的模，CZT 中 $A_0=1$；θ_0 是起始采样点 z_0 的相角；ϕ_0 是两相邻 z_k 点之间角频率差；令 $W_0=1$，$M=N$。所以，选频范围的起点由 θ_0 调整，选频范围内的频率分辨率由 ϕ_0 调整。

将式(2)带入式(1)，可得

$$X(z_k) = \sum_{n=0}^{N-1} x(n) A^{-n} W^{nk} \qquad (0 \leqslant k \leqslant 1) \tag{6}$$

把等式 $nk=\frac{1}{2}[n^2+k^2-(k-n)^2]$代入式(6)，可得

$$X(z_k) = W^{\frac{k^2}{2}} \sum_{n=0}^{N-1} [x(n) A^{-n} W^{\frac{n^2}{2}}] W^{-\frac{(k-n)^2}{2}} \tag{7}$$

设

$$f(n) = x(n) A^{-n} W^{\frac{n^2}{2}} \qquad (n=0,1,\cdots,N-1) \tag{8}$$

$$h(n) = W^{-\frac{n^2}{2}} \tag{9}$$

则式(7)可变为

$$X(z_k) = W^{\frac{k^2}{2}} \sum_{n=0}^{N-1} f(n) h(k-n) \qquad (n=0,1,\cdots,N-1) \tag{10}$$

其中，$f(n)$与 $h(n)$的离散卷积可用 $f(n)$与 $h(n)$的适当段的圆周卷积来表示。

$$f(n) = \begin{cases} x(n) A^{-n} W^{\frac{n^2}{2}} & (0 \leqslant n \leqslant N-1) \\ 0 & (N \leqslant n \leqslant L-1) \end{cases} \tag{11}$$

$$h(n) = \begin{cases} W^{-\frac{n^2}{2}} & (0 \leqslant n \leqslant M-1) \\ W^{-\frac{(L-n)^2}{2}} & (L-N+1 \leqslant n \leqslant L-1) \\ 0 & (M \leqslant n \leqslant L-N) \end{cases} \tag{12}$$

有限长序列的圆周卷积可采用 FFT 快速计算，如图 1 所示。

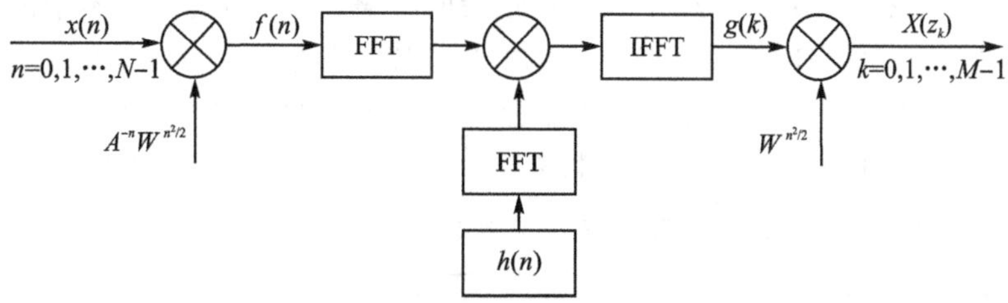

图 1　利用 FFT 计算圆周卷积的 CZT 框图

2　CZT 算法的 MATLAB 仿真

对采样频率为 F_s 的数字信号进行频谱分析，当需要分析的频段是$[0,F_s]$的一部分时，采

用 FFT 会产生问题：(1) 增加了需要分析频段之外多余的计算量；(2) 频点之间间隔太大导致遗漏信号。CZT 能够自由选择分析频段及频率分辨率，可以克服 FFT 的缺点。

设计仿真实验对比 FFT 和 CZT 的频谱分析结果。实验条件：(1) 测试信号是实时频谱仪中频处理模块输出的零频信号；(2) 采样频率 $F_s=184.32$ MHz；(3) FFT 点数为 1 024；(4) CZT 输入点数 $N=1\ 024$，输出点数 $M=1\ 024$；(5) 需要分析的频段为[−15 MHz, 15 MHz]。频谱分析结果如图 2 所示。

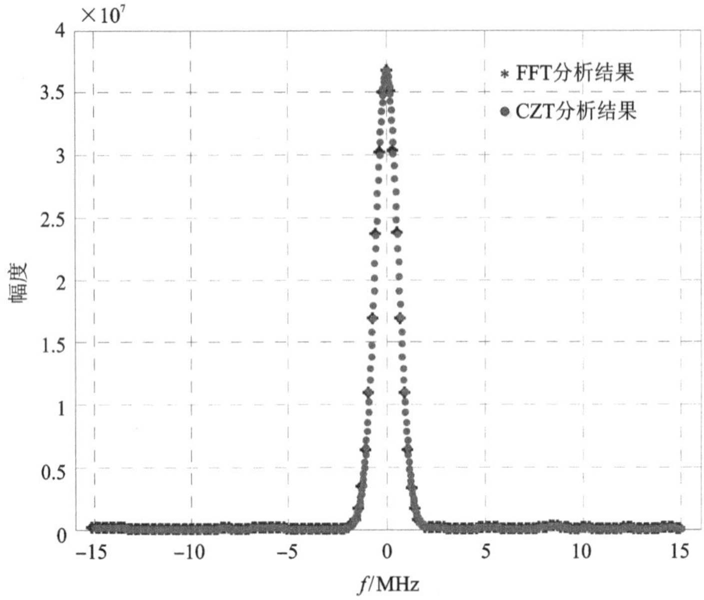

图 2 FFT、CZT 频谱分析结果图

如图 2 所示，负频段频谱由[$F_s/2, F_s$]段频谱沿频率轴负方向平移 F_s 而来，由于理想抽样信号的频谱是频率的周期函数，周期为 F_s，所以该平移是合理的。FFT 和 CZT 都能测量到零频信号；在[−15 MHz, 15 MHz]频段内，FFT 的点数为 30/184.32×1 024=167，CZT 的点数为 1 024，CZT 的频谱分析曲线更平滑。

需要分析的频段是[−15 MHz, 15 MHz]，CZT 计算了[−15 MHz, 15 MHz]频段的频谱，FFT 计算了[−92.16 MHz, 92.16 MHz]频段的频谱，CZT 不会产生多余的计算量；FFT 的频率分辨率为 184.32 MHz/1 024=0.18 MHz，CZT 的为 30 MHz/1 024=0.029 MHz，CZT 的频率分辨能力更强，而且 FFT 的频率分辨率是固定的，CZT 的是可变的，在其他条件不变的前提下，CZT 可以通过改变输出点数来调整频率分辨率，如表 1 所列。

表 1 CZT 频率分辨率表

频段范围/MHz	输入点数	输出点数	频率分辨率/MHz
[−15,15]	1 024	512	0.059
[−15,15]	1 024	1 024	0.029
[−15,15]	1 024	2 048	0.015
[−15,15]	1 024	4 096	0.007

3　CZT 算法的实现架构

实时频谱仪要求频谱分析算法输出点数是不变的，因为 FFT 能够分析的频率范围必须是 $[0,F_s]$，FFT 要想变换扫宽，只能改变采样频率。由于抽取倍数需要是整数，FFT 只能整数倍地变换扫宽，无法实现扫宽任意可设。CZT 可以通过选择频段实现扫宽任意可设，这时 CZT 的输出点数不变，频率分辨率跟随所选频段变化。

实时频谱仪使用 FPGA 实现 CZT。由图 1 可知，CZT 计算过程需要三个 FFT 模块和三个复数乘法器模块。另外，CZT 参数 $A^{-n}W^{\frac{n^2}{2}}$、$h(n)$、$W^{\frac{n^2}{2}}$ 由 ARM 主机负责计算、传输，为了节省 FPGA 资源，$h(n)$的 FFT 由 ARM 主机完成。这样，CZT 算法的 FPGA 实现框架如图 3 所示。

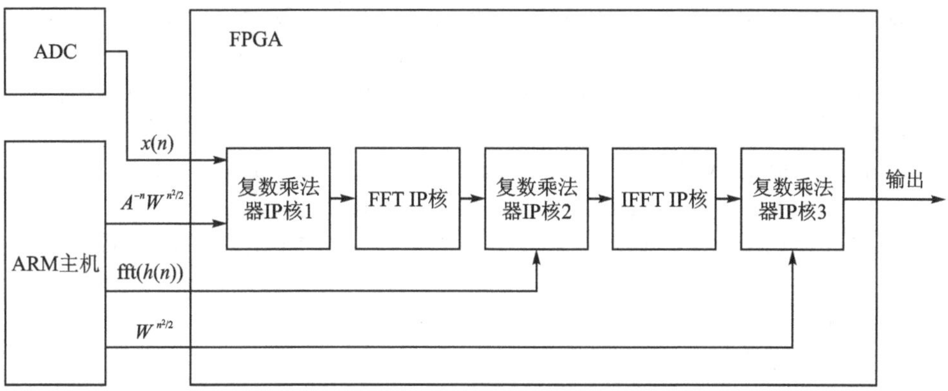

图 3　CZT 的 FPGA 实现框架图

将信号发生器与实时频谱仪相连接，信号发生器产生频率为 1 GHz、功率为 −10 dBm 的正弦信号，实时频谱仪中心频率设为 1 GHz，扫宽分别设为 120 MHz、110 MHz、100 MHz、90 MHz（如图 4 所示），实时频谱仪可以在各个扫宽下测量到信号发生器产生的信号。（扫宽

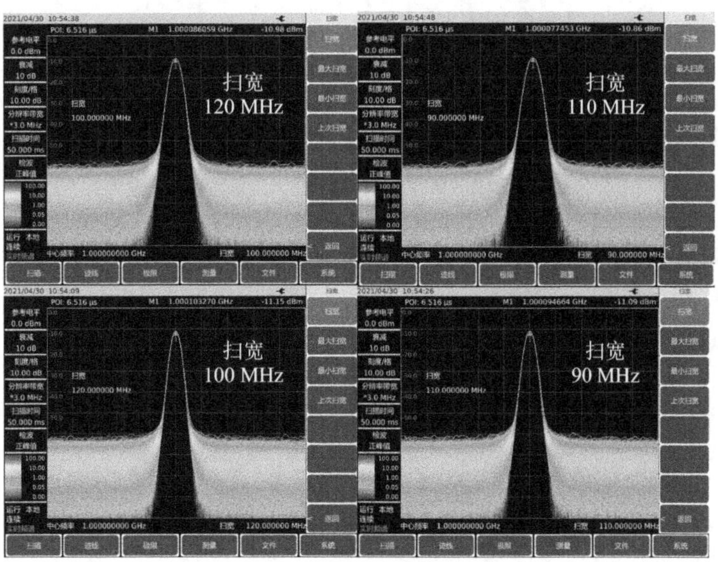

图 4　各个扫宽下实时频谱仪测量结果图

任意可设，不止这里提到的四种）

4 结束语

本文主要分析了CZT算法在实时频谱仪中的应用。首先，简要介绍了CZT算法的原理；然后，分析了CZT相较于FFT的优势，并通过MATLAB进行了仿真验证；最后，分析了在实时频谱仪中应用CZT的原因，通过FPGA实现了CZT，并展示了样机使用结果。

参考文献

[1] Iglesias, Vctor, Sanchez, et al. Implementation of a Real-Time Spectrum Analyzer on FPGA Platforms[J]. IEEE Transactions on Instrumentation & Measurement, 2015.

[2] 谷云高，石彦君，王文谦. 一种基于ChirpZ变换的频谱细化实现方案与仿真[J]. 电讯技术，2009，049(005)：93-95.

[3] 马可，张远安，张开生. CZT和ZFFT频谱细化性能分析及FPGA实现[J]. 计算机测量与控制，2016，24(2)：288-289.

[4] Shuohan M A, Qishuang M A, Liu X. Applications of chirp z transform and multiple modulation zoom spectrum to pulse phase thermography inspection[J]. Ndt & E International, 2013, 54(Mar.)：1-8.

[5] 王磊磊，陈潜. 基于CZT的频率细化方法的FPGA实现[J]. 制导与引信，2010(1)：32-35+63.

T/R 组件测试中收发信号功率调理方法及实现

蒋玉峰　丁志钊　公承　吴家亮

（中电科思仪科技股份有限公司，山东·青岛，266555）

摘要：本文首先介绍了 T/R 组件测试的基本概念、测试难点及特点，进而提出了收发信号调理这一测试过程中的关键问题。根据被测 T/R 组件的发射功率，本文提出了相应的收发信号调理方法，并通过搭建系统项目进行了工程实践和性能验证。实践证明方法可行有效，可以在 T/R 组件及微波部件测试系统中进行推广应用。

关键词：T/R 组件测试；收发信号调理；收发分离

1　引　言

T/R 组件是相控阵雷达中数量最多、同时也是最为重要的一类微波前端组件，它在相控阵雷达中配备的数量非常多，少则几十个，多则成千上万个。从某种意义上讲，T/R 组件的性能指标也决定了雷达整机的性能指标。从其名称也可以看出，T/R 组件在雷达系统中的作用主要体现在收发两个方面，一是对来自频率源分系统的发射激励信号通过网络分配后进行功率放大，并馈向天线阵子，同时进行幅度和相位加权，以形成良好的发射方向图；二是对来自天线阵子的微弱小信号进行不失真低噪声放大，并送往接收分系统，也要进行幅度和相位加权，以形成良好的接收方向图。此外，T/R 组件也要接收来自波控分系统送入的开关控制信号、幅相加权码等数字控制信号，实现阵面工作选择、波束的有效控制和调度等功能。

按照发射通道输入信号和接收通道输出信号的类型，T/R 组件可以分为模拟 T/R 组件和数字 T/R 组件。模拟 T/R 组件发射通道输入信号和接收通道输出信号都为模拟信号，而数字 T/R 组件发射通道输入信号和接收通道输出信号都为数字信号，甚至是通过光纤传输的数字信号，图 1 所示为某型模拟 T/R 组件原理框图（虚线框内）。虽然两者的技术体制和实现方式有较大的不同，但是测试参数的类型基本是相同的，当然测试过程存在较大差异。

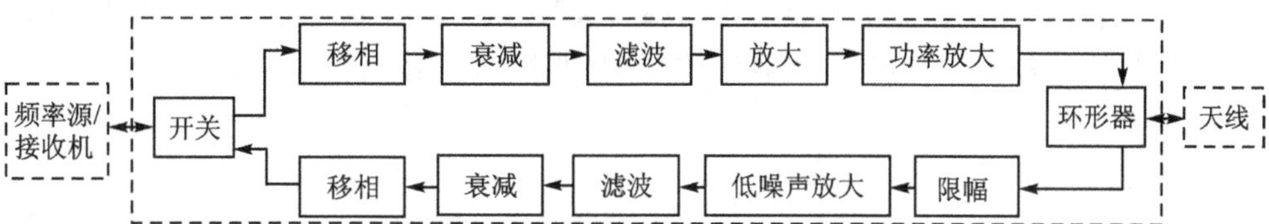

图 1　某型模拟 T/R 组件原理框图

从 T/R 组件的工作原理来看，T/R 组件具有如下几个特点：

（1）收发一体

在同一个组件上，有发射通道，也有接收通道，收发信号传输方向相反，当然它是一个时分工作体制，即发射时不接收，接收时不发射。

(2) 端口复用

对于T/R组件来说,发射输出端口也是接收输入端口,发射输入端口也是接收输出端口。当然有些T/R组件发射输入和接收输出不是同一个端口,但是发射输出端口必然是接收输入端口,这是无法分离的。

(3) 大小功率信号并存

一般来讲,发射信号功率比较大,甚至超过千瓦量级,无法利用测试仪器直接进行测试;而接收测试往往又是在小功率下进行的。

正是因为存在上述的特点,对于T/R组件测试来说,实现其测试存在下面几个难点:

① 因为收发一体、端口复用等原因,测试通道必然存在部分复用的情况,而发射通道与接收通道功率往往差异较大,当然调理方法也会差异很大。因此,如何进行收发信号调理就是首当其冲要解决的问题,也是T/R组件测试难度最大、最体现技术含量的环节之一。

② 因为测试参数类型多,几乎涵盖了所有的微波仪器门类,因此,即使从系统组成上讲,实现测试的难度大,且成本高。

对于大多数T/R组件测试来说,一般都需要实现收发测试通道的分离。在收发测试通道分离的基础上,不但要避免因为发射输出测试通道有较大的插入损耗而影响接收通道噪声系数等性能指标的测试,同样也要降低因为接收输入通道泄露对发射通道的影响,这是T/R组件测试收发信号功率调理的主要内容,也是难度最大、方法最多的部分。

2 收发信号功率调理方法及实现

根据引言论述的内容,下面对涉及的收发测试通道分离等调理方法及实现过程进行详细论述。

2.1 收发测试通道分离的调理方法及实现

因为端口复用、发射功率较大等特性的存在,所谓收发测试通道分离,其实主要是指从T/R组件发射输出(接收输入)端口到开关网络之间的发射输出信号和接收输入信号的传输通道进行分离。当然,最终要利用不同的测试仪器进行测试,该部分测试通道必然是分离的,这不在本文讨论的范围之内。

为什么要进行收发测试通道的分离呢?

一般情况下,在发射功率大于10 W时,在此情况下的发射信号肯定是不能利用测试仪器直接测试的。若采用在测试通道直接加大功率衰减器/定向耦合器的方法进行调理,当然可以实现发射信号的衰减/耦合,但是在接收测试时,大功率衰减器/定向耦合器也是接收输入信号通道的一部分,它带来的影响不只是通道插入损耗的增大,更致命的是,它会带来两个问题:

(1) 接收输入端口驻波比无法测试

接收输入端口驻波比测试示意图如图2所示。如果采用15 dB大功率衰减器进行发射信号衰减,若矢量网络分析仪内部的定向耦合器耦合度为15 dB,隔离度为35 dB,T/R组件接收输入端口的驻波比为1.8∶1,在矢量网络分析仪源端口输出功率为0 dBm时,忽略耦合器直通插入损耗等影响,那么从源端口耦合器输入端泄露到接收机A的信号为−35 dBm,而经过衰减器、被测T/R组件,并再返回衰减器、定向耦合器最终耦合到接收机A的信号功率仅为−55.88 dBm,这远远小于源泄露信号,从而导致接收输入端口驻波比(A/R)无法进行测试。

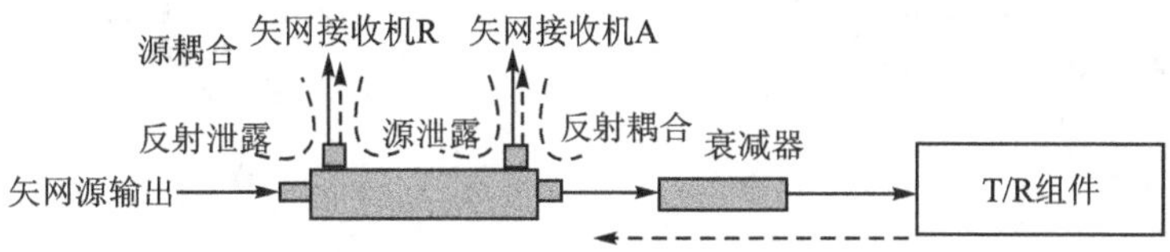

图 2　接收输入端口驻波比测试示意图

(2) 接收通道噪声系数无法测试

在测试接收态下输入端口噪声系数时,噪声仪增益测量值最小为－20 dB,噪声系数最大测量值为 30 dB。若测试通道连接有大功率衰减器/定向耦合器,插入损耗过大,将超过噪声仪的接收灵敏度,导致无法进行测试。

因此,鉴于收发测试通道分离的重要性,同时根据发射功率的大小,本文提出了几种不同的收发测试通道分离的调理方法。

当然对于发射功率小于 1 W 的 T/R 组件,不需要连接衰减器/定向耦合器等测试附件;而对于发射功率介于 1～10 W 之间时,连接外置衰减器或者耦合器虽然会增大通道的插入损耗,但是基本上还是可以完成测试的(见图 3)。上述两种情况不存在收发测试分离的问题,但是从工程实践来看,这样的 T/R 组件数量还是比较少的。

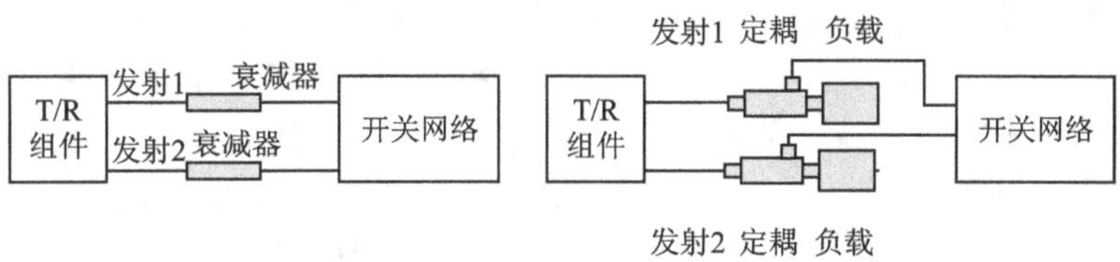

图 3　外置衰减器/耦合器的信号调理方法示意图

2.1.1　十瓦级 T/R 组件收发测试通道分离的调理方法及实现

当发射功率达到 10 W 量级时,系统设计时需要开始考虑进行收发测试通道分离。在此功率量级时,某些机电开关还是可以承受的。因此,采用在开关网络内部内置衰减器或耦合器的调理方法。通过开关的切换,发射测试时大功率信号先经过衰减器或耦合器再进入测试仪器,而接收测试时,通过开关的切换绕开衰减器或耦合器,从而避免对接收测试的影响。对于开关、衰减器或耦合器来说,首先功率容量要满足要求;同时,对于衰减量/耦合度的选择,应保证测试仪器输入功率不大于 27 dBm(功率计端口应小于 23 dBm)。

以某 T/R 组件测试系统来说,其开关网络拓扑结构如图 4 所示。开关网络内部有三个大功率定向耦合器。在发射测试时,通过开关 SW5 和 SW7 的切换,频谱分析仪和矢量网络分析仪端口 2 可以与大功率定向耦合器 B、C 进行连接,而功率计因为只用于发射测试,因此,不通过开关切换,始终与大功率定向耦合器 A 进行连接;而在接收测试时,通过开关 SW5 和 SW7 等的切换,频谱分析仪和矢量网络分析仪端口 2 又可以直接与 T/R 组件端口进行连接。这样发射测试通道有较大的插入损耗,从而可以将功率降至可测量的范围;而接收测试通道插入损耗较小,不会影响噪声系数和端口驻波比等参数的测试。上述方法实现了收发测试通道的分离,而且因为衰减器或耦合器采用内置方式,也不是每个通道都连接有大功率测试附件,测试夹具的体积和规模也相应地大大减小。

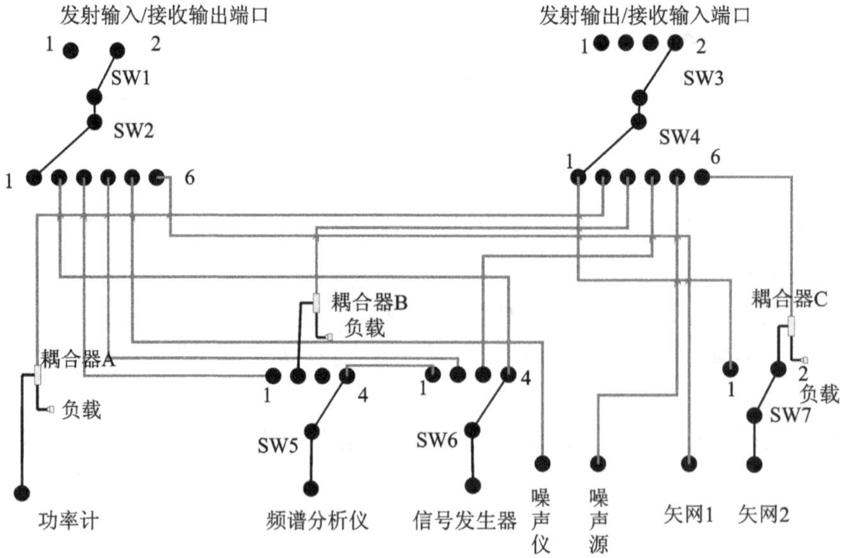

图4 内置定向耦合器的收发测试通道分离调理方法示意图

2.1.2 百瓦级T/R组件收发测试通道分离的调理方法及实现

当发射功率达到百瓦量级时,可供选择的能够承受发射功率的机电开关越来越少,内置的大功率附件的体积和重量越来越大,在开关网络内部进行收发测试通道分离的难度也越来越大,那么在发射输出信号进入开关网络前就需要完成收发测试通道的分离。

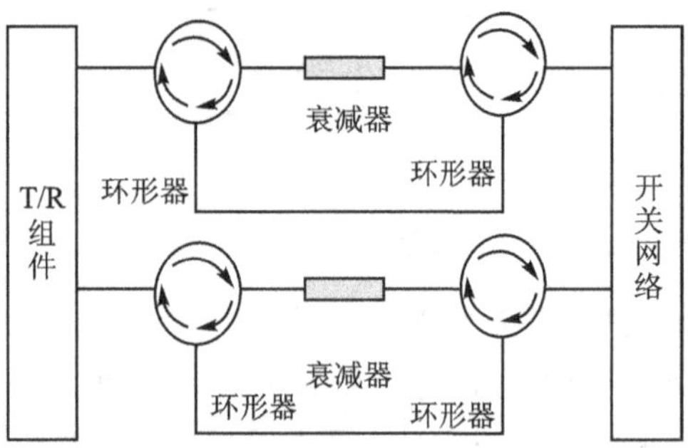

图5 环形器+衰减器的收发测试通道分离调理方法示意图

采用图5所示的方式进行百瓦级T/R组件收发信号测试通道的分离。发射信号经环形器、衰减器(假定选择20 dB衰减器)、环形器后进入开关网络,此时发射信号功率已经至少衰减了20 dB。而接收输入信号从开关网络中输出后,利用环形器的定向传输特性,不经过衰减器,而以非常小的插入损耗输入至T/R组件中,这样不但实现了收发分离,而且保证了收发测试顺利进行。基于环形器+衰减器的调理方法也会带来测试夹具规模大等问题,因为每个通道都要连接两个环形器和一个衰减器。

3 结论

本文所论述的收发信号调理方法都已经得到了实际推广应用,并取得了较好的效果。实践证明,方法可行有效,可以在T/R组件及微波部件测试系统中进行推广应用。

参考文献

[1] 胡明春,周志鹏,严伟.相控阵雷达收发组件技术[M].北京:国防工业出版社,2010.
[2] Merrill1. Skolnik.雷达手册[M].2版.北京:电子工业出版社,2003.
[3] 丁鹭飞.雷达原理[M].西安:西安电子科技大学出版社,1984.

一种基于 Protobuf 的高效数据通信结构

卜晓楠

（中国电子科技集团第四十一研究所，山东·青岛，266500）

摘要： 网络数据传输是通过对数据结构的序列化和反序列化实现的，因此数据结构序列化和反序列化效率直接影响网络传输效率和网络速度。本文提出一种基于 Protobuf 序列化的高效数据通信方式，依靠内部 variant 和 zigzag 两种特殊的变长编码方式，只保存有效信息，提高数据效率，同时依靠 Protobuf 自身内存小、可变长编码、跨语言、跨平台等优势，使其成为网络传输的最有效数据结构。

关键词： Protobuf；序列化；反序列化；数据通信

1 引 言

网络传输分为客户端和服务端，它们通过网络连接，也可以是同一设备同时充当设备端和服务端两个角色。通信过程如图 1 所示，客户端和服务端之间建立网络通信连接，通过 socket 交互寻址，把传输信息按照双方指定的通信协议进行封装。这个过程最主要是对传输数据的序列化和反序列化。目前常用的数据格式包括 XML、JSON、二进制文件三种，其中二进制文件因为其占用内存小、传输速度快、传输效率高等优点被广泛使用。Protobuf 就是其中一种高效的二进制数据传输格式。

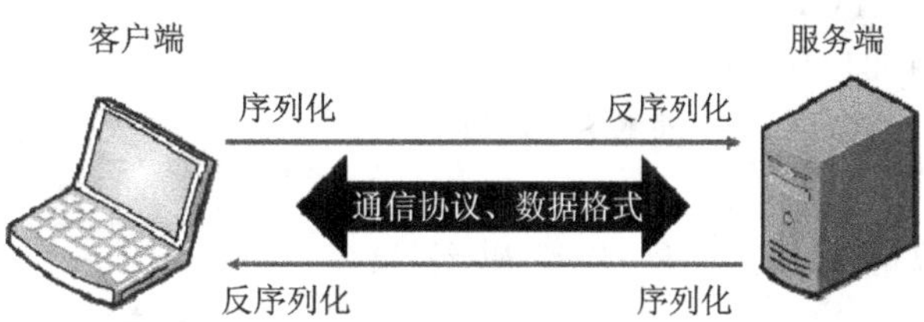

图 1 通信过程

2 什么是 Protobuf

Protobuf 是 Protocol Buffer 的简称，是 Google 公司开发的一种用于描述结构化数据的交换格式，它是一种二进制的格式，独立于平台、独立于语言，于 2008 年对外开放，可用于网络传输、配置文件、数据存储等领域。主要的优势表现在如下几个方面：

① 传输效率高，其优异的编码方式使得序列化的数据非常简洁、紧凑，与 XML 相比，序列化的数据量约为 1/3 到 1/10，大大提高了传输效率和传输速度；

② 兼容性强，支持向前兼容和向后兼容。向后兼容指在软件开发迭代和升级后，新版本仍然可以处理老版本的数据业务逻辑。向前兼容指对于已经部署正在使用的程序，需要改变

消息结构时只需要对原有的数据结构进行升级，不必担心大规模代码重构和迁移问题。

③ 跨平台。支持Windows系统、Linux系统、麒麟系统，解决了用户跨平台使用的烦恼。

④ 支持多种编程语言。提供了友好的动态库，使用简单，当前Proto3版本支持C++、C#、Go、Ruby、Java、Python等多种语言，只须使用Protobuf对数据结构进行一次描述，就可以利用不同语言进行结构化数据读写操作。

3 编码方式

Protobuf之所以传输效率高、传输速度快，就是因为使用特殊的变长编码规则，只保存有用的信息，节省了大量空间。编码方式包括variant编码和zigzag编码。

3.1 variant编码

Varint编码是一种变长的编码方式，使用1个或多个字节对整数进行编码，编码原理是用字节表示数字，数值越小的数字，使用的字节数越少。因此，可以通过减少表示数字的字节数进行数据压缩。

variant编码引入最高有效位MSB(most significant bit)概念，把每个字节的低7 bit作为一组，MSB放在第8位，MSB的定义如下：

① MSB= 1表示后面的字节属于当前字节；

② MSB=0表示这是当前数据的最后一个字节数据。

当使用varint解码时，只要读取到最高位MSB为0的字节时，表示本字节是一个经varint编码后得到的字节流的最后一个字节。

以整数10 000为例，variant编码分为如下四个步骤，如图2所示。

① 转换对应的二进制编码为：0010 0111 0001 0000。

② 按照7 bit为一组，在字节流最末位从后往前拆分，得到两组数据：1001110、0010000。

③ 对两组数据添加最高位，根据MSB规则得到：01001110、10001000。

④ 转换为小端模式得到最终编码结果：10001000、01001110。

可以看出，对整数10 000采用variant编码方式只需要两个字节，比正常的数据保证方式节省了一半空间。

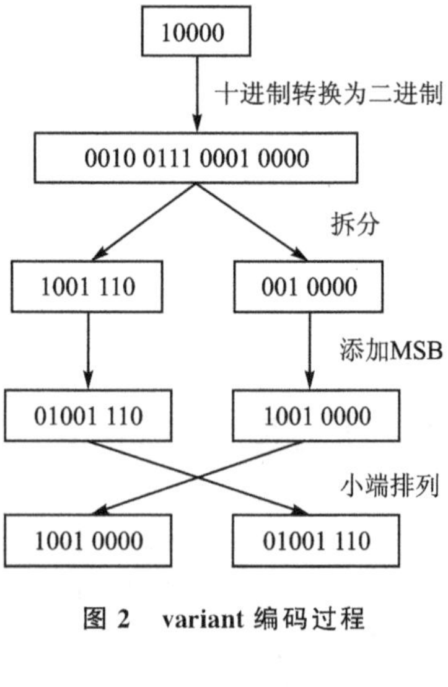

图2 variant编码过程

仔细研究上述variant编码过程，可以发现variant编码的本质是每个字节需要添加一个MSB标志位来表示编码是否已经结束，MSB实际上起到了长度的作用。正因为有了MSB标志位的存在，可以摆脱原有的固定长度的字节分配的限定，通过variant编码可以让小的数字用更少的字节表示，从而提高空间利用率和效率。

也正是因为MSB的存在，每个字节都需要分配1 bit来进行填充，使得原有的8 bit字节只能用7 bit来表达真正的数字。以四字节为例，原先可以表示的最大数字是2^{32}，使用variant

编码后可以表示的最大数字变成 2^{28}。这意味着当数值采用 variant 编码会分配 5 个字节，而原先只需要 4 个字节，但这并不影响 variant 编码在实际应用的高效，因为从概率论和统计学角度，实际使用时小于 2^{28} 的数字更加频繁。因此，在大多数情况下，采用 variant 编码可以用更少的字节来表示数据，从而节省更多的空间。

3.2 zigzag 编码

对于负数来说，因为最高位符号位始终是 1，使用 variant 编码很浪费空间，zigzag 编码解决了负数的问题，而更好地帮助 Protobuf 进行数据的压缩。编码方式是先把负数变成正数，然后再进行 variant 编码。

zigazg 编码是一种变长的编码方式，其编码原理是使用无符号数来表示有符号数字，使得绝对值小的数字都可以采用较少的字节表示，特别对表示负数的数据能更好地进行数据压缩。

对于四字节数据的 zigzag 编码转换关系为(n≪1)^(n≫31)；对于 8 字节的数据 zigzag 编码转换关系为(n≪1)^(n≫63)。

以 int32 的数据-1 为例，zigzag 变换过程如图 3 所示。从图中可以看出-1 经过 zigzag 编码后的结果是 1，再经过 variant 编码最终只占用一个字节，比原始的四个字节节省了三倍的空间。

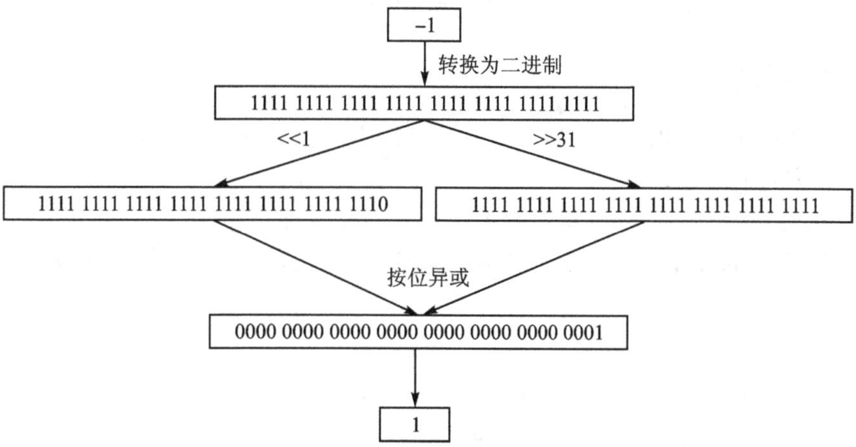

图 3 zigzag 编码过程

不管是 variant 还是 zigzag 编码，都是变长的编码方式，越接近 0 的数值编码越节省空间，Protobuf 通过 varint 和 zigzag 编码后，大大减少了字段值占用的字节数。

4 序列化

4.1 序列化

序列化是将数据结构或对象转换成二进制字节流的过程。Protobuf 对于不同的字段类型采用不同的编码方式和数据存储方式对消息字段进行序列化，最大限度地减少信息所占的字节空间，降低对系统空间性能的要求，最终确保得到高效紧凑的数据压缩。全部数据用二进制形式进行序列化，任意字节通过语义语法紧密相连。

Protobuf 数据结构序列化依据的规则如下：

① 判断每个字段是否有设置值，有值才进行编码；

② 根据段标识号与数据类型将字段值通过不同的编码方式进行编码；

③ 将编码后的数据块按照字段类型采用不同的数据存储方式封装成二进制数据流。

具体使用过程如图 4 所示，分为如下三个步骤：

① 定义.proto 文件；

② 利用 protoc 编译器编译.proto 文件，生成对应语言的接口；

③ 使用相应语言的接口访问.proto 定义的字段和方法。

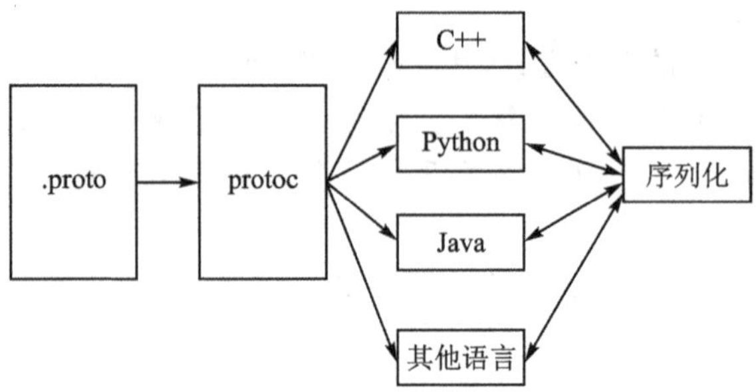

图 4　序列化过程

4.2　反序列化

反序列化是将在序列化过程中所生成的二进制字节流转换成数据结构或者对象的过程。Protobuf 反序列化的过程如下：

① 调用消息类的 parseFrom 接口解析从输入流读入的二进制字节数据流。

② 将解析出来的数据按照指定的格式读取到 C＋＋、Java、Phyton 等其他语言对应的结构类型中。

5　消息格式

Protobuf 的消息至少由一个字段组合而成，每个字段都有固定的格式，由字段修饰符、数据类型、字段名、标识号表示。

5.1　字段修饰符

字段修饰符分为三种，分别是：

① required：表示该字段是必须要设置的。对于发送端，在发送消息时必须设置该字段的值；对于接收端，必须能够识别该字段的含义，否则，会引起编码异常，导致消息被丢弃。

② optional：表示该字段可以有 0 个或 1 个，属于可选字段。对于发送端，可以选择性地设置或者不设置该字段的值；对于接收端，如果能够识别该可选字段的值就进行相应的处理，如果无法处理，自动忽略该字段，不影响消息中的其他字段特性。正是因为 optional 字段的优异特性，接口在版本升级时把新添加的字段设置成 optional 字段，这样之前的老版本无须升级程序也可以与升级后的软件进行通信，向前兼容也是 Protobuf 独有的优势之一。

③ repeated：该字段可以重复任意多次(包括 0 次)。其特性与 optional 类似，可以看做一

次传递一个数组的值。

5.2 数据类型

Protobuf 定义了一套基本的数据类型，几乎都可以映射到 C++、Python、Java 等语言的基础类型。类型如表 1 所列。

表 1 Protobuf 数据类型

数据类型	字节长度	描 述
bool	1	布尔类型
float	N	32 位浮点
double	N	64 位浮点
int32	N	32 位整数
uin32	N	无符号 32 位整数
int64	N	64 位整数
uint64	N	64 为无符号整数
sint32	N	32 位整数，处理负数效率更高
sing64	N	64 位整数 处理负数效率更高
fixed32	4	32 位无符号整数
fixed64	8	64 位无符号整数
sfixed32	4	32 位无符号整数，处理负数效率更高
sfixed64	8	64 位无符号整数，处理负数效率更高
string	N	只能处理 ASCII 字符
bytes	N	处理多字节的语言字符，如中文

5.3 字段名

字段名的命名与 C、C++、Java 等语言的变量命名方式几乎相同。值得注意的是，Protobuf 官方推荐字段的命令方式是以下划线分割的驼峰式，例如，是 center_freq，而不是 centerFreq。

5.4 标识号

标识号是唯一的，用来在消息的二进制格式中识别各个字段，使用后不能再改变。对于通信的消息双方，相同的编码值，其字段修饰符和数据类型必须相同。

标识号的范围为 $1 \sim 2^{29}-1$，其中 19 000～19 999 是 Protobuf 系统预留的标识号，不建议使用。标识号的数值无需连续，只要是合法的即可，并且在同一个消息中不同的字段不能包含相同的标志号。

6 结 论

本文介绍了 Protobuf 编码方式及使用时的消息格式定义。基于 Protobuf 数据结构的网络通信，以其变长的编码方式节省内存，大大提高了网络传输速度和传输效果。Protobuf 有着更高的性能，同时 Google 提供了配套的工具以及跨语言、跨平台的特性，Protobuf 不仅在 Google 内部，也在网络编程框架传输中也得到了广泛应用。

参考文献

[1] 聂晓旭，于凤芹，钦道理. 基于 Protobuf 的数据传输协议[J]. 计算机系统应用，2015，24(8)：112-116.

[2] 史栋杰. 五种快速序列化框架的性能比较[J]. 电脑知识与技术，2010，6(34)：9710-9711，9722.

[3] 黄斌，谢艳新，唐友，等. 数据存储信息序列化完整性及效率评估仿真[J]. 计算机仿真，2020，37(4)：159-163.

一种透波/吸波频率选择结构设计

李梦媛　张文武

（航空工业济南特种结构研究所，高性能电磁窗航空科技重点实验室，山东·济南，250023）

摘要：本文提出了一种透波/吸波频率选择结构，通过微元加载型透波FSS结构与集总电阻加载吸波层的复合设计，实现了宽带低频透波和宽带高频吸波的特性。仿真结果表明，所设计的结构在相对带66%的范围内插入损耗均小于-1 dB，在高频段可以实现超过80%的吸收率。此外，由于结构单元的旋转对称性，所设计的宽带透波/吸波频率选择结构具有较好的极化稳定性和角度稳定性。

关键词：频率选择表面；宽带；透波；吸波

1　引　言

频率选择表面(Frequency Selective Surface，FSS)由于对不同工作频率、极化方式和入射角下的电磁波具有选择特性，在电磁隐身、电子对抗及无线通信系统中具有较大的学术意义和实际应用价值，已经被广泛用于隐身技术中。但随着能够接受探测目标散射到其他方向上信号雷达技术的发展，传统的FSS技术并不能起到很好的效果。透波/吸波频率选择结构(Transmissive/Absorptive Frequency Selective Structure)的出现为解决这一问题提供了新思路。透波/吸波频率选择结构一般是由带通特性的FSS和吸波层构成的多层周期性结构，具有带内宽带透波、带外宽带吸波的特性，通过对通带外电磁波进行吸收，降低了由传统FSS结构带外散射而产生的被探测的风险。

透波/吸波频率选择结构大都通过将加载集总元件的吸波层与透波层相结合，实现吸波与透波一体化的特性，或是通过3D型FSS与宽带吸波结构相结合，在高频和低频分别实现了较宽频带内的吸波性能。但从目前已有的成果来看，大部分设计方案都偏向于提高吸波带宽，而透波频带往往都较窄。

本文所设计的透波/吸波频率选择结构，通过微元加载型FSS结构产生宽带透波及平顶特性，将其与集总电阻加载吸波层进行复合设计，实现了宽带低频透波和宽带高频吸波的特性。

2　工作原理及结构设计

透波/吸波频率选择结构一般由吸波层、介质层及FSS结构组成。通过吸波层来损耗所需频带内的电磁能量，通过多层的FSS结构保证透波频带内电磁波可以顺利透过。在理想情况下，透波/吸波频率选择结构等效电路模型如图1所示。

在图1所示的等效电路模型中，中间部分为介质层引入的传输线模型，其厚度为d，右侧部分为并联C_2、L_2组成的带通型FSS结构，左侧部分为串联C_1、L_1、R_1组成的吸波层结构。

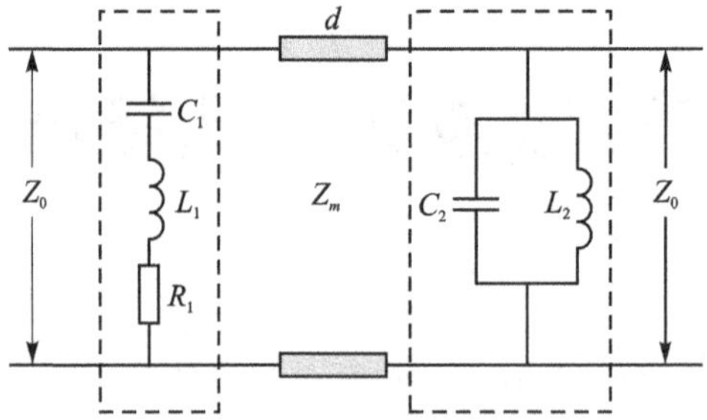

图1 等效电路模型

由此，吸波层结构的阻抗可以表示为

$$Z_{\text{Loss-layer}}=R_1-\mathrm{j}\left(\frac{1-\omega^2 L_1 C_1}{\omega C_1}\right) \tag{1}$$

其中，R_1 等于集总电阻值。FSS结构层的阻抗可以表示为

$$Z_{\text{Metal-strips}}=\frac{Z_{C2}Z_{L2}}{Z_{C2}+Z_{L2}} \tag{2}$$

整个结构的传输矩阵可以表示为

$$\begin{bmatrix} A & B \\ C & D \end{bmatrix}=\begin{bmatrix} 1 & 0 \\ \dfrac{1}{Z_{\text{loss-layer}}} & 1 \end{bmatrix}\begin{bmatrix} \cos(\beta_m d) & \mathrm{j}Z_m\sin(\beta_m d) \\ \mathrm{j}\dfrac{\sin(\beta_m d)}{Z_m} & \cos(\beta_m d) \end{bmatrix}\begin{bmatrix} 1 & 0 \\ \dfrac{1}{Z_{\text{Metal-strips}}} & 1 \end{bmatrix} \tag{3}$$

由传输矩阵可表征散射矩阵，为

$$\begin{bmatrix} S_{11} & S_{12} \\ S_{21} & S_{22} \end{bmatrix}=\begin{bmatrix} \dfrac{AZ_0+B-(CZ_0+D)Z_0}{AZ_0+B+(CZ_0+D)Z_0} & \dfrac{2Z_0}{AZ_0+B+(CZ_0+D)Z_0} \\ \dfrac{2Z_0}{AZ_0+B+(CZ_0+D)Z_0} & \dfrac{-AZ_0+B-(CZ_0-D)Z_0}{AZ_0+B+(CZ_0+D)Z_0} \end{bmatrix} \tag{4}$$

其中，Z_0是自由空间波阻抗。当 $S_{21}=1$ 时为理想全透波状态，此时的频率对应透波窗频率，由式(3)和式(4)可以得到 $Z_{\text{loss\_layer}}$ 和 $Z_{\text{metal\_strips}}$ 应为无穷大，即双层均为开路；当 $S_{11}=0$ 时为理想全吸状态，此时的频率对应吸波窗频率，分析可得 $Z_{\text{metal\_strips}}=0$。

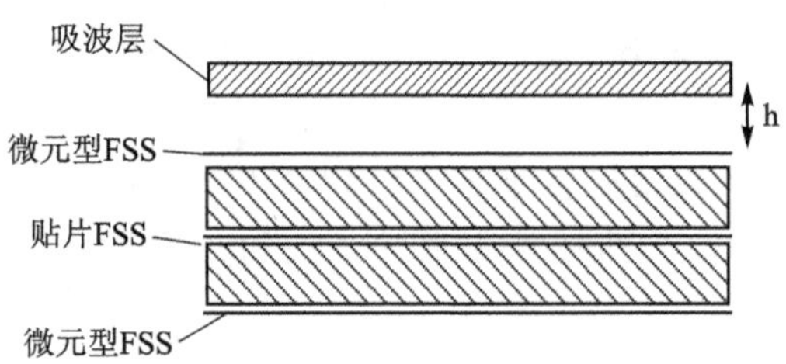

图2 透波/吸波频率选择结构示意图

所设计的具有宽带透波/吸波特性的透波/吸波频率选择结构整体结构示意图如图2所示，从图中可以看出，所设计透波/吸波频率选择结构的上层为加载集总电阻的吸波结构，下层为多层的透波结构。为了保证透波/吸波频率选择结构的宽带透波特性，故在吸波层和透波层结构的选择中，需要选择在所需频带内具有高透波特性的吸波层结构和透波层结构。故所设计的透波/吸波频率选择结构中，吸波层结构是由上下两面旋转对称的金属弯折结构组成，电阻加载在结构中间，如图3所示；透波层结构是两层微元型FSS单元加一层贴片FSS结构构成的，微元型FSS结构如图4(a)所示，贴片FSS结构如图4(b)所示。其中，微元型FSS结构由7个分布在六边形六个边缘及中心的六边形环组成，用于增加透波层带宽，同时提高透波层的角度稳定性。结构具体尺寸如表1所列。

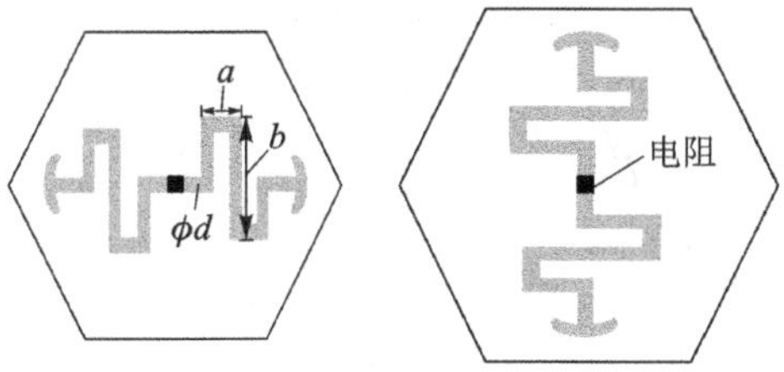

(a) 上层　　(b) 下层

图 3　吸波层结构示意图

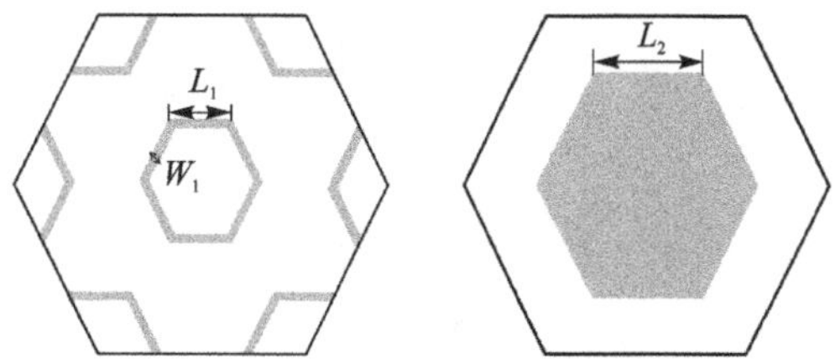

(a) 微元型FSS　　(b) 贴片FSS

图 4　透波层结构示意图

表 1　结构尺寸表

参　数	L_1	L_2	W_1	a	b	d	h
尺寸/mm	2.6	5.3	0.1	0.8	1.9	0.35	4.3

3　仿真结果及分析

由于所设计的透波/吸波频率选择结构具有很好的结构对称性，使透波/吸波频率选择结构的性能在不同极化下都具有较高的稳定性，故以下仿真及分析均以 TE 极化为例进行。一般来说，在不考虑散射的情况下，定义总能量是由反射(S_{11})、透射(S_{21})及吸波三部分组成，故吸波率可以表示为

$$A(\omega)=1-|S_{11}|^2-|S_{21}|^2 \tag{5}$$

通过仿真可以得到透波/吸波频率选择结构的 S_{11} 和 S_{21}，再利用上述公式来计算吸波率。最终得到透波/吸波频率选择结构透波频段 S_{21} 和吸波频段吸波率的仿真结果如图 5 和 6 所示。结果表明，在入射角 45°以内，所设计的透波/吸波频率选择结构在 5～10 GHz 频带范围内的插损均小于 1 dB，在 13.6～18 GHz 频带范围内的吸波率均大于 80%。总体来看，在0°～45°入射角度内，透波/吸波频率选择结构的性能较好。

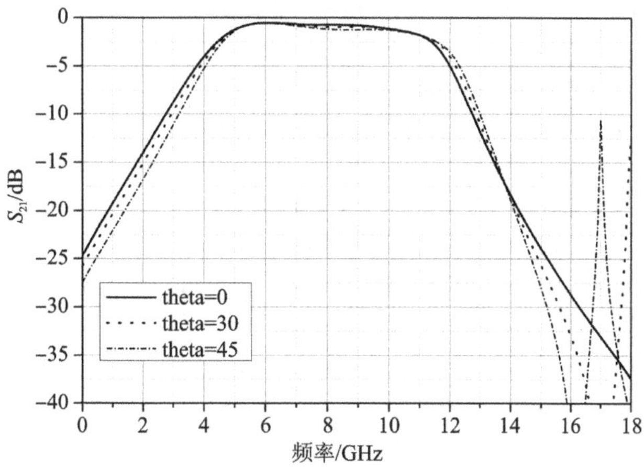

图 5　不同角度下 S_{21} 仿真结果

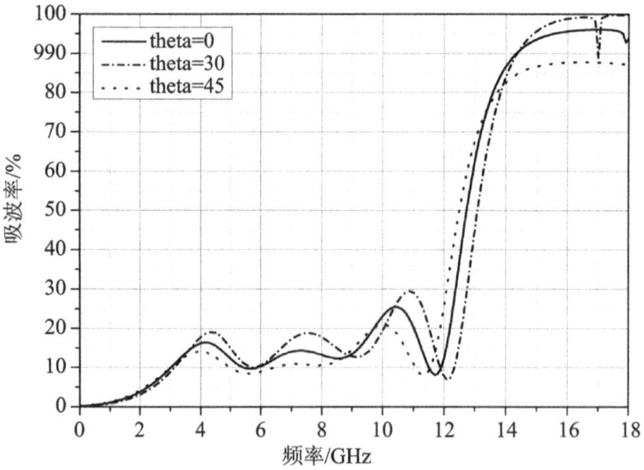

图6 不同角度下吸波率仿真结果

4 结 论

本文设计了一种宽带透波/吸波频率选择结构，通过微元加载型FSS结构与集总电阻加载吸波结构进行复合设计，实现了低频(5～10 GHz)范围内的插损均小于1 dB，高频(13.6～18 GHz)范围内吸波率均大于80%。所设计的透波/吸波频率选择结构在不同极化不同角度下都具有较高的稳定性，其对带外电磁波吸收的性能，可以大大降低带外散射而产生的被探测的风险，在天线和雷达等领域具有重要的应用价值。

参考文献

[1] Lin B, Li F, Zheng Q. Design and Simulation of a Miniature Thick-Screen Frequency Selective Surface Radome[J]. IEEE Antennas and Wireless Propagation Letters, 2009(8): 1065-1068.

[2] Wahid M. Band-pass radomes for reduced RCS [C]. Antenna Radar Cross-Section, 1991, 4(1): 1-9.

[3] Guo M. Design of dual-band frequency selective rasorber[J]. IEEE Antennas Wireless Propagation Letters, 2019, 18(5): 841 -845.

[4] Xiu X. Low-profile dual-polarization frequency selective rasorbers based on simple-structure lossy cross-frame elements[J]. IEEE Antennas Wireless Propagation Letters, 2018, 17(6): 1002-1005.

[5] Costa F. A Circuit-Based Model for the Interpretation of Perfect Metamaterial Absorbers[J]. IEEE Transactions on Antennas & Propagation, 2013, 61(3): 1201-1209.

[6] Yuping Shang, Zhongxiang Shen. Frequency-Selective Rasorber Based on Square-Loop and Cross-Dipole Arrays[J]. IEEE Trans on Antennas & Propagation, 2017, 65(11): 173-178.

[7] Zhongxiang Shen. 3-D Frequency Selective Rasorber: Concept, Analysis, and Design[J]. IEEE Trans on Microwave theory and techniques, 2016, 64(10): 3087-3094.

[8] Ahmed A. Absorptive Frequency-Selective Reflection and Transmission Structures[J]. IEEE Trans on Antennas & Pro- pagation, 2018, 65(8): 6173-6178.

基于级联滤光片的大范围可调光衰减单元及控制方法

张一琪　徐玉华　尹炳琪　徐桂城

（中电科思仪科技股份有限公司，山东·青岛，266555）

摘要：随着5G时代的到来，光通信测试成为各大通信公司主要的竞争领域，光通信测试设备功能种类繁多，其中可调光衰减器因其改变光功率的功能成为主要的光通信测试仪器，市场需求量很大。针对现有光衰减器动态范围小的问题，本文设计了一种基于级联滤光片的大范围可调光衰减单元，并针对该光衰减单元提出了相应的控制方法，该方法能够降低成本、提高衰减重复性和准确度。

关键词：级联滤光片；可调光衰减单元；大动态范围

1　引　言

随着5G时代的到来，可调光衰减器在光纤通信系统中得到广泛应用。光纤通信技术的快速发展，使得市场对可调光衰减器的性能指标要求越来越高。并且伴随着DWDM传输系统和EDFA在光纤通信中的应用，在多个光信号传输通道上必须使用可调光衰减器进行增益平坦化或信道功率均衡，在光信号接收端需要进行动态饱和的控制，这些都使得可调光衰减器成为其中不可或缺的关键仪器。国内生产的可调光衰减器大多存在着衰减动态范围小、准确度低及重复性差等问题。国外产品性能指标虽高，但是价格昂贵。针对以上问题，结合市场对高端可调光衰减器的研制需求，本文设计了一种高性能可调光衰减单元，并针对该衰减单元设计了相应的控制方法。

2　大范围可调光衰减单元

市场上可调光衰减器的缺点很多。现有的精度较高的可调光衰减器的动态范围很小，大约为60 dB左右；现有的大动态的可调光衰减器由于机械传动装置运行中产生的空程差，导致衰减重复性差，而且由于两个滤光片中间无光纤连接，从而产生杂散光，降低了衰减精度；现有的可调光衰减器的衰减单元控制方法，在滤光片转动切换点处会产生误差，也会降低衰减精度。

本文针对现有的问题，设计了一种基于级联滤光片的大范围可调光衰减单元，其结构如图1所示，包括电机、第一滤光片和传送带的一个齿轮同轴、第二滤光片和传送带的另一个齿轮同轴，两个齿轮通过传送带传动，第一滤光片和第二滤光片同时以相同的速度转动，实现光衰减功能；设置光衰减器的衰减值后，电机轴转动带动第一滤光片和通过传送带传动的第二滤光片同时转动，电机停止转动后，光路对准相应衰减值的镀膜区，光经过第一光准直器准直，通过第一滤光片、空间光通路、第二滤光片实现光衰减，最后经过第二光准直器汇聚得到衰减后的光。在所述第一滤光片和所述第二滤光片中间加入黑色通光管，吸收光传输路径上产生的杂散光。

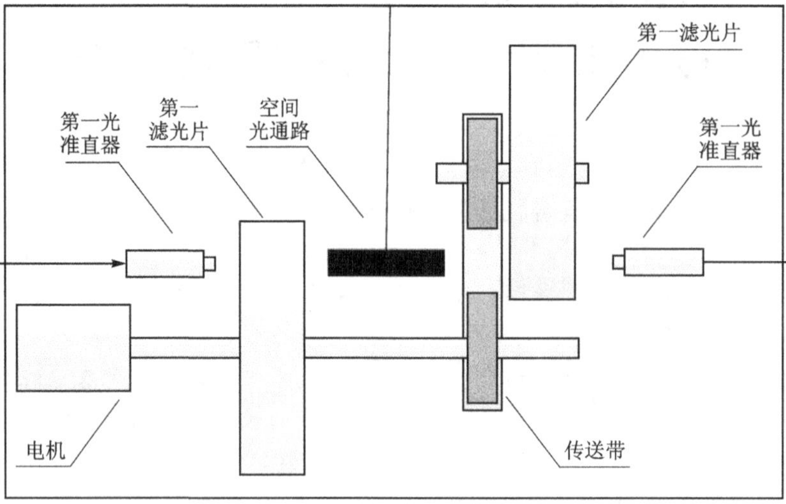

图1　大范围可调光衰减单元结构

该光衰减单元的衰减动态范围可以达到80 dB，并能够解决设置大衰减值时的衰减准确度和线性度问题。

3　光衰减单元控制方法

针对新研制的基于级联滤光片的大动态可调光衰减单元，设计了相应的光衰减单元控制方法。该方法针对该光衰减单元独特的结构，设计了光衰减单元中两个滤光片的控制顺序及转动值。

该方法的具体流程如图2所示。

① 利用基于级联滤光片的大范围可调光衰减单元连接光路，光源输入连接光输入口，光输出口连接到下一级光路。

② 设置光衰减值 V。

③ 计算每个滤光片对应的衰减值 $U=V/2$，第一滤光滤片及第二光滤光片会转动相同的角度，所以每个滤光片实现的衰减值为设置衰减值的一半。

④ 计算光衰减值对应的电机步进数 $P=aU$，其中 a 为步进系数。

⑤ 电机转动到指定位置实现衰减，若当前电机步进数与设置电机步进数的差值小于阈值，则电机停止转动，即 $|P-P_0|<s$，其中 P 为设置电机步进数，P_0 为当前电机步进数，s 为步进阈值；当光衰减设置值小于10 dB时，$s=20$，当光衰减设置值大于10 dB时，$s=30$。

⑥ 判断是否有新的衰减指令，若没有，则此次衰减结束，

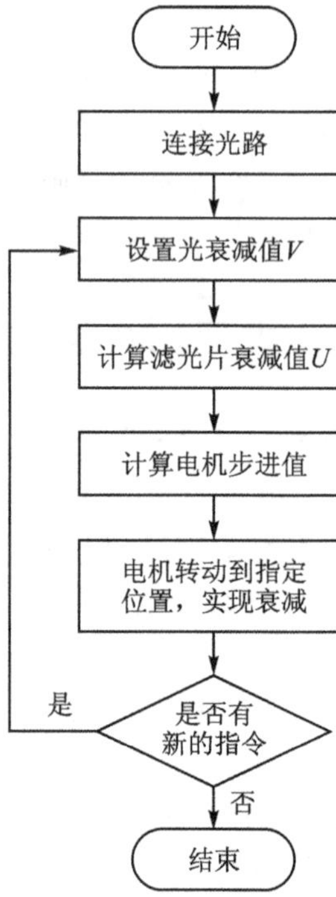

图2　光衰减单元控制流程图

否则，重复步骤②～步骤⑤。

4 实验分析

将该大动态范围可调光衰减单元装到整机结构中，制作一套完整的光衰减器整机，并利用本文设计的控制方法对该光衰减器进行控制，控制结果与市场现有的直线式光衰减器和普通级联大动态光衰减器的衰减数据进行对比，对比结果如表1所列，通过对比结果可知，在70 dB以上的大衰减情况下，本文设计的光衰减器的衰减准确度和衰减线性度均优于其他两种光衰减器。

表1 测试结果

	直线式光衰减器	普通级联光衰减器	本文的光衰减器
70 dB衰减值	70.12 dB	70.08 dB	70.03 dB
72 dB衰减值	72.13 dB	72.12 dB	72.02 dB
74 dB衰减值	74.22 dB	74.13 dB	74.03 dB
76 dB衰减值	76.29 dB	76.15 dB	76.04 dB
78 dB衰减值	78.28 dB	78.12 dB	78.05 dB
80 dB衰减值	80.25 dB	80.13 dB	80.04 dB
线性度	0.17 dB	0.07 dB	0.03 dB

5 结束语

本文设计的基于级联滤光片的大范围可调光衰减单元及控制方法，可减少杂散光对光衰减器准确度的影响，并提高了光衰减器的衰减动态范围，最大衰减值时的衰减线性度、衰减重复性，降低了生产成本，满足市场上对大动态范围光衰减器的需求。

参考文献

[1] 张家奎. 高性能程控光衰减器的设计[J]. 光纤与电缆及其应用技术，2008(3)：19-21，29.
[2] 孙鸣捷. 温度对光纤准直器的角度偏移影响分析[J]. 光子学报，2006(10).
[3] 张勇喜. 透过率均变密度片及控制装置研究[D]. 沈阳：沈阳工业大学，2007.
[4] 茅惠兵. 微机械光可调式光衰减器的制备及动态测试[J]. 半导体光电，2004，25(1)：9-12.

卫星通信中 CAN 总线发展研究

肖慧敏[1]　韩月涛[1]　孙旭波[2]　王永[1]　张浩[1]

(1. 山东航天电子技术研究所，山东·烟台，264000；

2. 海装驻青岛地区某代表室，山东·青岛，266000)

摘要： CAN 总线作为现场总线的一种，在越来越多的领域推广使用，随着卫星通信要求具有高的可靠性、实时性和灵活性，CAN 总线在卫星通信中广泛应用。本文介绍了 CAN 总线在卫星通信中的发展历程，分析不同需求下 CAN 总线的通信协议，通信速率和通信模式，并提出未来卫星通信中使用的 CAN 发展趋势。CAN FD 总线通信协议可以很好地支持节点的即插即用，通信速率可以达到 5 Mbps，要支持 TCP/IP 协议，经典的 CAN 核 CAN FD 并不是最好的下层方法，CAN XL 是对 CAN 和 CAN FD 的进一步扩展，数据场的传输速率可提升至 2～10 Mbps。

关键词： CAN 总线；卫星通信；发展历程；CAN-FD 总线；CAN-XL 总线

1 引　言

经典 CAN 于 1986 年推出。第一代 CAN 通信技术取得了超过 25 年的成功。而且它仍然是车载网络中的主导。2012 年，开始开发第二代 CAN 通信技术(CAN FD)，并在两年后的法国巴黎第 14 届 iCC 上正式推出。2020 年的第 17 届国际 CAN 大会上，第三代 CAN 通信技术 CAN XL 启动。

在物联网、车联网、大数据以及云应用等概念的不断催化下，具有更快传输速率、更高负载的 CAN FD 通信协议应运而生。CAN FD 由经典 CAN 协议升级而来，但由于在数据链路层做了关键性的修改，导致经典 CAN 节点无法兼容识别 CAN FD 数据帧。

控制器局域网(Controller Area Network，CAN)最初由博世公司开发，用于乘用车系统的车载网络，现在已经应用于许多其他行业。为了适应总线网络上节点越来越多、信息传输量越来越大的现实场景，在国际用户与制造商联合组织(CAN in Automation，CiA)的推动下，针对 CAN 总线数据链路层和物理层设立的国际标准由 ISO 11898-1：2003 升级成为 ISO 11898-1：2015。该标准主要完成了对数据链路层的更新设计，提高了数据帧的负载能力，加快了数据的传输速率。新的标准重新定义了已有的 CAN2.0 为经典 CAN(Classical CAN)，并依此将 CAN 总线核心技术分为经典 CAN 和 CAN FD(CAN with Flexible Data rate)两种协议。根据标准，CAN FD 节点可以兼容接收经典 CAN 格式的报文，而经典 CAN 节点无法接收和识别 CAN FD 格式的报文，并在接搜到 CAN FD 格式的数据帧时发送错误帧进行提示，会影响总线系统正常工作，这意味着在旧有体系下，经典 CAN 节点无法和 CAN FD 节点在同一条总线上工作。

2 CAN 总线

2.1 CAN 总线介绍

CAN 总线是博世(Bosch)公司为现代汽车电路推出的一种多主机局域网,作为最具鲁棒性的现场总线之一,CAN 总线因其高度的可靠性和实时性而广泛应用于工业自动化、船舶、医疗设备、工业设备等方面。

CAN 总线网络运行使用了物理层、数据链路层和应用层三层。应用层主要包括过程数据对象协议、服务数据对象协议、网络管理协议、特殊功能协议和差错控制协议。数据链路层包括逻辑链路控制子层和介质访问控制子层两部分。逻辑链路控制子层包括过滤接收、过载提示、自恢复管理;介质访问控制子层包括数据封装/去封装、帧编码、位填充/去填充、介质访问管理、差错检测/释放、应答机制和序列化/去序列化。物理层包括位编码/解码和时序同步。

(1)CAN 总线物理层主要定义了每一比特位的时序同步逻辑以及逻辑电平所对应差分电压值。CAN 总线是一种差分总线,可以通过双绞线、光纤盒同轴电缆等物理媒介进行传输,经典 CAN 的最高通信速率为 1Mbps,CAN FD 的最高通信速率为 8 Mbps,最长通信距离为 10 km。采用非归零编码方式,逻辑电平“1”表示为隐性电平,逻辑电平“0”表示显性电平。

CAN 总线系统有单星形、双星形、线形和混合型多种拓扑结构,其中使用短连接线的线形拓扑结构具有最强的鲁棒性。通常会在总线的两端分别使用 120 Ω 电阻进行端接,以减少信号反射,提高信号完整性。图 1 所示为 CAN 总线线形拓扑结构及其端接电阻连接方式的示意图。

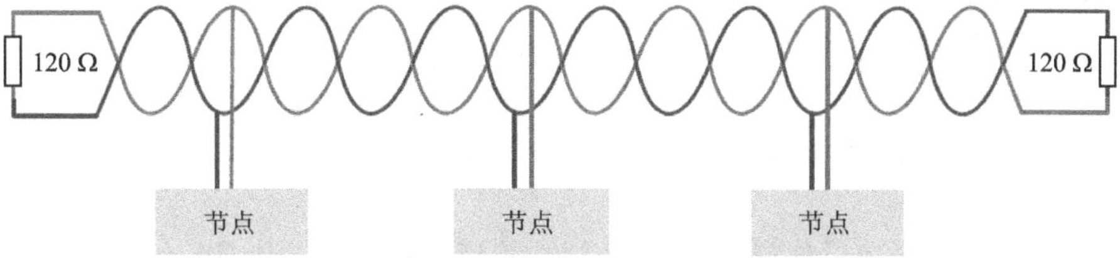

图 1 CAN 总线线形拓扑结构

(2) 数据帧格式。CAN 和 CAN FD 的基本数据帧(见图 2)分为 7 段,分别是帧起始、仲裁字段、控制字段、数据字段、校验字段、确认字段和帧结尾。CAN FD 数据帧(见图 3)的控制字段添加了比特率切换位和错误状态指示位,控制字段的 CAN FD 数据帧标识位是固定格式位,用来标识该数据帧是否为 CAN FD 数据帧。数据字段由原来的 8 字节延长到最高直冲 64 字节数据传输,提高了数据帧的有效负载率。对于两种 CAN 数据链路层协议,总线仲裁方法是相同的,因为没有单独的地址帧,所以 CAN 总线上报文是广播传输的,这意味着每个节点都能够使用 CAN 总线系统中任何其他节点产生的任何消息。

(3) 差错检测。CAN 总线节点有三种错误状态,CAN 和 CAN FD 控制器内置一个差错计数器,根据接收到的数据是否产生错误而自加或自减,当计数值大于 255 时,节点会自动离线。CAN 总线有位错误、填充错误、CRC 校验错误、格式错误、ACK 错误 5 种错误形成。因为数据帧格式不同,当 CAN 节点接收到 CAN FD 格式的报文时,会产生格式错误。

	仲裁字段		控制字段			数据字段	校验字段		确定字段		
SOF	Base ID (11bits)	RTR	IDE	FDF	DLC (4bits)	Data (0~8bytes)	CRC (15bits)	CRCD	ACK Slot	ACKD	EOF (7bits)

图 2 CAN 基本数据帧结构

	仲裁字段		控制字段						数据字段	校验字段			确认字段		
SOF	Base ID (11bits)	RTR	IDE	FDF	res	BRS	ESI	DLC (4bits)	Data (0~64bytes)	Stuff Count (4bits)	CRC (17bits or 21bits)	CRCD	ACK Slot	ACKD	EOF (7bits)

图 3 CAN FD 基本数据帧结构

2.2 CAN 总线与 CAN FD 的比对

CAN 和 CAN FD 之间的主要差异在于数据链路层，这种差异使得 CAN FD 节点可以接收识别 CAN 报文，而 CAN 节点无法识别 CAN FD 报文。数据链路层的不同，也就意味着它们不能共用一个应用层协议，因此需要根据 CAN FD 数据链路层的特点，对应用层进行修改，使其可以兼容 CAN FD 报文，并主要使用其网络管理功能。

可以通过设立网关实现 CAN 与 CAN FD 兼容使用。

CAN FD 控制器芯片选用 MCP2517，芯片内部集成了两个收发器，收发器的功能在于电平识别或转换，而 CAN FD 协议没有在物理层上进行修改，因此每个收发器都能单独收发 CAN 和 CAN FD 报文。

3 CAN FD 总线

近年来，为了满足高通信数据率的需求，汽车领域逐步开展了从 CAN 总线向灵活可变数据率控制局域网络(CAN with Flexible DataRate，CAN FD)总线的升级，汽车领域的应用验证了新一代 CAN FD 总线可靠性。星上总线网络一般由星务、姿轨控、电源、测控、载荷等多台电子设备通过 CAN 总线连接构成。随着卫星功能复杂度急剧增加，通信数据量逐渐增大，而目前 CAN 总线较低码速率无法满足通信需求。

小卫星功能复杂度急剧增加，重构软件代码量大幅加大，部分设备 FPGA 软件代码已超过几百兆字节，而目前 CAN 总线较低码速率无法满足卫星软件在轨重构的需求。

2011 年，德国 Bosch 公司公开了广泛适用于工业应用的 CAN FD 总线白皮书，2012 年公布了 CAN FD 总线应用规范。该总线的显著特点是提高了数据传输码速率，增加率数据帧长度，很好地解决了 CAN 总线的带宽问题，并改善了错帧漏检的问题，数据传输效率也得到了显著提升。在无位填充的情况下，传输效率从 CAN 总线的 59.26%提高到了 91.59%。目前，CAN FD 总线已在汽车工业中得到了应用。

CAN FD 是 CAN 总线的升级换代设计，继承了 CAN 总线的主要特性，提高了网络通信带宽，增加了帧携带数据包的大小。CAN FD 相对于现有的 CAN 总线主要能力提升表现在以下几个方面：

（1）CAN FD 支持可变速率

CAN FD 采用了两种位速率：仲裁域之后到 ACK 之前的数据区为一种较高的速率，最高可支持到 10 Mbps，其余部分为原 CAN 总线用的速率，仍然保持最高支持到 1 Mbps。两种速率各有一套位时间定义的寄存器，除采用不同的位时间单位外，位时间各段的分配比例也可不同。

（2）CAN FD 提升了数据域长度

CAN FD 对数据域长度进行了扩充，即在数据长度小于 8 字节时与原 CAN 总线的定义一样；数据长度大于 8 字节时则有一个非线性的增加，最大的数据域长度可达 64 字节。对于多字节数据块传送时不需要按照 8 字节的短帧传输，极大提高了总线传送效率。

CAN FD 继续保持了 CAN 总线的错误处理机制，包括错误帧、错误计数器、主动错误、被动错误、总线离线等。由于 CAN FD 总线数据帧的长度超过了传统的 CAN 总线，为了保持数据帧的汉明码距离与 CAN 总线相同且仍为 6，CAN FD 协议中引入了新的 CRC 算法。CAN FD 协议规定在数据帧数据长度小于 8 字节时采用 CRC-15 算法，数据长度小于 16 字节时采用 CRC-17 算法，数据长度超过 16 字节时采用 CRC-21 算法。

CAN 总线系统可以逐步过渡到 CAN FD 系统，网络中所有节点要进行 CAN FD 通信都得有 CAN FD 协议控制器，但是 CAN FD 协议控制器也能参加标准的 CAN 总线通信。白皮书称，专用的 CAN FD 收发器在高位速模式时可以采用交变的编码，不限于 CAN 总线的不归 0 制编码。

4 CAN XL 总线

CAN XL——第三代 CAN 通信技术即将到来，继经典 CAN 和 CAN FD 之后，CAN XL 在 2020 年正式推出。

CAN XL 提供一个最大 2 048 字节的数据字段（例如 IP，甚至可以传输完整的以太网帧）。11 位优先级字段可由网络层用于寻址和指示数据字段的内容。此外，CAN XL 协议为使用的下一个更高协议提供 8 位指示符，其嵌入式层设置参数对于其他高层协议也很有帮助，可以简化多协议堆栈。CAN XL 帧通过两个 CRC 进行保护，其 Hamming 距离为 6，这意味着可以检测到五个随即分布的比特错误。

CAN XL 是一种高度可扩展的通信技术，涉及比特率和数据字段的长度。物理层仍在开发中。目标是实现高达 10+ Mbps 的比特率。CAN XL 针对面向区域的异构网络体系结构进行优化。

CAN XL 与 CAN FD 一样具有两个比特率相位。在仲裁阶段，经典 CAN 和 CAN FD 一样，比特率被限制为 1 Mbps；在数据阶段，由于只有一个节点正在传输，因此可以提高比特率。

CAN XL 增加了位的数量，这些附加位位于报文头与报文末尾处，大多数的所需位是 CRC，必须增加它才能保护超出的更多的字节。

对于相同的数据长度，CAN XL 中较长的报头可能需要较长的 CRC，CAN XL 包含用于波特率切换位，确保向前的兼容性。

5 总　结

作为一种技术先进、可靠性高、功能完善、成本合理的远程网络通信控制方式，CAN总线已广泛应用于航天领域中，随着系统复杂性和通信量的增加，传统的CAN总线由于带宽的限制难以满足卫星通信的需求，为了进一步提高传输速率，CAN总线的升级版——CAN FD应运而生。为了填补CAN FD与100BASE-T1（以太网）之间的空白，第三代CAN通信技术CAN XL将启动，未来随着卫星组网技术的发展，CAN XL总线必将在航天领域得到广泛应用。

参考文献

[1] 黄勇.CAN总线在航天领域的应用[J].电视技术，2005(5)：172-174.
[2] 刘志强.基于经典CAN与CAN FD协议兼容性研究的通信机制设计[D].青岛：青岛理工大学，2019.
[3] 崔子涵，李志刚.小卫星新一代CAN FD总线应用技术研究[J].航天器工程，2020，29(4)：108-114.
[4] 杨福宇.有关CAN FD的评论[J].单片机与嵌入式系统应用，2012(7)：34-40.
[5] 王伟.CAN FD突破CAN总线应用局限[J].电子技术应用，2015(5)：3-13.

T/R 组件测试安全性提高方法及实现

蒋玉峰　公承　吴家亮　丁志钊
（中电科思仪科技股份有限公司，山东·青岛，266555）

摘要： T/R 组件测试中，测试安全性往往是用户关注的重点。根据测试过程安全性要求，本文提出了开关状态监控和小信号验证通道连通性方法，并针对大功率测试引入环形器对测试仪器加以保护。实践证明方法可行有效，可以在 T/R 组件及微波部件测试系统中进行推广应用。

关键词： T/R 组件；测试安全性；大功率测试

1　引　言

T/R 组件是相控阵雷达中数量最多、同时也是最为重要的一类微波前端组件，它在相控阵雷达中配备的数量非常多，少则几十个，多则可以达到成千上万个的规模。由于 T/R 组件的生产成本相对较高，且 T/R 组件存在收发端口复用、发射功率较大（有的高达上千瓦），这对测试过程的安全性提出了较高要求。

2　测试安全性实现及方法

提高测试安全性是 T/R 组件测试中的重要内容。如果不能保证测试的安全，那么测试就无从谈起。测试安全性内容主要是如何保证被测 T/R 组件和测试仪器的安全。

对于直接在发射输出端口连接衰减器/定向耦合器的收发测试通道分离的方法，只要其功率容量和衰减量/耦合度满足要求，被测 T/R 组件就不会发生安全性故障，另外，只要保证输入至测试系统的功率不大于 27 dBm，即使开关发生切换故障，发射信号进入信号发生器等仪器，也不会发生测试安全性问题。也就是说，这种收发测试通道分离方法的安全性还是非常高的。

下面论述几种提高测试安全性的方法。

(1) 常见的 T/R 组件测试系统中，最有安全隐患的是在开关网络中内置衰减器/定向耦合器的收发测试通道分离方法。如果收发切换的开关发生故障，大功率发射信号就会直接进入信号发生器、噪声源或者矢量网络分析仪等测试仪表，这必然会导致上述仪器被烧毁。在 T/R 组件测试系统中，因为开关切换故障导致仪器损坏，经常在雷达研制生产单位发生。从工程实践来看，发射功率在 10 瓦量级的 T/R 组件还是非常多的。基于内置衰减器/定向耦合器收发测试通道分离的方法由于不需要复杂的测试夹具，且夹具中没有用于衰减、耦合、定向分离的微波部件，这种方法在 T/R 组件通道数量非常多的情况下是非常合适的。此外，它也不影响噪声系数、接收输入端口驻波比的测试。因此，在很多 T/R 组件测试系统中采用了这样调理方法，但是这必须解决测试安全性问题，解决的思路就是以连通性验证保证测试安全性：

① 查询开关通道状态

在开关控制程序中增加开关状态寄存器，其不同的标志位对应各个开关的不同位置，K_i 对应开关的标号，D_j 对应开关中的位置标号。根据开关状态寄存器进行查询，如果显示开关处于正确的连通状态，则不对该开关进行连通控制；如果显示所需开关通道处于断开状态，则对该开关进行连通控制，并设置对应开关状态寄存器中的标志位为连通状态。也就是说，尽量减少不必要的开关操作，既能延长开关寿命，也能提高测试安全性。

② 实际小信号验证连通性

一般来讲，信号发生器、噪声源或者矢量网络分析仪反串烧毁功率为 27 dBm，也就是说，只要在上述仪器端口输入一个小于 27 dBm 的信号，就不会导致仪器被烧毁。在通过开关位置查询和开关控制初步认定测试通道建立的情况下，在 T/R 组件发射端口输入一个合适的激励信号来验证通道是否连通。如果测试结果表明测试通道正确建立，则将激励信号功率恢复到正常值进行测试，否则中止测试，并进行相关的提示和告警。

(2) 对于千瓦级 T/R 组件收发测试通道分离的调理方法，需要进行相关的测试安全性设计及实现。如果只是要实现收发测试通道的分离，并实现收发参数的测试，不引入环形器 2 (见图 1)也是可以的。但是如果没有环形器 2，泄露到开关的发射信号功率至少会有 10 W，虽然开关可以承受，但是一旦发生切换故障，就有可能烧毁测试仪器。因此，从测试安全的角度考虑，引入了环形器 2，利用其 20 dB 反向隔离作用，这样泄露信号的功率只有 20 dBm(功率在 1 kW 情况下)，不会发生测试安全性问题。

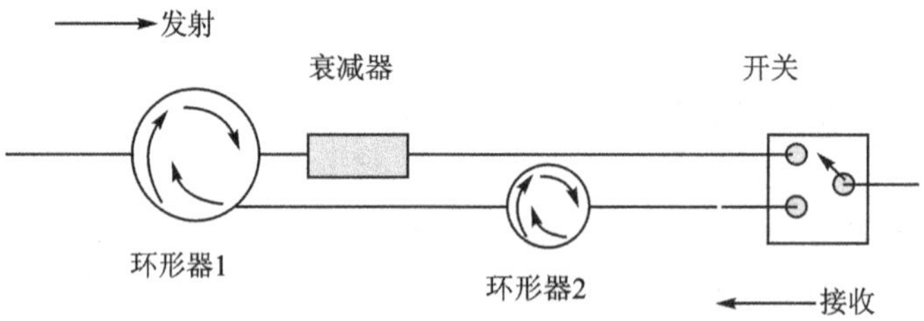

图 1　用环形器+衰减器+开关的方法提高测试安全性

3　结　论

根据被测 T/R 组件的测试安全性要求，本文提出了相应的方法，实践证明方法可行有效，可以在 T/R 组件及微波部件测试系统中进行推广应用。

参考文献

[1] 胡明春，周志鹏，严伟. 相控阵雷达收发组件技术[M]. 北京：国防工业出版社，2010.

工艺技术

航空发动机自锁螺母内螺纹加工技术研究

黄乐　吴振华

（东方蓝天钛金科技有限公司，山东·烟台，264000）

摘要： 随着我国航空工业的快速发展，发动机型号对高温合金自锁螺母的需求量增大，因传统的内螺纹加工方法工艺落后，已经不能满足其高精度、高质量的需求。本文从坯件的准备、设备与刃具的选用、工艺参数的确定、检验方式的改进这几个方面入手，分析了高温合金螺母螺纹加工困难的原因。通过工艺方法的研究和检验控制手段的完善，提出了系统的解决方法，为高质量、低成本供应航空发动机自锁螺母提供了依据。

关键词： 航空发动机；高温合金；自锁螺母；工艺方法；检验控制手段

1　前　言

航空发动机自锁螺母多为高温合金材料，通常在高温、高压、高强度的环境下使用，具有高可靠性，螺纹作为最重要的机构，起着至关重要的作用。常见的内螺纹加工方法有车削、铣削、挤压和攻丝等，攻丝是工程上应用最多的方式，有着技术门槛低、加工效率高等特点，广泛应用于紧固件制造企业。随着行业的快速发展，内螺纹质量差、螺纹摩擦系数离散大等一系列困扰用户的问题日益突出，传统的内螺纹加工及检验方法已无法满足航空紧固件行业的发展需要，因此需要开展相关的专项研究，找出解决办法。

2　产品特点及常见的问题

航空高温合金紧固件最典型的材料为 Alloy 718；结构形式多为通孔；因为减重的需要，螺纹的长度一般为(0.5～1.0) * D(D 为公称直径)；螺纹种类主要有 MJ 和 UNJ，MJ 螺纹粗牙精度为 4H6H，细牙精度为 4H5H，UNJ 螺纹的精度一般为 3B。常见的产品如图 1 所示。高温合金内螺纹常见的问题是丝锥磨损后，螺纹质量变差，精度下降，如图 2 所示。内螺纹不同于外螺纹，属于结构封闭，加工过程中较难检测和控制。

图 1　常见的高温合金自锁螺母

图 2　高温合金螺母常见的螺纹形态

3 原因分析

3.1 材料本身属于难切削材料

高温合金的切削力大,未强化处理的高温合金单位切削力比合金钢高 60%左右。镍基合金所含的部分元素与刀具材料相同,会产生扩散磨损和磨粒磨损;加工硬化倾向大,加工硬化现象对丝锥寿命有很大影响,通常会产生严重的边界磨损;材料导热性差,切削温度高;高温和大切削力将导致切削刃产生塑性变形、黏结与扩散磨损,导致丝锥磨损速度快,螺纹质量一致性差。

3.2 加工设备精度差

目前国内航空紧固件厂家一般采用与民品螺母相同或类似的加工设备(台式攻丝机)进行内螺纹加工,一方面目前产品对螺纹的要求仅仅停留在通止合格即可的层面上;另一方面这类民品攻丝设备成本低,操作易上手,一直是加工内螺纹的首选,多年来被一直沿用下来,如图 3 所示。

图 3 台式攻丝机

3.3 刃具的选择不够科学

丝锥的质量直接决定了螺纹的质量。目前市面上的丝锥品牌和种类较多,但是绝大部分针对普通材料,无法用来加工高温合金材质的航空螺母。选择丝锥时,既要对材质、槽型、结构尺寸、涂层有所甄别,也要针对航空产品材料、结构特点对丝锥的前角、后角以及容屑槽等关键尺寸进行重新设计。因此,目前主流的丝锥仍是进口品牌。但是进口品牌的丝锥价格高,供应周期长,令一些企业望而却步,转而选用国产丝锥。但是多年来,国产丝锥在材料、加工精度、涂层质量等方面与国外进口丝锥有一定差距,因此螺纹质量不尽如人意。

3.4 工艺参数掌握不够全面

受限于设备数字化程度低的现状,目前对攻丝工艺参数的研究有限。多数情况下,仍是操作者的加工经验起主导作用。

3.5 内螺纹的检测手段单一,不够精密

长期以来,螺纹塞规(见图 4)是内螺纹检测的唯一手段,塞规检查是按照泰勒原则,采用通端螺纹量规检验螺纹的可旋合性,用止端螺纹量规检验中径单项的制造偏差,这样的检测方法主要反映螺纹的使用性能,仅能定性判断螺纹中径尺寸是否在合格范围内,不能明确地给出工程人员最为关心的螺纹中径具体值,尤其是当螺母需要收口并控制锁紧力矩时。

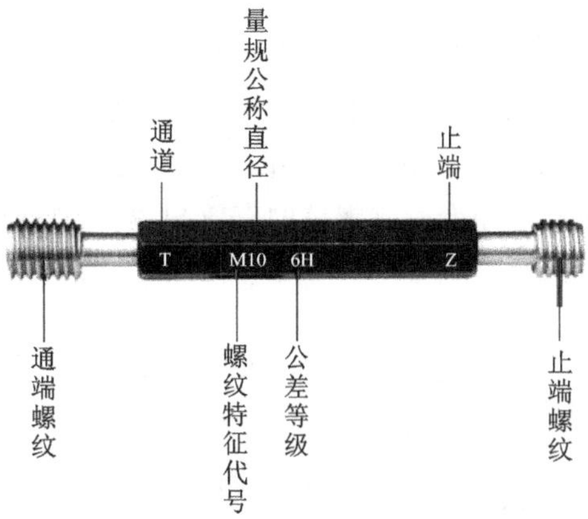

图 4　内螺纹检测用的塞规

4　解决措施

针对上述问题,需要对这类产品的加工工艺进行研究,以下从坯件控制、设备选择,丝锥的选用以及工艺参数进行研究,以此提高内螺纹的质量。

4.1　坯件的控制

4.1.1　坯件的硬度

攻丝前,坯件的硬度一般不超过 30HRC。对于采用镦制成型的产品,尤其要注意硬度的控制。对于镦制成型的 Alloy 718 材料螺母,攻丝前要对产品进行热处理,以达到优化组织、消除应力、降低硬度、提高切削性能的目的。

4.1.2　坯件的尺寸

(1) 底孔尺寸

确定螺纹底孔尺寸时,要先确定牙高率。牙高率=实际牙高/基准牙高 * 100%,高温合金螺母的实际牙高宜在基准牙高的 55%～65%,如图 5 所示。同时还应结合标准中给出的螺纹小径范围给出最优的尺寸。

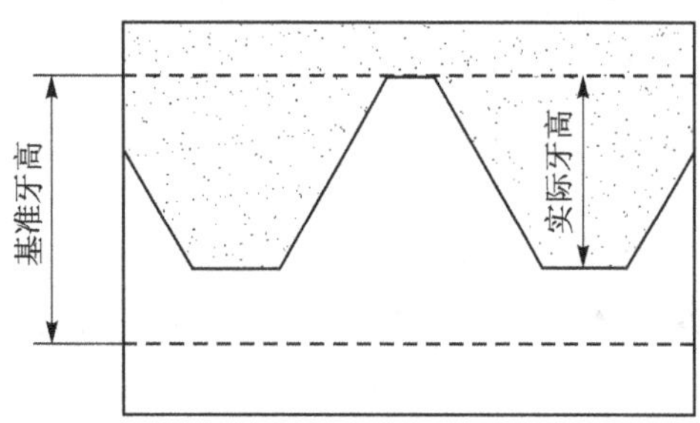

图 5　牙高率示意图

有研究表明：83%的螺纹高度仅比 65%高度的螺纹强度提高 2%,但是攻丝扭矩超过其 2 倍(见图 6),同时较低的牙高率有利于提高攻丝时的容屑空间,有利于螺纹质量的提高。

(2) 孔口尺寸

图 7 所示的孔口倒角 α 对于螺母攻丝以后在引导处是否会出现毛刺至关重要，一些旧的标准中推荐孔口倒角为 120°，倒角尺寸 D 不超过螺纹的大径，但是实际生产过程中并不适用。对于航空螺母，D 应至少大于螺纹大径 0.3 mm 以上，α 一般为 90°～100°，这样才能保证加工过程中不产生毛刺。但是角度过小会影响螺纹的有效扣数，在加工薄螺母时要特别注意。

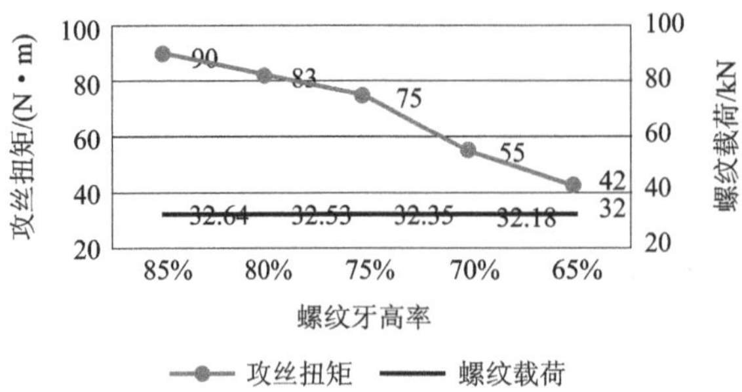

图 6 螺纹牙高率与攻丝扭矩及螺纹载荷的关系

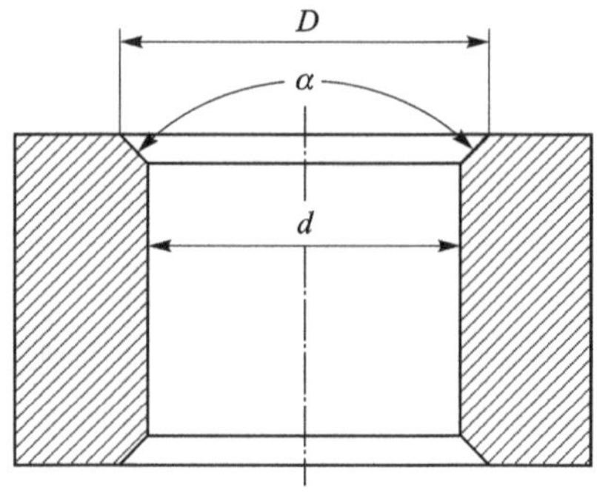

图 7 孔口尺寸

4.1.3 坯件的加工方式

螺纹底孔最好分粗加工和精加工两个步骤进行，粗加工采用合适的钻头钻孔，预留一定的加工余量。精加工采用镗孔或者铰孔的方式进行，以保证螺纹底孔的尺寸一致性、形位公差以及表面粗糙度。采用两步加工的方法，对于提升螺纹质量、提高丝锥寿命有较大帮助。

4.2 设备选择

为了保证精度，航空内螺纹一定要选用“刚性攻丝”的加工方式，即保证主轴旋转一圈所对应的进给量必须和攻丝的螺距相等，$P=F/S$，其中，P 为螺距(mm)，F 为进给量(mm/min)，S 为主轴转速(r/min)。一般的攻螺纹设备，主轴的转速和进给是独立控制的，该条件可能并不满足，因此要注意设备的选择。目前最常见的攻丝设备有以下几类：

(1) 台式攻丝机

台式攻丝机是最常见、应用最广泛的攻螺纹设备。一般由三相异步电机驱动，通过摩擦轮和离合器控制主轴的正反转。操作方便、成本低，但是靠操作者手工控制进给速度，与主轴的转速不能同步，螺纹的螺距、牙型得不到保证；螺纹的质量受人为因素影响大，操作者的经验起主导作用。因此不推荐使用该类设备加工航空螺母。

(2) CNC 车床

大部分 CNC 车床都有固定的攻螺纹程序，但并非输入程序代码就可以刚性攻丝。只有加装位置编码器，主轴和进给轴才能形成闭环系统，主轴旋转角度与进给轴进给量才是同步和线性的，才能达到刚性攻丝的效果。缺点是成本高，非专业攻丝设备，效率低，设备的刚性不足。

(3) 自动攻丝机

自动攻丝机是专用设备，常见的类型有齿轮式、牙规式、PLC 控制、数控系统控制等。

齿轮式自动攻丝机和牙规式自动攻丝机(见图 8)分别采用螺距控制齿轮和螺纹牙规控制产品的螺距，加工精度较高，但加工不同规格的螺纹时需要更换模具，且齿轮和牙规均是易耗品，磨损后不及时更换会造成螺纹精度降低。这两类是低成本的刚性攻丝设备，推荐使用。

PLC 控制自动攻丝机控制螺距是由两个伺服参数比值确定，直接在面板上输入程式或比值即可，其优点是速度快，适用于软质材料、规格小的螺母，其不足的地方是主轴的旋转和进给并不总是同步，不是刚性攻丝方式，不推荐使用。

国外航空紧固件生产商多采用高精度数控系统控制自动攻丝机（见图 9），一般采用高端数控系统（如罗克韦尔系统）实现主轴转速和进给的同步控制，保证螺纹的加工精度；同时配备高精密的夹具，可实现自动上卸料以及在线的筛选和检测，大大提高了产品的质量一致性。缺点是价格昂贵、成本高，适合附加值高、批量大的航空螺母使用。

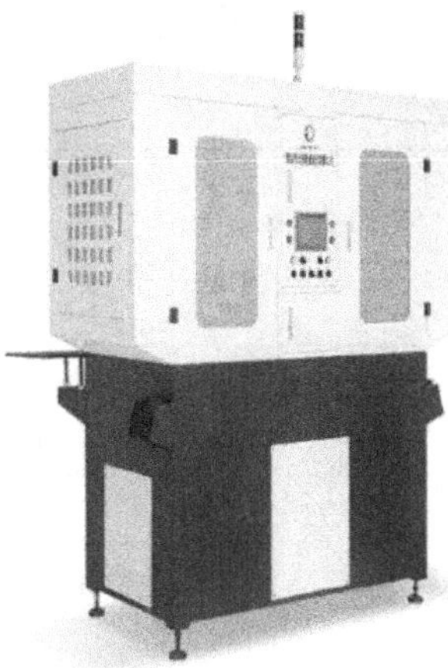

图 8　牙规式自动攻丝机

图 9　数控攻丝机

4.3　丝锥的选用原则

丝锥的选用主要从结构、尺寸、材质、涂层、精度几个方面考虑。

4.3.1　丝锥的结构

丝锥按结构分为以下三种类型，可根据需要按表 1 进行选择。根据航空用高温合金自锁螺母的特点，推荐使用螺尖丝锥。

表 1　丝锥的类型

丝锥类型	螺纹孔类型	孔深	排屑方式	加工精度
直槽丝锥	通孔、盲孔	—	向后	一般
螺旋槽丝锥	盲孔	$\leqslant 3D$	向后	较高
螺尖丝锥	通孔	$(3\sim3.5)*D$	向前	高

4.3.2　丝锥的尺寸参数

丝锥的关键尺寸参数主要包括切削刃与校准齿的扣数、槽数、排屑槽的容积、丝锥前角及后角等，建议制造厂商根据实际使用情况及时向丝锥供应商反馈，适时对其调整和优化。

4.3.3　丝锥的材质

丝锥对材料的依赖性很大，选用好的材料可以使之具备更高的寿命，目前行业的共识是粉末冶金高速钢＞含钴高速钢＞一般高速钢。加工高温合金自锁螺母时，建议按表 2 选择 HSSE 和 CPM 这两类材质的丝锥。据统计，同规格的 CPM 丝锥较 HSSE 丝锥寿命提高 1 倍以上,但价格仅高出50%左右,整体性价比较高,还可减少更换丝锥的次数,提高加工效率。

表2 丝锥的材质

序 号	丝锥的材料种类	标记代号	硬 度	适用的范围	常用牌号
1	含钴高速钢	HSSE	HRC≥65	大范围用作丝锥材料	M35、M42
2	粉末冶金高速钢	CPM	HRC≥67	高性能丝锥材料	ASP2080

4.3.4 丝锥的涂层

丝锥的涂层对丝锥性能的影响非常明显,航空螺母丝锥的涂层一般从表3中选择,TiN涂层通用性和性价比较好,TiCN涂层耐热性更佳,适合更高强度的产品。

表3 丝锥常见涂层及特点

涂层种类	TiN	TiCN
表面硬度(HV)	2 300	3 000
厚度 μm	3~4	3~4
颜色	金黄色	蓝灰色
耐热温度	300 ℃	400 ℃
应用范围	通用	难切削、高硬度材料
主要特点	有良好的涂层硬度及润滑性,并且涂层附着性能好	具有高硬度及较好的抗黏性

4.3.5 丝锥的精度

常见的丝锥精度有ISO标准、德标、日标和国标等,也可进行非标定制。丝锥精度与螺纹精度的对应标准见表4。选用丝锥时不能仅根据被加工螺纹的精度等级来选择并确定丝锥的精度等级,还需要考虑工件的材质及硬度、设备、丝锥本身精度等因素。

表4 丝锥精度与螺母精度对应表

丝锥精度				螺纹精度		
DIN(德标)	ISO(国际标准)	GB(国标)	OH(日标)			
4H	ISO 1	H1	OH1、OH2	4H	5H	—
6H	ISO 2	H2	OH3、OH4	4G	5G	6H
6G	ISO 3	H3	OH4、OH5	—	—	6G

4.4 工艺参数

攻丝最为重要的工艺参数是切削液和线速度,这两个参数对丝锥的寿命影响较大。对于高温合金材料螺母,对切屑液的要求是润滑大于冷却。$V_c=n\pi d_1/1\,000$,其中,V_c为丝锥的线速度,d_1为丝锥的大径。一般来讲,可采用工艺验证加理论计算的方法确定最佳线速度。对于Alloy718材料的自锁螺母,推荐的线速度见表5。

表5 丝锥的线速度推荐

螺纹规格	4	5	6	8	10	12
线速度/(m·min^{-1})	3~4	4~5	5~6	5~6	6~7	5~11

4.5 内螺纹检验方式

在生产过程中，随时监控并获得内螺纹的中径变化规律对产品后续加工是十分有利的，通过控制螺母的作用及单一中径可以使自锁类螺母保持在一个合理的锁紧力矩范围内，并以较小的离散性确保产品的质量一致性。

4.5.1 接触式

基本原理是借鉴了三针法测量外螺纹中径的方式，利用量球代替量针对内螺纹进行测量。国外已成功研发并应用了该类设备，最典型的代表是美国章森公司研制的内螺纹综合测量仪（见图 10），该测量仪可以检测出内螺纹的作用中径和单一中径，操作方便，测量精度高。为了顺应发展趋势，GB/T 37050 标准中已经引用该方法进行螺纹单一中径和作用中径的定量检查。这对于内螺纹加工有较强的指导意义。

图 10 接触式内螺纹中径测量仪

4.5.2 非接触式

非接触式有光纤传感测量法、激光三角测量法、影像测量法等。因使用条件、成本等问题，目前多应用于研究领域，未能在工程上广泛推广，这里就不再赘述。

4.5.3 发展趋势及预测

接触式测量具有测量方法简单、准确度高、效率高、综合成本低等优点，是目前螺纹综合参数测量的发展趋势。非接触式测量检测技术尚不成熟，目前国内外均未取得突破性进展，因此在工程应用上暂不推荐。

5 结 论

航空发动机用自锁螺母因为材料特殊、切削难度大等特点，在进行内螺纹加工时要注意对坯件硬度、工艺尺寸的控制，要选用具有刚性攻丝功能的专业设备，要根据产品的特点选择丝锥的结构、材料、涂层、精度，同时要选用正确的切削液和线速度保证丝锥的寿命，在进行螺纹检验时，要选用能定量测量螺纹作用中径和单一中径的专业螺纹检测量仪器。通过上述手段的实施，螺纹质量有较大的提高，可以满足航空发动机特殊使用要求。

参考文献

[1] 陈文志，都愿国.高温合金小孔钻削攻丝加工的方法[J].导航与控制，2015，14(1)：91-92.

[2] 黄贤鸿.设定参数实现刚性攻丝[J].制造技术与机床，2003(3)：67-68.

[3] 封光磊，崔岗卫.数控机床高速刚性攻丝优化技术研究[J].制造技术与机床，2017(7)：109-110.

[4] 裴俊朋，韩丽伟.FANUC 系统主轴特殊刚性攻丝实现方法[J].制造技术与机床，2014(8)：151-152.

[5] 刘风雷，赵庆云，庄宝潼. 航空钛合金紧固件高效自动化制造设备发展现状[J]. 航空制造技术，2016(19)：70-74.
[6] 王宗伟，董向阳. 螺尖丝锥槽型几何参数对攻丝的影响[J]. 工具技术，2020(54)：73-74.
[7] 虞涛，黄立新. 螺旋槽丝锥几何参数对切削力的影响[J]. 轻工机械，2016，34(6)：43-45.
[8] 郐京波. 机攻攻丝加工过程中质量控制分析[J]. 工程技术与应用，2016(11)：74.
[9] 何亚银，杨明亮. 内螺纹加工方法的研究现状分析[J]. 陕西理工学院学报(自然科学版)，2012，28(4)：14-17.
[10] 侯东明，陈文冬. 内螺纹测量方法研究[J]. 装备制造技术，2015(1)：53-56.

浅谈发动机电缆设计

余秀华　刘泽民　杨宗亮　杨文臣
（临沂市海纳电子有限公司军品事业部，山东·临沂，276017）

摘要：发动机电缆是安装于某型发动机上，将发动机电气附件、传感器、泵调等连成一体，完成数字电子控制系统传感器信号和控制信号的传送，并提供准确、可靠、无干扰的电信号传输。介绍了发动机电缆设计过程中材料的选择、工艺性分析。

关键词：发动机电缆；选材；工艺性；屏蔽

1　引　言

发动机电缆是连接发动机附件、传感器等并传输无干扰电信号的电缆组件。发动机电缆组件是发动机必不可少的重要组成部分，它由来已久，其设计也是在不断优化。为实现电缆在满足强度等条件下柔软度高、耐磨性能好、屏蔽能力强等特点不仅需要对选材有要求，对结构设计也需要进行优化。这里主要对选材及工艺性进行分析阐述。

2　发动机电缆的组成

发动机电缆以前大致由电连接器及尾部附件、导线、标识管、防波套、模缩套、聚四氟乙烯薄膜及其他辅料等组成，这使得重量减轻的空间不大，且耐磨性和柔软度也不强。目前发动机电缆组件的设计中发动机电缆组件主要包含电连接器及尾部附件、导线、标识管、防波套、热缩套管、编织护套、聚四氟乙烯薄膜及其他辅料等。使用热缩管代替模缩套，使得重量减轻，电缆外面采用编织的工艺使得电缆耐磨，且柔软程度可根据编织密度进行调整。尾部附件端，将防波套和导线屏蔽层的一端与尾部附件采用钢扎带进行锁紧相连，实现360°的电磁屏蔽，保证最小的搭接电阻，确保电磁兼容性的抗干扰能力。

3　发动机电缆选材

3.1　电连接器的选材

据发动机各附件提供的电连接器型号，并按照主机要求指定的厂家进行配套，电连接器用于与发动机电气监控附件、泵调节器、压力信号传感器等的连接。电连接器及尾附壳体选用钛合金和不锈钢钝化材料，结构上应具备自锁机构或带有保险孔。连接器中封线体应使用耐油的氟硅胶，尾部附件选用屏蔽尾附。电连接器接触件端接方式采用压接。根据电缆的使用环境选用相应的连接器和尾附。电连接器及尾部附件一般由主机所指定，不多做叙述。

3.2 导　线

导线一般选用高强度铜合金导线，导线规格必须与接触件相匹配，各规格的抗拉强度应满足GJB 773A要求。线芯材料和屏蔽层材料为高强度镀镍铜合金，屏蔽覆盖率高，不小于85%。阻燃，抗化学腐蚀，耐海洋环境。连接振动比较大的导线选用低噪声导线，温度较高，有耐火要求的选用耐火导线，对连接热电偶的须选用温度补偿导线。根据发动机电缆的使用环境选用相应的导线。

3.3 标识管

在电缆线束的电连接器端部，按照要求标识各电连接器对应的名称，所选用的线束标识为耐油、不易脱落的专用标识套管，根据电缆的使用环境选用高温标识套管。标识管应满足耐油、阻燃、耐海洋环境等要求，并能激光打字或印字。

3.4 防波套

由于发动机的电磁兼容性要求更高，抗盐雾能力高，为了确保电磁兼容性和耐海洋环境的要求，为此该电缆线束采取双层屏蔽，在电缆线束外层增加一层防波套，该防波套采用钛合金丝编织，这样可以更好地起到防干扰和耐盐雾的效果，屏蔽覆盖率大于93%，同时也能够防止尾部附件中导线根部的电磁泄漏，防波套应满足耐油、耐高温、耐海洋等环境要求，表面传导阻抗不大于50 Ω/m。根据电缆的使用环境选用相应的防波套。

3.5 热缩套管

电缆组件上使用的热缩套管应在规定温度范围内，可保护内部屏蔽导线处理导线屏蔽层的绝缘，各尾部附件采用热缩套管进行收缩处理。热缩套管应满足耐磨性和抗冲击性要求，阻燃要求，耐油、耐高温、耐海洋等环境要求，根据电缆的使用环境选用相应的热缩套管。

3.6 编织护套

电缆线束的防波套外部需要有保护，如果不采用热缩套管做电缆线束外护套，可以用非金属套编织电缆线束外护套，保证电缆线束成型及防护作用，编织套应满足高阻燃、耐油、耐高温、耐海洋等环境要求，耐摩擦和抗冲击要求，根据电缆的使用环境选用相应的编织护套。

3.7 聚四氟乙烯薄膜

在导线束外缠绕一层聚四氟乙烯薄膜，能对导线起到一定的保护作用，以1/2搭接进行缠绕，聚四氟乙烯薄膜要求是不定向材料，并满足高阻燃、耐油、耐高温、耐海洋等环境要求，耐摩擦和抗冲击要求，根据电缆的使用环境选用相应的聚四氟乙烯薄膜。

3.8 其他辅材

发动机电缆组件上还用灌封胶、热熔密封胶、钢扎带、钢丝绳、芳纶绳等。热熔密封胶用于模缩套与屏蔽尾部附件及编织护套之间的密封黏接，要求具有良好的抗油性能。灌封胶用于保护接触件免受油液污染，防止油液、灰尘、有害气体的侵蚀，保证良好的密封性，隔绝连接器与周围的混合气体接触，要求能抗腐蚀，防尘、防潮、耐油、阻燃、耐高温、耐海洋等。钢扎带用在各插头尾部附件端，将防波套和导线屏蔽层的一端与尾部附件采用钢扎带进行锁紧相连，实现360°的电磁屏蔽，保证最小的搭接电阻，确保电磁兼容性的抗干扰能力。钢丝绳、芳纶绳均用于绑扎，使线缆不松脱，应耐腐蚀、耐高温、耐磨。这些辅材根据电缆实际需求进行选择。

4　发动机电缆组件工艺性分析

4.1　电缆线束加工工艺性

发动机电缆组件制作时，必须考虑所有电缆附件的装配顺序。具体参见HB 6438《飞机线束加工通用要求》和HB 6144《压接型插头座电线压接规范》中的相关内容，同时也要参照企业的相关标准和工艺规范。

4.2　导线屏蔽层接地与不接地的处理

为了保证每根屏蔽导线屏蔽层的单端接地，在屏蔽层接地端，将插头端的导线屏蔽层汇总后接到电连接器的尾部附件，用钢扎带固定在尾部附件上。其他插头端的导线屏蔽层应绝缘浮空。屏蔽层的接地采用热缩套管与附加跨接线的方式，将全部屏蔽层连接起来，然后引出进行接地处理。另一端不需要接地的屏蔽层采用热缩套管收头。具体示意见图1。

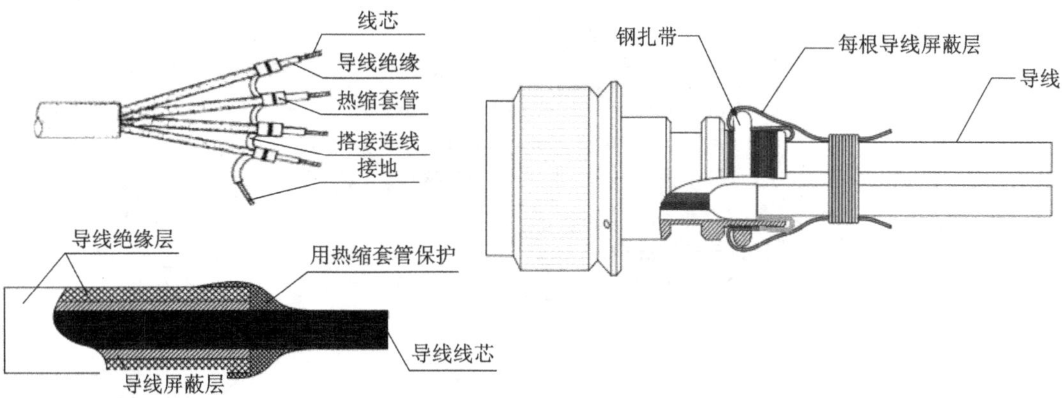

图1　导线屏蔽层接地与不接地的处理方法

4.3　尾部附件屏蔽的接地处理

为了提高电连接器尾部的屏蔽效果，在电连接器尾部附件端，线束外套增加一层总屏蔽套（防波套），总防波套与内部每根屏蔽导线的屏蔽相连接，并按GJB 358要求，所有屏蔽层的搭接电阻不大于600 μΩ。防波套在插头处套于插头尾部附件上，用钢扎带将两者一起固定，实现360°屏蔽，加工方法见示意图2。

4.4　线束保护

为了保护电缆线束，在线束外加装编织套，两端插头处用热缩套管进行收头，线束分叉处中间直接进行编织，防波套中间交叉处，采用叠加的方式，然后用钢丝绳绑扎（或者焊接），这样

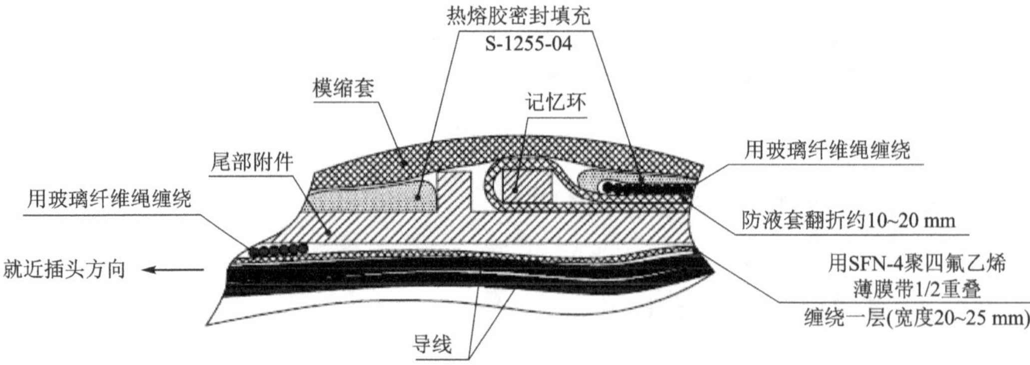

图 2　插头处屏蔽层的处理方法

可以保证防波套搭接处的连续性，搭接电阻可以做到最小，同时也要保证电缆的柔软性。编织护套和防波套的处理线束分叉的方法如图 3 所示。

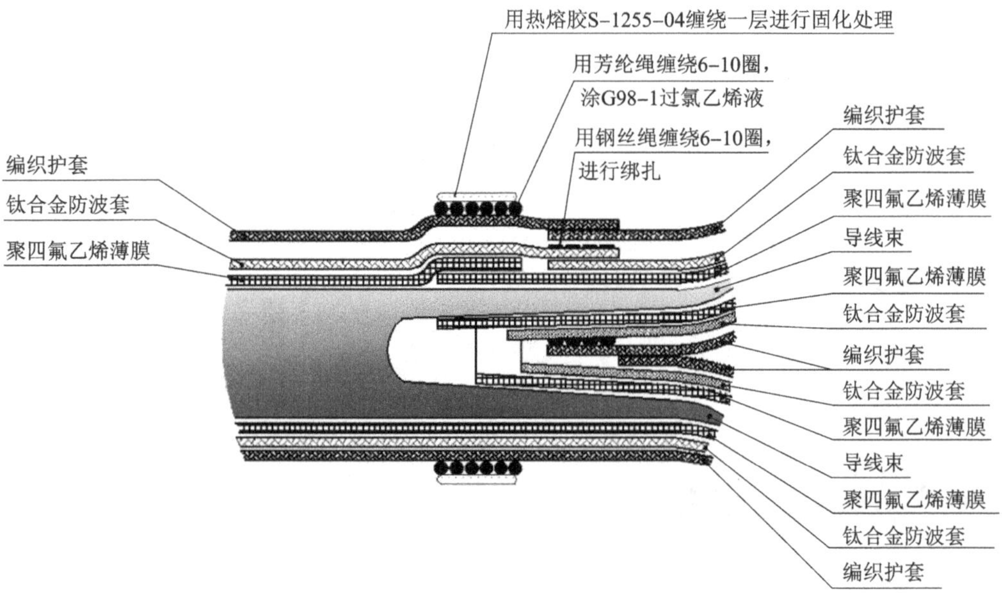

图 3　编织护套和防波套的处理线束分叉的方法

4.5　二次屏蔽接地处理

对于抗干扰要求高的信号，如振动信号、滑油位信号、热电偶信号，这些信号比较弱，容易受到干扰信号的影响，为此要采用单芯屏蔽导线，在每组独立信号线束外层，再增加一层防波套（屏蔽层），确保该信号不受干扰。单芯屏蔽导线的屏蔽层与总屏蔽层接到一起，然后通过尾部附件的钢扎带接到尾部附件上，单芯屏蔽导线的另一端屏蔽层和总屏蔽层的另一端应绝缘浮空处理，单芯导线的屏蔽层与总屏蔽层的接地方式见图 4。

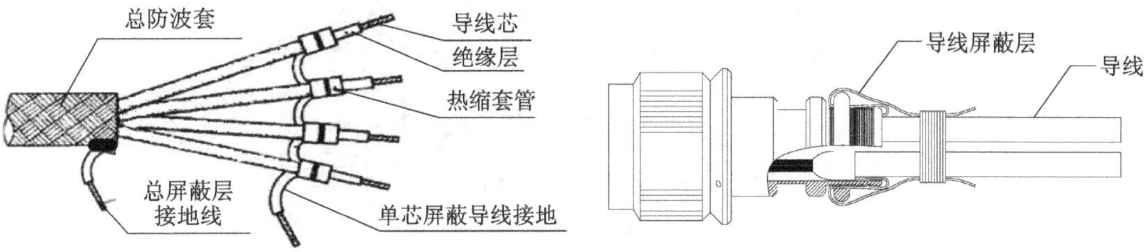

图 4　导线屏蔽与总屏蔽层的处理方法

4.6　钢扎带工艺

钢扎带主要用于屏蔽层与尾部附件的固定，采用钢扎带能够保证更好的屏蔽搭接效果，同时钢扎带能够在温度变化较大的环境下不出现松脱，可以保证搭接电阻的要求，在装防波套前将电连接器尾部附件屏蔽压接处进行表面打磨处理，打磨比例为 1/5 圈，保证搭接电阻不大于 600 $\mu\Omega$。根据不同尾附出线口径大小选择钢扎带压钳力矩挡位，首件检测搭接电阻值，达到技术指标要求固定钢扎带压钳力矩挡位，保证防波套缩紧力的大小一致性，首件鉴定合格后，制定相应的工艺规范格。

钢扎带的处理工艺见图 5。

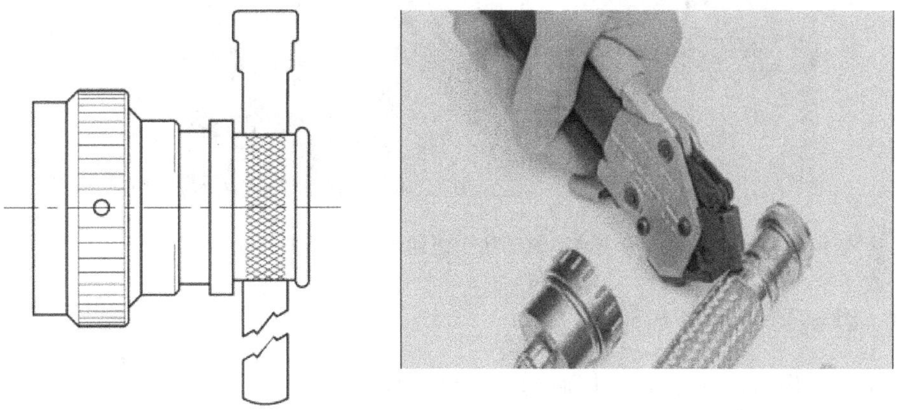

图 5　钢扎带处理方法

4.7　绞线工艺

使用绞线工装将各分支导线绞合成麻花状，并用束线扣绑扎固定，防止线束绞合后松散，使线束变得更加柔软，见图 6。

4.8　编织护套工艺

由于电缆线束采用热缩套管，重量比较重，电缆线束也比较硬，目前国外发动机电缆线束都采用编织护套，我们在发动机电缆组件上使用耐高温编织护套，并在规定温度范围内，可保护内部导线不受机械损伤及化学物质侵蚀，能够使导线成束。

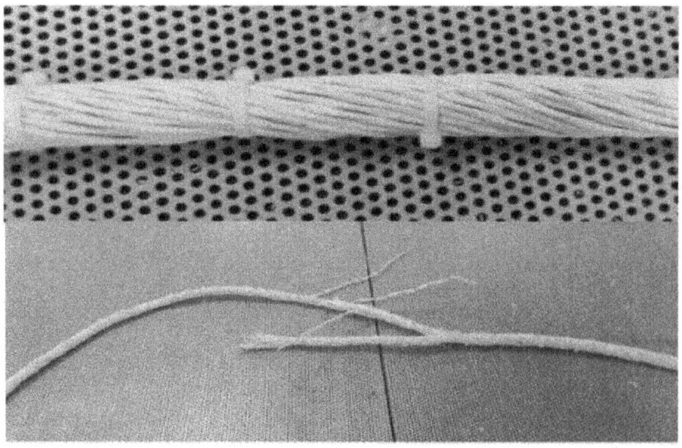

图6 导线绞合内部结构

选用合适的编织丝使用护套编织机进行编织，编制效果如图7所示。在成束的线缆上直接进行编织，按分支到总支的编织顺序进行。编织主支时须将分支包覆约15 mm，保证各分支的出线方向符合设计图纸要求。编织后的效果见图7。

图7 发动机电缆编织后效果图

4.9 缠绕聚四氟乙烯薄膜

在发动机电缆组件的导线束外面缠绕一层聚四氟乙烯薄膜，可以防护导线的磨损和松散，对导线束进行错层缠绕，其缠绕密度视线束粗细而定，一般按图8所示状态缠绕，不能有导线露出，不易缠绕过紧，重叠量一般为1/2。

缠绕聚四氟乙烯薄膜缠绕后见图8。

4.10 电连接器尾部灌封

所有电连接器尾部都采取灌封胶进行灌封，灌封胶主要用于保护接触件免受油液等污染，防止油液、灰尘、有害气体的侵蚀，保证良好电性能和密封性，隔绝连接器与周围的混合气体接触。待压接好导线的接触件装入连接器中之后，利用注射器将灌封胶在连接器出线端进行灌封，灌封高度大约为5 mm，灌封后将线缆放置于工装上在室温条件下固化24 h，然后再进行后续处理。灌封后的效果图见图9。

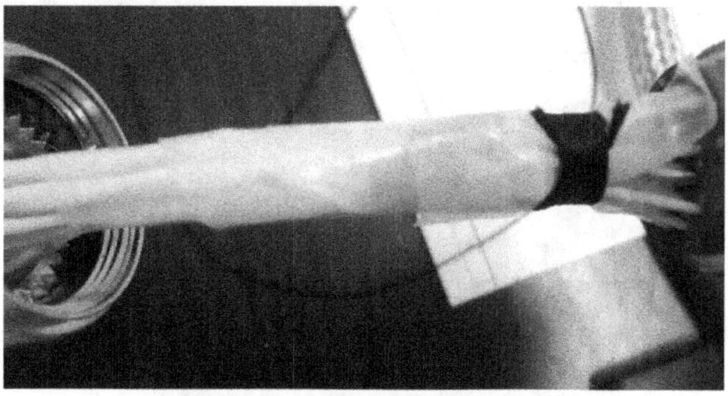

图 8　发动机电缆组件缠绕方法

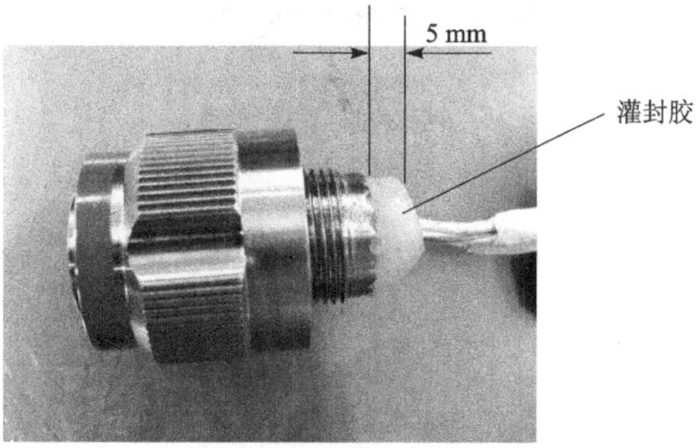

图 9　电连接器尾部灌封示意图

4.11　热熔密封胶固化处理

电缆线束全部制作完成后，根据热熔胶的技术条件要求，将热熔胶进行固化，放到已升温至 155 ℃的恒温箱内保持 2 h 进行固化处理，为此将带有热熔密封胶的发动机电缆组件部分，要按照技术要求进行固化处理，固化后见图 10。

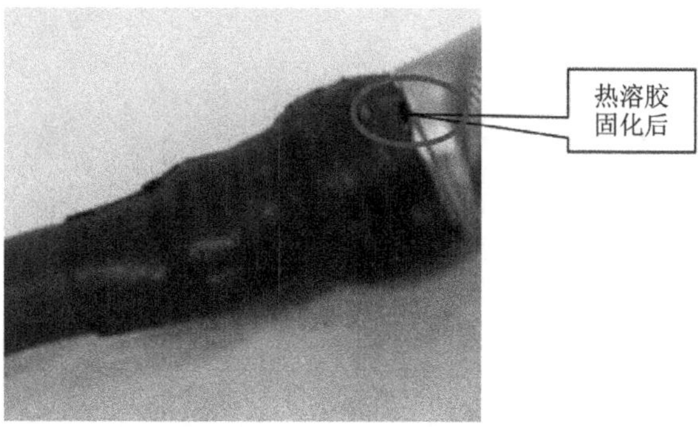

图 10　热熔胶固化后

4.12　尾部附件与电连接器锁紧方式

由于发动机的工作环境比较恶劣，为此，对所有尾部附件与连接器采用打保险方式进行锁紧，保证电连接器及尾部附件在发动机工作后不出现松动、脱落现象，确保电性能的连接可靠。尾部附件与连接螺帽之间靠自锁实现锁紧，尾部附件自身打保险的锁紧方式如图11所示。

图11 保险丝锁紧示意图

5 结束语

以上选材及工艺已在发动机线缆组件中进行应用，并已通过初步试验验证。因此，发动机线缆组件设计时按此方式进行选材且按此工艺进行生产是可行的，尤其针对屏蔽要求较高、且在工作环境恶劣的条件下使用此设计方案可行。

焊线式电连接器装联工艺新方法研究

刘军华　高翔　杨柳新　石歧光　冯自然

（山东航天电子技术研究所，山东·烟台，264003）

摘要： 在航空、航天、测控及武器装配领域的电子设备中，大量使用电连接器进行电路及信号传输，其中焊线式电连接器由于可靠性的原因，大部分产品均选择此类型电连接器。随着产品功能的增加，电连接器引脚也朝着分布密度高、形状差异大等方向发展。传统电连接器的焊接方法在新产品的生产中显现出效率低、质量一致性差等缺点。因此需要对传统的操作方法进行改进，以使新的焊接方法可以适应技术的进步。通过对操作全过程工序的分解，找到工艺过程中可以提高效率及质量的操作工序：将电连接器的焊线作为准备工序的一部分进行提前识别生产；依照产品实际距离确定导线的长度；下线的方法由手工下线改为机器下线；通过制作相应的工装将导线焊接方法由单根焊接改为成排焊接。通过以上各个方法的改进，电连接器在整台产品的焊接流程中，不再成为生产全过程的短板，在提高效率的同时还提升了焊接质量，并对后序自动化焊接的方法进行探讨。

关键词： 电连接器；导线；焊接；效率

1　概　述

在航空、航天、测控及武器装配领域的电子设备中，电连接器都发挥了至关重要的作用。电连接器不仅可以起到机械支撑的作用，还可达到定位、物理保护的目的，而且还可以传输信号，参与组建内部与外围电路的电信号传输。所有电连接器的设计、安装、装联等技术直接影响着组件的各项性能。

电连接器一般分为三种：一是焊杯式电连接器，需要在电连接器焊杯上直接焊接导线，再装联到印制板上；二是压接式电连接器，需要使用专用压钳将焊针压接到电连接器孔内，再焊到印制板上；三是直插式电连接器，电连接器为金属引线，可直接插到印制板焊孔内进行焊接。三种电连接器外观如图 1～图 3 所示。

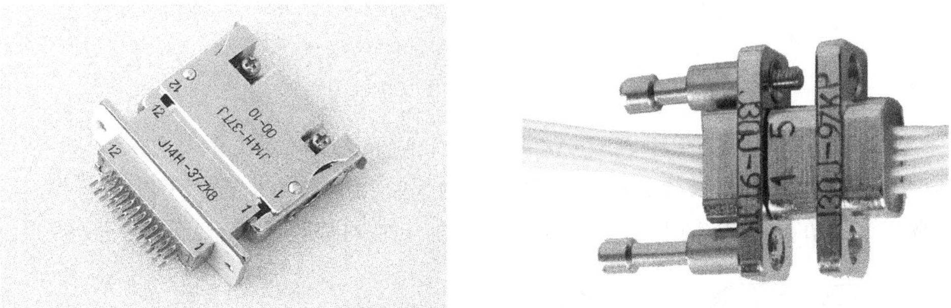

图 1　焊线式电连接器

图 2　压接式电连接器

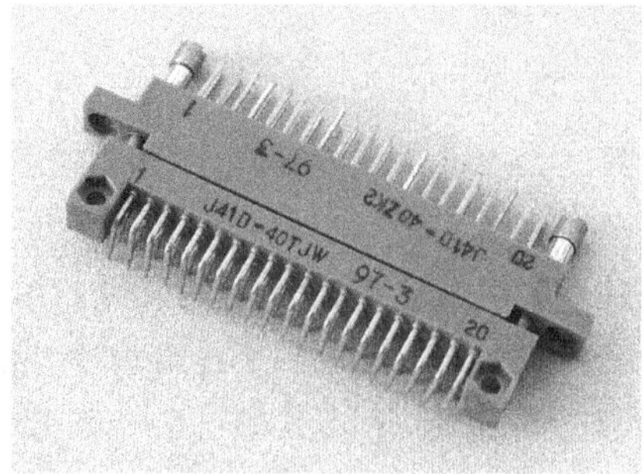

图 3　直插焊接式电连接器

由于高可靠及高效率的原因，焊线式电连接器是航天及军工产品最为常用的一种类型。随着产品向小型化、集成化发展，电连接器的选用也朝着引线高密度、小型化方向发展。传统的焊接方法在电连接器焊接时，凸现了效率低、一致性差的特点，因此需要改进焊接方法，提高效率及质量。

2　问题分析

2.1　工艺流程问题

传统的印制板生产加工流程中，电连接器导线的焊接是将其看作元器件，安排在手工装联的工序中进行，典型的工艺流程如图 4 所示。

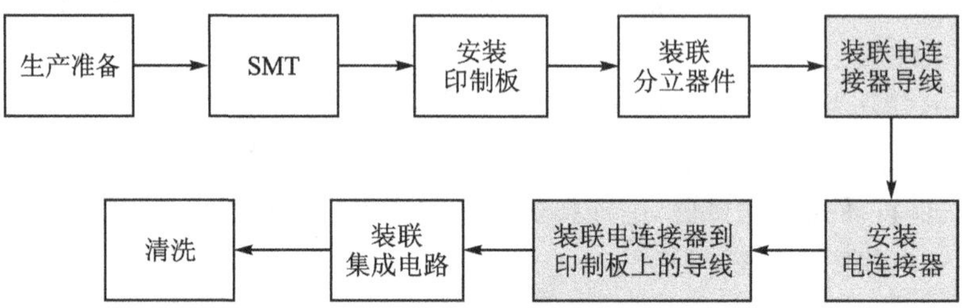

注：灰色部分即为电连接器的焊接过程

图 4　典型工艺流程

电连接器导线焊接安排在印制板焊接生产中，由于电连接器上的导线需要进行下线、剥头、搪锡、焊线等一系列工序，导致电连接器导线的焊接成为整个生产流程中焊接效率最慢的一环，因此印制板在整板焊接时，往往整个产品的加工时间都较长，产品的生产效率低。

2.2　电连接器下线问题

电连接器在焊接前，需要根据实际安装位置进行下线。下线首先需要使用斜口钳将导线裁剪到要求的长度，然后再使用热脱器将导线端头的绝缘皮脱去，露出芯线。随着电连接器上需要焊线的焊杯数量越来越多，每一次下线、去绝缘皮等都要花费操作者较长的时间，导致整板的焊接效率较低。

2.3 电连接器导线焊接问题

下线完成后，进行电连接器上导线的焊接。焊接步骤如下：

① 安装电连接器。将电连接器安装到固定工装上。

② 焊杯搪锡。使用电烙铁对焊杯进行搪锡处理。

③ 焊线。在电连接器焊杯上刷涂助焊剂。将处理好的导线插入电连接器的焊槽内，导线搭接到电连接器焊槽根部。然后加热烙铁进行焊接，焊接时间为 2～3 s，焊点自然冷却。

④ 清洗。焊完后用纱布蘸无水乙醇将焊点清洗干净。清洗时顺着导线的方向进行刷洗。

由于采用一个简易工装对电连接器进行固定，每次焊完一排后，均需要将电连接器拿下、翻转，再进行另外一排的焊接。多排电连接器往往需要翻转多次，导致效率下降。

焊接时，采用的焊接方法为逐个点进行焊接。首先需要在一个焊杯上刷涂助焊剂，然后将导线插入焊杯中，最后完成焊接。一个点焊接完成后，再依据此方法进行第二个点的焊接。以 74 芯电连接器为例，完成一个电连接器的焊接需要 30 分钟左右。

随着使用电连接器焊杯的密度增加，焊杯直径也变得越来越细，手工焊接电连接器上的导线时（见图 5），难度增大，在对操作者焊接水平要求较高的同时，也降低了整个产品的生产效率。

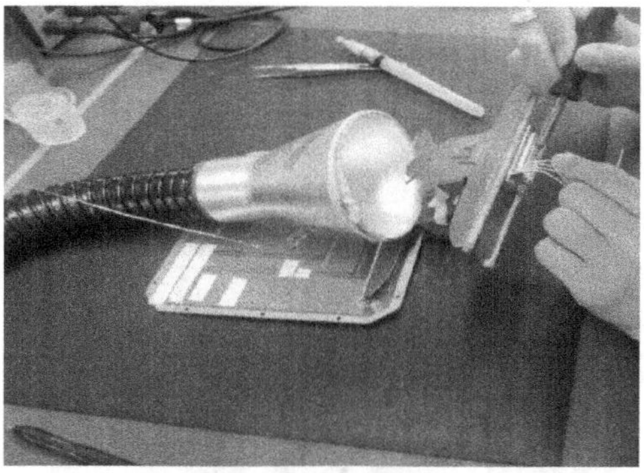

图 5 手工装联电连接器导线

3 解决途径

3.1 工艺流程的优化

由于焊线式电连接器上导线的焊接是一个相对独立的过程，在生产过程中，可以独立于整板的生产流程单独进行此序，因此，在对整个生产流程进行梳理后，将电连接器导线的焊接从印制板焊接流程中的手工电装工序中单独分离出来，将电连接器上导线焊接的工作并入生产准备工序中。将焊接完导线的电连接器视为一个完成的器件，只有在元器件齐套后，产品才会投入生产线进行生产。

经过工序的调整，整个生产流程中，电连接器的焊接不再是整个工序中影响效率的一个环节。由于电连接器上的焊接导线可以提前储备，因此在接到任务准备物料的同时，电连接器的焊线工作也就可以同时开展了。通过工序的并行，缩短了整个产品上线生产的时间，使产品的生产效率有了一个较大的提升。

同时，工艺人员对产品连线关系进行了梳理，细化量化每一个器件上焊线的关系，将导线规格、下线数量、剥头尺寸、套管形式归纳成表格，形成线束BOM，并制作电连接器接点示意图，提前整理并提示导线型号、规格、颜色不一，存在空点，电连接器点位不易观察的异常情况，提高焊接效率的同时也能避免错焊、漏焊的问题发生。

宇航、武器类产品作为一类较为特殊的产品，有着任务批量小(有时甚至是单台产品)、产品种类多等特点。一台产品上线，往往需要操作人员完成各类器件的焊接，包括电连接器上导线的焊接。通过将工序提前，设置专人进行电连接器导线的焊接，使得产品的生产模式从传统的一人干一台产品变为分工序、分技术等级、多人协同工作的模式。专人专岗不仅提升了产品的质量，同时也提高了生产效率，适应军工产品特有的小批量、多品种的产品特点。

3.2 自动化设备的应用

自动化设备以高效的生产模式，在加工领域占的比重越来越大。目前，军工单位中电子装联行业的自动化设备的使用率远远低于民用市场。一方面是由于自动化设备加工出的成品质量无法达到高可靠性，另一方面是由于小批量产品在使用自动化设备时，无法有效体现出高效。

电连接器上导线焊接中，最费时的一步就是导线的下线及剥绝缘皮。此道工序由于技术含量较低，往往无法得到大家的重视，但它却耗费了操作人员较大的精力。一根线从长度的测量，再到剪断，剥绝缘皮往往就需要10～20 s。一个电连接器往往下线就要花费掉10多分钟的时间，严重影响产品的生产进度。通过对行业市场内的调研，自动下线剥线的机器已经为较成熟的产品，因此下线剥线机(见图6)的使用是提高效率最有效的途径。

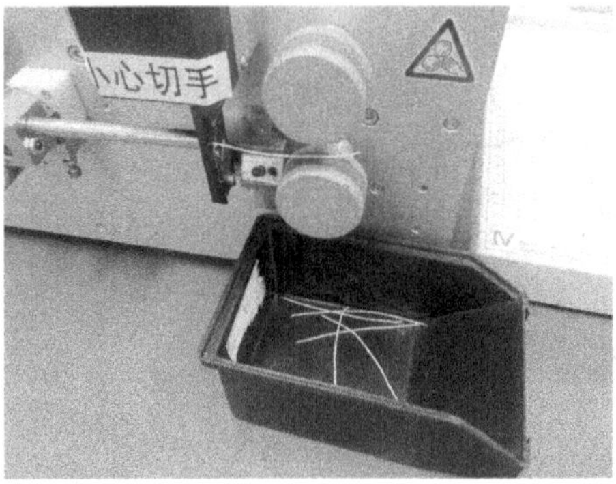

图6 下线机下线

设备在试验期间，剥出的线径总是会有刀口留下的切痕，不满足标准中规定的芯线不能受损的要求。需要对下线机按照军工标准进行改造，通过对上下刀口角度的调整，摸索到了一个最佳的剪切角度，在下线及去绝缘皮的同时，导线的芯线不受损伤。目前，下线机一分钟可完成上百根导线的下线工作，极大地提高了整个工序的效率。

3.3 工装的研制与推广

传统的电连接器导线焊接方法，操作人员需要一手将导线插入电连接器焊杯内，一手使用电烙铁进行焊接。每一个焊杯内的导线均要完成此项操作，导致焊接效率低。

由于操作人员两只手被导线和电烙铁占用，往往会提前将焊锡填充在焊杯上，再二次加热送入导线完成焊接；或者使用烙铁头黏附一定量焊锡，再转移到电连接器焊杯的焊点上。这样，焊锡被加热的时间变长，助焊剂在正式焊接行为发生之前已开始挥发，易导致焊接过程中助焊剂的活化作用不足，无法完全去除导线和焊杯上不可避免的氧化层，也无法在焊接过程中保护高温状态下的焊接接头不因空气而氧化，增大了焊点虚焊、夹杂的风险，从长期来看，是影响导线与焊杯焊点质量的重大隐患。

为了提升焊接效率与质量，设计一种电连接器焊接工装，把一根根导线焊接变成一排一排焊接,达到焊接效率的明显提升和焊接工艺的一致性,同时解放操作者拿取导线的手,使其能正常夹持焊锡丝,在焊接过程中实现渐进送丝,减少焊锡加热的时间,降低助焊剂在发挥活化作用前的挥发,解除焊点可能存在的隐患。

以 J36A 型电连接器作为试验对象,进行工装设计。

J36A-38ZJB 电连接器(见图 7)外部是金属壳体结构,形状为长方形,两端为法兰端面,各有一个直径为 $\phi3.3$ 的安装孔。插针是 3 排匀布,每排间距 2 mm,针与针间距也为 2 mm。焊接端为焊杯口形式。

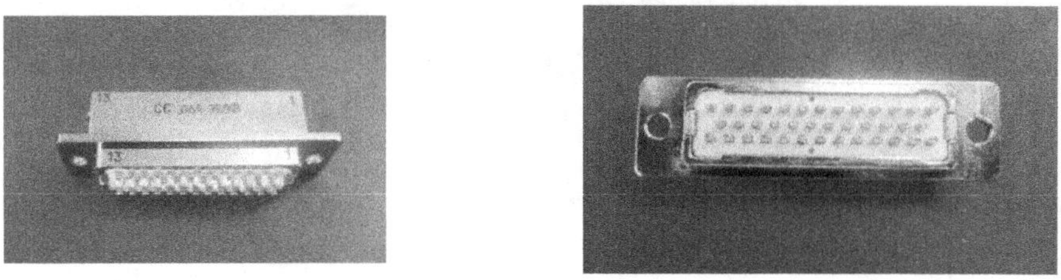

图 7 J36A-38ZJB 电连接器

根据这一特性设计一种电连接器排线焊接工装。

工装分为两个模块:夹线模块和定位模块。

夹线模块分上下压块。将下压块设计为与电连接器焊针对应的线槽,槽的宽度与导线一致,为 1 mm,深度为 0.9 mm,便于上压块压住导线,并且不会把导线压变形;上压块外形尺寸与下压块一致,压线面贴一层聚酰亚胺胶带,对导线起到保护作用。压块两端对应部位镶有直径为 6 mm 的高能磁铁,这样就能达到快速安装的效果,如图 9 所示。

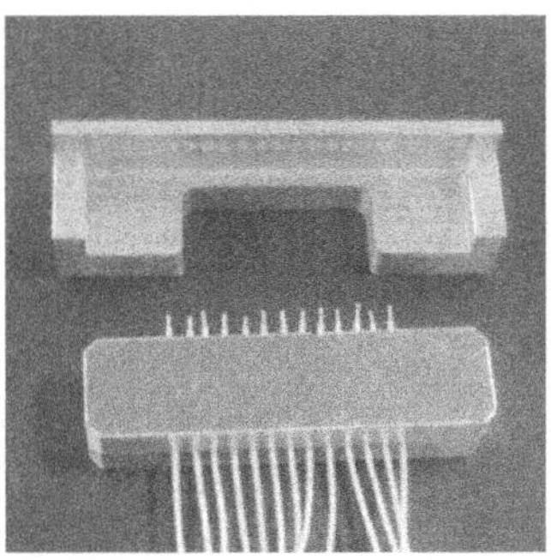

图 8 导线夹线模块和对位工装

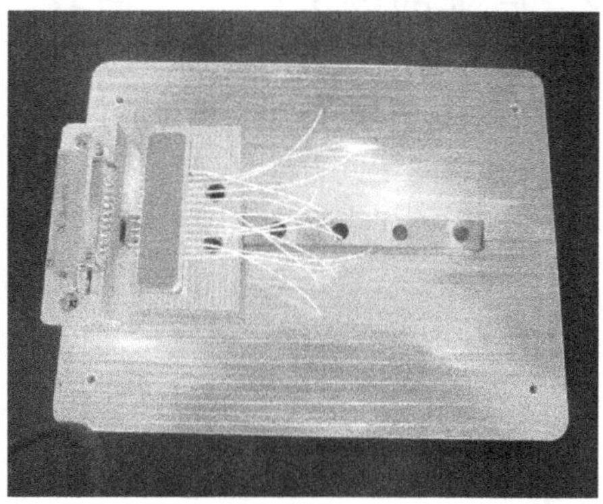

图 9 操作工装

考虑导线放在槽中的方便性,设计夹线模块对位工装,工装与夹线压块做对应穿线孔,孔径大小以可穿过线芯为准,这样当把剥好线皮的导线一根一根穿过穿线孔时,裁去多余部分,剩下的部分就是焊接段。

第二部分为定位模块。在操作平台上设计电连接器安装架,用于固定待焊线的电连接器,利用电连接器自带的耳片与安装架做定位,实现牢固、精确安装,以保证对接焊接时的准确性。操作平台中轴线位置安装 12 mm×150 mm 的滑动导轨,导轨安装座上装配对接座,把夹线模块放在对接座上,推动对接座接触后逐点焊接。由于每排焊针高度不同,可制作不同高度的支撑座以达到调整高度的要求。每焊完一排导线拆卸夹线模块,把导线轻压到下端空隙处,方便再焊上排焊针。操作时，三排导线对应的三种不同高度的夹线模块可提前准备，焊完后马上更换，焊接过程不中断。工装采用"去紧固件化"的设计理念，设计榫卯结构，配合高能磁铁，实现不借助工具的快速位移和更换夹线模块。经操作者试用，电连接器及导线固定精准牢固，各操作步骤连接顺畅，换座、装件、焊线一气呵成，如图10所示。

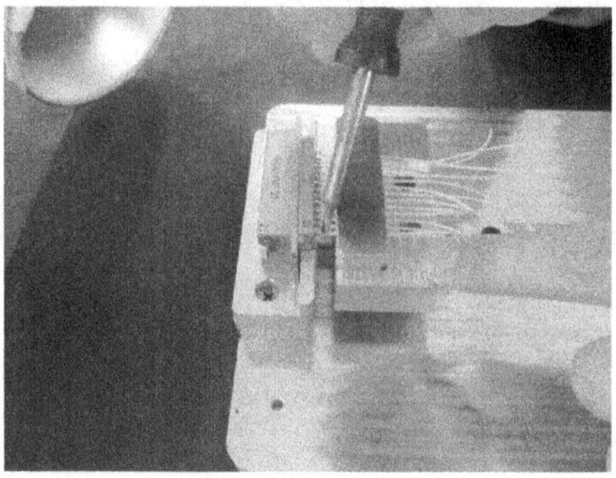

图10　使用工装完成对电连接器导线的焊接

通过工装的改进，依照传统的焊接方法，一个J36A-38ZJB型号的电连接器焊接完导线大约需要15～20分钟，使用工装对导线进行焊接，只需8～12分钟。比之前的焊接方法提高了近一倍的工作效率。

由于使用了工装对电连接器进行了有效固定，可以通过调整电连接器的角度实现细间距焊杯的焊接，保证了细间距电连接器的焊接质量。

4　后续的改进

作为军工单位，产品的质量是我们生产的第一目标，但随着技术水平的发展、产品节点的要求，传统可靠的工艺方法已不能满足现在企业发展的需求。通过电连接器导线整个细小方面的一些改进，确实提升了产品整体的生产效率及可靠性。

在一些改进下，效率提升方面确实取得了一定的成果，但是我们也发现，与行业内先进的工艺技术还有差距。后续还须在自动化的原理上继续摸索，利用成熟的自动化技术（如机器人焊接、激光焊接）与实际产品的可靠性相结合，设计制作一个航天设备可以使用的自动电连接器导线焊接设备，使工艺技术水平发挥最大的优势。

参考文献

[1] 白邈，陈曦，张煜堃，等. 航天器用板间长针连接器焊接难点与工艺方法研究[J]. 航天制造技术，2017，(3)：21-24.

[2] 张彬彬，杨猛，王春青，等. 基于有限元方法的板间电连接器装联工艺优化[J]. 电子工艺技术，2014，(2)：77-79，109.

[3] 封锡凯，常艳，李建华. 电连接器接点焊接工艺研究[J]. 火箭推进，2007，33(6)：54-56.

[4] 霍绍新，解启林. 感应钎焊技术及其在电连接器焊接中的应用[J]. 电子工业专用设备，2013，42(10)：27-30，61.

材料技术

高性能 SiO_{2f}/SiO_2 透波复合材料制备及性能研究

侯敏敏　门薇薇　马娜　张术伟

（航空工业济南特种结构研究所，高性能电磁窗航空科技重点实验室，山东·济南，250023）

摘要：本文以石英纤维预制体、硅溶胶为原料，采用溶胶-凝胶工艺制备了 SiO_{2f}/SiO_2 陶瓷基复合材料，并对制备工艺参数进行了优化，研究出一种高效快速致密化制备工艺。研究表明：采用梯度浓度（40%＋30%＋30%＋25%）硅溶胶浸渍、烘箱干燥固化、经过 4 个周期致密化制备的复合材料具有优异的性能；通过浸渍法在石英纤维表面制备无机涂层可以有效提高复合材料的力学性能，对介电性能影响不大。制备的 2.5D SiO_{2f}/SiO_2 复合材料的密度为 1.76 g/cm^3，室温弯曲强度为 94.5 MPa，800 ℃15 min 弯曲强度相对室温强度保留率高达 146%；室温拉伸强度高达 90 MPa，测得复合材料介电常数＜3，介电损耗为 3×10^{-3}，较好地满足了天线罩的电性能要求。

关键词：溶胶-凝胶工艺；SiO_{2f}/SiO_2；陶瓷基复合材料；力学性能；介电性能

1 引　言

随着国防科技的发展，未来航空航天飞行器将面临超声速、高负载、长时间飞行等极端恶劣环境，所需承受的温度与热冲击也越来越高。因此，对其配套的天线罩材料提出了更高的耐热、透波、承载等要求。

二氧化硅的密度小（2.2 g/cm^3），热膨胀系数低（0.5×10^{-6} K），介电常数和损耗角正切值小，且随频率和温度的变化不大，抗热冲击性和环境稳定性优良。石英纤维增强石英陶瓷基复合材料（SiO_{2f}/SiO_2）透波、耐热、承载能力优良，是目前国内最为成熟的耐高温、透波复合材料，在航空航天透波领域已得到广泛应用。美国的"三叉戟"潜地导弹天线罩和我国航天科技集团 703 所、航天科技四院四部、淄博工业陶瓷研究院制备出的多个型号导弹天线罩均采用 SiO_{2f}/SiO_2 复合材料。

目前大部分天线罩用 SiO_{2f}/SiO_2 复合材料均采用溶胶-凝胶工艺。溶胶-凝胶工艺的主要优点是烧结温度低，纤维损伤相对较小，可实现净尺寸成型；缺点是 SiO_2 陶瓷产率较低，需要多次浸渍烧结。制备的复合材料容易吸潮、致密度和强度偏低，导致其力学性能较差。因此，制备出性能优良的 SiO_{2f}/SiO_2 复合材料的关键点是研究出一种高效快速致密化制备工艺。

本文以石英纤维预制体、硅溶胶为原料，采用溶胶-凝胶工艺制备 SiO_{2f}/SiO_2 陶瓷基复合材料，并对制备工艺参数进行优化，研究了不同致密化周期数、纤维表面无机涂层和石英纤维织物结构对 SiO_{2f}/SiO_2 复合材料性能的影响。

2　试　验

2.1　原材料

2.5D和针刺编织结构石英纤维预制体、不同浓度的硅溶胶、无水乙醇、去离子水。

2.2　试验方法

采用硅溶胶浸渍石英纤维预制体，然后将浸渍完成后的预制体放入鼓风干燥箱中进行干燥固化。将固化后的预制体去除多余的硅溶胶，置于高温烧结炉中烧结。重复上述浸渍—固化—烧结步骤，当增重＜1％时完成制备，最终得到 SiO_{2f}/SiO_2 复合材料，制备工艺流程图见图1。

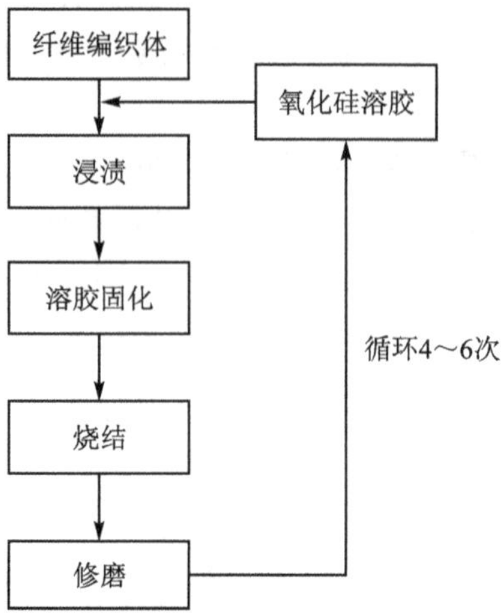

图1　SiO_{2f}/SiO_2 陶瓷基复合材料制备工艺

2.3　测试表征

采用电子显微镜(SEM)对纤维和复合材料进行微观形貌分析测试，采用万能力学试验机对复合材料进行拉伸强度、拉伸弹性模量、弯曲强度、弯曲弹性模量测试，用矢量网络分析法测试复合材料的介电常数和介电损耗角正切，采用公式(密度＝质量/体积)计算复合材料的密度。

3　试验结果与分析

3.1　SiO_{2f}/SiO_2 复合材料快速致密化工艺研究

2.5D SiO_{2f}/SiO_2 复合材料性能见表1。从表1可以看出，经过4轮浸渍烧结，制备的试样密度高于经过6轮浸渍的密度，经过4个周期实现了复合材料的快速致密化。4轮浸渍试样与6轮浸渍试样弯曲强度差别不大，但拉伸强度优于6轮浸渍制备试样，可能的原因是4轮浸渍制备的试样经历的高温烧结次数少，纤维热损伤小。在材料制备过程中纤维的损伤对复合材料性能的影响较大。因此，浸渍—干燥循环次数应当控制，并可以适当降低烧结温度，以减少对纤维的损伤。

表1　不同致密化周期2.5D SiO_{2f}/SiO_2 复合材料性能对比

	浸渍周期	弯曲强度/MPa	弯曲模量/GPa	拉伸强度/MPa	拉伸模量/GPa	密度/(g·cm^{-3})
2.5D SiO_{2f}/SiO_2 复合材料	6轮	98.6	16.3	82	20.3	1.66
	4轮	94.5	16.2	90	23.6	1.76

如图2所示，第一次浸渍复合材料的增重率达到110％，随着浸渍次数的增加，不断有二氧化硅胶粒结合到基体上，复合材料密度不断增大。随着浸渍的进行，编织体内部的孔隙越来

越小，浸渍阻力越来越大。试样单次增重率总体为下降趋势，第 4 个周期复合材料增重率仅为 0.78%。

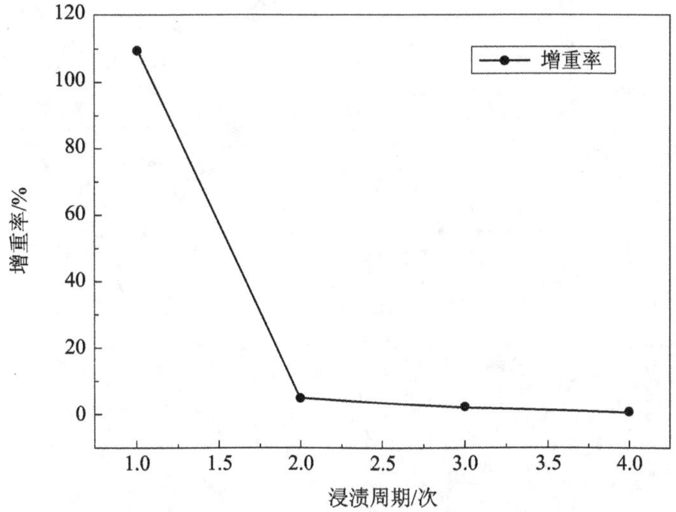

图 2　2.5D SiO_{2f}/SiO_2 复合材料不同浸渍周期的增重率

采用梯度浓度(40%+30%+30%+25%)硅溶胶浸渍，烘箱干燥固化，经过 4 个周期致密化得到的复合材料性能如表 2 所列。

表 2　2.5D SiO_{2f}/SiO_2 复合材料性能

2.5D 复合材料	弯曲强度 /MPa	弯曲模量 /GPa	拉伸强度 /MPa	拉伸模量 /GPa	介电常数	介电损耗	密度/($g \cdot cm^{-3}$)
本试验制备	94.5	16.2	90	23.6	2.89	0.003	1.76
国内报道	60～100	10～13	30～50	10～15	3.0	0.003～0.005	1.65～1.75

如表 2 所列，制备的 SiO_{2f}/SiO_2 复合材料密度高达 1.76 g/cm^3，室温弯曲强度为 94.5 MPa，达到了国内有关报道的水平，拉伸强度达 90 MPa，远高于国内报道水平 30～50 MPa。弯曲模量和拉伸模量均大于国内相关报道水平。制备的复合材料具有优异的介电性能，较好地满足了天线罩使用的电性能要求。

制备的 SiO_{2f}/SiO_2 陶瓷基复合材料微观形貌见图 3。图 3 证明纤维增强复合材料在发生破坏时发生了明显的裂纹偏转，能够防止材料产生贯穿性裂纹。复合材料基体致密，存在少量亚微米级孔隙，纤维束丝间的二氧化硅基体状态较为松散，这是复合材料密度相对较低的原因。图 4 可以看出复合材料发生破坏时，纤维和基体大量脱粘，产生的纤维桥联和纤维拔出现象可以吸收破坏载荷，吸收能量对复合材料起到了明显的增韧效果，提高了材料的韧性，防止材料脆性断裂。

图 5 所示为弯曲强度-位移曲线，表现为试样在加载过程中，随着位移的增加载荷也没有迅速降低，而是缓慢下降，且在下降过程中出现明显的“阶梯”，然后试样断裂，出现了较宽的应力屈服段，且具有较大的断裂应变，表明纤维与基体的结合强度适中，该材料具有良好的韧性及较大的断裂功；说明制备的 SiO_{2f}/SiO_2 复合材料都具有明显的韧性断裂特征，抗破坏能力较强。

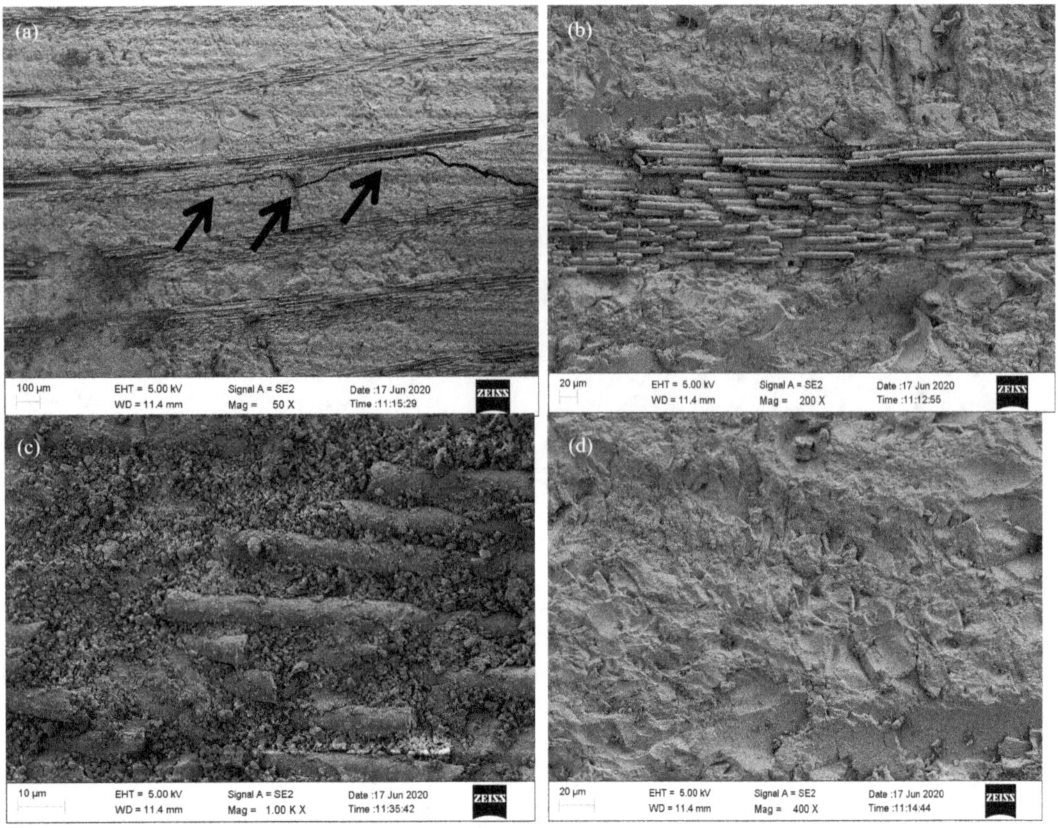

图 3　SiO_{2f}/SiO_2 复合材料 SEM 图

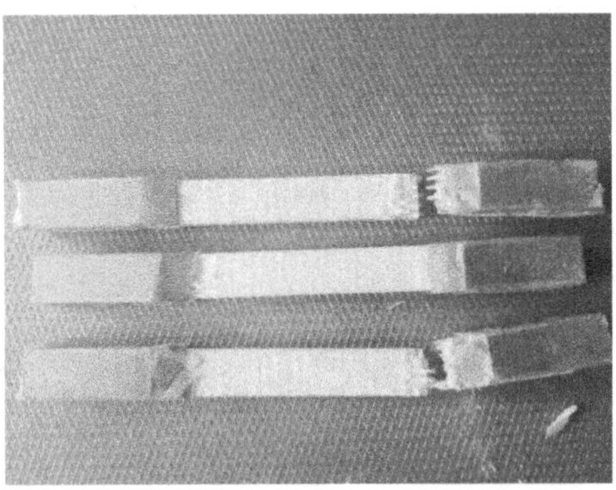

图 4　试样拉伸强度测试破坏图

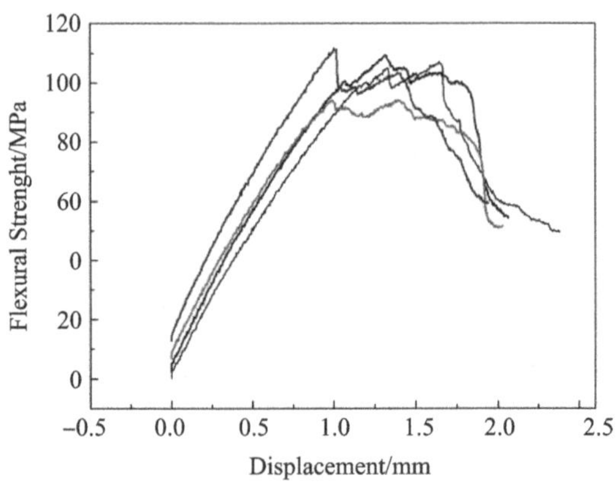

图 5　SiO_{2f}/SiO_2 复合材料弯曲强度-位移图

由图 6 可以看出，二氧化硅溶胶 800 ℃ 1h 烧结后，XRD 图呈现弥散的馒头峰，还伴随很多杂峰出现，这表明制备的二氧化硅基体的结构为无定型非晶态。

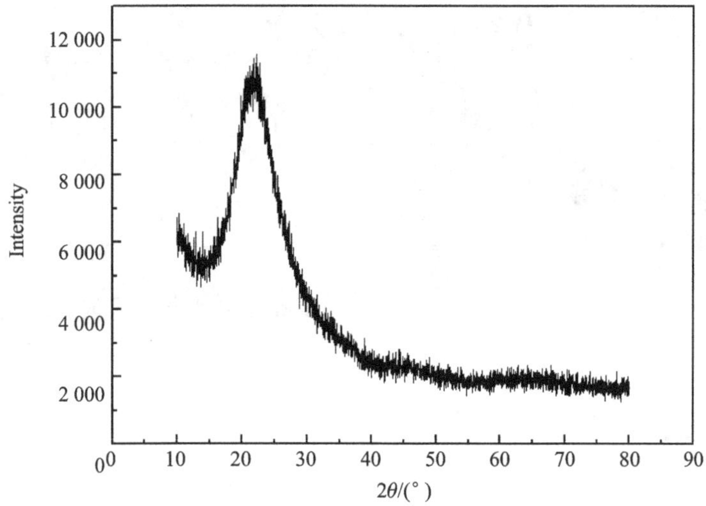

图 6　二氧化硅溶胶 800 ℃ 1 h 烧结后 XRD 图

3.2　含有无机涂层预制体对 SiO_{2f}/SiO_2 复合材料性能影响研究

含有无机涂层的预制体是在纤维纺丝过程中引入无机组分，纤维编织成预制体后，再将纤维表面的浸润剂去除，再次将预制体浸渍无机组分，制备无机涂层。制备的无机涂层弥补了纤维去除浸润剂后表面的缺陷，减少了对纤维的进一步损伤，相比之前采用的不含无机涂层的预制体，制备的 SiO_{2f}/SiO_2 复合材料性能更好。

由图 7 可以看出，制备的无机涂层厚度均匀性较差，部分纤维表面无涂层覆盖。图 8 所示的涂层 EDS 图谱分析无机涂层为 Al_2O_3 涂层或莫来石涂层。涂层碳含量为 12.89%，在后续试样烧结制备过程中 C 元素基本去除干净，复合材料介电常数为 2.89，介电损耗角正切为 0.003，说明制备出的复合材料试样碳含量较低。

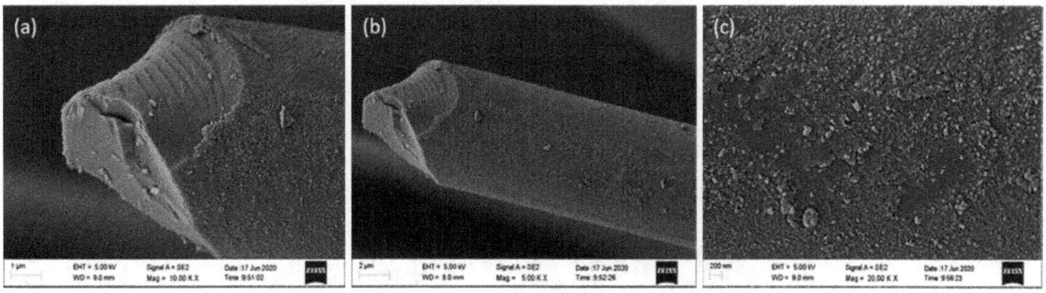

图 7　SiO_2 纤维表面涂层 SEM 照片

由表 3 可以看出，纤维表面含有无机涂层的试样弯曲强度明显高于没有无机涂层的试样，没有无机涂层的试样拉伸强度为 48.4 MPa，和国内报道 30～50 MPa 一致，但远低于有无机涂层的试样的 90 MPa，所以含有无机涂层的预制体可以使复合材料拉伸强度提高 86%，弯曲强度提高 23.5%，由图 9 可以看出，含有无机涂层的复合材料弯曲测试后具有纤维拔出现象，表明纤维起到了明显的增强增韧的作用。而从含有无机涂层的试样测得的介电常数和介电损耗来看，无机涂层对材料的介电性能影响不大。

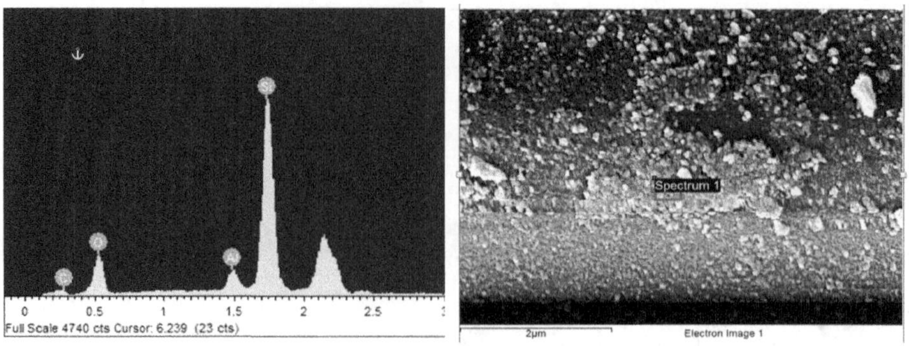

Element	Weight/%	Atomic%
C K	12.89	20.95
O K	350.2	42.73
Al K	4.28	3.10
Si K	47.81	33.23
Totals	100.00	

图8　SiO_2 纤维涂层 EDS 图谱

表3　纤维表面有无无机涂层 2.5D SiO_{2f}/SiO_2 复合材料性能对比

	纤维类型	弯曲强度/MPa	弯曲模量/GPa	拉伸强度/MPa	拉伸模量/GPa	介电常数	介电损耗
2.5D SiO_{2f}/SiO_2 复合材料	含无机涂层	94.5	16.2	90	23.6	2.89	0.003
	不含无机涂层	76.5	15.7	48.4	21.1	3.03	0.003

图9　含有无机涂层的复合材料弯曲测试后纤维拔出现象

3.3　石英纤维织物结构对 SiO_{2f}/SiO_2 复合材料力学性能影响研究

不同增强体制备的 SiO_{2f}/SiO_2 复合材料性能见表4，采用针刺预制体制备的复合材料力学性能相比于2.5D预制体制备的复合材料力学性能偏低，尤其是拉伸性能2.5D复合材料是针刺复合材料2.9倍。如图10所示，针刺预制体是石英网胎结构，无纬布和网胎交替叠加铺层在厚度方向针刺形成整体织物，纤维体积分数为35%，较2.5D预制体低45%。由于使用的2.5D石英编织体是整体编织结构，一般采用浅交直联的方式编织，所以其整体性好，在厚度方向上具有较高的层间剪切强度，这是针刺等工艺所不能企及的。

表4 不同织物结构增强 SiO_2 复合材料性能对比表

复合材料	弯曲强度/MPa	弯曲模量/GPa	拉伸强度/MPa	拉伸模量/GPa	密度/(g·cm^{-3})
2.5D- SiO_{2f}/SiO_2	94.5	16.2	90	23.6	1.76
针刺- SiO_{2f}/SiO_2	62.96	9.29	31	12.98	1.60

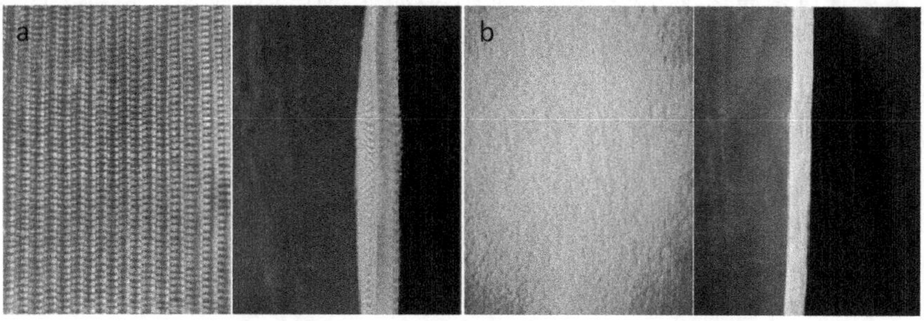

(a) 2.5D预制体 (b) 针刺预制体

图10 不同织物结构预制体

3.4 高温状态下2.5D SiO_{2f}/SiO_2 复合材料的弯曲性能

表5所列为试样在高温空气气氛下不同温度的弯曲性能。高温空气气氛下，材料的弯曲强度和弯曲模量随温度的升高呈现先增大后减小的趋势。在空气温度为600 ℃时15 min测试，试样弯曲强度提高为128.5 MPa，相比室温下强度保留率的136%，800 ℃下15 min弯曲强度保留率高达146%，1 000 ℃下弯曲强度略有降低。2.5D SiO_{2f}/SiO_2 复合材料在高温状态下表现出良好的弯曲性能。

表5 2.5D SiO_{2f}/SiO_2 复合材料高温空气气氛下试样弯曲性能

测试条件	弯曲强度/MPa	弯曲模量/GPa	强度保留率/%
室温	94.5	16.2	—
600 ℃15 min	128.5	23.7	136
800 ℃15 min	138	23.6	146
1 000 ℃15 min	90.4	11.2	96

周绍建等人在文献《SiO_2/SiO_2 陶瓷复合材料弯曲性能的研究》中的研究表明，SiO_2/SiO_2 复合材料在600～800 ℃时较常温时弯曲强度提高，这是因为 SiO_2/SiO_2 复合材料高温下自身的熔融特性使其有着优良的高温力学性能。玻璃态的 SiO_2 二氧化硅在600～800 ℃时黏度随温度的升高而减小，流动性变好，填补材料的微裂纹，阻止其继续扩展，材料自愈合。800 ℃以上材料的强度开始下降是因为二氧化硅网状结构逐渐通过化学键的断开重建新的结构，网络结构单元发生聚集，排列更加紧凑，由非晶态逐渐向有序的结晶态过渡，新相的生成使纤维产生较大体积效应，生成微裂纹，在材料受力作用下，极易沿微裂纹渗透到石英纤维内部。其次可能是室温下在材料制备过程中存在残余热应力，高温下材料残余热应力得到释放，因此出现

了高温弯曲比室温高的现象。这种到了高温下强度反而增长的现象在纯熔融石英陶瓷和硼硅酸铝增强的熔融石英陶瓷中也有报道。

4 结 论

① 本文制备的2.5D SiO_{2f}/SiO_2 陶瓷基复合材料浸渍烧结6轮和4轮，试样弯曲强度相差不大，4轮拉伸强度高于6轮，经过4个周期实现了复合材料的快速致密化。经过4轮致密化复合材料密度为1.76 g/cm^3，室温弯曲强度为94.5 MPa，高温800 ℃ 15 min试样弯曲强度相对室温强度保留率高达146%；室温拉伸强度为90 MPa，拉伸强度相对于国内报道提高64%～139%；测得2.5D SiO_{2f}/SiO_2 复合材料介电常数<3，介电损耗为 3×10^{-3}，较好地满足了天线罩材料的介电性能要求。

② 针刺 SiO_{2f}/SiO_2 复合材料力学性能相比于2.5D SiO_{2f}/SiO_2 复合材料力学性能偏低，尤其是拉伸性能2.5D复合材料是针刺复合材料的2.9倍。

③ 制备的含有无机涂层的石英纤维预制体可以有效提高复合材料的力学性能，而对介电性能影响不大。

参考文献

[1] 刘勇. 石英纤维织物结构对二氧化硅基复合材料力学性能影响研究[D]. 南京：南京航空航天大学，2013.

[2] 徐道新. 3D SiO_{2f}/SiO_2 复合材料的制备与性能研究[D]. 哈尔滨：哈尔滨工业大学，2017.

[3] 吴纯治. SiO_{2f}/SiO_2 复合材料的叠层穿刺制备工艺及性能研究[D]. 长沙：国防科学技术大学，2015.

[4] 韩爽. 2.5D SiO_{2f}/SiO_2 复合材料制备工艺及性能研究[J]. 稀有金属材料与工程，2009，38(6)：458-461.

[5] Wang H S. Preparation and Properties of High-Performance Fused-Silica Fiber Reinforced Fused Silica Matrix Composite by Sol-Gol[J]. Rare Metal Materials and Engineerin2012，41 (S3)：178-18.

[6] 陈虹. 三维编织 SiO_2 基复合材料性能的研究[J]. 硅酸盐学报，2003，31(10)：918-922.

[7] 赵浩. 石英纤维增强二氧化硅复合材料的研究概况[J]. 玻璃钢/复合材，2016：208-210.

[8] 汪海清. 2.5D-SiO_{2f}/(SiO_2 ＋硅树脂)透波材料的制备及其性能研究[J]. 材料导报，2013，27(22)：191-196.

[9] 李瑞. SiO_{2f}/SiO_2-BN复合材料的制备及其性能[J]. 复合材料学报，2011，28(3)：63-68.

[10] 张训虎. 溶胶凝胶法制备 SiO_2 气凝胶/石英纤维增强石英复合材料及其性能表征[J]. 硅酸盐通报 2018，37(1)：221-224.

[11] Li B B. Fracture Mechanism of 3D，Five-directional Braided SiO_{2f}/SiO_2 Composites Prepared by Silica sol-infiltration-sintering Method[J]. Journal of Wuhan University of Technology-Mater. 2013，355-357.

[12] 韦其红，王洪升，刘小俊. W波段用纤维增强陶瓷基复合复合材料天线罩及制备方法：中国，CN 109400194 A [P]. 2019-03-01.

[13] 周绍建. SiO_2/ SiO_2 陶瓷复合材料弯曲性能的研究[J]. 玻璃钢/复合材料，2014，(8)：27-30.

[14] 范亚明. 2D-SiO_{2f}/SiO_2-BN陶瓷基复合材料的制备与力学性能[D]. 哈尔滨：哈尔滨工业大学，2006.

[15] 贺思慧. 高致密性熔融石英陶瓷制备技术的研究[D]. 株洲：湖南工业大学，2016.

[16] 韩桂芳. 二维石英纤维增强多孔 Si_3N_4-SiO_2 基复合材料的制备及其力学性能[J]. 复合材料学报，2007，24(1)：91-96.

碳纤维表面生长CNTs及其增强复合材料的研究

姚志强　王成国　秦建杰

（山东大学材料科学与工程学院，山东·济南，250061）

摘要：为了提高碳纤维(CF)复合材料的界面性能，本文设计了一种新颖的真空辅助化学气相沉积方法，在400 ℃低温、0.01 MPa的压力下，在CF表面生长了一层均匀分布的碳纳米管(CNTs)。采用短梁法测量了不同CF增强环氧树脂复合材料的层间剪切强度(ILSS)。结果表明，以9 L/min的H_2流量制备的CF-CNTs增强体的增强效果最好，其复合材料的ILSS达到74.9 MPa，比未生长CNTs的CF /环氧树脂复合材料的ILSS提高19.50 %。界面性能的提高可以归因于纤维表面的CNTs能够刺入树脂基体，增强纤维与树脂之间的机械互锁，诱导形成了纤维与树脂之间的界面相。同时，通过扫描电镜对复合材料断面的微观结构观察，发现了CNTs的两种失效模式，一是CNTs从树脂基体中拔出，二是CNTs发生自身断裂。这两种失效模式都可以在复合材料破坏过程中吸收额外的能量，从而增加纤维与树脂的分离难度。

关键词：碳纤维；碳纳米管；ILSS界面

1　引　言

碳纤维(CF)增强复合材料具有高比强度、高比模量、重量轻、耐疲劳、耐腐蚀等优点，在航空航天、汽车等工业领域以及羽毛球拍、钓鱼竿等民用领域有着广泛的应用。但在实际生产应用中，CF经高温碳化后表面呈化学惰性，表面能也较低。当与树脂基体结合制备复合材料时，两者之间形成的弱界面往往是由于应力集中导致损伤的主要部位，这严重制约了CF复合材料的发展和应用。

碳纳米管 (CNTs)由于其优异的机械、电学、热学性能以及与聚合物良好的相容性，已成为CF复合材料改性研究中的理想增强材料。在纤维表面引入CNTs可以增加表面粗糙度，增强纤维与树脂之间的界面结合力，从而显著提高复合材料的力学性能。近年来报道了很多将CNTs作为第三相纳米材料添加到复合材料中以改善其界面性能的研究。由于CNTs在溶液中容易团聚或缠结，研究人员倾向于采用直接将CNTs引入到纤维表面，以获得更稳定的复合材料界面性能。在此基础上衍生出多种技术，如电泳沉积(EPD)、化学接枝、化学气相沉积(CVD)等。在这些方法中，CVD法可以实现CNTs的可控生长，并且可以大规模制备满足工业需要的样品，在该领域显示出广阔的应用前景。

然而，CVD法在CF表面生长CNTs所需要的条件是比较苛刻的。往往需要在CF上负载不同类型的催化剂，并在高温下裂解碳源，使碳原子有规律地沉淀在催化剂的一端，形成CNTs。然而，高温不仅会导致CF结构缺陷，还会促进金属催化剂扩散到纤维中，抑制其催化活性，并对纤维造成蚀刻作用。因此，如何在较低温度下生长CNTs并保持CF不被降解一直是亟待解决的问题。在这项研究中,设计了一种新的 CVD 设备,在真空辅助下,实现了 CNTs 在 CF 表面的低温生长。通过调节 H_2 的比例来控制 CNTs 的形貌,并研究了其对 CF 增强环氧树脂复合材料层间剪切强度的影响。

2 实验方法

2.1 CF 预处理与催化剂加载

将碳纤维布放进立式 CVD 炉中,在 450 ℃的氮气保护下,保温 90 min 后取出,以去除纤维表面的上浆剂。然后将脱浆碳布在 90 ℃双氧水(30 wt %)溶液中氧化 90 min。取出洗净后平铺于催化剂的乙醇溶液中浸渍 10 min 以实现催化剂的负载。该实验中的催化剂用的是浓度为 0.05 mol/L 的 Fe-Co 双金属催化剂,其中 Fe 元素与 Co 元素的摩尔比为 1∶1。

2.2 CF 表面原位生长 CNTs

将负载催化剂的碳纤维布放入 CVD 炉中,用真空泵抽空炉内空气。然后,在 N_2 气氛中以 10 ℃/min 的升温速率将炉温升温至 400 ℃,注入 C_2H_2 和 H_2 进行 CNTs 的生长,并调节真空泵阀门使生长压力始终保持在 0.01 MPa 左右。反应 10 min 后关闭设备,在 N_2 保护下使炉温降至室温。生长过程中,N_2 和 C_2H_2 的流量分别控制在 6 L/min 和 3 L/min,H_2 流量分别控制在 0 L/min、3 L/min、6 L/min、9 L/min、12 L/min,根据 H_2 流量的差异,将得到的 5 个样品分别标记为 CF-0、CF-3、CF-6、CF-9、CF-12。

2.3 测试与表征

2.3.1 扫描电子显微镜(SEM)

场发射 SEM (JEOL,SU-70) 用于表征 CF 表面与复合材料断面形貌。所有样品在观察前喷金 15 s。CF 的测试电压为 15 kV,复合材料的测试电压为 5 kV。

2.3.2 拉曼光谱

使用 LabRAM-HR800 型拉曼光谱仪表征样品石墨化程度的变化。测试条件采用波长为 633 nm 的 He-Ne 激光源。

2.3.3 ILSS 测试

选用的树脂体系为 TDE-85 环氧树脂和 DDS 固化剂。将涂覆环氧树脂的碳纤维布放入模具中 60 ℃保温 30 min,将模具温度升至 120 ℃保温 30 min 后,对样品施加 80 kg/cm^2 的压力,继续保温 30 min,然后将炉温升至 180 ℃保温 1 h。取出样品后,将其切割成 20 mm×10 mm×2 mm 的矩形样条。根据 JC/T 773—2010 标准,使用万能试验机测量 CF 复合材料的 ILSS。ILSS 根据以下公式计算:

$$\mathrm{ILSS}=\frac{3P}{4bh} \tag{1}$$

式中,P 为试样剪切断裂时的最大载荷(N);b 为试样宽度(m);h 为试样厚度(m)。

3 结果与讨论

为了提高 CNTs 在低温下生长的可能性,本实验采用裂解温度较低的 C_2H_2 作为碳源。

采用 H_2 作为还原剂可以还原金属离子来促进催化剂粒子的生成，同时可以去除 CVD 过程中的过剩碳原子来保持催化剂的活性。因此 H_2 的流量可以显著影响 CNTs 的形貌和质量。图 1 是在不同 H_2 流量下 CF 表面生长 CNTs 的扫描图片。从图中可以看出，CF 表面有许多沿轴向分布的沟槽，这些沟槽是湿法纺丝制备纤维过程中产生的。CVD 过程结束后，在 CF 表面可以观察到生长的 CNTs。随着 H_2 流量的增加，CNTs 网络结构越来越紧密。直至 H_2 流量达到 9 L/min，纤维表面完全被一层均匀分布的 CNTs 覆盖。然而继续增大 H_2 流量，纤维表面的 CNTs 的数量反而减少。

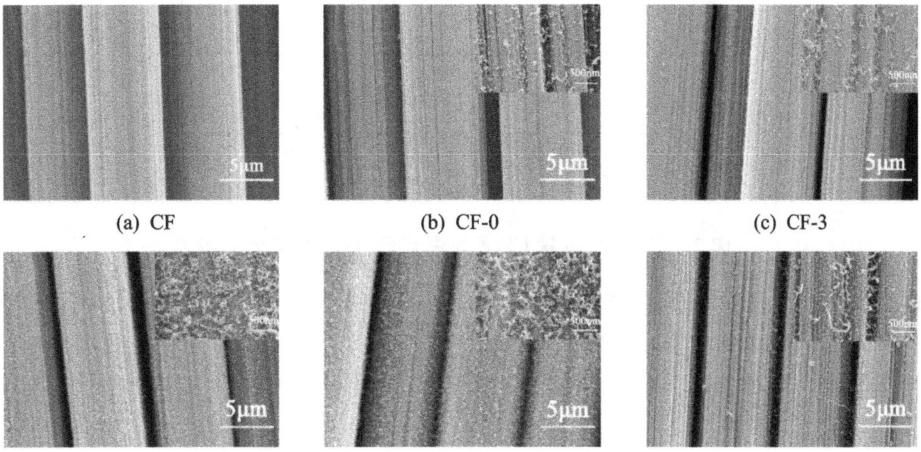

(a) CF (b) CF-0 (c) CF-3

(d) CF-6 (e) CF-9 (f) CF-12

图 1 不同 H_2 流量 CF 表面生长 CNTs 的 SEM 形貌图

产生上述现象的原因是：在 CNTs 生长过程中，H_2 使金属离子还原为具有催化活性的纳米颗粒，同时可以去除催化剂表面沉积的无定形碳，保持催化剂的活性。随着 H_2 流量的增加，纤维表面具有催化活性的纳米粒子也增加，有利于 CNTs 的生长。这一点可以从图 1 的放大图像中 CNTs 在纤维表面的密度变化中得到证实。但当 H_2 浓度超过临界值时，CNTs 的数量明显下降。一方面，H_2 浓度的增加稀释了碳源的浓度，在相同时间内裂解出的用于 CNTs 生长的碳原子数量减少。另一方面，有研究证实，H_2 作为强还原剂，可以去除吸附在催化剂上的碳原子，阻碍碳原子在催化剂中的扩散，这也会导致所催化生长的 CNTs 相应减少。

图 2 所示为不同 H_2 流量 CF 表面生长 CNTs 的拉曼光谱图。从图 2 可以观察到两个明显的特征峰，分别是位于 1 322～1 369 cm^{-1} 代表无序结构的 D 峰与位于 1 583～1 600 cm^{-1} 代表有序结构的 G 峰。D 峰与 G 峰的相对强度 R 值(I_D/I_G)可以用来表征碳材料的有序程度。R 值越小，碳材料的石墨化程度越高。随着 H_2 流量的增加，该比值先从 1.021 减小到最小值 0.952，然后增大到 1.102，说明 H_2 的流量为 9 L/min 时制备的 CNTs 相对而言具有最好的石墨化程度。但继续增大 H_2 流量，一方面可以还原更多的催化剂，另一方面稀释了碳源浓度，造成 CNTs 生长过程中可能存在碳原子供应不足的现象，导致 CNTs 缺陷增多，R 值增大。

图 3 所示为不同 CF 增强环氧树脂复合材料的 ILSS 测试结果。纯 CF/环氧树脂复合材料的 ILSS 为 62.68 MPa。生长 CNTs 后，CF-0、CF-3、CF-6、CF-9、CF-12 增强环氧树脂复合材料的 ILSS 分别达到 66.48 MPa、70.52 MPa、72.84 MPa、74.9 MPa 和 67.62 MPa，分别比纯 CF /环氧树脂复合材料提高 6.06%、12.51%、16.21%、19.50%和 7.88%。ILSS 结果表明，在 CF 表面引入 CNTs 的确可以提高纤维与树脂之间的界面结合性能。并且 ILSS 与

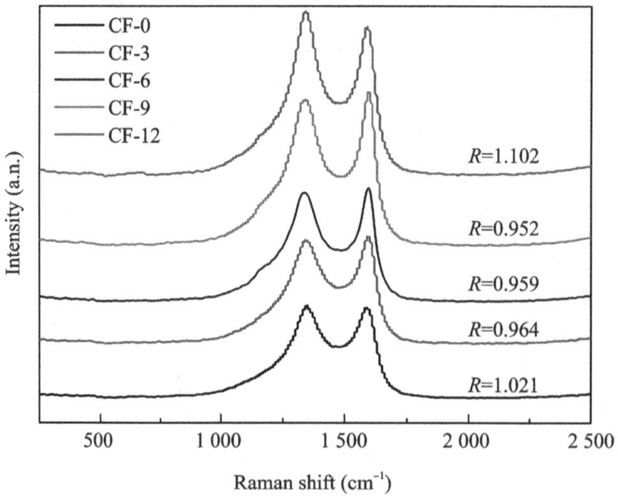

图 2　不同 H_2 流量 CF 表面生长 CNTs 的拉曼光谱图

CNTs 的含量相关。随着纤维表面 CNTs 的增多，ILSS 值也随之增大。当 H_2 流量为 9 L/min 时，CNTs 在纤维上的负载量最大，并且 CNTs 均匀分布在纤维表面，有利于树脂对纤维表面的浸润，此时 ILSS 达到最大值。再增大 H_2 流量，CNTs 数量减少，ILSS 也随之降低。

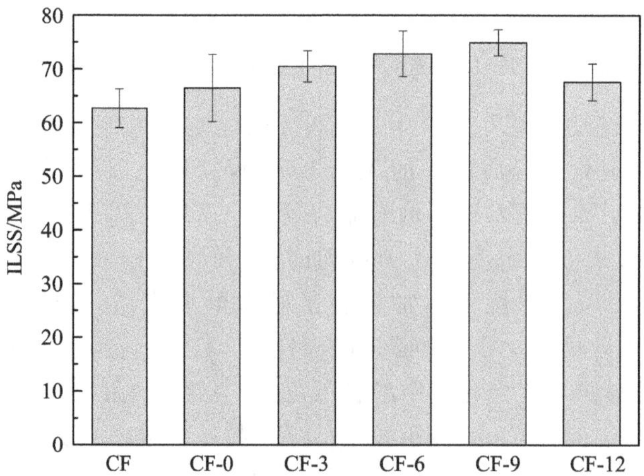

图 3　不同 CF 增强环氧树脂复合材料的 ILSS

通过对复合材料断裂面的观察，可以直接看出复合材料中纤维与树脂之间的结合情况。图 4 所示为径向纤维的断口形貌，可以观察到纤维与树脂之间的界面。在纯 CF/环氧树脂复合材料中，可以清楚地看到纤维拔出现象，而且被拔出的纤维表面光滑，没有树脂黏附，说明 CF 与树脂之间的黏附性很差。当 CF 表面生长 CNTs 后，上述情况得到改善。但当 CNTs 的负载量较小时，纤维与树脂的界面结合力仍不理想，如图 4(b)所示，纤维与树脂之间出现了一圈明显的裂纹。随着 CNTs 负载量的增加，纤维与树脂之间的裂纹逐渐消失，两者之间的结合越来越紧密。H_2 流量为 9 L/min 时制备的 CF-CNTs 增强效果最好。此时复合材料的断口平整，纤维与树脂结合紧密，两者之间几乎没有裂纹的出现。继续增大 H_2 的流量，CF 表面负载的 CNTs 数量减少，纤维与树脂的界面黏结性能也相应变差，为了明确 CNTs 增强界面性能的作用机制，本文还对纬向 CF 断口进行了研究。

(a) CF　　(b) CF-0　　(c) CF-3

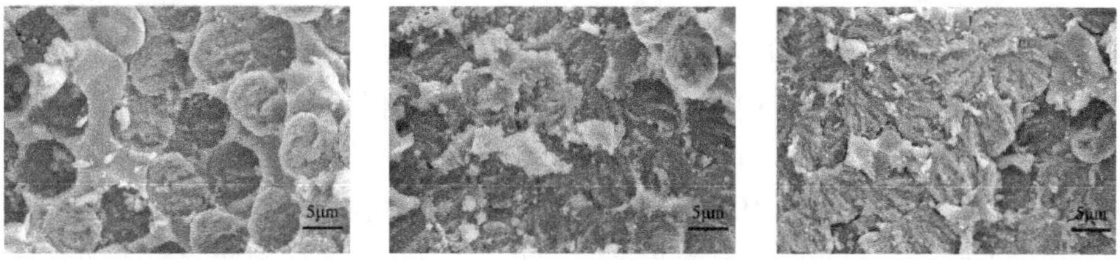

(d) CF-6　　(e) CF-9　　(f) CF-12

图 4　不同 CF 复合材料中径向纤维断裂面的 SEM 形貌图

从图 5(a)可以看出，CF/环氧树脂复合材料中纤维和树脂之间的结合强度较差。纤维表面裸露，纤维上的树脂片上有明显的凹槽痕迹。当复合材料受力时，很容易使纤维与树脂分离(图中箭头所示)，不利于应力的传递。在 CF-9/环氧树脂复合材料中，如图 5(b)所示，CF 表面残留大量树脂碎屑，树脂与纤维紧密接触形成界面相，这对提高复合材料的承载能力具有重要意义。

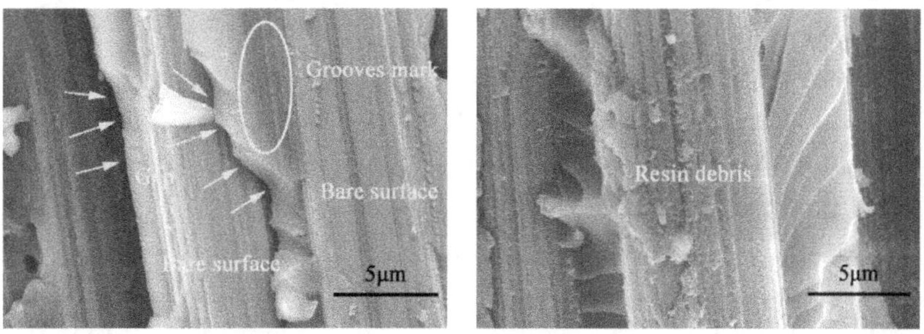

(a) CF　　(b) CF-9

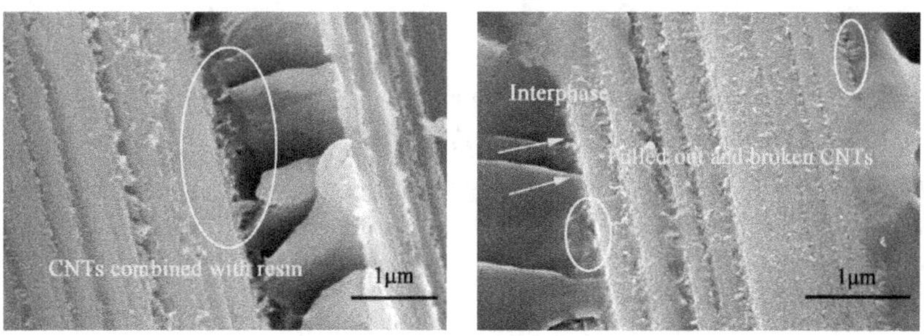

(c) CF-9　　(d) CF-9

图 5　不同 CF 复合材料中纬向纤维断裂面的 SEM 形貌图

通过放大界面相，很明显可以看到 CNTs 和树脂紧密结合在一起。如图 5(c)和(d)所示，CNTs 嵌入树脂基体中并通过机械互锁效应增强了界面，使界面的破坏更加困难。同时，观察到CNTs的主要失效模式有两种：一种是从树脂基体中整体拔出，另一种是自身发生断裂。不同的失效模式主要由CNTs与树脂之间的结合强度决定。如果CNTs和树脂结合牢固，CNTs倾向于自己断裂；如果CNTs和树脂结合较弱，则CNTs往往会被从树脂中拉出。无论失效模式如何，都可以在复合材料破坏过程中吸收额外的能量，从而增加纤维与树脂的分离难度。

4 结 论

本文采用真空辅助CVD法成功实现了CNTs在CF表面的低温生长，并探究了H_2流量对CNTs形貌的影响，同时对不同CF增强环氧树脂复合材料的界面性能进行了研究。扫描电镜结果表明，H_2的流量对CNTs的形貌有明显的影响，当其流量为9 L/min时，纤维表面生长的CNTs质量与形貌最好。ILSS结果表明，CF-9/环氧树脂复合材料的ILSS最高，达到74.9 MPa，比纯CF/环氧树脂复合材料提高19.50%。复合材料断裂面形貌表明，CNTs可以刺入树脂基体中，增加纤维与树脂之间的机械互锁，诱导相间形成，使纤维与树脂之间的应力连续传递，从而提高复合材料的承载能力。

参考文献

[1] Wu Q, Yang X, Wan Q, et al. Layer-by-layer assembled nacre-like polyether amine/GO hierarchical structure on carbon fiber surface toward composites with excellent interfacial strength and toughness[J]. Composites Science and Technology, 2020: 198.

[2] Chen K, Tang X, Yue Y, et al. Strong and Tough Layered Nanocomposites with Buried Interfaces[J]. ACS Nano, 2016, 10: 4816-4827.

[3]路瑞佼. 碳布表面均匀生长碳纳米管的工艺优化及其增强复合材料的研究[D]. 济南：山东大学，2019.

[4] Kumar V, Sharma S, Pathak A, et al. Interleaved MWCNT buckypaper between CFRP laminates to improve through-thickness electrical conductivity and reducing lightning strike damage[J]. Composite Structures, 2019, 210: 581-589.

[5] Yan F, Liu L, Li K, et al. A novel π bridging method to graft graphene oxide onto carbon fiber for interfacial enhancement of epoxy composites[J]. Composites Science and Technology, 2021: 201.

[6] Ahmad M, Silva S R P. Low temperature growth of carbon nanotubes - A review[J]. Carbon, 2020, 158: 24-44.

[7] Chen Q, Peng Q, Zhao X, et al. Grafting carbon nanotubes densely on carbon fibers by poly(propylene imine) for interfacial enhancement of carbon fiber composites[J]. Carbon, 2020, 158: 704-710.

[8] 范汶鑫. 碳纤维表面生长碳纳米管/碳纳米纤维及其增强复合材料的研究[D]. 济南：山东大学，2016.

[9] Qin J, Wang C, Lu R, et al. Uniform growth of carbon nanotubes on carbon fiber cloth after surface oxidation treatment to enhance interfacial strength of composites[J]. Composites Science and Technology, 2020: 195.

[10] Wang Z, Yang B, Xian G, et al. An effective method to improve the interfacial shear strength in GF/CF reinforced epoxy composites characterized by fiber pull-out test[J]. Composites Communications, 2020, 19: 168-172.

[11] Li L, Liu W, Yang F, et al. Interfacial reinforcement of hybrid composite by electrophoretic deposition for vertically aligned carbon nanotubes on carbon fiber[J]. Composites Science and Technology, 2020: 187.

[12] Wang B B, Fu Q G, Yin T, et al. Grafting CNTs on carbon fabrics with enhanced mechanical and thermal

properties for tribological applications of carbon fabrics/phenolic composites [J]. Carbon, 2018, 139: 45-51.

[13] Boroujeni A Y, Al-Haik M. Carbon nanotube - Carbon fiber reinforced polymer composites with extended fatigue life[J]. Composites Part B: Engineering, 2019, 164: 537-545.

[14] Boroujeni A Y, Tehrani M, Nelson AJ, et al. Hybrid carbon nanotube-carbon fiber composites with improved in-plane mechanical properties[J]. Composites Part B: Engineering. 2014, 66: 475-483.

[15] Han L, Li K, Sun J, et al. Reinforcing effects of carbon nanotube on carbon/carbon composites before and after heat treatment[J]. Materials Science and Engineering: A, 2018, 735: 10-18.

[16] Chang C, Yue X, Hao B, et al. Direct growth of carbon nanotubes on basalt fiber for the application of electromagnetic interference shielding[J]. Carbon, 2020, 167: 31-39.

[17] Okita A, Suda Y, Oda A, et al. Effects of hydrogen on carbon nanotube formation in CH4/H2 plasmas [J]. Carbon, 2007, 45: 1518-1526.

[18] Zhu S, Qian Y, Hassan E A M, et al. Enhanced interfacial interactions by PEEK-grafting and coupling of acylated CNT for GF/PEEK composites[J]. Composites Communications, 2020, 18: 43-48.

[19] Li T S, Li M, Gu Y Z, et al. Mechanical enhancement effect of the interlayer hybrid, CNT film/carbon fiber/epoxy, composite[J]. Composites Science and Technology, 2018, 166: 176-182.

灌封胶材料在微电子封装产品中的应用

苏德志　管培杰　柳舜昊　程浩　张乐君
（山东航天电子技术研究所，山东·烟台，264000）

摘要： 本文基于电子元器件封装领域的灌封工序，选取聚氨酯、环氧树脂和有机硅为灌封胶的典型代表，展开剖析了各类胶体的优缺点。在材料物理性能分析的基础上，介绍了现有提升性能的手段和应用研究情况，阐述了灌封胶的改性和混料的初步构想。通过关键技术手段和前瞻性技术创新的再分析，对增强灌封性能和稳定可靠封装提出了新的见解。

关键词： 灌封胶；聚氨酯；环氧树脂；有机硅

1　引　言

目前，电子设备的发展呈现多功能、低功耗和高可靠的趋势。多功能和低功耗的发展趋势导致单位体积内封装数量越来越高，而高可靠进一步将难度翻倍，这些均对微电子产品的发展提出了挑战。

微电子产品通过封装技术实现对裸芯片的保护和电气互连。灌封是微电子封装流程中的常规工序之一。其方法是通过填充灌封材料实现对组装、键合、焊接和合理位置的绝缘包封保护，形成一个紧固的整体，保证电子元器件的稳定工作，增强了元器件的可靠性。灌封的主要作用包括：① 隔绝外界有害物质，如水、多余物和腐蚀等；② 减缓机械振动引起的器件失效，如键合丝短路、焊点脱落和裂纹等；③ 提高内部芯片和线路之间的绝缘。由于灌封技术的优越性和实用性，其在通信、汽车、航空、航天、建筑、核电等领域均得到了广泛应用。相应地，灌封胶在电子封装领域的应用也越来越多，其可靠性研究对电子设备的健壮性具有迫切的实际意义。现阶段，研究者对电子封装的性能研究主要集中在流动性、耐温性、阻燃性、黏接性、电性能、导热性和固化条件等方面。为了保证电子器件的性能，灌封胶的选择应满足以下要求：绝缘电阻高，介电损耗小；高温（155 ℃）和低温（－65 ℃）环境中，保持稳定的状态；撕裂强度和黏接力好，机械试验下不龟裂、脱层；黏度小，固化温度低。

本文首先介绍了常见的三大类灌封胶材料：聚氨酯、环氧树脂和有机硅。在其基本性能的物化分析上，逐项分析了其改性方法和性能提高的研究。

2　聚氨酯

聚氨酯的优点包括：可选择性多、绝缘性能优异、耐久性长和耐水性好，但存在导热性差的缺点，导热系数仅为 0.18～0.20 W/(m·K)。

目前，提高聚氨酯导热性能的方法主要包括两种：一是通过添加导热填料的方式，该方法的优势是制作工艺简单，易于实现工业化生产；二是在大分子链段上直接合成高导热的聚合物，该方法的优势在于未引入外来物，不会引起复合反应。换句话说，前者是减少胶体内部缺陷,增强基体间相互作用,引起声子在界面的散射减少,内热阻降低,热量在传递时的损耗减少,导热系数增加;后者是引入了导热率更高的原材料(如 Al_2O_3、AlN 等),通过增加内部导热通道和导热网链,从而增加导热系数。现有研究多为快速实现商品化,以第一种方法为主。李国一等首先制备了改性的 Al_2O_3/EP/PU,在聚氨酯中添加后,导热系数提升明显,高达 0.66 W/(m·K),见图 1。张博文等通过添加 2%偶联剂和 90%的 Al_2O_3(2 μm),制备了聚氨酯灌封胶(见图 1),导热系数可达 0.42 W/(m·K)。

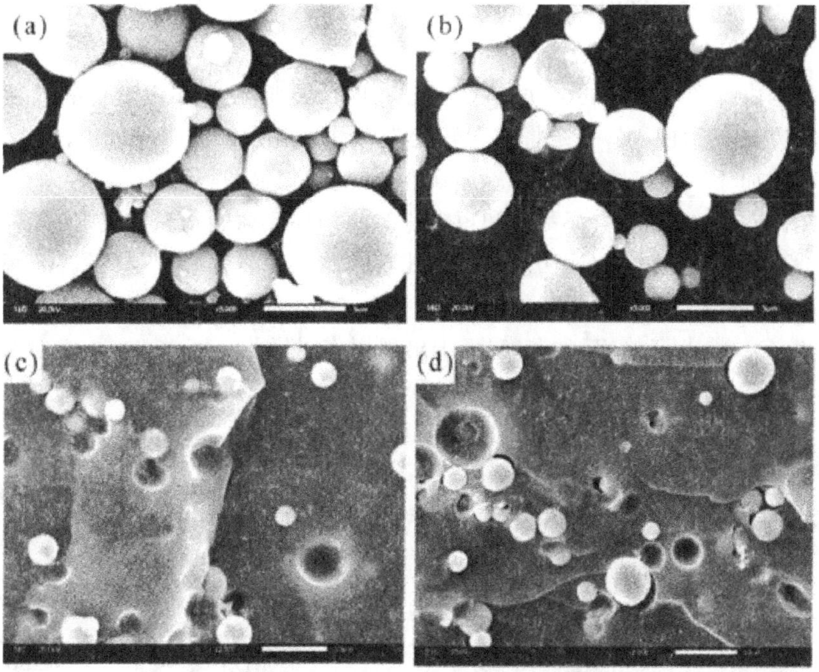

图 1 Al_2O_3 及其填充灌封胶的微观照片(图(a)与图(c)为改性后;图(b)与图(d)为改性前)

3 环氧树脂

环氧树脂(Epoxy resin,EP)是人工树脂,单个分子中含有两个以上(含两个)的环氧基。环氧基团可以位于分子链的各个位置,也可以单独成环。环氧树脂的典型结构如图 2 所示,其重要参数为环氧值和环氧当量。每百克拥有的环氧基团个数为环氧值,含氧树脂含一个环氧基团的平均分子质量为环氧当量。

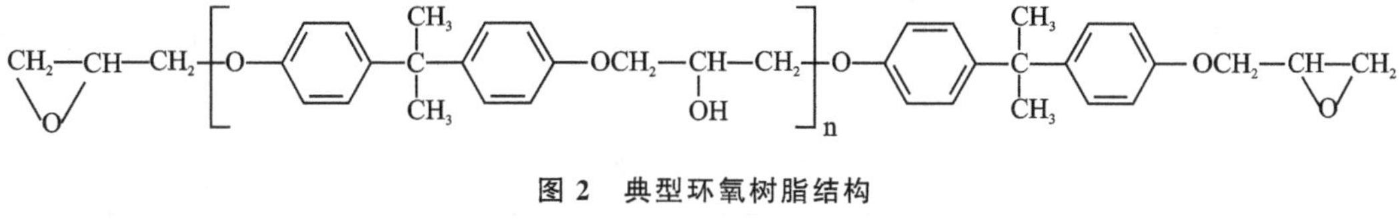

图 2 典型环氧树脂结构

环氧树脂最早出现在 20 世纪 30 年代,美国在 20 世纪 50 年代实现大规模生产。1962 年,环氧树脂第一次应用于电子封装产品——发光二极管。环氧树脂的优点包括:成本低,机械强度高,收缩率低,绝缘性好,耐腐蚀,易加工,方便组装。因此,它的应用场景广泛,如模块电源、变压器、继电器、交流/直流模块、LED 等。但是,环氧树脂的缺点表现为:内应力可达

12 MPa，韧性差，质脆易开裂，抗冲击强度薄弱；导热性差；黏合性差；固化温度高，所需时间长；固化剂存在缺陷；含有毒性。

韧性差是由于环氧树脂中的基团相对活泼，在固化过程中会与固化剂发生交联反应。反应得到的高聚物，具有三维网状结构，不易溶、熔，在分子链间不易滑动。最终，造成胶体表现为质脆，内应力大，拉伸、剪切和抗冲击等力学性能差。提高环氧树脂韧性的方法主要包括：橡胶弹性体增韧、热塑性树脂增韧、互穿网络聚合物增韧、超支化聚合物增韧等。杜爱宇等通过液体端羧基丁腈橡胶（CTBN）对EP改性增韧，模拟产品受力工况，几乎未发现损坏，见图3。

耐热性差是由于环氧树脂的交联度低，通过玻璃化转变温度（Tg）来衡量。现有的改善环氧树脂性能的方法包括两种：一是将材料转变为对称、刚直结构，常见的方法包括引入萘环、引入酚羟基和增加环氧基浓度等；二是添加辅料，如超细玻璃粉等。

工艺操作性差。高温固化、高黏度和短固化时间的环氧树脂均易造成器件损伤，可以通过改变固化剂、稀释剂或添加剂的方法来实现。北京控制工程研究所选用环氧55/9胶对CQFP器件底部灌封，能够耐受严苛力学条件（加速度为9g；冲击谱加速度为1 200g）和温度交变试验（－55～100 ℃），焊点完整，互联准确，仍未出现损伤，见图4。

图3 增韧后环氧树脂受力模拟试验结果对比

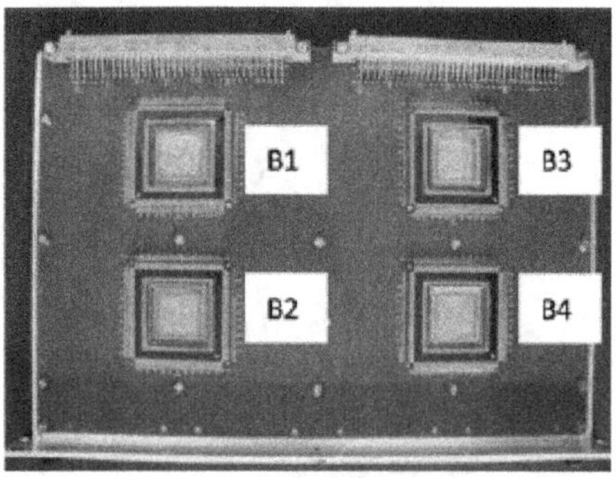

图4 灌封后的实物照片

环氧树脂的导热性差是由于材料中的苯基和羟基在固化后的交联密度高，导致热导率低。环氧树脂灌封胶包含单组分和双组分。双组分环氧树脂灌封胶中，一种成分为环氧树脂、增韧剂和稀释剂等，另一种组分为混合胺类固化剂。常州水精灵公司采用双组分环氧树脂灌封胶有效提高了灌封胶的导热率，B组分包括固化剂、邻苯二甲酸二丁酯、DMP-30环氧促进剂、分散剂和脱泡剂。结果表明，双组分环氧树脂的导热系数、拉伸强度和弯曲强度均得到明显提高，具体参数见表1。

表1 双组分环氧树脂灌封胶材料性能比对

	导热系数/（W/（m·K））	拉伸强度/MPa	弯曲强度/MPa
对照例	2.23	37.37	146.72
双组分实例	2.80	58.69	179.56

将有机硅接枝到环氧树脂分子链，形成柔性链段，既降低了内应力，又提高了憎水性。由

于极性和非极性基团的存在，硅烷提高了封装材料中无机相与有机相的亲和力，这有助于降低体系黏度、提高材料的冲击强度；在阻燃方面，有机硅与其他磷、氮阻燃剂协效可在环氧体系无卤化阻燃方面起到良好效果。

4 有机硅

有机硅的基材包括乙烯基硅油和含氢硅油等，分子式见图 5。其优势在于硅基材料与电子材料的匹配性好、冷热稳定性好、绝缘性好、工艺操作简单和韧性好。但是，它同样具有耐高温性差和气密性差的不利方面。

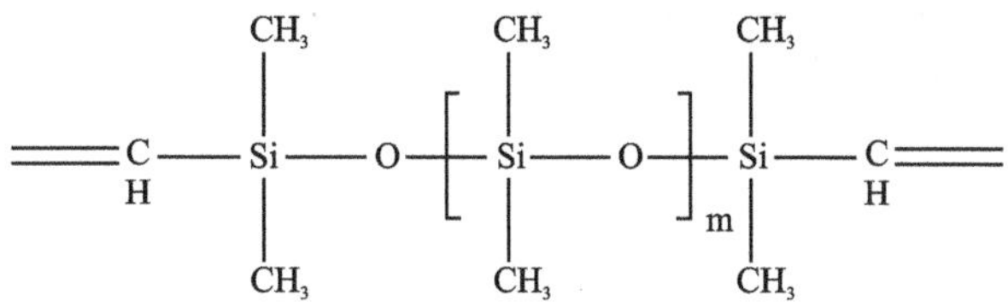

乙烯基硅油

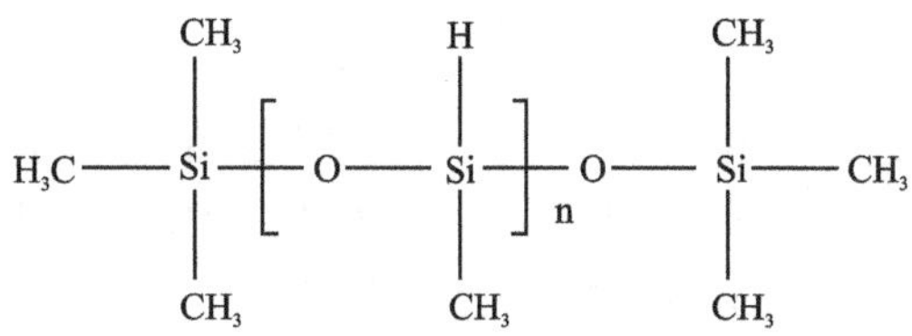

含氢硅油

图 5 乙烯基硅油和含氢硅油的分子式

有机硅的直接应用层面，中电 54 所选用 GD414 硅橡胶对 QFP 器件底部灌封加固，通过振动（Z 向加速度为 14g）和高温老化试验（90 ℃下 24 h），器件的焊点仍光亮、完好，无脱焊、裂纹现象，有效地保障了器件的互连，见图 6。

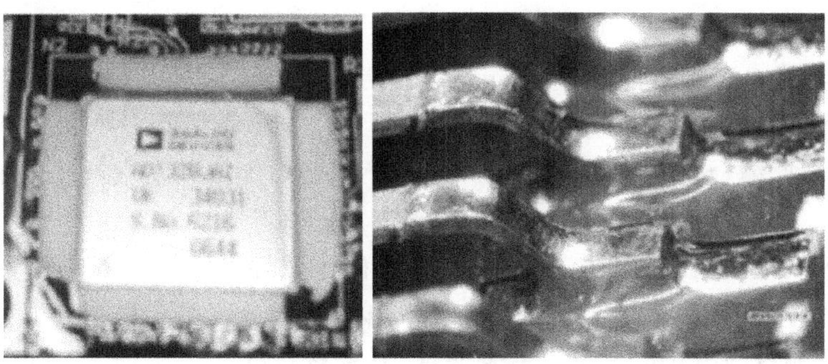

图 6 QFP 器件底部灌封（左）和试验后焊点（右）照片

在材料改性方面，南昌嘉研公司选用 RTVS 双组分有机硅树脂灌封胶对 BGA 封装芯片进行防护，防护结构包括芯片、电路板、灌胶部和散热部。该结构实现了气密隔离，耐受高湿环境，易拆除，便于后期维护。

北京镭硼公司采用双组分材料制备的有机灌封胶，固化后为柔性材料，工艺简单，环境友好，耐高温性能好。一种组分包括：双端乙烯基硅油、偶联剂、增强材料、触变剂和催化剂；另一种组分包括：含氢硅油、乙烯基MQ硅树脂和抑制剂，见表2。

表2 双组分灌封胶性能对比

	密封性	硬度/Shore A	热膨胀系数/(10^{-6} · $℃^{-1}$)	黏接强度/MPa
实施例	良好	32	297	0.37
对比例	良好	22	553	0.28

四川大学采用填料增强性能的方法，将双官能环氧树脂加入硅橡胶中，硅橡胶材料的拉伸强度、断裂伸长率、黏接性能均得到了明显提高，见表3。

表3 环氧树脂-硅橡胶性能对比

样品编号	拉伸强度/MPa	断裂伸长率/%	剪切强度/MPa
硅橡胶	0.34	164.9	0.38
实例1	0.80	250.4	0.72
实例2	1.18	270.5	0.86
实例3	1.67	293.7	1.14
实例4	1.37	170.9	1.49

北京化工大学将氧化石墨烯和乙烯基聚二甲基硅氧烷混合形成基料，然后向基料中加入含氢硅油交联剂和交联抑制剂形成A组分，向基料中加入铂催化剂形成B组分。最终，混合A组分和B组分得到改性的有机硅灌封料，其导热性能得到提高，见表4。

表4 氧化石墨烯改性硅橡胶的性能

性能	实施例1	实施例2	实施例3	实施例4
黏度/(mPa · s)	3 200	3 360	3 560	3 760
硬度(Shore B)	50	56	58	60
导热系数/(W/(m · K))	1.15	1.19	1.26	1.35

有机硅材料以橡胶为主，主要由甲基含氢硅油和甲基乙烯基硅油组成，可以作为半导体材料的保护灌封胶材料。有机硅属于低应力材料，无毒性，无腐蚀性，在宽温度范围(−60～180 ℃)内依然能保持弹性，缺点是导热率差，仅为0.23 W/(m · K)。有机硅灌封胶可分为缩合型和加成型两种，缩合型发生缩合反应形成网络弹性体，加成型发生氢硅化加成反应形成网络结构。

北京华航无线电测量研究所采用GN521有机硅作为雷达印制板上的灌封料，固化工艺简便，无腐蚀性、无毒性，胶层无变化，耐热、电气、机械性能良好。电子科技大学在有机硅树脂中加入了自蔓延法制备的氮化铝粉末。结果发现，复合材料的导热率提升至1.1 W/(m · K)，击穿强度大于17 mV/K，绝缘电阻大于10^{13} Ω，见图7。

厦门北化生物公司选用有机硅树脂为基料，复合无机粉体作为填料，制备了有机硅灌封胶，然后采用硅烷偶联剂(KH-570)对胶体作改性研究。结果发现，在有机硅灌封胶中加入KH-570，有效地改善了胶体原本的阻燃性、电性能和力学性能。表5所列为改性后有机硅的电性能和阻燃性的测定结果。

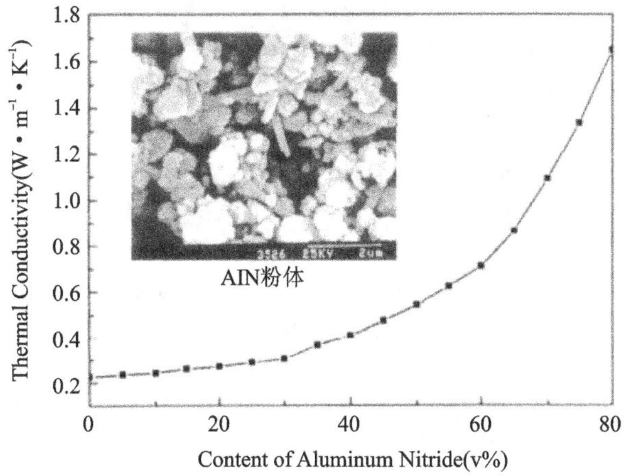

图 7 热导率随 AlN 粉体含量变化关系图

表 5 改性后有机硅的电性能和阻燃性结果

性能	测量结果	测量依据
外观	白色/灰色弹性体	目测
介质损耗/tanW	$(1.21\sim3.0)\times10^{-3}$	GB 1410—2006
阻燃级别(垂直法)	FV-0	GB/T 13448—2006
体积电阻率/(Ω·cm)	$(1.7\sim2.4)\times10^{14}$	GB/T 1410—2006
相对介电常数	2.1~2.5	GB/T 1409—2006
击穿强度/(kV/mm)	18~21	GB/T 1408—2006

5 结 论

灌封胶材料的进步和改善能够有效推动电子封装技术的发展。聚氨酯、环氧树脂和有机硅是电子灌封胶的主流材料，其研究集中在导热性、阻燃率、黏度、固化条件和绝缘等性能。目前，灌封胶的主流应用选择为环氧树脂和有机硅。新型的研究内容通过引入组分材料，改善胶体的物化性能，其优势在于机理清楚、制作简便。但是，该方法增加了使用过程中双材料的耦合风险，为电子封装的可靠性带来不确定因素。因此，期望未来有机灌封胶的发展从本征官能团出发，合成一种聚合物，降低耦合效应，促成相关行业的进步。

参考文献

[1] 乔红云，寇开昌，颜录科，等. 有机硅灌封材料的研究进展[J]. 材料科学与工程学报，2006，24（2）：321-324.

[2] 李国一，陈精华，林晓丹，等. 导热有机硅电子灌封胶的制备与性能研究[J]. 有机硅材料，2010，24（5）：283-287.

[3] 张博文，梅启林，黄延楷，等. 导热聚氨酯灌封胶的制备与性能研究[J]. 复合材料科学与工程，2020，2：101-105.

[4] 古忠云，廖宏，李茂果. 环氧树脂灌封胶增韧研究[J]. 粘接，2014，02：64-66.

[5] 杜爱宇. 高抗冲击环氧树脂灌封材料的研究[D]. 成都：电子科技大学，2016.

[6] 黄文迎，周洪涛. 先进电子封装技术与材料[J]. 精细与专用化学品，2006，14(16)：1-5.
[7] 沈威，王小萍，贾德民. 环氧树脂增韧改性技术研究进展[J]. 热固性树脂，2010，25(3)：49-53.
[8] 吴广东，任江燕，王修利，等. 航天用CQFP封装器件力学加固工艺技术研究[J]. 电子工艺技术，2016，37(6)：339-341.
[9] 周文斌，方晓俊，许蘅. 一种双组分环氧树脂灌封胶：中国，201710510642. X[P]. 2017-10-10.
[10] 贾军. 两种加固方式下QFP封装芯片焊点受力工艺研究[J]. 电子工艺技术，2017，38 (3)：155-158.
[11] 林嘉. 一种BGA封装芯片的防护结构：中国，201920473308. 6[P]. 2020-03-31.
[12] 田陆，牛晓茹. 一种有机硅灌封胶及其制备方法：中国，201910069425. 0[P]. 2019. 05. 24.
[13] 邹华维，汪远，陈洋，等. 一种透明环氧树脂-硅橡胶改性材料的制备方法和用途：中国，201910884662. 2[P]. 2019. 12. 20.
[14] 贺建芸，张景慧，罗锡丹，等. 一种氧化石墨烯改性的LED导热灌封胶及其制备方法：中国，201611023518. 2[P]. 2017. 05. 31.
[15] 王蕴明. 印制板组件灌封胶的选择及应用[J]. 航天工艺，1995，3：15-17.
[16] 张敏，胡文成，何为. 印制电路组件用高导热有机灌封材料的研究[J]. 印制电路信息，2011，5：58-60.
[17] 叶贤春，贺建芸，康维佳，等. 无机粉体机器表面改性对有机硅电子灌封料阻燃性、电性能和力学性能的影响[J]. 合成材料老化与应用，2015，44(6)：12-15.

$Fe_4N@C$ 复合材料的制备及其电磁波吸收性能研究

梁学琛　王成国　于美杰
（山东大学材料科学与工程学院，山东·济南，250061）

摘要：电磁波吸收材料已广泛应用于无线通信、电子设备和雷达技术等领域。在这项研究中，通过两步法成功地获得了金属有机骨架化合物（MOFs）衍生的氮化四铁和碳基体（Fe_4N@C）的复合材料。由于优异阻抗匹配以及介电损耗和磁损耗之间的协同作用而产生的高衰减能力，电磁波吸收能力得到显著增强。Fe_4N@C 复合材料在匹配厚度 2 mm 时，反射损耗最小值（RL_{min}）达到 −56 dB，匹配厚度为 2.5 mm 时，在 13.4 GHz 处 RL_{min} 达到 −42 dB，有效吸收带宽达到 6.7 GHz。因此，本研究可以为电磁波吸收材料的发展提供新的设计方案。

关键词：Fe_4N；碳基体；介电损耗；磁损耗；电磁波吸收

1　引　言

随着通信技术的飞速发展和电子产品的广泛应用，在日常生活中，电磁辐射的影响越来越大。电磁波的辐射效应不仅会干扰电路的正常工作，还会损害人类的健康。目前，大量工作被投入到研发“薄、轻、宽、强”的电磁波吸收材料中。

常见的电磁波吸收材料包括介电损耗材料和磁损耗材料。在过去的几十年中，磁性金属和铁氧体受到了极大的关注，但其吸收带宽窄、密度大等缺点制约了其实际应用。将磁性材料与轻质碳材料结合，利用两种组分的协同效应，可能是解决这些问题的良好方案。因此，本文主要研究以 Fe-MOFs 为前驱体，通过高温煅烧和气体渗氮的两步法工艺，制备 Fe_4N@C 复合材料，得到了优异的电磁波吸收性能，并对其损耗机理进行了深入分析。

2　实验方法

2.1　样品制备

2.1.1　Fe-MOFs 晶体的制备

将 2.488 g $FeCl_3 \cdot 6H_2O$ 和 1.528 g 1,4-H_2BDC 溶于 200 ml DMF 溶剂中，在室温下搅拌 3 h，将得到的溶液转移到 300 ml 的聚四氟乙烯内衬的水热反应釜，在 110 ℃下保温 24 h。冷却至室温后，所得产物通过离心洗涤，最后真空干燥 12 h。

2.1.2　Fe_4N@C 复合材料的制备

将 Fe-MOFs 粉末转移到管式炉中，在 N_2 保护下，以 2 ℃/min 的升温速率升到 700 ℃并保温 0.5 h，收集得到的黑色粉末命名为 FeO@Fe_3O_4@C。然后在 N_2 气氛下，粉末再次被加热到 520 ℃，并向炉中以 36 L/h 的流速通入氨气，得到的样品命名为 Fe_4N@C。

2.2 测试与表征

2.2.1 形貌分析

采用 Hitachi SU-70 型热场发射扫描电子显微镜(SEM)对样品的形貌和尺寸进行了观察。首先对贴有样品的样品台进行 15 s 的真空喷金,然后在 10 kV 的电压下进行观察。采用 JEOL JEM-2100 型高分辨透射电子显微镜(HRTEM)对材料的形貌、颗粒尺寸及分布、晶格条纹等进行分析。首先将样品在研钵中研磨成宏观粉末状,然后取少量样品分散于乙醇中进行超声。将乙醇分散液滴于碳膜铜网上,待干燥后放在样品台上进行分析观察。

2.2.2 物相分析

采用 Riga-ku D/max-2500/PC 型 X 射线衍射(XRD)分析仪对材料的物相和晶体结构进行了表征,扫描范围为 $2\theta=5°\sim90°$,扫描速率为 10 °/min,采用的靶材为 Cu 靶,射线为 Cu Kα 射线。

2.2.3 静磁性能分析

采用 JDAW 2000&D 型振动样品磁强计,得到样品的饱和磁化强度(M_s)和矫顽力(H_c)。通过磁滞回线曲线的特点可判断材料的磁属性。

2.2.4 吸波性能分析

采用 HP-8722ES 型矢量网络分析仪,把粉末样品与液态石蜡以 4∶6 的质量比混合后压入模具制得内环尺寸为 3.04 nm、外环尺寸为 7.00 mm 的圆环形式样,利用同轴法在矢量网络分析仪中测试计算得到样品电磁参数。

3 结果与讨论

3.1 形貌和物相分析

图 1(a)展示了制备的 Fe-MOFs 的 SEM 图像。结果显示得到的较为均匀的 Fe-MOFs 晶粒呈现出纺锤体的形貌,并且长径平均尺寸约为 700 nm。这种结构进一步通过 TEM 图像(见图 1(b)和(c))得到了印证,通过图 1(c)的局部放大图可以看到有许多明暗相间的斑点,这证明了传统 MOFs 体系的微观多孔形貌。图 1(b)所示的 XRD 曲线表明制备的 Fe-MOFs 是纯净的 MIL-88,与之前的文献结果一致,是一种铁系的 MOFs。

图 2 所示为 FeO@Fe_3O_4@C 和 Fe_4N@C 复合材料的 XRD 曲线及物相标定。对于 FeO@Fe_3O_4@C 样品,有非常明显的三个衍射峰,在 $2\theta=36.13°$、41.96°和 60.84°的时候相对于立方晶体 FeO(JCPDS 06-0615)的(111)、(200)和(220)晶面。除此之外,还有稍弱一点的 Fe_3O_4(JCPDS 88-0315)的衍射峰,它们分别在 $2\theta=30.16°$、35.52°、57.09°和 62.70°对应的是(220)、(311)、(511)和(400)晶面。并且曲线在约 26°的时候有一个包峰,这是由于煅烧温度为 700 ℃时,前驱体 Fe-MOFs 的无定形碳被转化为石墨微晶,对应了碳材料的(002)面。而对于渗氮之后的样品,可以在 $2\theta=41.22°$、47.97°和 70.18°处有清晰的衍射峰,它们分别对应 Fe_4N(JCPDS 83-0875)的(111)、(200)和(220)晶面,表明磁性物相为 Fe_4N。26°左右的包峰并不明显,这一方面是因为渗氮过程中,晶粒重新结晶长大对微晶碳的破坏作用,另一方面是因为 Fe_4N 结晶性好,衍射峰强度过高。

图 3 中的 SEM 图像(a-1,a-2,b-1,b-2)和透射电镜图像(a-3,b-3)展现了 FeO@Fe_3O_4@C

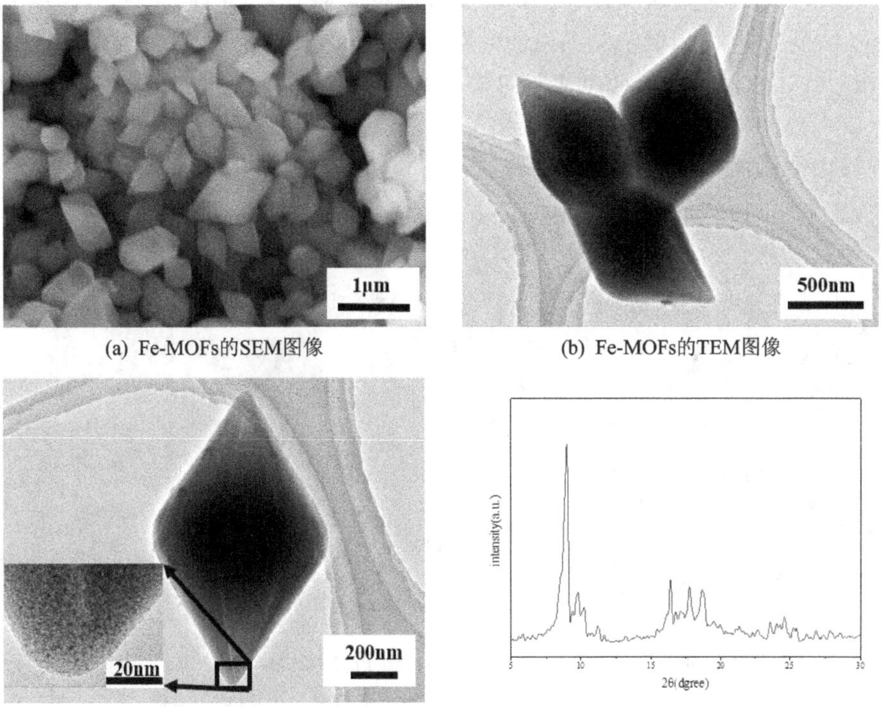

(a) Fe-MOFs的SEM图像　　(b) Fe-MOFs的TEM图像

(c) 单个Fe-MOFs及其局部放大的TEM图像　　(d) Fe-MOFs的XRD图像

图 1

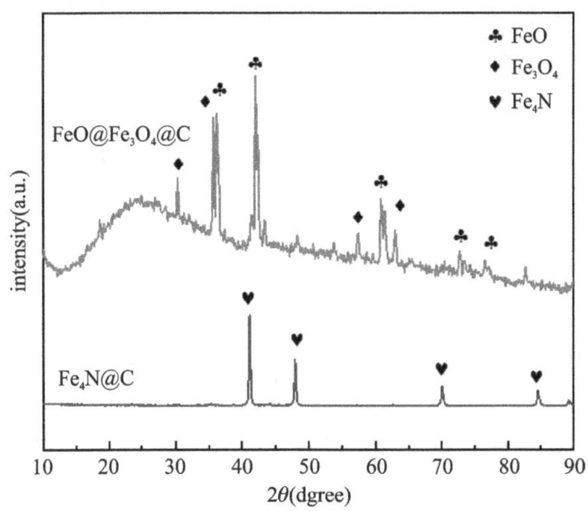

图 2　FeO@Fe_3O_4@C(灰色)和 Fe_4N(黑色)的 XRD 图像

和 Fe_4N@C 的整体形貌，碳材料和金属结晶都均匀地分布于复合材料中。从图中可以看到在 700 ℃煅烧处理之后，虽然 FeO@Fe_3O_4@C 复合材料表面包覆有许多非晶碳材料，但是它的纺锤体形貌仍然一定程度上得到了保持。并且颗粒尺寸比起之前的 700 nm 都有了不同程度的减小，这是由于有机组分减少了。但是，对于 Fe_4N@C 复合材料，几乎看不到之前的纺锤体形貌，金属结晶变成了 50～500 nm 的圆球状，这是由于在气体渗氮的过程中，氮原子加入，氧原子脱除使得铁氧体重新结晶，这个过程中倾向于生成表面能更低的球形。除此之外，HR-

TEM 图像(a-4,b-4)展现了两种复合材料的细节形貌。对于 $FeO@Fe_3O_4@C$ 复合材料,纺锤体是由 FeO 结晶构成,并且其晶格条纹的间距约 0.42 nm,正好对应于 FeO(200)面,与 XRD 测试结果相一致。FeO 颗粒表面有薄薄的结晶碳,厚度为 1.6~2.9 nm。对于 $Fe_4N@C$ 复合材料,也可以看到这层石墨碳,厚度增加到约 3.9 nm。这层石墨化的碳对于铁系纳米颗粒的分散性、抗氧化性、耐腐蚀性均有重要意义。

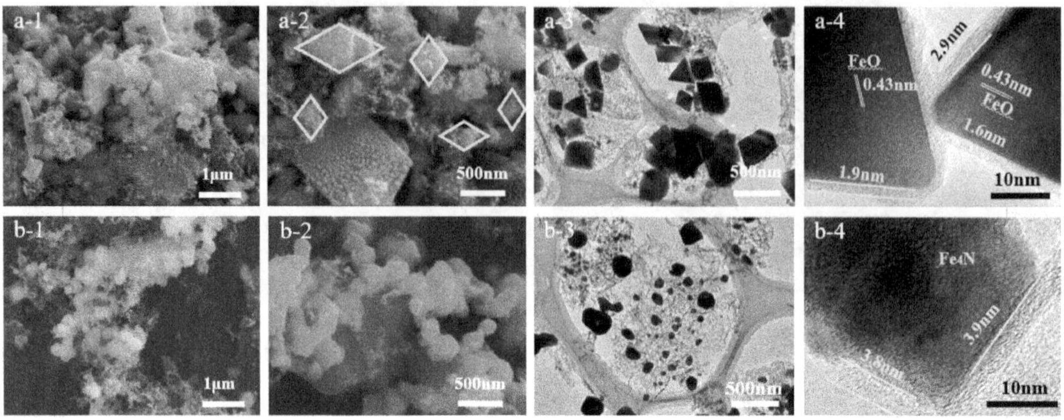

图 3　$FeO@Fe_3O_4@C$(a-1,a-2,a-3,a-4)和 $Fe_4N@C$(b-1,b-2,b-3,b-4)的低倍 SEM 图像、高倍 SEM 图像、TEM 图像和 HRTEM 图像

3.2　静磁性能和电磁波吸收性能分析

除此之外,还对复合材料的磁性能进行了分析,图 4 所示为 Fe-MOFs、$FeO@Fe_3O_4@C$ 和 $Fe_4N@C$ 复合材料在室温条件下的磁滞回线。由于缺乏磁性组分,Fe-MOFs 并没有磁滞行为。然而,在 $FeO@Fe_3O_4@C$ 和 $Fe_4N@C$ 复合材料中具有明显的铁磁性磁滞回线。$FeO@Fe_3O_4@C$ 复合材料的比饱和磁化强度 66.8 emu/g,低于块状 Fe_3O_4 的 92 emu/g,这是由

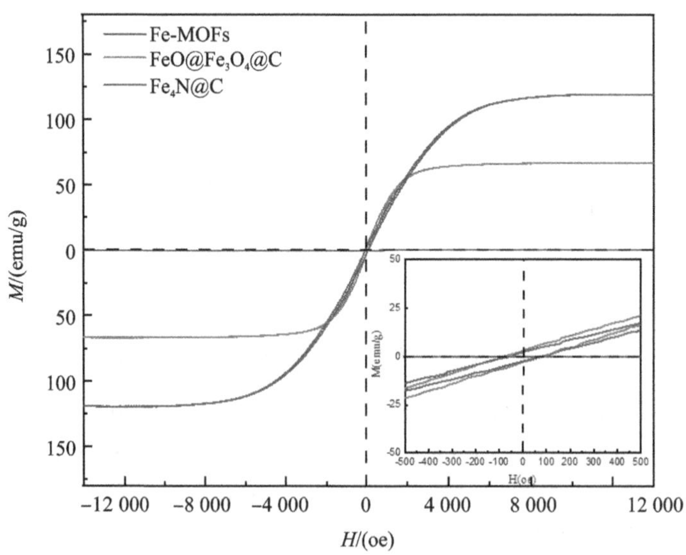

图 4　Fe-MOFs、$FeO@Fe_3O_4@C$ 和 $Fe_4N@C$ 的磁滞回线

于非磁性的 FeO 和碳的存在。Fe_4N@C 复合材料的比饱和磁化强度有了巨大的提升，达到 119.1 emu/g，这是由于铁氧体都转化为了磁强更高的 Fe_4N。两个样品的矫顽力大小均在 60oe 左右，这是由物相组成、颗粒尺寸、各向异性和内部缺陷等多个因素共同决定的。

通常来说，电磁波吸收材料的吸收能力由反射损耗来反映。当电磁波吸收材料的反射损耗小于－10 dB 时，意味着 90%的电磁波被吸收。RL 的数值可以通过如下公式计算得到：

$$Z_{in}=Z_0\sqrt{\frac{\mu_r}{\varepsilon_r}}\tanh\left(j\frac{2\pi fd}{c}\sqrt{\mu_r\varepsilon_r}\right) \tag{1}$$

$$RL(dB)=20\left|\log\frac{Z_{in}-Z_0}{Z_{in}+Z_0}\right| \tag{2}$$

这里 Z_{in} 是电磁波吸收材料的输入阻抗，Z_0 是自由空间的阻抗，f 是电磁波频率，c 是电磁波在自由空间中的传播速度，d 是吸收材料的厚度。图 5(a)和图(b)展现的就是通过 FeO@Fe_3O_4@C 和 Fe_4N@C 复合材料的电磁参数计算出在 2～18 GHz 范围内，不同厚度下的反射损耗以及其相对应的三维等高线图(见图 5(c)和图(d))。对于 FeO@Fe_3O_4@C 复合材料，RL 在 2～18 GHz 的范围内几乎没有在－10 dB 以下，这说明它并不满足电磁波吸收材料应用的基本要求。然而，对于 Fe_4N@C 复合材料，其厚度从 2～5 mm 变化时，有效吸收带宽(RL<－10 dB)达到 13.3 GHz，在 4.7～18 GHz 的范围内。其中，在匹配厚度在 2 mm 时，

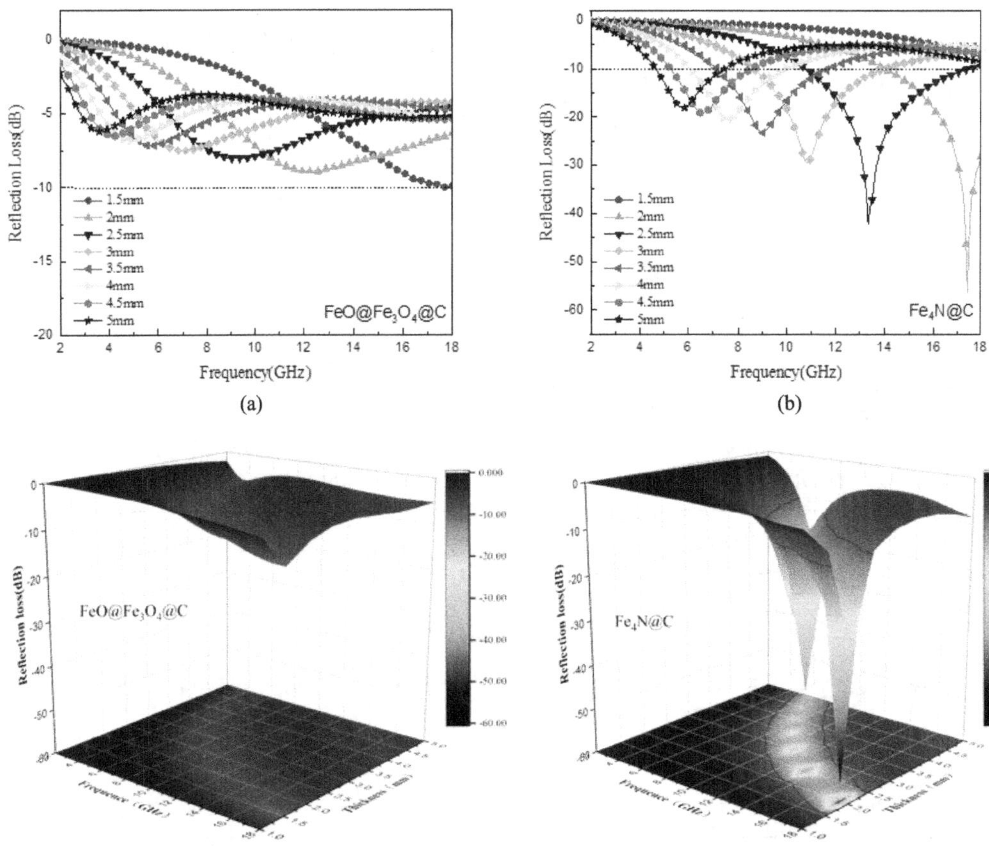

图 5　FeO@Fe_3O_4@C 和 Fe_4N@C 的二维反射损耗图(图(a)和图(b))及其相对应的三维反射损耗图(图(c)和图(d))

RL_{min} 达到 -56 dB，匹配厚度为 2.5 mm 时有效吸收带宽达到 6.7 GHz（10.8～17.5 GHz）。可以发现气体渗氮工艺显著提升了材料的电磁波吸收能力，并且尤为重要的是，整个 X 波段（8～12 GHz）都被覆盖，对于军事对抗有重要的意义。

为了解释 $Fe_4N@C$ 相对于 $FeO@Fe_3O_4@C$ 复合材料电磁波吸收性能的提升机理，对比了它们的复介电常数（$\varepsilon_r = \varepsilon' - j\varepsilon''$）和复磁导率（$\mu_r = \mu' - j\mu''$）。通常，电磁波吸收能力与复介电常数和复磁导率都有非常紧密的联系，实部（ε' 和 μ'）代表电磁波的储存能力，虚部（ε'' 和 μ''）代表电磁波的损耗能力。用介电损耗的正切值（$\tan\delta_\mu = \varepsilon''/\varepsilon'$）和磁损耗的正切值（$\tan\delta_\mu = \mu''/\mu'$）用来判断电磁波的损耗因素。如图 6(a) 和图 (b) 所示，对于复介电常数的实部 ε' 和虚部 ε'' 均表现出频散特性，两者的数值随着频率的增加而减小，这种特性一般存在于过渡金属和碳材料制成的复合材料中，表明存在偶极极化引起的介电损耗。测试制备的同轴环样品存在许多的非均相界面，包括铁系化合物纳米颗粒与石墨层，石墨层与非晶碳基体，非晶碳基体与石蜡。电荷在这些界面之间转移，促进了界面极化。值得注意的是，在 2～18 GHz 的范围内，$FeO@Fe_3O_4@C$ 介电常数的实部 ε' 和虚部 ε'' 均高于 $Fe_4N@C$，根据自由电子理论，介电常数虚部与电导率的关系可表示为

$$\varepsilon'' = \frac{\sigma(T)}{2\pi\varepsilon_0 f} \tag{3}$$

因此，可以说明渗氮过程使得材料的电导率下降，这主要是由于渗氮过程对于基体无定形碳的

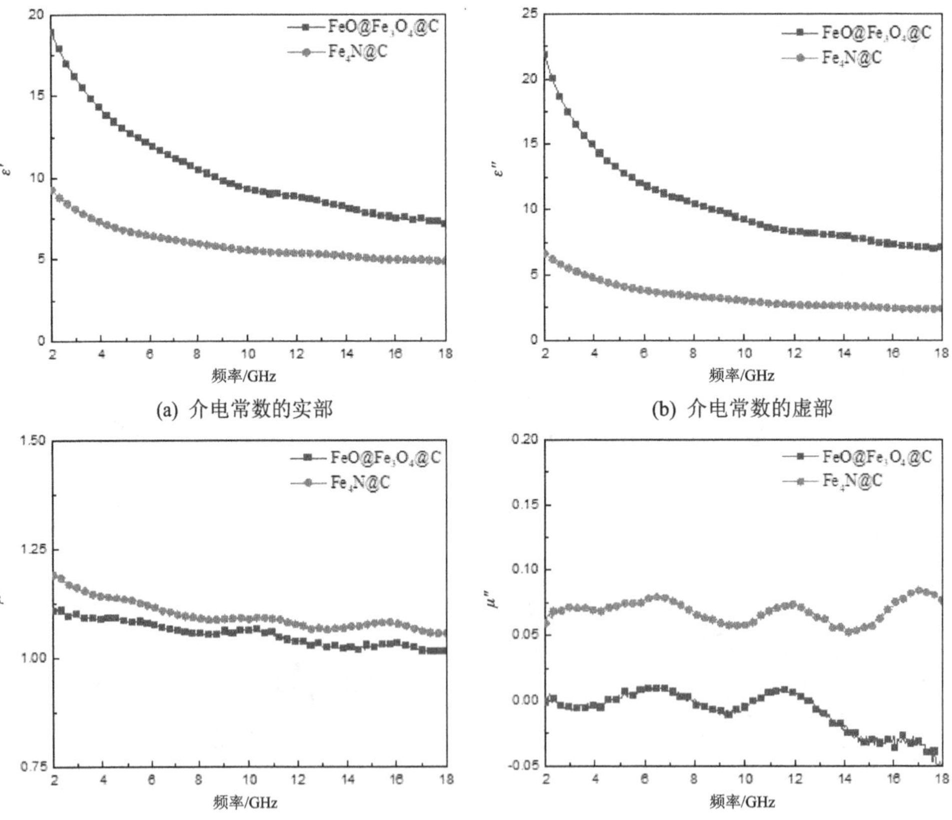

(a) 介电常数的实部　　(b) 介电常数的虚部

(c) 磁导半实部　　(d) 磁导半虚部

图 6　$FeO@Fe_3O_4@C$ 和 $Fe_4N@C$ 的电磁参数介电常数的实部、虚部、磁导率实部和虚部

破坏，导致复合材料导电网络被破坏。图 7(a)所示为 FeO@Fe_3O_4@C 和 Fe_4N@C 复合材料复磁导率的介电损耗正切值($\tan\delta_E$)和磁损耗正切值($\tan\delta_\mu$)，FeO@Fe_3O_4@C 的 $\tan\delta_E$ 高于 Fe_4N@C，说明 FeO@Fe_3O_4@C 复合材料造成了更多的介电损耗，包括偶极子极化、界面极化和电导等损耗机制。同时，两个样品的介电损耗正切值都高于磁损耗正切值，这说明介电损耗是它们的主要损耗机制。

磁损耗实部 μ' 和虚部 μ'' 如图 6(c)和图(d)所示，图 6(d)中 FeO@Fe_3O_4@C 和 Fe_4N@C 复合材料在 6.9 GHz、11.5 GHz 和 17.2 GHz 处存在三个共振峰。同时，在 2～18 GHz 的范围内，Fe_4N@C 磁导率的实部 μ'、虚部 μ'' 和磁损耗正切角高于 FeO@Fe_3O_4@C，这主要得益于 Fe_4N 的高比饱和磁化强度，提升了其磁损耗能力。通常磁损耗主要是由涡流损耗、磁滞损耗、自然共振和交换共振引起的。如果涡流损耗是磁损耗的主要机制，那么随着频率变化，C_0 ($C_0=\mu''(\mu')^{-2}f^{-1}$)的数值应该是恒定不变的。图 7(b)所示就是 FeO@Fe_3O_4@C 和 Fe_4N@C 的 C_0 曲线，这两条曲线在 S(2～4 GHz)和 C 波段(4～8 GHz)波动较大，在 14～18 GHz 范围内较为稳定，因此，位于 17.2 GHz 处共振峰可以归因于涡流损耗。除此之外，可以推断出 6.9 GHz 和 11.5 GHz 处的共振峰分别归因于自然共振和交换共振，因为自然共振通常产生于低频段，而交换共振则产生于高频段。结合磁滞回线(见图 4)，可以推断出材料还可以提供磁滞损耗。综上所述，自然共振、交换共振、涡流损耗和磁滞损耗等四种损耗机制都对磁损耗有贡献。

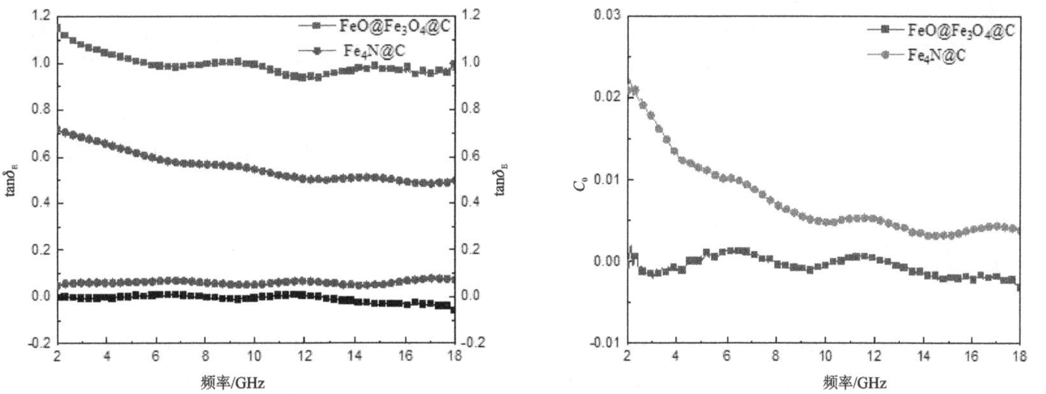

(a) (b)

图 7 FeO@Fe_3O_4@C 和 Fe_4N@C 的介电损耗正切值($\tan\boldsymbol{\delta}_E$)和磁损耗正切值($\tan\boldsymbol{\delta}_\mu$)(图(a))，$C_0$ 值曲线(图(b))

此外，影响电磁波吸收材料性能的还有两个重要因素。一方面是电磁波吸收材料的衰减特性，即电磁波在介质中单位长度的衰减量，它主要是由衰减常数 α 来衡量，其值可以通过

$$\alpha=\frac{\sqrt{2}\pi f}{c}\times\sqrt{(\mu''\varepsilon''-\mu'\varepsilon')+\sqrt{(\mu''\varepsilon''-\mu'\varepsilon')^2+(\mu\varepsilon''-\mu''\varepsilon')^2}} \tag{4}$$

得到。一般来说，材料的衰减常数越大，其电磁波吸收性能越好。但是，如图 8 所示，在 2～18 GHz 的范围内，FeO@Fe_3O_4@C 的衰减常数均高于 Fe_4N@C，这说明衰减常数并不是决定电磁波吸收能力的唯一因素。另一方面就是材料的阻抗匹配，良好的阻抗匹配意味着更多的电磁波可以入射到材料内部被消耗而不是被反射回去。阻抗匹配比 $|Z_{in}/Z_0|$ 可由

$$\frac{Z_{in}}{Z_0}=\left(\frac{\mu_r}{\varepsilon_r}\right)^{1/2}\tanh\left(\mathrm{j}\,\frac{2\pi ft}{c}(\mu_r\varepsilon_r)^{\frac{1}{2}}\right) \tag{5}$$

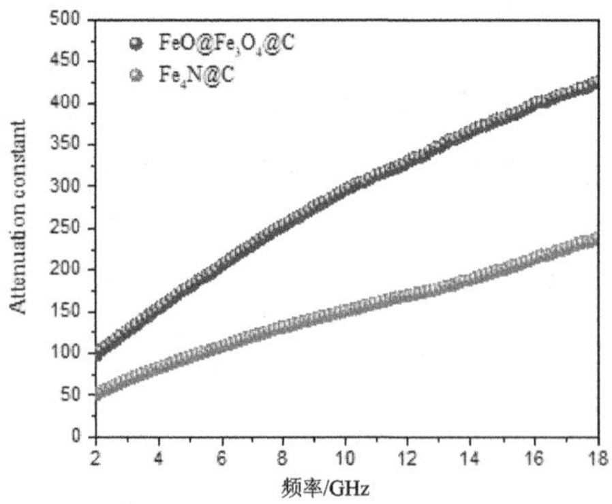

图8　FeO@Fe$_3$O$_4$@C和Fe$_4$N@C的衰减常数

计算得到。$|Z_{in}/Z_0|$值越接近于1，阻抗匹配越好。

图9和图10分别是根据FeO@Fe$_3$O$_4$@C和Fe$_4$N@C在不同厚度、不同频率下$|Z_{in}/Z_0|$的值绘出的等高线图，可以看到，Fe$_4$N@C有更好的阻抗匹配。对于FeO@Fe$_3$O$_4$@C，$|Z_{in}/Z_0|$的值不存在接近于1的区域，最佳的阻抗匹配比在0.6左右，而Fe$_4$N@C的$|Z_{in}/Z_0|$值有较大的区域在1附近。因此，对于这两个样品来讲，阻抗匹配是影响电磁波吸收性能更为关键的因素。

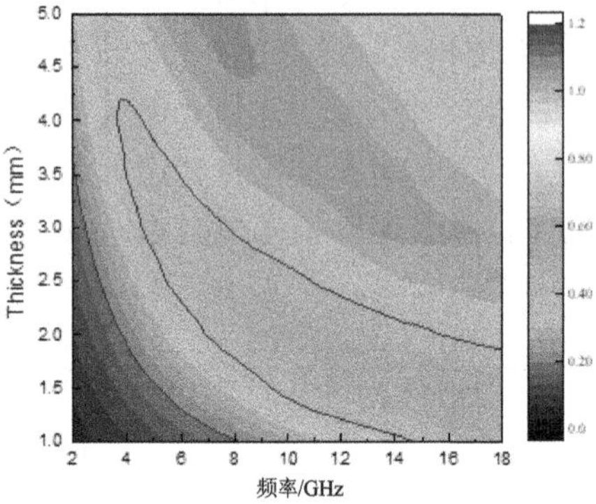

图9　FeO@Fe$_3$O$_4$@C的阻抗匹配

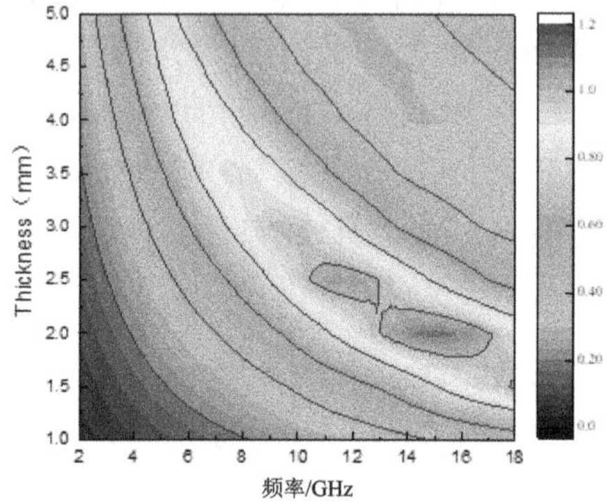

图10　Fe$_4$N@C的阻抗匹配

4　结　论

使用Fe-MOFs为模板材料，通过高温煅烧和气体渗氮的两步法工艺，成功制备了Fe$_4$N@C复合材料。该复合材料形成了微观的圆球状的核壳结构，Fe$_4$N纳米颗粒均匀分布在碳基体中，其表面还包覆有石墨化碳层。Fe$_4$N@C复合材料实现了高达119.1 emu/g的比饱和磁化强度。此外，Fe$_4$N@C复合材料表现出优异的吸收性能，在匹配厚度为2 mm时，RL_{min}达到－56 dB，匹配厚度为2.5 mm时，在13.4 GHz处达到－42 dB，有效吸收带宽达到6.7 GHz。对电磁波吸收机理的研究表明，介电损耗对Fe$_4$N@C复合材料的电磁波损耗能力的贡献更大。介电损耗和磁损耗之间的协同效应有助于优化阻抗匹配，优异的阻抗匹配和较高的衰减能力共同提升了复材的电磁波吸收能力。因此，优异的电磁波吸收性能归功于Fe$_4$N@C复合材料的微观核壳结构，以及Fe$_4$N纳米颗粒和基体碳的组分协同。因此，此研究可以为电磁波吸收材料的微观结构和组分的设计提供新的方案。

参考文献

[1] Gill N, Gupta V, Tomar M, et al. Improved electromagnetic shielding behaviour of graphene encapsulated polypyrrole-graphene nanocomposite in X-band[J]. Composites Science and Technology, 2020, 192: 108-113.

[2] Zhang W, Zhang X, Wu H, et al. Impact of morphology and dielectric property on the microwave absorbing performance of MoS 2 -based materials[J]. Journal of Alloys and Compounds, 2018, 751: 34-42.

[3] Wang Y, Wang W, Sun J, et al. Microwave-based preparation and characterization of Fe-cored carbon nanocapsules with novel stability and super electromagnetic wave absorption performance[J]. Carbon, 2018, 135: 1-11.

[4] Lin Y, Dai J, Yang H, et al. Graphene multilayered sheets assembled by porous Bi2Fe4O9 microspheres and the excellent electromagnetic wave absorption properties[J]. Chemical Engineering Journal, 2018, 334: 1740-8.

[5] Song Z, Liu X, Sun X, et al. Alginate-templated synthesis of CoFe/carbon fiber composite and the effect of hierarchically porous structure on electromagnetic wave absorption performance[J]. Carbon, 2019, 151: 36-45.

[6] Shu J C, Huang X Y, Cao M S. Assembling 3D flower-like Co3O4-MWCNT architecture for optimizing low-frequency microwave absorption[J]. Carbon, 2021, 174: 638-46.

[7] Xiang Z, Song Y, Xiong J, et al. Enhanced electromagnetic wave absorption of nanoporous Fe3O4 @ carbon composites derived from metal-organic frameworks[J]. Carbon, 2019, 142: 20-31.

[8] Han D H, Wang J P, Luo H L. Crystallite size effect on saturation magnetization of fine ferrimagnetic particles[J]. Journal of Magnetism and Magnetic Materials, 1994, 136(1): 176-82.

[9] Fan X, Guan J, Wang W, et al. Morphology evolution, magnetic and microwave absorption properties of nano/submicrometre iron particles obtained at different reduced temperatures[J]. Journal of Physics D: Applied Physics, 2009, 42(7): 075, 006.

[10] Peng C L, Zhang Y N, Zhang B S. MOF-derived jujube pit shaped C/Co composites with hierarchical structure for electromagnetic absorption[J]. Journal of Alloys and Compounds, 2020: 826.

[11] Wang H, Xiang L, Wei W, et al. Efficient and Lightweight Electromagnetic Wave Absorber Derived from Metal Organic Framework-Encapsulated Cobalt Nanoparticles[J]. ACS Applied Materials & Interfaces, 2017, 9(48): 42102-10.

[12] Liu W, Liu L, Ji G, et al. Composition Design and Structural Characterization of MOF-Derived Composites with Controllable Electromagnetic Properties[J]. Acs Sustainable Chemistry & Engineering, 2017, 5(9): 7961-71.

[13] Wu M, Zhang Y D, Hui S, et al. Microwave magnetic properties of Co50/(SiO2)50 nanoparticles[J]. Applied Physics Letters, 2002, 80(23): 4404-6.

[14] Jiang Y, Fu X, Zhang Z, et al. Enhanced microwave absorption properties of Fe3C/C nanofibers prepared by electrospinning[J]. Journal of Alloys and Compounds, 2019, 804: 305-13.

[15] Liu J, Liang H, Wu H. Hierarchical flower-like Fe3O4/MoS2 composites for selective broadband electromagnetic wave absorption performance[J]. Composites Part a-Applied Science and Manufacturing, 2020, 130.

[16] Liu J L, Liang H S, Zhang Y, et al. Facile synthesis of ellipsoid-like MgCo2O4/Co3O4 composites for strong wideband microwave absorption application[J]. Composites Part B-Engineering, 2019, 176.

烧结峰值温度对陶瓷加热片 Pt 层的影响分析

王尚智　林喜涛　邱海燕　苏德志　赵丹

（山东航天电子技术研究所，山东·烟台，264000）

摘要： 利用扫描电镜等手段，对陶瓷加热片厚膜 Pt 金属化层进行了微观分析，探讨了不同烧结峰值温度对 Pt 金属化层阻值、外观及显微结构的影响，分析结果表明，基于陶瓷加热片的高温快速加热需求，Pt 金属化层的烧结峰值温度达到 1 000 ℃时，可以形成连续、致密、结构完整、界面清晰的 Pt 金属化膜层，而当烧结峰值温度超过 1 200 ℃后，Pt 金属化层空隙率增大，阻值明显增大，基材暴露明显，因此，厚膜 Pt 金属化层的最佳烧结温度在 1 000～1 200 ℃。

关键词： Pt；陶瓷加热片；烧结峰值温度

1　引　言

卫星太阳能电池帆板是由数块电池单板拼接而成的，在发射前依靠锁紧装置折叠固定在一起，入轨后依靠解锁释放装置展开。

常规的航天器解锁释放装置多为火工装置，存在解锁冲击大、只能一次性使用的不足。近年来，随着微小卫星技术的不断发展，逐步出现了以电加热为原理的非火工解锁释放装置。

陶瓷加热片是电加热型非火工解锁释放装置的核心部件，其在通电后可以快速产生超过 1 000 ℃的高温，熔断太阳翼的绑扎绳，使太阳翼释放并展开。为了满足非火工解锁释放装置高工作温度、快速升温等独特的应用需求，陶瓷加热片选用了金属 Pt 作为发热材料，采用丝网印刷、高温烧结工艺制作在氮化硅陶瓷基板上。

为进一步研究 Pt 的烧结峰值温度对膜层质量的影响，本文对不同烧结峰值温度条件下 Pt 导带的外观、显微结构等进行了分析，确定了满足非火工解锁释放装置使用需求的最佳烧结参数，以指导同类产品的生产实现。

2　实验条件和方法

2.1　试验原料

本试验导体膜层制作原料为国产厚膜 Pt 浆料，基本性能指标见表 1。

表 1　Pt 浆料性能表

项　目	标准值	项　目	标准值
固含量	82%±1%	细度	<10 μm
黏度	150～200Pa. s		

2.2 样品制作方法

本实验所用样品基材为 SI3N4 陶瓷，采用丝网印刷的工艺方法在基板表面印制一层盘弯状 Pt 浆料图形，然后在 PH101 型高温烘箱中进行 150 ℃、30 min 的烘干，去除浆料内部的有机溶剂，再在精密高温烧结炉中进行烧结，实现 Pt 膜层与 SI_3N_4 陶瓷的良好结合。

2.3 分析仪器及方法

采用 10～100 倍双目体式显微镜进行 Pt 膜层外观的目视观察，使用 34401A 型数字万用表进行 Pt 导带烧结后的阻值测量，采用 EVO MA 型扫描电镜对 Pt 膜层的内部形貌(如微观结构、气孔尺寸、Pt 颗粒结合生长情况等)进行测量和分析，便于发现不同烧结温度所形成的微观结构缺陷，比较不同工艺参数下烧结质量的差异性。

3 分析结果及讨论

3.1 不同烧结峰值温度条件下 Pt 导带的阻值变化

图 1 所示为 Pt 导带在不同烧结峰值温度条件下的阻值变化，从图 1 中可以看出，随着烧结峰值温度的提高，Pt 导带的阻值逐渐降低。当烧结峰值温度达到 900 ℃以上时，阻值变化趋势逐渐变缓，峰值温度在 1 100～1 200 ℃时阻值变化趋于稳定。

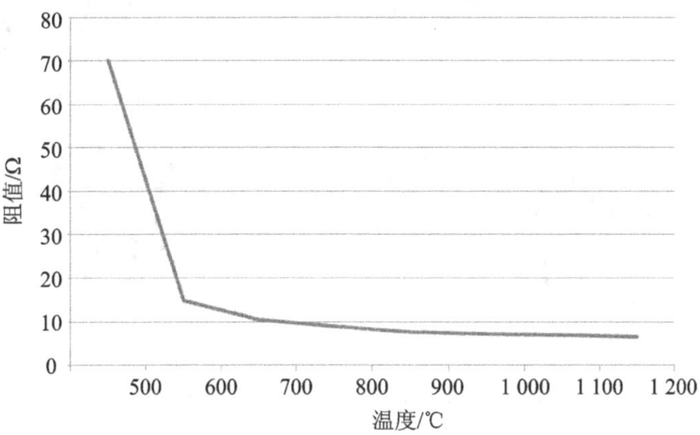

图 1 Pt 导带在不同烧结峰值温度条件下的阻值变化图

分析结果：

厚膜 Pt 浆料的主要成分是超细 Pt 粉，混合有玻璃粉和有机黏结剂。其中，Pt 粉作为主要的功能材料，决定了烧结后膜层的主要电性能。玻璃粉的作用是将烧结后的膜层牢固地黏接到陶瓷基材上，也即实现浆料的良好附着力。

有机黏结剂的作用有两个，一是使浆料中的有效成分以及黏接成分保持悬浮态直到膜烧成，此外，赋予浆料良好的流动特性以进行丝网印刷。

烧结峰值温度低于 500 ℃时，有机黏结剂未能有效挥发，Pt 颗粒依然处于分散状态，此时烧结后的导电通路存在较多的有机物杂质和玻璃介质，因而阻值较高。当烧结峰值温度提高后，有机黏结剂挥发而使 Pt 颗粒团聚在一起，因此阻值出现了显著的下降，但此时的导电通路还是存在较多的玻璃介质，因而阻值相对还是较大。当烧结峰值温度提高到1 000 ℃时，玻璃介质产生高温熔融而流淌，促使Pt颗粒相互接触、扩散，形成一个整体结构。此时的导电通路由于减少了玻璃介质的介入，Pt颗粒之间的互扩散也进行的相对充分，因而阻值变化较小。

3.2　不同烧结峰值温度条件下Pt导带的颜色变化

不同烧结峰值温度条件下Pt金属化层的表面形貌如图2所示。从颜色上看，随着烧结温度的提高，Pt导带的表面颜色逐渐由暗灰色变为灰白色，接近于Pt金属的本质颜色。而当烧结温度超过1 000 ℃时，Pt导带表面颜色不再出现显著差异。

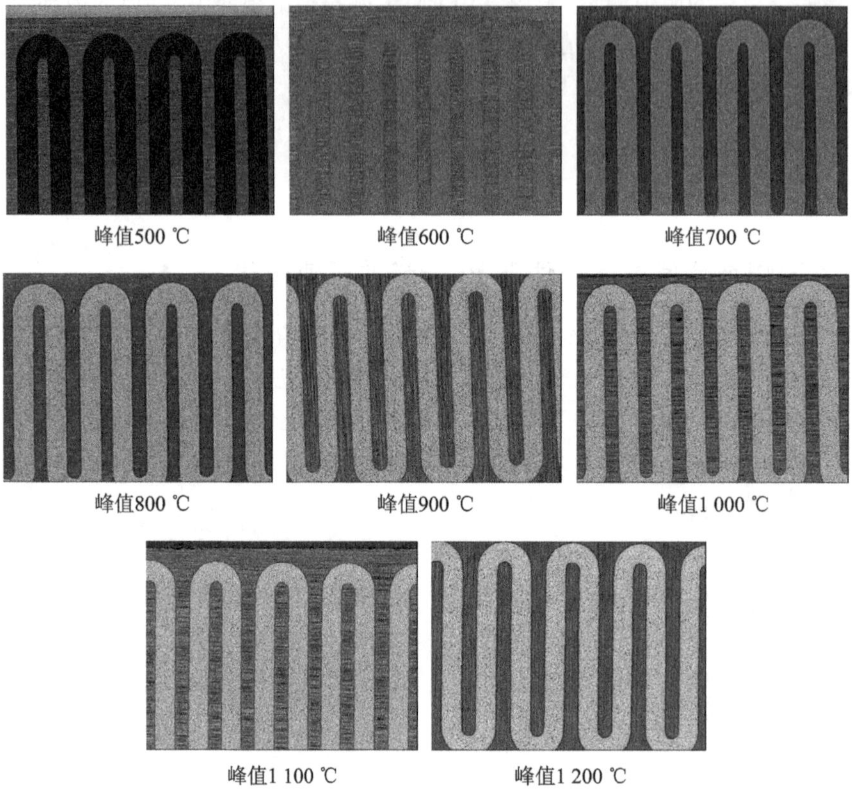

图2　不同烧结峰值温度条件下Pt金属化层的表面形貌

分析结果：

当烧结峰值温度在500 ℃以内时，有机黏结剂部分挥发而使Pt颗粒团聚在一起，此时由于Pt膜层结构内部含有较多的玻璃成分以及残留的有机黏结剂，因而在颜色表现上明显偏暗。当烧结峰值温度逐渐提高时，有机黏结剂挥发干净，玻璃介质受高温作用熔融而逐步下沉，金属Pt颗粒不断上浮并且相互融合形成一个整体，此时的膜层结构表面主要为金属Pt颗粒，因此在颜色表现上逐步趋近于铂本身的颜色状态。烧结温度超过1 000 ℃时，玻璃相的下沉基本完成，此时膜层表面的Pt颗粒相互融合成一个整体，因此在颜色表现上基本不发生明显变化。

3.3　不同烧结峰值温度条件下Pt导带的微观结构变化

图3所示是不同烧结峰值温度条件下Pt金属化层的微观表面形貌（100X放大倍数条件

下观察)。从图中可以看出,当烧结峰值温度低于500 ℃时,Pt导带处于烧结不充分状态,表面形貌虽然平整,但颜色偏暗。

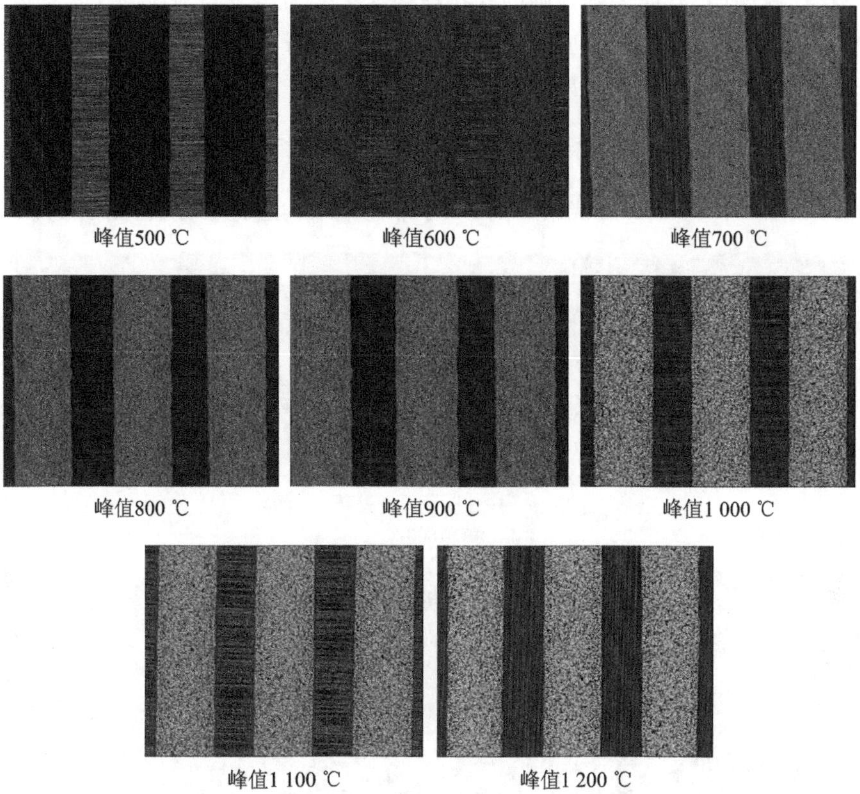

图3 不同烧结峰值温度条件下Pt金属化层的微观表面形貌(100X)

随着烧结峰值温度的提高,内部有机溶剂充分挥发,Pt导带表面出现了明显的气体溢散形成的气孔。当烧结峰值温度提高到700 ℃时,烧结后的Pt导带气孔数量反而明显减少。随着烧结温度的提高,烧结后的Pt导带表面平整度有所下降,而导带内部的气孔数量显著增加。当峰值温度升高到1 250 ℃后,Pt导带表面的气孔表现非常明显。峰值温度提高到1 300 ℃以上后,Pt导带个别边缘部位出现了膜层剥离现象。

分析结果:

当烧结峰值温度低于500 ℃时,浆料内部的有机溶剂尚未挥发干净,因此Pt导带内部的烧结反应尚未开始,仍处于金属颗粒和玻璃粉料的黏合状态,表面状态虽然平整,但颜色偏暗。

当烧结峰值温度达到600 ℃时,浆料内部的有机溶剂开始充分挥发,但此时玻璃相成分尚未达到熔融温度,因此有机溶剂挥发形成的气孔未能有效闭合,表现为Pt导带表面出现了较多的气体溢散形成的气孔。

随着烧结峰值温度的提高,浆料内部的玻璃相成分开始熔融,熔融的玻璃相促使Pt颗粒相互融合,促使有机溶剂挥发形成的气孔逐渐闭合,因此此时烧结后的导带表面状态较为平整,气孔数量显著减少。

当烧结峰值温度提高到1 000 ℃时,浆料内部的玻璃相大部分已下沉到基板表面,并流入到基板表面不规则处及其周边,与陶瓷产生黏附,形成附着力,而Pt颗粒在高温条件下相互融合,形成一个树枝状的连接体,由于此时的连接体失去了玻璃相的填充,因此内部空洞较多,宏观表现导带表面的微气孔有所增加，并且表面平整度有所下降。

当烧结峰值温度提高到1 300 ℃时，Pt颗粒在高温条件下的相互融合反应更为充分，形成的树枝状连接体收缩明显，原先不规则的气孔结构逐渐变为粗大的圆柱形气孔管道，再加上浆料内部的玻璃相在高温条件下长时间的融熔流淌，使得Pt导带与基板之间出现了明显的空隙，因而在导带边缘表现出膜层剥离的现象。

3.4 不同烧结峰值温度条件下Pt导带的显微结构变化

采用SEM对800～1 300 ℃烧结后的Pt导带显微结构进行了分析（见图4）。

峰值500 ℃ 峰值600 ℃ 峰值700 ℃

峰值800 ℃ 峰值900 ℃ 峰值1 000 ℃

峰值1 100 ℃ 峰值1 200 ℃ 峰值1 300 ℃

图4 不同烧结峰值温度条件下Pt金属化层的微观结构形貌

当烧结峰值温度在800 ℃以下时，浆料内部的玻璃相成分未能充分熔融，Pt颗粒相互之间只有黏联而不能形成有效的连接整体，因此此时的Pt导带尚未达到使用要求。

当烧结峰值温度提高到800 ℃时，Pt颗粒继续相互融合，继而形成一个蜂窝状的连接整体。由于烧结温度较低，因此此时的Pt颗粒烧结颈半径较小，尚处于互联形成的初级阶段。

当峰值温度升高到900 ℃后，Pt颗粒之间的互扩散加剧，烧结颈明显增粗，Pt导带内部蜂窝状结构的支架直径较800 ℃烧结温度条件时有明显增加。

随着烧结峰值温度的不断提高，相邻的Pt颗粒接触点的烧结颈不断长大和加成，最终相互融合成一个不规则的整体。与前期低温烧结的 Pt 导带支架结构相比，高温烧结后的 Pt 膜层粒径增粗明显，烧结质量较好。

此外，从外观上看，烧结峰值温度提高后，Pt 导带表面的气孔数量有所增加，气孔直径较原先以往结构也有所增大。这是由于 Pt 颗粒之间的烧结颈增粗后，Pt 浆料本身支架结构出现收缩，原先不规则的气孔结构逐渐变为粗大的圆柱形气孔管道，因而在导带表面表现出气孔数量增多的现象。

当峰值温度升高到 1 300 ℃后，相邻的 Pt 颗粒融合加剧并进行了移动和重排列，此时的烧结膜层内部空洞在烧结膜与基体间的表面张力以及烧结膜内部应力的作用下不断扩大，甚至出现了两个空洞连接在一起形成一个大空洞的情况，使得陶瓷基材出现了暴露。理论分析，这种膜层结构会使导带的导电横截面减小，在后续长期使用过程中容易出现阻抗升高等异常现象。

4 结 论

从上述结果可以看出，烧结峰值温度与 Pt 导带的阻值、外观、显微结构有着密切的联系，随着烧结峰值温度的提高，Pt 膜的阻值在逐渐下降，也即烧结越发充分。提高烧结峰值温度后，Pt 膜的致密性有明显提升，峰值温度达到 1 000 ℃时，可以实现满足要求的致密膜层。而当峰值温度超过 1 200 ℃时，Pt 膜层结构内部不断收缩重构，出现了多个粗大的圆柱形气孔管道，反而降低了整体的致密性。因此，陶瓷加热片 Pt 膜导带的最佳烧结温度为 1 000～1 200 ℃。

参考文献

[1] 白志富，果琳丽，陈岱松. 新型非火工星箭连接分离技术[J]. 导弹与航天运载技术，2009(1)：31-37.
[2] Charles A H. 电子封装与互连手册[M]. 北京：电子工业出版社，2009.

针对不同材料不同头型齿轮槽螺栓的研究

皇万宇　孙静远　吴振华　姜泉

(东方蓝天钛金科技有限公司,山东·烟台,264003)

摘要: 主要对不同材料、不同头型齿轮槽螺栓扳拧强度进行对比,通过使用不同材料的齿轮槽扳手对不同材料不同头型齿沉头齿轮槽螺栓进行扳拧实验、安装工艺验证,一方面确定了不同材料齿轮槽扳手强度的差异,另一方面也对不同材料不同头型的齿轮槽螺栓性能有了充分的了解,为后续主机厂对此类产品的选型提供更多的参考。

关键词: 齿轮槽扳手;齿轮槽螺栓;标准件;试验研究;安装;扳拧力矩

1　引　言

随着我国科技实力的持续的增强,高强度螺栓作为在航空领域的应用的标准件其类型也越来越多样化。机型的更新换代,更是提高了对螺栓在抗拉、抗剪、疲劳、扳拧等性能上的要求。十字槽螺栓是飞机上常用的标准件,用于安装在飞机空隙较小不易干涉其他装备的位置,因产品本身形状的特性,对其头部的性能要求较为严格。行业内使用的传统十字槽螺有一个较大的缺点,其槽型强度较低,装配拆卸时槽型容易变形,造成螺栓不易拆卸等问题。经过行业内的升级换代,齿轮槽沉头螺栓逐渐应用于航空领域。

齿轮槽沉头螺栓最大的特点就是其槽型强度更大,能够承受更大的扳拧强度,更适用于航空领域当中。但是,目前国内对于齿轮槽螺栓的研究比较单一,仅对于单种材料头型进行研究,且未深入研究它的实际装配工艺。本文将针对钛合金 TC4、高温合金 GH4169、不锈钢 PH13-8Mo 三种材料,头型分别为沉头、圆柱头、盘头的齿轮槽螺栓的头部性能强度与安装工艺开展试验研究,为主机厂的选型提供更多的理论依据和数据支持。

2　试验条件

2.1　试验齿轮槽螺栓

采用钛合金 TC4、高温合金 GH4169、不锈钢 PH13-8Mo 三种材料的齿轮槽螺栓产品进行验证,产品规格为 MJ6,槽型按 GB/T 6188-2008,槽号为 T30,试验装配用螺母为普通六角螺母。具体产品信息见表 1、表 2。

表 1　螺栓产品信息

序　号	产品结构	材料牌号	产品规格	槽　号	要求插入深度	样件数量	表面状态
1	沉头齿轮槽螺栓	TC4	MJ6×1	T30	1.45～1.65	5	脉冲阳极化+涂铝
2	沉头齿轮槽螺栓	GH4169	MJ6×1	T30	1.45～1.65	5	钝化

续表 1

序　号	产品结构	材料牌号	产品规格	槽　号	要求插入深度	样件数量	表面状态
3	沉头齿轮槽螺栓	PH13～8Mo	MJ6×1	T30	1.45～1.65	5	钝化
4	圆柱头齿轮槽螺栓	TC4	MJ6×1	T30	2.4～2.6	5	脉冲阳极化
5	圆柱头齿轮槽螺栓	GH4169	MJ6×1	T30	2.4～2.6	5	钝化
6	圆柱头齿轮槽螺栓	GH4169	MJ6×1	T30	2.4～2.6	5	钝化
7	圆柱头齿轮槽螺栓	PH13～8Mo	MJ6×1	T30	2.4～2.6	5	钝化
8	盘头齿轮槽螺栓	TC4	MJ6×1	T30	1.6～1.75	5	脉冲阳极化
9	盘头齿轮槽螺栓	GH4169	MJ6×1	T30	1.6～1.75	5	钝化
10	盘头齿轮槽螺栓	PH13-8Mo	MJ6×1	T30	1.6～1.75	5	钝化

表 2　螺母产品信息

序　号	产品结构	材料牌号	产品规格	表面状态
11	钛合金六角螺母	Ti-6Al-4V	MJ6×1	喷涂铝＋涂十六醇

2.2　实验前准备

开始试验前，需对每个试验件进行外观检查，目视检查螺栓表面是否平整、光滑，有无裂纹、鼓包等缺陷，所有试验件均须符合检测要求；确认齿轮槽扳手无变形或损坏；试验设备采用 XX 型微机控制扭转拉力试验机，检测设备在检定有效期内，检测设备使用范围满足试验结果检测要求。扭转拉力机与齿轮槽扳手分别如图 1、图 2 所示，试验前准备信息如表 3 所列。

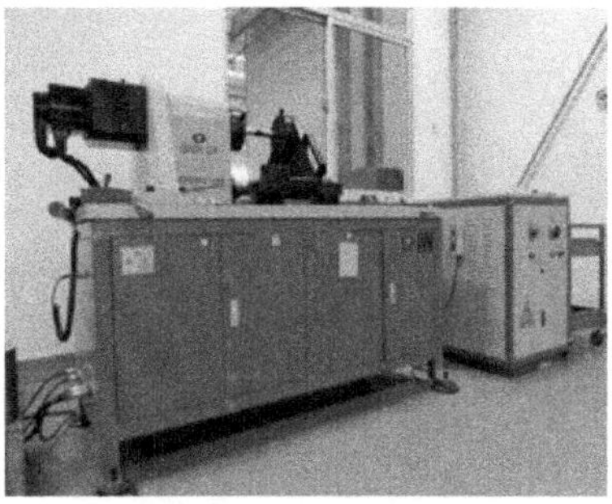

图 1　扭转拉力试验机

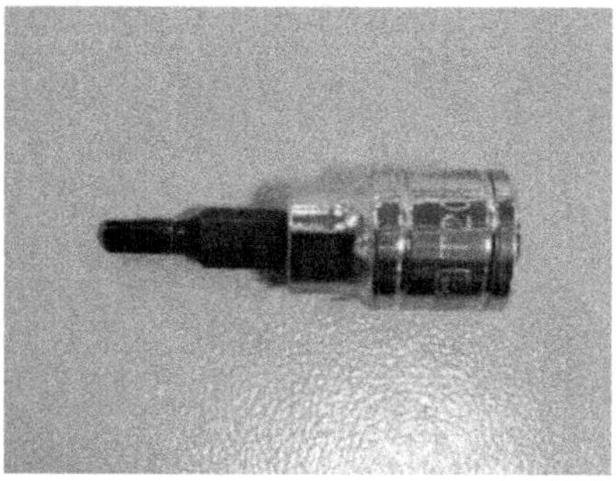

图 2　扳拧旋具头

表 3　试验前准备信息

序　号	准备项目	要　求
1	试验方法	GJB715.28-1990
2	试验作业指导书	OBTC 2020-07-DG
3	设备操作规程	OBTC-03LX-12、OBTC-03LX-28
4	试验设备编号	MT-024

续表 3

序　号	准备项目	要　求
5	试验工装编号	—
6	辅助器具	扳拧旋具头、90N砝码、MJ6螺栓专用套筒、沉头垫片
7	螺栓	螺栓信息见表1
8	螺母	螺母信息见表2

2.3 验证过程

试验开始前，用激光标记给所要测试的试样及齿轮槽扳手用阿拉伯数字(1,2,3,…,n)依次进行编号，并按编号逐个放置；试验时按编号从小到大进行试验。

检测并记录齿轮槽扳手的硬度(见表4)及齿轮槽扳手的内外圆和内外圆弧尺寸(尺寸记录见表5)，测量紧固件齿轮槽有效插入深度及齿轮槽的内外圆和内外圆弧尺寸(尺寸示意图见图3)，并按照标记顺序一一对应。本次试验共验证了3种材料的齿轮槽扳手，包括Cr12MoV、Co-Mo钢、S2合金工具钢共3种，其实测硬度区间见表4，扳手及槽型的尺寸测量示意图见图3。

表4　不同材质齿轮槽扳手硬度

材料	Cr12MoV(自制)	Co-Mo钢(采购)	S2合金工具钢(订制)
硬度	HRC55～58	HRC50～52	HRC58～62

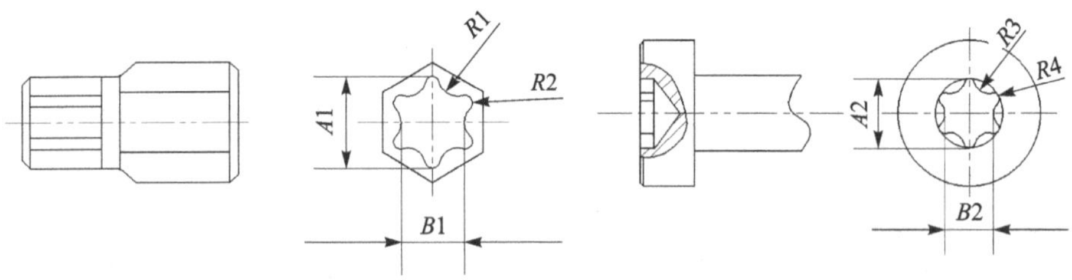

图3　扳手及槽型结构尺寸示意图

使用不同材质、尺寸的齿轮槽扳手插入试样齿轮槽内，保证齿轮槽扳手自由插入和推出齿轮槽。在扳拧过程中使用螺母配合安装，直至破坏(螺栓拧断或扳手拧断)。试验件安装见图4。

图4　试验件安装示意图

按照标记顺序进行每个批次扳拧试验，并记录数据及样件破坏部位。

表5　齿轮槽扳手与样件的测量尺寸

序号	名称									
	头型材料	齿轮槽外圆 $A2$	齿轮槽内圆 $B2$	齿轮槽外圆弧 $R4$	齿轮槽内圆弧 $R3$	扳拧旋具头内圆 $B1$	扳拧旋具头外圆 $A1$	扳拧旋具头内圆弧 $R1$	扳拧旋具头外圆弧 $R2$	有限旋入深度
1	TC4沉头齿轮槽	5.66～5.67	4.17～4.18	0.75～0.79	0.58～0.61	3.80～3.82	5.29～5.33	1.16～1.18	0.37～0.39	1.54～1.56
2	TC4沉头齿轮槽	5.66～5.67	4.16～4.18	0.78～0.80	0.57～0.60	3.79～3.82	5.41～5.43	1.16～1.17	0.37～0.39	1.49～1.52
3	TC4沉头齿轮槽	5.64～5.66	4.17～4.19	0.76～0.78	0.52～0.56	3.79～3.81	5.30～5.31	1.15～1.17	0.37～0.39	1.49～1.51
4	TC4沉头齿轮槽	5.65～5.67	4.15～4.18	0.77～0.78	0.55～0.58	3.77～3.79	5.38～5.39	1.16～1.18	0.37～0.39	1.54～1.55
5	TC4沉头齿轮槽	5.63～5.65	4.17～4.18	0.75～0.77	0.56～0.61	3.78～3.81	5.37～5.39	1.15～1.18	0.38～0.39	1.51～1.55
1	GH4169沉头齿轮槽	5.53～5.58	4.15～4.18	0.76～0.79	0.60～0.61	3.75～3.77	5.38～5.40	1.04～1.05	0.38～0.39	1.47～1.48
2	GH4169沉头齿轮槽	5.53～5.62	4.17～4.19	0.78～0.79	0.57～0.59	3.79～3.82	5.41～5.43	1.06～1.08	0.38～0.39	1.46～1.49
3	GH4169沉头齿轮槽	5.57～5.62	4.20～4.21	0.75～0.78	0.53～0.55	3.78～3.80	5.42～5.47	1.02～1.03	0.37～0.38	1.51～1.52
4	GH4169沉头齿轮槽	5.52～5.61	4.17～4.19	0.74～0.76	0.56～0.58	3.80～3.84	5.44～5.48	1.08～1.09	0.38～0.39	1.45～1.47
5	GH4169沉头齿轮槽	5.56～5.68	4.16～4.18	0.77～0.78	0.54～0.56	3.74～3.75	5.40～5.42	1.07～1.08	0.38～0.39	1.43～1.49
1	PH13-8Mo沉头齿轮槽	5.55～5.58	4.18～4.19	0.76～0.79	0.60～0.61	3.78～3.83	5.37～5.37	1.15～1.17	0.38～0.39	1.53～1.54
2	PH13-8Mo沉头齿轮槽	5.54～5.62	4.17～4.18	0.78～0.79	0.57～0.59	3.78～3.81	5.40～5.43	1.16～1.17	0.38～0.39	1.53～1.55
3	PH13-8Mo沉头齿轮槽	5.60～5.62	4.15～4.18	0.75～0.78	0.53～0.55	3.76～3.80	5.44～5.45	1.16～1.17	0.37～0.39	1.52～1.53
4	PH13-8Mo沉头齿轮槽	5.52～5.61	4.14～4.17	0.74～0.76	0.56～0.58	3.79～3.80	5.38～5.39	1.17～1.18	0.38～0.39	1.53～1.54
5	PH13-8Mo沉头齿轮槽	5.56～5.69	4.17～4.18	0.77～0.78	0.54～0.56	3.85～3.88	5.36～5.37	1.15～1.18	0.38～0.39	1.52～1.53
1	TC4圆柱头齿轮槽	5.52～5.56	4.07～4.09	0.78～0.79	0.61～0.63	3.78～3.83	5.40～5.43	1.15～1.17	0.38～0.39	2.06～2.07
2	TC4圆柱头齿轮槽	5.52～5.54	4.08～4.09	0.78～0.80	0.62～0.63	3.78～3.79	5.41～5.43	1.16～1.17	0.38～0.39	2.04～2.05
3	TC4圆柱头齿轮槽	5.53～5.54	4.07～4.09	0.77～0.78	0.59～0.60	3.76～3.80	5.33～5.34	1.16～1.17	0.37～0.39	2.07～2.08

续表 5

序号	名称									
	头型材料	齿轮槽外圆 $A2$	齿轮槽内圆 $B2$	齿轮槽外圆弧 $R4$	齿轮槽内圆弧 $R3$	扳拧旋具头内圆 $B1$	扳拧旋具头外圆 $A1$	扳拧旋具头内圆弧 $R1$	扳拧旋具头外圆弧 $R2$	有限旋入深度
4	TC4 圆柱头齿轮槽	5.55～5.56	4.07～4.09	0.75～0.77	0.60～0.61	3.80～3.81	5.36～5.40	1.17～1.18	0.38～0.39	2.07～2.08
5	TC4 圆柱头齿轮槽	5.53～5.54	4.08～4.09	0.78～0.79	0.60～0.62	3.79～3.82	5.39～5.41	1.15～1.18	0.38～0.39	2.04～2.05
1	GH4169 圆柱头齿轮槽	5.42～5.44	4.07～4.08	0.77～0.79	0.61～0.63	3.82～3.86	5.37～5.40	1.06～1.07	0.40～0.41	1.63～1.64
2	GH4169 圆柱头齿轮槽	5.41～5.44	4.07～4.08	0.78～0.79	0.60～0.62	3.81～3.83	5.40～5.42	1.05～1.07	0.41～0.42	1.62～1.63
3	GH4169 圆柱头齿轮槽	5.47～5.50	4.07～4.09	0.77～0.78	0.59～0.60	3.79～3.83	5.41～5.43	1.06～1.09	0.39～0.40	1.97～1.98
4	GH4169 圆柱头齿轮槽	5.47～5.50	4.08～4.09	0.76～0.77	0.59～0.61	3.80～3.81	5.40～5.41	1.06～1.07	0.38～0.39	1.99～2.0
5	GH4169 圆柱头齿轮槽	5.44～5.45	4.08～4.09	0.78～0.80	0.61～0.62	3.79～3.81	5.40～5.42	1.09～1.11	0.39～0.40	1.97～1.99
1	PH13-8Mo 圆柱头齿轮槽	5.56～5.57	4.07～4.08	0.79～0.80	0.61～0.63	3.88～3.90	5.40～5.41	1.08～1.09	0.39～0.40	2.08～2.09
2	PH13-8Mo 圆柱头齿轮槽	5.54～5.55	4.07～4.08	0.77～0.78	0.58～0.59	3.86～3.88	5.39～5.40	1.11～1.12	0.41～0.42	2.06～2.07
3	PH13-8Mo 圆柱头齿轮槽	5.56～5.58	4.07～4.09	0.77～0.78	0.59～0.60	3.84～3.87	5.41～5.43	1.13～1.14	0.39～0.40	2.08～2.09
4	PH13-8Mo 圆柱头齿轮槽	5.58～5.59	4.07～4.09	0.76～0.78	0.60～0.61	3.89～3.92	5.39～5.41	1.13～1.14	0.39～0.40	2.01～2.03
5	PH13-8Mo 圆柱头齿轮槽	5.56～5.57	4.07～4.09	0.79～0.80	0.60～0.62	3.87～3.90	5.38～5.39	1.09～1.10	0.40～0.41	2.07～2.08
1	TC4 盘头齿轮槽	5.59～5.60	4.11～4.12	0.79～0.81	0.61～0.62	3.89～3.90	5.31～5.34	1.08～1.10	0.41～0.42	1.39～1.40
2	TC4 盘头齿轮槽	5.57～5.58	4.11～4.13	0.78～0.79	0.58～0.59	3.86～3.89	5.43～5.44	1.10～1.12	0.41～0.42	1.35～1.36
3	TC4 盘头齿轮槽	5.55～5.58	4.12～4.13	0.77～0.78	0.58～0.60	3.84～3.87	5.37～5.39	1.11～1.13	0.38～0.40	1.34～1.36
4	TC4 盘头齿轮槽	5.56～5.58	4.12～4.13	0.77～0.78	0.60～0.61	3.90～3.92	5.41～5.43	1.12～1.14	0.39～0.41	1.37～1.38
5	TC4 盘头齿轮槽	5.54～5.55	4.11～4.12	0.79～0.80	0.60～0.61	3.89～3.91	5.37～5.38	1.09～1.10	0.40～0.41	1.36～1.40
1	GH4169 盘头齿轮槽	5.52～5.54	4.12～4.13	0.78～0.80	0.61～0.62	3.67～3.90	5.38～5.39	1.15～1.17	0.40～0.41	1.39～1.40

续表 5

序号	名称								
	头型材料	齿轮槽外圆 A2	齿轮槽内圆 B2	齿轮槽外圆弧 R4	齿轮槽内圆弧 R3	扳拧旋具头内圆 B1	扳拧旋具头外圆 A1	扳拧旋具头内圆弧 R1	扳拧旋具头外圆弧 R2	有限旋入深度
2	GH4169 盘头齿轮槽	5.52～5.54	4.11～4.12	0.80～0.81	0.57～0.58	3.87～3.89	5.38～5.40	1.24～1.25	0.38～0.39	1.29～1.30
3	GH4169 盘头齿轮槽	5.54～5.57	4.12～4.13	0.77～0.78	0.60～0.61	3.88～3.87	5.38～5.39	1.18～1.19	0.37～0.38	1.42～1.45
4	GH4169 盘头齿轮槽	5.55～5.56	4.11～4.13	0.78～0.79	0.60～0.61	3.86～3.87	5.38～5.40	1.13～1.15	0.41～0.42	1.47～1.48
5	GH4169 盘头齿轮槽	5.54～5.56	4.10～4.12	0.79～0.80	0.61～0.62	3.84～3.85	5.41～5.43	1.16～1.17	0.40～0.41	1.30～1.31
1	PH13-8Mo 盘头齿轮槽	5.70～5.72	4.11～4.13	0.75～0.76	0.60～0.62	3.67～3.90	5.39～5.42	1.16～1.18	0.38～0.39	1.41～14.2
2	PH13-8Mo 盘头齿轮槽	5.65～5.68	4.12～4.13	0.80～0.81	0.58～0.59	3.87～3.89	5.39～5.40	1.15～1.17	0.34～0.36	1.43～1.45
3	PH13-8Mo 盘头齿轮槽	5.69～5.70	4.12～4.13	0.79～0.81	0.59～0.61	3.88～3.87	5.31～5.34	1.17～1.19	0.37～0.39	1.43～1.47
4	PH13-8Mo 盘头齿轮槽	5.66～5.68	4.11～4.12	0.75～0.77	0.60～0.62	3.86～3.87	5.38～5.39	1.16～1.17	0.36～0.39	1.45～1.47
5	PH13-8Mo 盘头齿轮槽	5.68～5.71	4.12～4.13	0.76～0.79	0.57～0.58	3.84～3.85	5.36～5.38	1.16～1.18	0.37～0.39	1.45～1.46

3　验证结论

经验证，对比传统的十字槽扳拧结构来说，齿轮槽的结构在扳拧性能方面提升较大。以HB6568钛合金螺栓技术规范为例，其中对扳拧力矩的要求，6 规格的螺栓 3 号槽力矩 2.7 N·m，本次验证的结构完全满足。验证结果见表 6，试验后样件见图 5。

表 6　试验验证结果

序　号	头型材料	破坏部位	扳拧扭矩值/(N·m)
1	TC4 沉头齿轮槽	螺纹处断裂	27.775
2	TC4 沉头齿轮槽	螺纹处断裂	27.525
3	TC4 沉头齿轮槽	螺纹处断裂	27.477
4	TC4 沉头齿轮槽	螺纹处断裂	27.412
5	TC4 沉头齿轮槽	螺纹处断裂	27.461
1	GH4169 沉头齿轮槽	螺纹断	31.133
2	GH4169 沉头齿轮槽	旋具断	34.009
3	GH4169 沉头齿轮槽	旋具断	36.314
4	GH4169 沉头齿轮槽	螺纹断	35.334

续表 6

序　号	头型材料	破坏部位	扳拧扭矩值/(N·m)
5	GH4169 沉头齿轮槽	旋具断	35.627
1	PH13-8Mo 沉头齿轮槽	旋具断	34.012
2	PH13-8Mo 沉头齿轮槽	旋具断	33.154
3	PH13-8Mo 沉头齿轮槽	旋具断	34.043
4	PH13-8Mo 沉头齿轮槽	旋具断	33.014
5	PH13-8Mo 沉头齿轮槽	旋具断	33.562
1	TC4 圆柱头齿轮槽	螺纹处断裂	26.51
2	TC4 圆柱头齿轮槽	旋具断	21.395
3	TC4 圆柱头齿轮槽	螺纹处断裂	24.621
4	TC4 圆柱头齿轮槽	螺纹处断裂	25.311
5	TC4 圆柱头齿轮槽	螺纹处断裂	24.781
1	GH4169 圆柱头齿轮槽	旋具断	35.513
2	GH4169 圆柱头齿轮槽	螺纹断	36.808
3	GH4169 圆柱头齿轮槽	旋具断	35.487
4	GH4169 圆柱头齿轮槽	螺纹断	33.435
5	GH4169 圆柱头齿轮槽	螺纹断	34.432
1	PH13-8Mo 圆柱头齿轮槽	螺纹处断裂	34.741
2	PH13-8Mo 圆柱头齿轮槽	旋具断	30.669
3	PH13-8Mo 圆柱头齿轮槽	旋具断	36.740
4	PH13-8Mo 圆柱头齿轮槽	旋具断	37.286
5	PH13-8Mo 圆柱头齿轮槽	旋具断	36.685
1	TC4 盘头齿轮槽	螺纹处断裂	25.422
2	TC4 盘头齿轮槽	螺纹处断裂	24.928
3	TC4 盘头齿轮槽	螺纹处断裂	24.582
4	TC4 盘头齿轮槽	螺纹处断裂	23.330
5	TC4 盘头齿轮槽	螺纹处断裂	24.845
1	GH4169 盘头齿轮槽	齿轮槽变形	35.881
2	GH4169 盘头齿轮槽	旋具变形	30.128
3	GH4169 盘头齿轮槽	旋具拧脱	36.148
4	GH4169 盘头齿轮槽	螺纹断裂	32.956
5	GH4169 盘头齿轮槽	旋具拧脱	31.998
1	PH13-8Mo 盘头齿轮槽	旋具断	31.939
2	PH13-8Mo 盘头齿轮槽	旋具断	33.415
3	PH13-8Mo 盘头齿轮槽	旋具变形	30.872
4	PH13-8Mo 盘头齿轮槽	旋具断	32.539
5	PH13-8Mo 盘头齿轮槽	旋具断	33.304

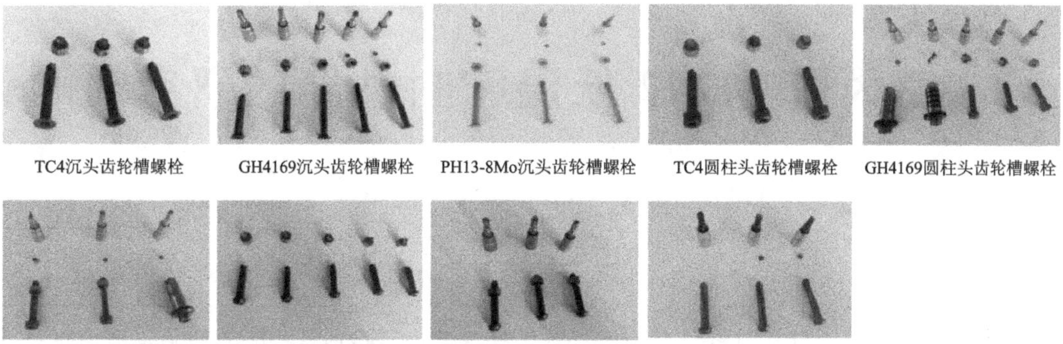

TC4沉头齿轮槽螺栓　GH4169沉头齿轮槽螺栓　PH13-8Mo沉头齿轮槽螺栓　TC4圆柱头齿轮槽螺栓　GH4169圆柱头齿轮槽螺栓

PH13-8Mo圆柱头齿轮槽螺栓　TC4盘头齿轮槽螺栓　GH4169盘头齿轮槽螺栓　PH13-8MO盘头齿轮槽螺栓

图5　不同材料不同头型齿轮槽螺栓

4　结束语

针对本次使用不同材质齿轮槽扳手进行扳拧试验所得到的结果分析，可知相比传统的十字槽扳拧结构，齿轮槽的结构在扳拧性能方面提升较大，且得到以下结论：

(1) 有效插入深度是影响扳拧性能的主要因素之一，有效插入深度越深，齿轮槽扳手能承受的扭矩越大。

(2) 齿轮槽扳手与齿轮槽槽型的尺寸间隙是影响扳拧性能的重要因素。

(3) 材料的性能会影响可承受的扳拧力矩的大小。在产品相同头型下，由于钛合金材料的强度相对其他两种材料较低，故钛合金螺栓所能承受的扳拧力矩相对较小。

(4) 扳手的材料是决定扳手可承受最大扳拧力矩的决定因素。

Cr12MoV的齿轮槽扳手，由于Cr12MoV材料中含有较高的碳元素，在满足强度的前提下，其脆性较大，进行扳拧试验时齿轮槽扳手会出现碎裂现象，不满足高扭矩性能要求。

Cr-Mo材料的齿轮槽扳手，Cr-Mo材料热处理后拥有较好的性能，其扭矩极限值约等于钛合金螺栓极限扭矩，试验结果的扭矩值比较稳定，但相较于S2合金工具钢材料的扳手抗扳拧能力较低。

经验证，S2合金工具钢材料的扳手可承受扳拧的力矩最大，可满足产品在使用过程中的扳拧力矩。钛金科技已将该扳手的材料、性能、尺寸等进行了固化，后期在产品批产供货时，可由钛金科技提供相应安装工具，以满足装配现场的装配要求。

参考文献

[1] 螺栓和螺钉用内六角花形[M]. 北京：中国标准出版社，2008.

[2] 黄栩，慕晓鸣，张晓平，等. 中国机械工业标准汇编[M]. 3版. 北京：中国标准出版社，1998.

[3] 李安民. 紧固件标准实施指南[M]. 北京：中国标准出版社，2006.

[4] 李洪奇. 实验数据管理系统的应用[J]. 软件工程师，2010(4)：43-44.

乙丙胶 M242 低温密封性能的研究

高青
（山东航天电子技术研究所，山东·烟台，264670）

摘要：乙丙胶是一种应用极为广泛的密封材料。本文对乙丙胶 M242 的低温密封性能进行了简单介绍，并通过低温试验验证了低温回缩温度 TR10 对胶料密封性能的影响。

关键词：乙丙胶；低温回缩；低温试验

1 引 言

乙丙胶为乙烯、丙烯的二元共聚物（EPM）或者乙烯、丙烯、二烯类烯烃的三元共聚物（EPDM），具有优良的弹性、耐老化性和耐臭氧性，使用温度范围为－60～150 ℃，是液路、气路系统常用的密封材料，在航空航天、国防军工、电子电器、汽车工业等领域有着广泛的应用。

虽然乙丙胶具有良好的稳定性，但是在实际使用过程中受外界环境温度的影响，尤其是低温环境的影响，经常发生密封性能失效的情况。因此，对乙丙胶低温密封性能进行研究具有十分重要的意义。

2 胶料低温性能

乙丙胶（EPDM）为非极性橡胶，内聚能低，无庞大的侧基阻碍分子链运动，因而在较宽范围内，特别是能在低温条件下保持分子链的柔性与弹性。EPDM 的玻璃化转变温度在-50 ℃甚至更低。

乙丙胶在低温状态，其硬度、模量和分子内摩擦增大，弹性显著降低。主要是由于在低温环境下，乙丙胶中的乙烯丙烯的分子链段开始由整体无定形态转变成部分结晶态。结晶的存在降低了分子链段的活动性，从而降低了橡胶的弹性。弹性是橡胶密封材料保持优良密封性能的前提条件，随着温度的不断降低，橡胶密封材料的弹性会逐渐降低，从而影响其密封性能。

通常采用两种方法表示橡胶的耐低温性能。最常用的是脆性温度，是指试样在低温受一定的冲击力时出现破裂的最高温度。脆性温度只能反映橡胶材料在低温条件下某一温度点的特性，有很大局限性，不能真实反映橡胶密封件的低温工作温度。另一种是低温回缩温度 TR10。按 GB/T 7758—2002《硫化橡胶 低温性能的测定温度回缩法（TR 试验）》规定，TR10 是指在室温下将试片拉伸至一定长度，而后固定，迅速冷却到冻结温度以下。达到温度平衡后，松开试片，以 1 ℃/min 的速率升温，每隔 2 min 读取一次实际温度和回缩率。绘制出回缩率和温度的曲线后，读取试样回缩 10％的温度，就被称为 TR10。低温回缩温度 TR10 是橡胶密封材料保持弹性并起密封作用的温度点，是橡胶密封材料低温工作的重要参考指标。

3　低温试验

某型号快速接头采用了乙丙胶 M242 橡胶圈进行密封,交付用户后,开展了分系统级热真空试验。试验中循环到低温段－50 ℃保持 4 h 后,进行了电爆分离。快速接头两端分离,其固定端管路压力表指针回复到零位压力以下,发生了气体泄漏。当温度升温到－40 ℃后,固定端管路压力表指针回归正常压力,产品密封性能恢复。

根据问题现象,初步推断固定端密封圈低温下发生密封失效。因此,以故障产品为契机,开展了乙丙胶 M242 低温性能研究。

该型号快速接头由固定端、分离端两部分构成,二者对接通过径向密封圈进行密封,二者分离各自通过端面密封圈进行密封。结构原理见图 1。

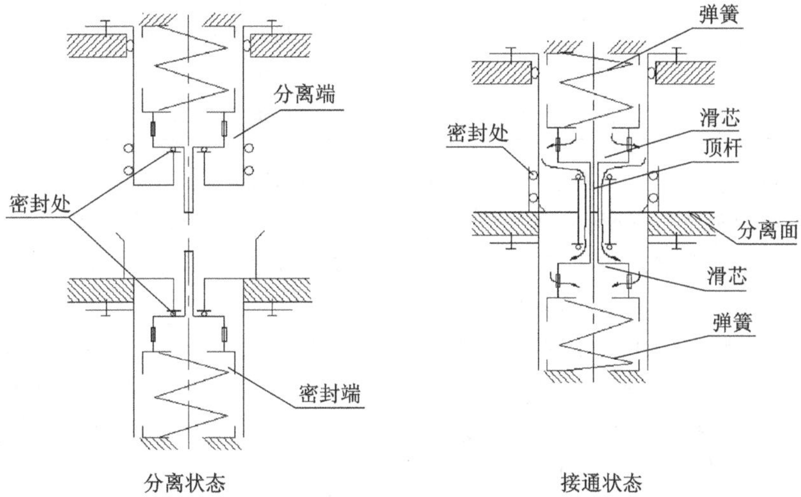

图 1　产品密封原理图

为消除弹簧对密封性能的影响,快速接头的端面密封采用了凸圆压紧硫化密封圈的结构形式,见图 2。

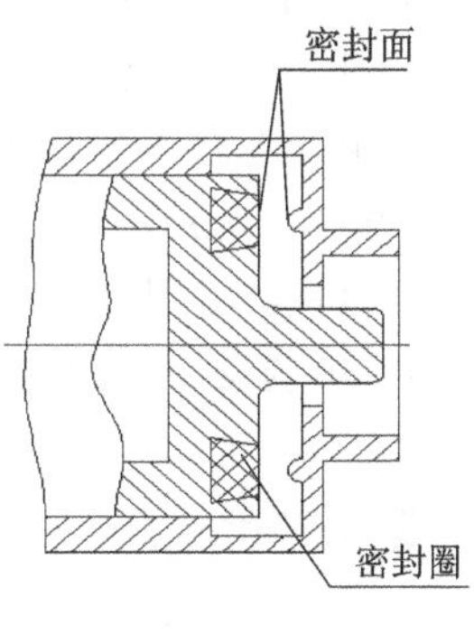

图 2　端面密封结构

快速接头密封圈采用的胶料为乙丙胶 M242,其低温回缩温度 TR10 为－45.3 ℃,脆性温度为－65 ℃。为验证乙丙胶 TR10 的密封性能,对故障产品进行了低温试验。根据乙丙胶 M242 的低温性能指标,快速接头在温度循环箱里进行了－20 ℃、－40 ℃、－45 ℃、－46 ℃、－50 ℃、－60 ℃、－65 ℃的密封对接分离试验和漏率测试。

试验详细情况见表 1。

表1　快速接头低温试验

序　号	试验温度情况	试验结果
1	低温－20 ℃时，稳定1 h，保持4 h后，开始分离	对接密封良好，分离后固定端、分离端均自密封良好
2	低温－40 ℃时，稳定1 h，保持4 h后，开始分离	对接密封良好，分离后固定端、分离端均自密封良好
3	低温－45 ℃时，稳定1 h，保持4 h后，开始分离	对接密封良好，分离后固定端、分离端均自密封良好
4	低温－46 ℃时，稳定1 h，保持4 h后，开始分离	对接密封良好，分离后固定端、自密封良好，分离端动密封泄漏
5	低温－60 ℃时，稳定1 h，保持10 h后升温至－50 ℃时，稳定1 h，保持10 h，开始分离。因工装原因，产品未能分离	对接状态下，双O密封圈静密封不漏，动密封泄漏
6	低温－60 ℃时，稳定1 h，保持10 h后升温至－50 ℃时，稳定1 h，保持10 h，开始分离	对接密封良好，分离后固定端、自密封良好，分离端动密封泄漏
7	低温－60 ℃时，稳定1 h，保持4 h后，开始分离	对接密封良好。分离后，固定端泄漏，分离端泄漏。持续充气观测，测温点温度升至约－45 ℃时，两端均能自密封，不再泄漏
8	低温－65 ℃时，稳定1 h，保持4 h后，开始分离	对接密封良好。分离后，固定端泄漏，分离端泄漏

根据表1的试验结果可以发现，乙丙胶M242密封圈，在－45 ℃以上温度条件下，快速接头的对接分离均能保持良好密封；在－65～－46 ℃的条件下，快速接头对接状态下密封良好，但是分离后发生密封泄漏。在－65 ℃温度条件下，继续降温，当温度降到－68.7 ℃时，快速接头对接状态下也发生泄漏，试验中止。

这说明：在低温－45 ℃以上时，乙丙胶M242的密封性能良好；低于－45 ℃以下时，乙丙胶M242的静密封良好，动密封出现不稳定现象；在－65 ℃附近的环境下，乙丙胶M242的静密封没有问题，但动密封发生泄漏；当温度低于－65 ℃以下时，乙丙胶M242的静密封、动密封均发生泄漏。泄漏温度会因密封圈的压缩率不同而有所差异。

在温度降低到低温回缩（TR10）温度后，乙丙胶的结晶基本结束，密封可靠性显著降低，就可能造成低温密封泄漏。当温度回升后，橡胶的分子链段活动性增强，乙烯与丙烯单体由规整性又回到无规则排列，弹性恢复，密封性能恢复。

由此可见，乙丙胶M242密封圈的低温回缩温度TR10影响快速接头的动密封性能，而脆性温度则影响快速接头的静密封性能。不同的乙丙胶M242由于胶料的配比不同，其TR10温度、脆性温度会有一定的差异性；快速接头密封结构差异、密封圈压缩率差异也会影响乙丙胶M242密封性能的温度点。因此，快速接头研制中必须清楚了解选用的密封圈材料乙丙胶M242的TR10温度和脆性温度，并辅以环境温度试验对其低温密封性能进行测试。

4　结束语

乙丙胶M242的低温回缩温度TR10是衡量快速接头密封圈低温性能的重要指标，较脆性温度更具实际应用价值。在密封圈胶料TR10温度以下，密封圈的动密封可靠性大大降低。因此，型号工程中，应充分认识低温回缩温度TR10对橡胶密封圈低温动密封性能的影响。

管理技术

航空航天紧固件标准化作业管理体系研究

董培生　孔艳霞
（东方蓝天钛金科技有限公司，山东·烟台，264000）

摘要： 大多数企业在决定产品质量与生产效率的标准化作业管理体系方面，存在着无效劳动多、可操作性不强、标准工时不准确、作业人员数量不能随着客户需求量的变更而弹性变化的问题。针对企业的这一现状，给出了一个在不损害员工利益、用最小限度的作业人员弹性适应客户需求量变化的标准化作业管理体系解决方案，以某航空航天紧固件生产为对象，阐述了作业标准化和标准化作业实现过程，并通过实践证明，实施作业标准化，对员工技能的依赖程度会降低，新员工上手快；实施标准化作业，企业才能有条件和时间开展变化点管理和改善优化。

关键词： 精益生产方式；节拍时间；循环时间；标准作业组合；少人化

1　标准化作业管理体系概述

1.1　标准化作业管理体系目的与目标

标准化作业管理体系的目的是通过有效率的劳动提高生产率，实现用必要的、最少数量的作业人员进行生产。标准化作业管理体系的第一个目标是通过消除浪费和无附加价值的劳动来提高生产率，这并不是要求作业人员做非常困难的工作，而是通过排除无效动作，进行有效率的劳动。标准化作业管理体系的第二个目标是实现与准时生产有关的各工序间的同步化，通过合适的设备布置和标准作业组合来实现生产线平衡。为了实现这个目标，必须把节拍时间这个概念很好地贯穿到标准化作业管理体系中。标准化作业管理体系的第三个目标是把在制品的标准持有量限定在必要的、最小数量，在制品标准持有量的设定有助于消除多余的在制品库存。

为了实现上述三个目标，在每类产品的生产过程中要想尽办法避免发生安全事故和出现不合格品。也就是说，工厂的安全管理和产品的质量管理成为标准化作业管理体系的次要目标。图 1 所示为标准化作业管理体系的目标和要素。

1.2　标准化作业管理体系的四个组成部分

标准化作业管理体系由作业标准化、标准化作业、变化点管理、改善与优化四个部分构成，分别对应着标准化作业管理的文件体系、执行体系、监督体系和支持体系。作业标准化属于质量管理体系中的第三级文件，是操作层面的作业指导书或其他各类作业标准书。标准化作业是员工严格按照作业标准化要求实施作业，实施作业检查并记录，同时敏锐观察并及时报告变化，是标准化作业的一个执行过程。标准化作业管理体系的构成见图 2。

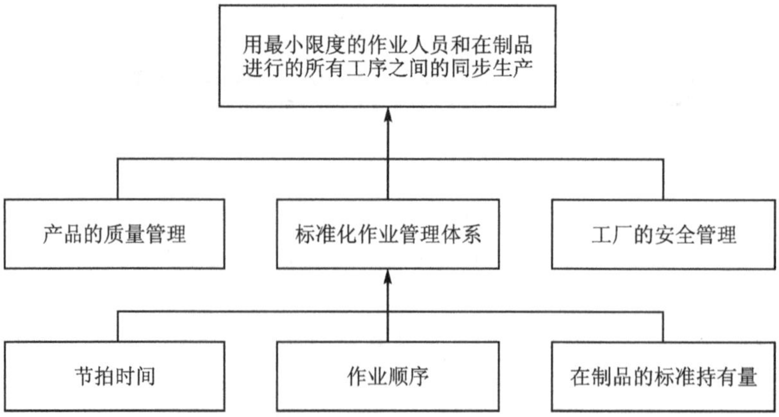

图1 标准化作业管理体系的目标和要素

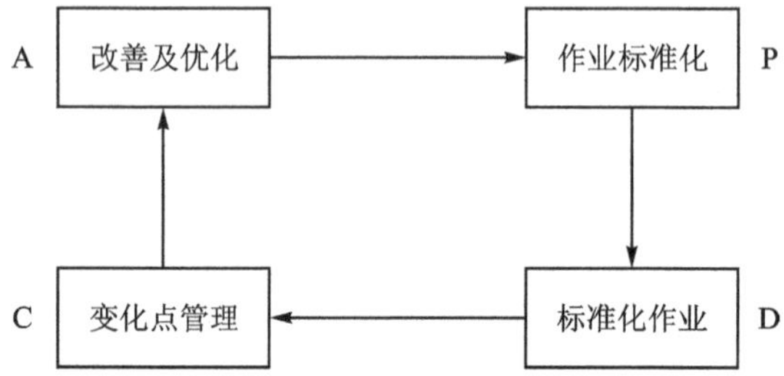

图2 标准化作业管理体系的构成

2 作业标准化

作业标准化的定义为通过规范工序作业的内容、要求和方法，设计最合理的省时、省力的作业方法，设定标准时间，形成作业标准，作为工序作业和作业管理的标准性文件。作业标准化的文件体系由工艺方法、作业配置、判断标准、作业切换、作业动作、作业工时组成。

2.1 作业标准化的文件体系

作业标准化的文件体系由生产现场各工序作业所必需的指导性文件构成，是用于保障生产效率和产品质量的工具和手段。制造工序常用的作业标准化文件有：作业指导书、作业要领书、工序检查表、良品和不良品样品或图片、工艺规格、技术规格、作业切换标准书、BOM表、各类展示、失败案例，以及系统教材。所有这些构成了作业标准化的文件体系。图3所示为作业标准化的文件体系构成。

2.2 作业标准化文件体系的作用

实现作业标准化，既可以做到以标准化应对市场和客户的需求变化，又能做到利用标准化作业文件培训和指导现场作业人员，实现对员工的业绩考核和有效激励。作业标准化的作用主要表现为：技能易掌握、作业易执行、品质易保证、管理易监督、变化易应对，在作业人员培养和有效激励方面意义重大。图4所示为作业标准化在员工培训和监督上的作用。

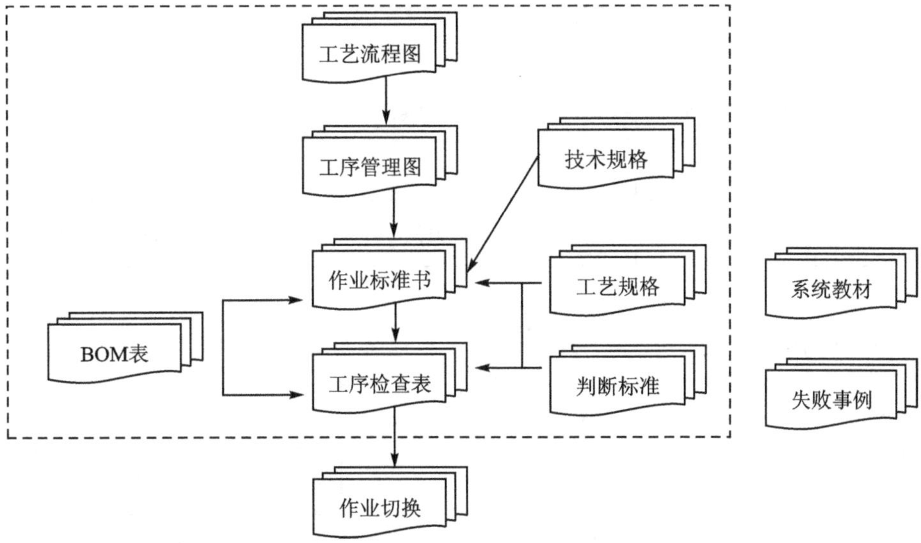

图 3 作业标准化的文件体系构成

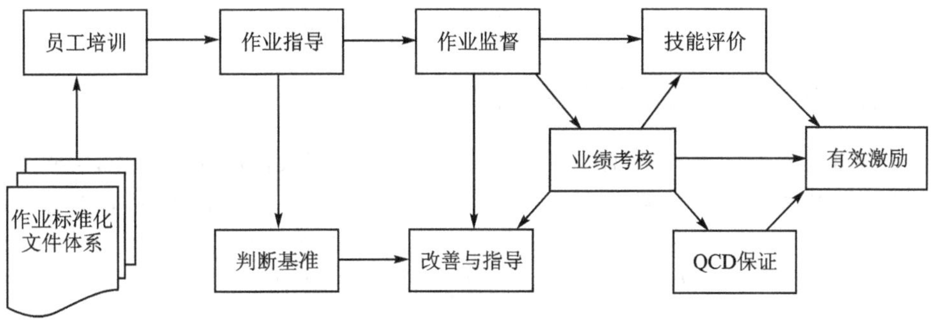

图 4 作业标准化文件的作用

2.3 作业标准化的标准工时

标准工时是作业流程稳定性与可靠性的一种衡量方式。标准工时是采用规定的方法和设备,按照规定的作业条件,由经过适应性训练的、充分掌握本工序作业、具有特定熟练程度的作业者,在不受有害影响的条件下,以最高的节奏进行,完成每个单位产品所必需的时间。

标准工时是生产计划编制与效率管理的基础,同时也是标准成本、采购及销售价格和生产业绩评价的基础。标准工时有理论值和经验值之分,经验值是从理论值经过一定的运算规则得来的。一般企业是先测定理论值,经过一定的评估系数推算,按照行业得出标准工时的经验值。图 5 为标准工时理论值与经验值构成图。目前行业最常用的测定标准工时的方法是秒表测量法。随着数字化手段的快速发展,数据采集方法越来越的精确,利用数字化技术获得标准工时,将会是一种常用的方式。

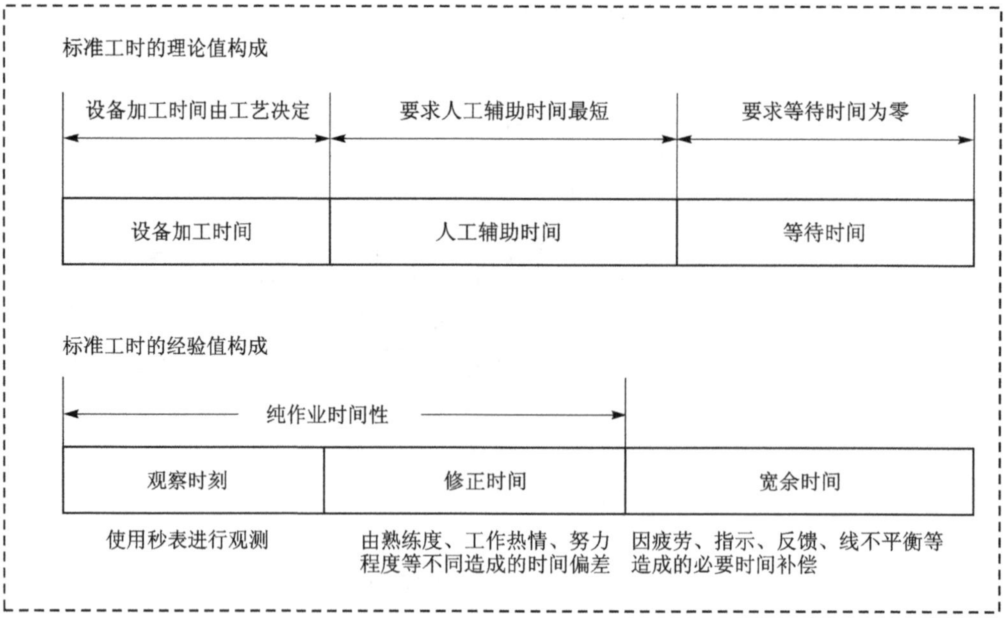

图5 标准工时理论与经验值构成

2.4 作业标准化的动作要素与动作经济性原则

在实施作业标准化的过程中，监督人员或IE人员观察工人们的作业动作，去除不必要的动作，将保留下来的最优动作标准化。动作标准化的依据就是动作要素分析表，该分析表是20世纪初由美国人泰勒发明的。表1为工业生产中18种动作要素分析表。监督人员或IE人员在实践中研究最合理的作业配置，推进作业的工装化与作业方法研究，最后才能把作业标准化动作确定下来。

表1 18种动作要素分析表

序号	名称	英文缩写	符号	符号说明	分类	定义
1	伸手	TE		手中无物形状	A	空手移向目标
2	握手	G	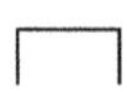	手握物品形状	A	手或身体某部位充分控制物体
3	移动	TL		手中有物形状	A	手或身体某部位移动物品，以称实运
4	装配	A	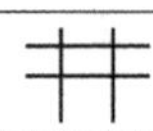	装配物件	A	将零件组合成一件
5	拆卸	D	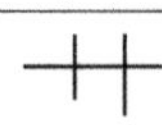	拆物形状	A	将装配物分离拆解
6	使用	U	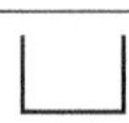	Use的U字形	A	利用口齿或装置所做的动作
7	放手	RL		手中掉物形状	A	放开控制物的动作
8	检测	I		透镜形状	A	将目的物进行质量、数据比较

续表 1

序　号	名　称	英文缩写	符　号	符号说明	分　类	定　义
9	寻找	S		眼物物品形状	B	通过五官寻找物品的动作
10	发现	F		找到物品眼形	B	发现寻找目的物的瞬间动作
11	选择	S		指定选择物	B	多个物品中选择所需物品的五官动作
12	计划	P		手放头部思考	B	作业中决定下一步工作的思考与计划
13	预定位	PP		保龄球直立	B	将物品放置到预定位置
14	定位	P		物品在手前端	B	将物品放置于所需的正确位置
15	持住	H		磁铁吸物形状	C	手握物品保持静止状态，又称拿住
16	休息	R	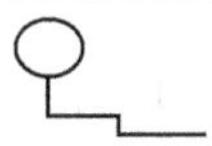	人坐于椅形状	C	为消除疲劳而停止工作的状态
17	延迟	UD	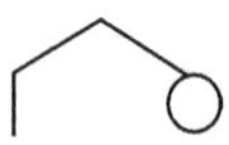	人倒下形状	C	不可避免的停顿
18	故延	AD	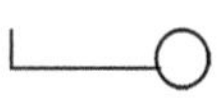	人睡觉形状	C	可以避免的停顿

生产过程中的动作要素分为三个类别，即有效动作、辅助性动作、无效动作。有效动作要使之更轻松，辅助性动作要使之尽可能减少，无效动作则尽可能消除。动作要素分类及改善方向见图 6。

类　别	特　点	备　注
A有效动素	进行工作时必要的动作要素，能使工作有效推进	核心动素　常用动素
B辅助性动素	本身不能推进作业，但在某些条件下是必要的，是耗费作业时间的动素	辅助性动素
C无效动素	本身不能推进作业，且会造成工作延迟动素	消耗性动素

A 使之更轻松　　B 尽可能减少　　C 尽可能消除

图 6　动作要素分类及改善方向

2.5　作业标准化的动作经济性原则

工业工程师通过对人体动作的研究，创立了一系列有效发挥作业人员的能力，同时又能使作业人员疲劳最小、动作快且无效动作最少的设计和改善原则，包括肢体使用原则、作业配置原则、机械设计原则。表2为动作经济性原则示例。

表2 动作经济性原则

肢体使用原则	作业配置原则	机械设计原则
(1) 双手同时开始、结束动作 (2) 双手动作对称反向 (3) 以最低等级的动作进行作业 (4) 动作姿势稳定 (5) 连续回滑的曲线动作 (6) 利用物体惯性 (7) 减少动作注意力 (8) 动作有节奏	(1) 材料、工装定点、定容、定量 (2) 材料、工装预置在小臂范围内 (3) 材料、工装取放简单化 (4) 物品不平移动 (5) 利用物品自重进行工序间传递 (6) 作业高度适宜、便于操作 (7) 照明适合作业	(1) 用夹具固定产品及工具 (2) 使用专用工具 (3) 将两种工装合并为一个 (4) 使工装便利化，减小疲劳 (5) 机械操作动作相对稳定，操作程序流程化、标准化 (6) 控制程序与作业程序配合

3 标准化作业

3.1 标准化作业的两大支撑——作业标准与作业环境

标准化作业的实施需要作业环境和作业标准的支撑，故对作业环境与作业标准的管理就变得异常重要。作业环境管理包括照明管理、颜色管理、5 s管理三部分，颜色管理和5 s管理在工厂接触多，比较好理解，可能对照明管理重视不够。有效照明能提高效率、降低疲劳。不同行业需要不同的照明标准，表3为照度与不同作业对照表。作业标准管理内容很多，前面已有论述，但重点要关注四个关键部分，即作业方法管理、标准工时管理、质量要求管理、检查与记录管理。

表3 照度与不同作业对照表

标准照度	作业区分	作业场所
1000 (700～1 500)	超精密作业	超精密机械加工，精密检查，精加工，电子零件、手表、照相机装配
500 (300～700)	精密作业	精密机械加工，打印机、马达装配，普通品质检查
200 (100～300)	普通作业	普通机械加工、装配，冲压、电镀、涂装、布线、印刷
100 (70～150)	粗作业	普通搬运，普通材料、零件仓储

3.2 作业技能训练与多能工培养

标准化作业是以人的动作为中心，必然要高度重视员工的作业技能和职业素质。具备多方面能力的训练有素的作业人员是实现标准化作业的前提和基础。对航空航天紧固件行业来说，采用理论与实践相结合、以老带新的方式对员工进行技能训练和素质培养，可逐步形成一整套促进员工成长的教育体制。

作业人员的培训有五个步骤：第一是理论培训，第二是实践培训，第三是综合考核，第四是上岗作业，第五是跟踪指导。上岗后指派专业人员指导新员工日常工作，直到该员工完全掌握作业技能且能独立工作为止。在这个五阶段培养员工的过程中，员工的跟踪指导是长期的，主要通过员工业绩考核和自主研究活动来持续提升员工的技能和职业素养。图 7 为作业人员培训五大步骤。

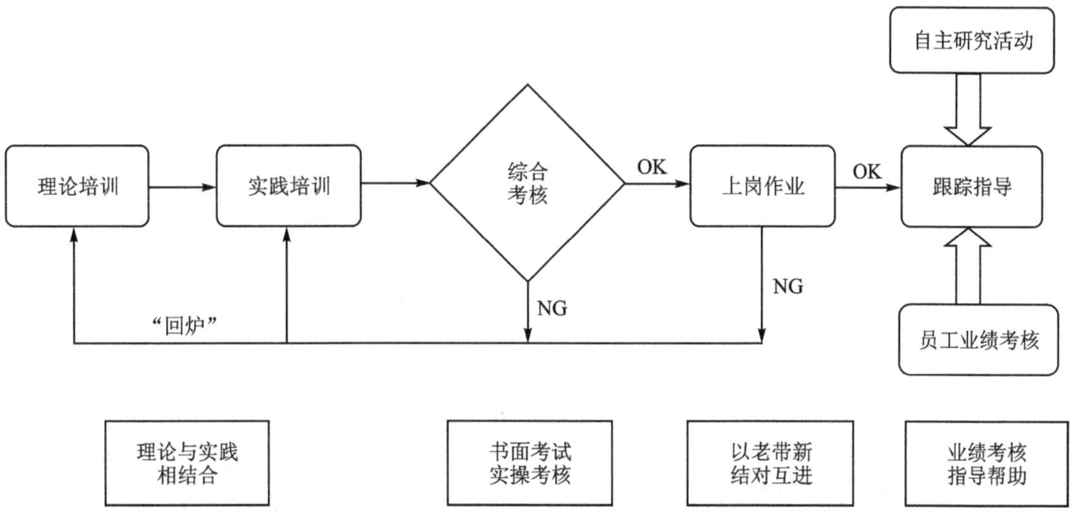

图 7　作业人员培训五大步骤

作业人员培训的内容多且范围广，包含了紧固件制造企业所有的生产活动，共有 14 项内容：①作业标准文件；②产品种类及材料区分文件；③设备操作规程文件；④工夹具使用指导书；⑤刀具交换作业指导书；⑥量具使用规范；⑦典型合格品与不合格样本；⑧在制品判断及区分放置标准；⑨质量调整方法；⑩故障应对方法；⑪点检部位；⑫点检方法；⑬作业切换方法；⑭作业切换后的调整方法。

3.3　根据市场与客户的需求量灵活变更现场作业人员的数量

为了适应市场需求的变化，作业现场的作业人员人数应具有灵活性，在丰田汽车公司称为"少人化"。为了实现少人化，生产线建设必须满足以下三个条件：

(1) 合适的设备布置设计。

(2) 要有具备多方面能力的训练有素的作业人员，也就是多能工。

(3) 标准作业组合持续的再评价和定期修订。

实现少人化的设备布置是连接起来的 U 字形生产线(见图 9)。在这种设备布置之下，每个作业人员所负责的作业范围可以非常容易地扩大或缩小。但是，为了使这种设备布置充分发挥作用，作业人员必须是多能工，一般采用工作岗位轮换制来培养多能工。标准作业组合的修订通过作业和设备的持续改善来完成，这种改善活动即使在产品需求量增大的时期，也把减少所需的作业人员人数作为目的。表示这三个前提条件相互关系见图 8。

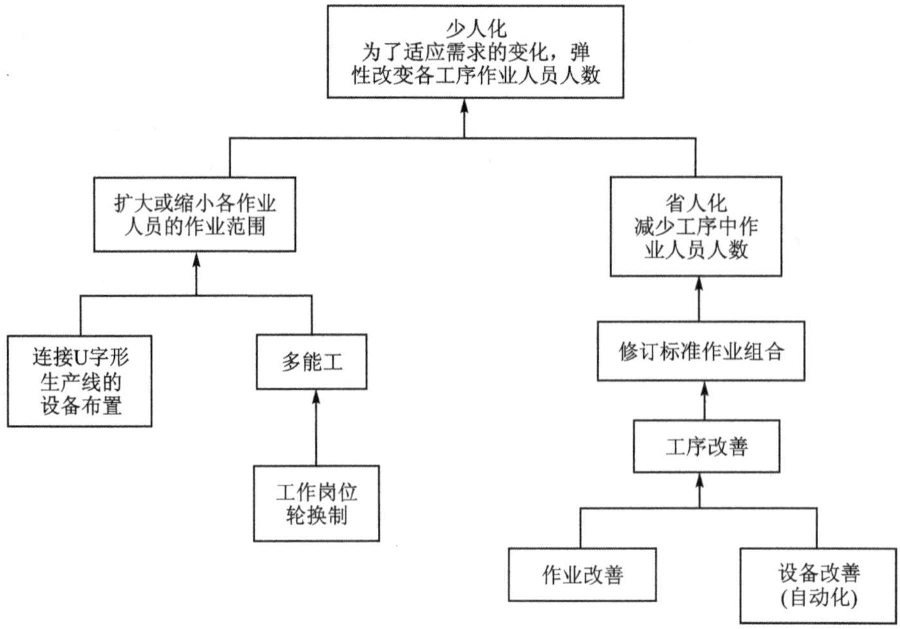

图8　实现少人化的因素

3.4　开展标准化作业的程序

标准化作业建立的程序如下：

(1) 确定节拍时间(TT)。

(2) 确定一个单位产品的完成时间(CT)。

(3) 确定标准作业顺序(或标准作业组合)。

(4) 确定在制品的标准持有量。

(5) 编制标准作业表。

3.4.1　确定节拍时间

节拍时间是生产一个单位产品所必需的时间，由一天必要的生产数量和一天的实际劳动时间来决定，按照下面的公式来计算：

$$节拍时间=一天的实际劳动时间/一天必要的生产数量$$

引入节拍时间的概念，就是要在节拍时间内把U字形生产线上的全部作业要素进行再分配。根据节拍时间的长短来决定生产一个单位产品所必需的作业人员数量和每名作业人员的作业数目(或作业范围)。如果节拍时间长，则可以削减生产线中作业人员的数量，也就是随着市场需求量的变化，弹性改变生产线上作业人员的数量，从而达到节约成本的目的。

3.4.2　确定一个单位产品的完成时间

一个单位零部件的完成时间，也就是循环时间CT，必须在各工序按每个产品种类分别确定，把这个循环时间写入"按零部件分类的能力表"，形成通常所说的"工序能力表"。节拍时间TT与循环时间CT有区别的，节拍时间随着客户的需求量而变化，而循环时间则表示生产一个单位产品在技术上可能的时间，是由设备制造能力和劳动生产能力决定的。表4为工序能力表，通过填写工序能力表来测定每类零部件循环时间。

表 4 某类型零件的工序能力表

		制定	审核	批准
	2019 年 6 月 11 日			

工序能力表	品名	抗剪型光杆沉头钛合多久同锁螺栓	生产线编号	L-C1-001	单位	姓名
	品号	10FB01730066＃00097			—	—

序号	工序名称	设备编号	时间(分) 手工作业		自动加工		完成时间		作业切换 交换个数	交换时间	加工能力(个数)	备注	图示时间
													手工作业 —— 自动运送 ----
1	下料	CD-300	分	7 秒	1 分	20 秒	1 分	27 秒	80	1′00″	655		7" 1'20"
2	平端面	KA-350	分	9 秒	1 分	35 秒	1 分	44 秒	20	30″	549		
3	热冲压	MS-100	分	9 秒	1 分	25 秒	1 分	34 秒	20	30″	606		
4	喷砂	KB-400	分	10 秒	1 分	18 秒	1 分	28 秒	20	30″	634		
5	钻孔	BA-235	分	10 秒	2 分	10 秒	2 分	20 秒	1000	7′00″	820		
6	标记	KC-450	分	8 秒	分	50 秒	分	58 秒	500	5′00″	1947		

3.4.3 确定标准作业顺序

通过第一步和第二步，确定了节拍时间（TT）和每类零部件一个单位产品的完成时间（CT），接下来应计算出分配给每名作业人员的各种作业数目，也就是确定每名作业人员的标准作业顺序。把各种作业分配给生产线上的作业人员，让每名作业人员在节拍时间内完成分配给他们的全部作业。

实施标准化作业的目的是实现少人化，也就是用最小限度的作业人员和在制品进行各工序间的同步化生产。为了达到这个目标，设备布置必须要把不同的设备集中在一个地方，称为“单元”。一个单元是一个流动型设备布置方式的生产线，通常采用 U 型连接方式，在这种设备布置之下，每个作业人员所负责的作业范围可以非常容易地扩大或缩小。图 9 所示为作业分配与工序的设备布置。

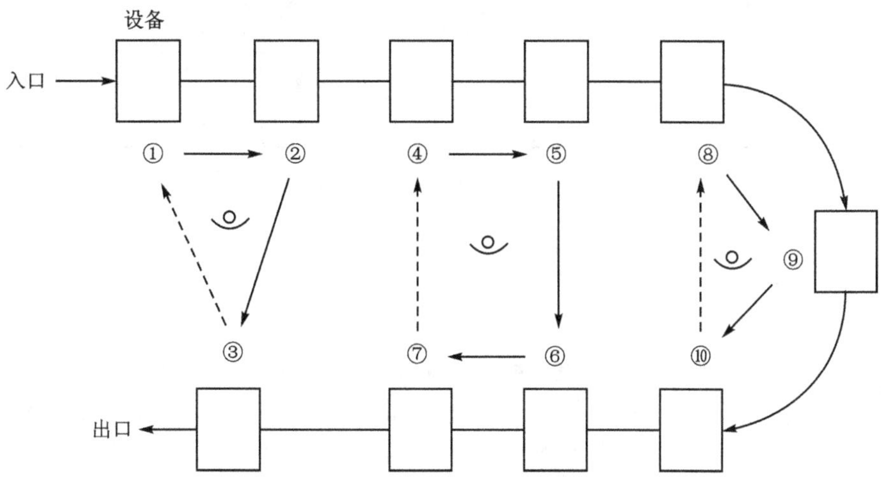

图 9 作业分配与工序的设备布置

3.4.4 确定在制品的标准持有量

在制品的标准持有量是生产线上正在进行的作业中所必需的、最小限度的在制品数量，包括正在设备上加工的那部分和在检查工位正在进行质量检查的在制品数量，但不包括成品存放场的库存。

在制品的标准持有量必须控制到必要的最小限度，目的是减少在制品库存的维护费用，便于产品检验在工序内完成和目视化管理。更为重要的是，减少在制品库存容易提前发现不合格品。

3.4.5　编制标准作业表

标准化作业的最后一步是编制标准作业表。标准化作业关注六个方面：节拍时间、作业顺序、在制品标准持有量、纯作业时间、进行质量检查的位置、让作业人员注意安全的位置。

完成后的标准作业表，能起到目视化管理的作用。首先，便于作业人员遵守标准作业顺序的准则。其次，便于车间管理人员、班长监督检查作业人员是否遵守了标准化作业。最后，便于高层管理人员能够评价现场监督人员的能力。如果标准化作业表长时间不变，高层管理人员就会判断该监督人员没有努力进行作业改善。图 10 为某单元生产线的标准化作业表。

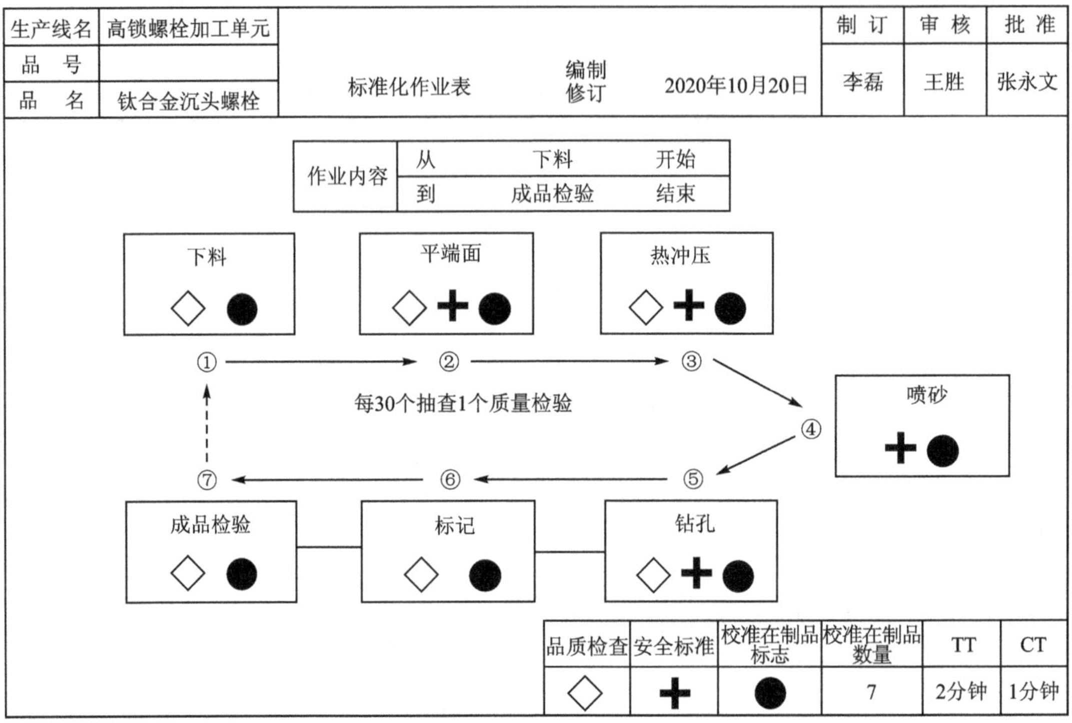

图 10　某单元生产线的标准化作业表

4　总　结

通过标准化作业管理体系在某航空航天紧固件生产企业的实施，建立了 U 字形生产线设备布置，完善了标准化作业的文件体系，工序管理和员工技能培训有了基准。标准化作业管理体系的实施使现场作业流程稳定性增强，标准工时准确，现场作业人员人数随着需求量的变化而弹性变更，节约了成本，最终使加班时间减少了 50%，生产效率提高了 80%，在制品库存降低了 90%，产品质量和准时交付率也满足了客户的要求。

参考文献

[1] 门田安弘. 新丰田生产方式[M]. 王瑞珠，译. 保定：河北大学出版社，2012.

[2] 杰弗瑞・莱克，戴维・梅尔. 丰田汽车精益模式的实践[M]. 北京：中国财政经济出版社，2006.

关于 DNC 系统项目的可行性研究

邓兴智　钱煜　李喜志
(东方蓝天钛金科技有限公司,山东·烟台,264003)

摘要: 在我国制造业正在不断发展,其规模日益壮大,M 公司自上而下一直在努力变革,优化订单承接、提高生产能力、加快研制项目进展,但仍存在历史欠债和新接订单生产交付不及时的问题,M 公司某班组作为公司规模最大的班组,其生产能力直接制约公司产能,M 公司某班组现存在数控程序混乱、编程时间较长、低级质量问题频发等问题,严重影响了 M 公司某班组的发展。为摆脱程序上的瓶颈,持续提高产能,公司下决心建立起完善车间的完全网络化平台,形成快速反应机制,使生产设备等信息及时通过系统反应,为计划排产提供及时的数据和资料,提高管理效率,增强创新能力,降低生产成本,降低管理费用,使 M 公司某班组具有更强的生命力。

关键词: DNC 系统;网络化平台;数控程序;设备利用率;效益

1　概　述

1.1　项目概述

DNC 系统称为分布式数控,其本质是计算机与具有数控装置的机床群使用计算机网络技术组成的分布在车间中的数控系统。该系统对用户来说就像一个统一的整体,可对多种通用的物理和逻辑资源整合,可以动态地分配数控加工任务给任一加工设备,大幅提高设备利用率,降低生产成本,是未来制造业的发展趋势。

1.2　M 公司某班组概况

M 公司某班组现有 114 人,44 台设备。某班组作为公司最大的生产班组,主要从事航空航天结构件、标准件的精密机加作业,多次承接断离销、大运螺母、托板螺母等公司大型机加项目。班组成员技能水平普遍较高,多人具有 10 年以上工作经验,是一只能打能拼、技术过硬的优质团队。

2　项目引进的必要性

2.1　项目提出的背景

M 公司现处于快速发展期,承担了国家大量重点型号的紧固件加工任务,特别是随着公司新的精密数控厂房的建成,数控设备的逐渐增多,如何加强对它们的管理,使其发挥出最大的经济效益成了公司和车间的重要议程。在此背景下,迫切需要引进 DNC 系统,提高生产效率，提高产品的质量水平。

2.2 推行DNC系统建设的重要意义

自公司建立以来，M公司某班组生产发展、管理水平有了很大的提高，但数控程序混乱、编程参数不一致，调机过程中撞刀等问题仍很突出，严重制约了M公司某班组乃至公司整体经济效益改善和市场竞争能力提高。DNC系统能够大大提高机床的程序传输效率和传输准确性，对生产过程的监控、管理具有很大的辅助作用，使数控程序的管理规范化、系统化向前迈进了一大步。

2.3 数控加工问题分析

(1) 车间现有的数控系统繁杂，各系统之间所用的通信程序也不一样，涉及的数控系统包括FANUC、三菱、哈斯、MazaK等，造成相互之间不兼容的现状，给操作人员的编程和应用带来很多不便，大大限制了零件的转移加工。

(2) 部分机床内存空间有限，程序一多，机床的内存空间就不够了，大量的加工程序不得不进行反复删除和键入，直接影响数控机床的使用效率。

(3) 数控程序管理混乱，程序一般是编程员各自保管，容易丢失或误操作，无法保证可追溯性。

(4) 电脑上的程序和工艺卡、模型图、刀具清单等之间都是孤立保存，时间一长，容易忘记它们的对应关系，需要反复进行对照。

(5) 由于公司管理部门或管理系统不能及时得到设备的实时生产状况，因而不能制订科学的生产管理计划及措施，极大地影响了生产效能的发挥。

(6) 数控设备没联网，无法实现加工程序的上传与下发，造成数控程序无固化、每位成员编制程序参数不一致，无法保证质量一致性。

(7) 新员工由于对数控程序的认知不足，无法快速上岗。

2.4 项目给企业带来的价值与效益

(1) 实现车间的完全网络化管理，消除车间数控设备之间的信息孤岛。彻底改变以前数控设备的单机通信方式，全面实现数控设备的集中管理与控制。

(2) NC程序管理更加规范。DNC系统完善的程序传输流程、严谨的用户权限管理、方便的程序版本管理以及良好的可追溯性，实现对NC程序全生命周期的跟踪管理。

(3) DNC系统对车间的加工设备进行有效整合，提高了设备的利用率，减少了机床的调机时间。DNC系统方便、可靠、全流程NC程序传输功能，可最大限度地提高数控设备的有效利用率。

(4) 产品质量得到进一步提高，明显降低产品废品率。DNC系统可从最大程度上避免程序错误，从管理手段与措施上使产品质量有了根本的保障。

(5) 明显降低工作人员的劳动强度。服务器端无人值守、设备端全自动远程传输，操作者不用离开设备就能完成程序的远程调用、远程比较和远程上传等全部工作。

(6) 集成MES系统的生产计划、生产线、工位、作业、物料信息，根据采集的生产数量、生产节拍结合MES系统的计划完成时间，计算出完工进度、预计完成时间、有无延期风险等。

(7) 实现车间的资源与信息透明化，降低了管理成本及管理难度，扭转了过去对设备无法掌握的被动局面。

2.5 项目引进的必要性

公司自上而下一直在努力变革，优化订单承接、提高生产能力、加快研制项目进展，但仍存在历史欠债和新接订单生产交付不及时的问题。M公司某班组作为公司规模最大的班组，其生产能力直接制约公司产能。M公司某班组现存在数控程序混乱、编程时间较长、低级质量问题频发等问题，严重影响了M公司某班组的发展。为摆脱程序上的瓶颈，持续提高产能，公司下决心建立起完善车间的完全网络化平台，形成快速反应机制，使生产设备等信息及时通过系统反应，为计划排产提供及时的数据和资料，提高管理效率，增强创新能力，降低生产成本，降低管理费用，使M公司某班组具有更强的生命力，因此该项目的实施是势在必行的。

3 项目的主要内容

3.1 实施流程

实施流程简图如图1所示。

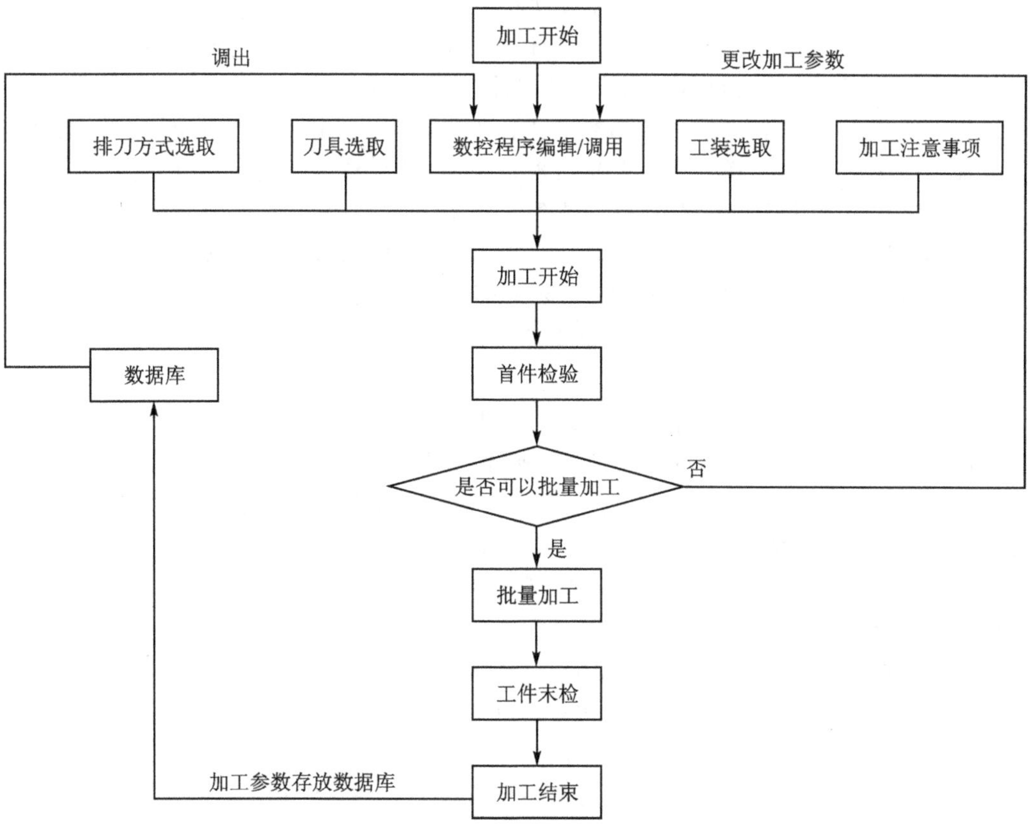

图1 M公司某班组DNC参数采集流程简图

M公司某班组内部已划分为钛合金组、螺母组、非钛组等六个纵向管理小组，且具有XKNC-20G、LGMazak、XKNC-100G等多种数控设备，因此关于程序编码、加工参数采集、工装刀具采集方面要划分明确，能进一步推动M公司某班组在产品细化分工，并提高产能。

(1) 目前M公司某班组内部产品加工程序主要存储与设备内存卡中，对于比较成熟的产品的加工程序大都存储于设备之中，但需要通过加工人员查看代码方可确认。所以自M公司某班组DNC系统试运行之日起，从零开始，确保M公司某班组内每一批次产品的加工，M公司某班组成员都进行以下工作内容：

- 产品信息及设备信息方面：确保有人员对本次所加工的批次产品的批次号、产品名称、产品规格、产品图号、工艺编号、工件材料、加工工序号、工序内容、加工设备编码、加工程序号进行统计。
- 程序编译和调用方面：每个小组主副调机师负责程序源码的编辑和调用。对于设备存储卡内未有的程序，需要主副调机师负责编程，并编译上程序备注；对于设备卡内已经存储程序，也需主副调机师进行调用，并确保程序备注已存在。
- 刀具选取、排刀方式选取方面：主副调机师负责本次加工刀具的选取，刀架的选取以及排刀方式的选择，确定最优的排刀方式并由主副调机师或操作人员进行记录，并记录程序编码内各刀号对应的刀具型号。
- 刀具更换方面：整个批次加工过程中需要操作人员对换刀频率进行记录并说明是异常换刀还是正常换刀。(异常换刀包括崩刀，撞刀等异常情况；正常换刀是因刀具正常磨损而进行换刀)并注明该刀具的加工位置及其切削量的大小。
- 工装选取方面：主副调机师负责对本批次工件加工所需工装的选取，包括夹头/夹爪、定位杆、是否需要铜套及其规格等主要调机工作，并由操作人员进行记录。
- 加工注意事项方面：对于相对成熟的工件加工，需要主副调机师对操作人员说明本次加工的注意事项，包括产品是否易出现磕碰伤，是否易出现夹伤，工件装夹注意事项、加工过程中刀具是否易磨损、尺寸是否易保、自检频率是多少、是否易出现漏加工等各种加工过程中需要注意的事项；对于未曾加工过的产品，需要操作人员自身谨慎注意以上事项，并在本批次产品加工结束之后对该产品的加工注意事项进行记录。

(2) 在保证M公司某班组内每一批次产品加工时完成以上内容之后，进入工件末件检验。

此环节如若出现问题，则需操作人员及主副调机师找出问题原因，如属于操作原因则需要记录在加工注意事项中，如属于程序代码原因则需对程序进行优化，且优化之前与之后的版本都需在程序库中进行备份，以便下一批次产品加工时选取最优程序进行调用。如若不清楚程序源码内哪个参数需要优化则在注意事项中进行记录。(至于加工开始至加工结束时间段程序更改如何每次都进行备份问题，属于DNC系统管理问题，每次更改程序源码都在数据库进行备份有助于形成最优数控加工程序)。

(3) 在该批次产品加工结束之后，需DNC现场管理人员对该批次产品在M公司某班组内加工过程中所有信息进行统计、整理、核对，包括产品信息及设备信息(本次所加工的批次产品的批次号、产品名称、产品规格、产品图号、工艺编号、工件材料、加工工序号、工序内容、加工设备编码、加工程序号)、程序编码内容、刀具型号及换刀频率、排刀方式、工装选取、加工注意事项等内容，并确保统计内容在DNC数据库进行备份，以便下次同类型同规格产品加工时，该产品的加工参数可以在数据库中进行调用。

至此，该批次产品在M公司某班组内有关DNC运行所需要进行的工作结束。

3.2 项目总投资

目前数控设备40余台，前期投入100万元。

4 项目带来的效益

4.1 直接经济效益

4.1.1 效率提升、节约成本

通过DNC系统的运用可实现数控设备联网，实现加工程序的上传、下发、远程比较，缩短工人调机时间，提高工作效率，减少设备等待浪费，降低生产成本。

4.1.2 产品合格率提高

2020年度因程序原因造成产品调机报废，产品返工、返修、报废等直接质量损失37.2万元。通过DNC系统的运用可实现产品数控程序的统一，逐渐优化并固化某一产品的加工方式，提高产品质量一致性、产品合格率，同时通过DNC系统对数控程序的上传、下发，可减少因人为失误造成的质量损失。按照2021年产值增长比40%，上线DNC系统可减少因程序原因造成的质量损失近52万元。

4.1.3 刀具控制，减少损失

2020年度因数控程序问题不合理造成刀具、夹具等工装损失8万余元。通过DNC系统的运用可统计各种刀具的消耗范围、加工频率等，优化刀具夹具的使用，可减少因程序问题造成的损失。按照2021年产值增长比40%，上线DNC系统可减少程序原因造成的刀具损失近11万元。

4.1.4 生产能力提升

M公司某班组现状是新入职员工通过学习调机、操作至少需要3个月的时间；DNC系统运用后进行作业指导书培训和程序调用，能快速创造效益，较之前创造效益速度提前2个月，每人能够多创造产值4万元；按照每年平均入职10人来算，能够多创造产值40万元。

4.2 非直接经济效益

4.2.1 未来趋势

DNC技术不仅可以实现通信和控制的基本功能，还具有点对点控制模式、现场总线控制模式、局域网控制模式。DNC系统具有广泛的应用领域和良好的发展前景随着技术的进步和应用研究的深入，DNC系统的性能将更高，功能将更强，公司更应符合时代发展潮流，紧跟工业变革步伐。

4.2.2 工艺参数固化、产品标准化

通过DNC系统与MES系统结合的运用可实现数控程序的集中管理、版本管理、工艺文件管理、人员角色权限及流程管理，为后期标准化作业、工艺参数固化等提供很好的基础；数控DNC系统为后期数控工艺参数固化、产品标准化提供有力支持。

4.2.3 质量提升

通过数控DNC系统对数控程序的统一管理，实现不同设备同一程序加工制造出产品质量一致性的提高，避免产品返工、返修提高产品生产进度，进而提高产品交付，满足客户需求。

4.2.4 CTU单批次配送产品

通过MES系统与DNC系统相结合，知悉目前加工产品批次信息，自动下发程序，可以计算出刀具产品的寿命，根据刀具加工不同材料的寿命，统计出不同材料使用刀具的系数，为后期实现单批次配送产品及工装模具BOM清单提供了有力的支持。

4.2.5 人员培养

通过DNC系统对数控程序的上传、下发，可实现新员工的快速上手操作。新员工原来通过三个月学习，可初步完成简单编程并上岗考核，DNC施行后通过程序标准化工作，新员工通过岗前培训，在无需编程的前提下，可在一个月内实现独立操作。

4.2.6 其　他

加快M公司某班组内部由传统制造业向信息化、智能化制造进行转型。

5 项目风险分析与控制

风险：关于程序系统内程序刀号如何与实际加工排刀顺序一一对应。

控制：制定编制程序标准，根据设备编制排刀顺序标准，并做出图示贴在设备上进行展示。

6 可行性研究的结论和建议

通过运用数控DNC系统一年内可提高设备利用率，节省调机成本30万元；可提高产品质量，减少质量损失52万元；减少因数控程序问题不合理造成刀具、夹具等工装损失11万余元，共计减少93万元成本。同时每年M公司某班组平均新入职员工为10人，能够多创造产值40万元。非经济效益可提高产品质量的一致性、产品合格率，为产品工艺参数、标准作业及后期公司生产模式提供良好的基础。

目前数控设备40余台，前期投入100万元，预计前期投入的DNC系统的成本以现有规模计算，直接经济效益即可在7个月内收回投资成本，建议实施。

参考文献

[1] 闫伟国.王敏杰.李治.一种DNC信息集成系统的研究与开发[J].机床与液压，2003(6)：61-63.

[2] 蔡玉俊.闫伟国.齐铁力.面向网络化制造的DNC系统[J].辽宁工程技术大学学报(自然科学版)，2006(10)：758-760.

[3] 马有良.适于网络环境的DNC控制系统的研究[J].成都大学学报(自然科学版)，2004，23(1)：34-37.

[4] 孙建巍.杨建新.左晶.面向多平台的DNC网络通信系统研究与开发[J].机械设计与制造，2015(6)：180-187.

航天单机产品保证方法研究

季兴远　梁振宇　贺昊瀚

（山东航天电子技术研究所，山东·烟台，264003）

摘要： 本文是对航天单机产品保证的一种管理方法进行研究，系统地分析了 ESA 和 NASA 在空间系统中，开展产品保证管理的基本情况，以及国内航天产品保证管理发展历程的基础上，针对国内航天型号特点，阐明了航天型号产品保证管理的目标和原则，提出产品保证管控应从产品保证工作策划和产品保证实施管理两方面开展的思路。

关键词： 航天产品；质量保证；方法研究

0　引　言

“产品保证”是保证复杂、高风险产品质量的一套科学、有效的方法，目前已成为国际航天界的通用模式。1959 年，美军标 MIL－Q－9858A《质量大纲要求》颁布。该规范是美国政府、各公司在签订合同时对产品质量保证的纲领性文件，当时的质量管理侧重于生产过程，重在过程检验。20 世纪 60 年代至 80 年代，美国通过高性能战斗机、载人登月、航天飞机、核动力航空母舰等高技术复杂系统的研制和不断解决产品质量问题，积累了丰富的高风险复杂系统质量与可靠性保证经验。此阶段，产品的可靠性、维修性、安全性、软件质量保证以及元器件、材料和工艺保证等相关技术相继产生并应用，并以此为基础建立了产品保证技术。

在总结载人飞行和其他复杂军工产品研制管理经验基础上，1986 年美国发布了军用标准 DOD－STD－2107《承包商产品保证大纲要求》，首次提出了“产品保证”的概念。该标准要求负责重大军事装备研制的承包商制订和实施产品保证大纲，内容包括产品保证管理，质量保证，可靠性管理，安全性管理，维修性管理，武器件管理，材料、零部件及工艺管理，软件管理，地面设备管理等。20 世纪 80 年代后期，ESA 在吸收借鉴 NASA 成功经验的基础上，推行产品保证工作，陆续制定了 PSS－1 系列标准。到了 20 世纪 90 年代中期，“产品保证”成为保证空间项目质量的一套科学系统的方法体系。

我国的航天企业单位借鉴了欧美先进的产品保证管理模式和方法，并结合国情、提炼研制经验和创新实践，于 1987 年发布实施《军工产品质量管理条例》，首次在国防军工领域引入“产品质量保证”的概念。该条例的提出符合国内宇航发展的产品保证工作方法，目的是全面深入推进宇航产品保证工作，规范产品保证活动，提升产品保证能力，保证宇航型号任务风险可控，产品质量稳定。在此基础上，各承研单位制定全面、细致、科学、规范的程序和控制方法，将风险有效的识别和控制，确保承研产品安全可靠。本文研究的一种产品保证方法贯穿产品全生命周期研制活动，融入研制流程，进一步保证了产保方法、管理措施有效落地。

1 产品保证工作面临的形式

近年来，我国宇航型号研制任务急剧增多，国际合作任务竞争日趋激烈，国内微小卫星（商业卫星）需求量逐渐增大，对传统宇航型号任务研制提出了更高的要求。为适应市场需求，“继承性好、稳定性强、质量可控、成本偏高”的传统大卫星研制模式，逐步向“技术新、周期短、集成度高，质量可控、成本低廉”的小卫星研制模式转变。研制模式的转变对质量的要求并未降低，反而提出了高标准、高效率、高效益的新要求。为适应需求，研究提出了产业化的发展思路，统一了公用平台，形成了产品保证标准，规范了产品保证过程，用更科学、更高效的方式来提高生产效率，保证效益。

2 产品保证的新方法研究

产品保证是宇航产品全过程进行的一系列系统、规范、有计划技术和管理活动，确保以可靠的方式保证产品完成任务，提高组织效益、效率和竞争力。产品保证的核心是技术风险识别与控制，关键是专业化的产品保证队伍，基础是科学配套的产品保证标准和细致严谨的产品保证文件。本单位承研宇航单机研制和生产任务，借鉴国内院所经验并贯彻上级要求，研究构建了一套适应本单位使用的产品保证程序和运行规范，确保产品质量的同时，保证了各项产品保证要求的落实到位。航天产品保证标准体系见图1。

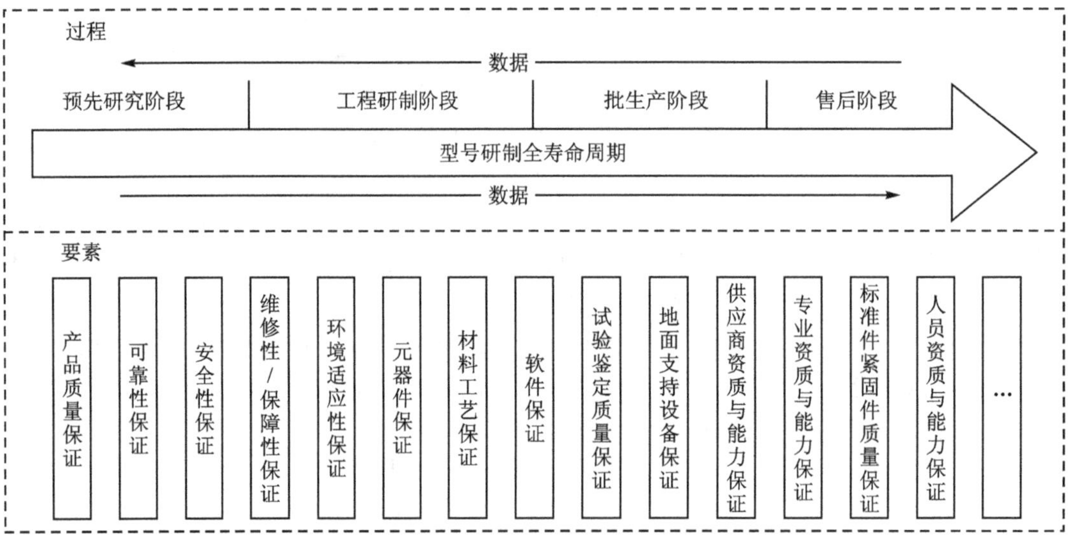

图1 航天产品保证标准体系

2.1 顶层策划

依据QJ3187《航天产品保证大纲编写指南》、QJ2171《航天产品保证要求》等文件的相关要求开展产品保证策划。产品保证文件按产品保证策划类文件、产品保证过程类文件、产品保证总结类文件进行分类，并按照方案阶段、初样电性阶段、初样鉴定阶段、正样阶段分别编制各阶段通用产品研制工作流程，明确了各级、各类产品保证评审的职责与分工，明确在型号研制阶段初期将相关工作纳入型号研制生产计划。航天产品保证文件架构见图 2。

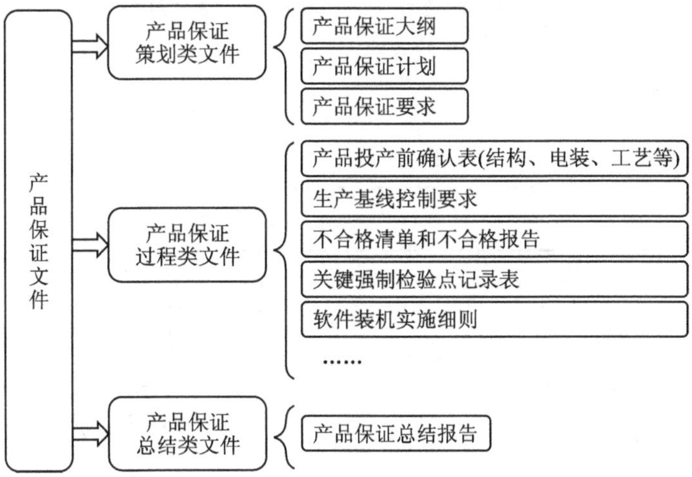

图 2 航天产品保证文件架构

2.2 队伍建设

单位建立有专职产品工程师队伍，设有产保经理、产保工程师、产保助理等岗位，并发布《产品保证队伍管理办法》，明确了各类产保人员职责，结合产品全周期研制工作流程对职责进行细化分解，明确具体行动项目，给出相应的工作内容、对应的输入要求、支撑性文件，按规定形式输出工作结果，最终实现职责落实。

为加强型号产品保证管理和监督工作，加强对产品保证管理人员的考核，落实岗位职责，制定了《产品保证人员考核管理办法》，明确了产品保证人员工作的考核内容、考核标准，确保职责落实到位。本单位产保工程师管控图见图 3。

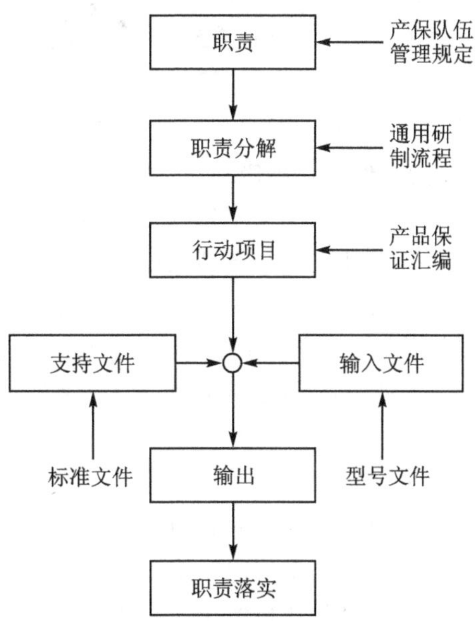

图 3 本单位产保工程师管控图

2.3 产品保证方法的构建与实施

2.3.1 源头分解细化量化

产品研制依托工作流程，本单位在产品保证工作流程的基础上发布《产品保证工作关注点》和《产品保证工作检查表》。《产品保证工作关注点》中明确了 73 个产保关注点，规范了各级产保人员的岗位职责，统一了工作项目、输入条件、工作内容、输出内容和支撑体系文件，为产保工作人员在设计、生产、测试及验收的产品研制全过程的各环节中及时有效开展产品保证工作提供指导和参考。《产品保证工作检查表》将产保关注点具体工作项目进一步细化形成 93 份表格化操作文件，明确了各类人员在每一个产保关注点上的行动项目，作为评审的输入和重点检查内容。

各级产保人员以《通用产品研制工作流程》为主线，以《产品保证工作关注点》为行动指南，以《产品保证工作检查表》为落实手段，逐步开展全阶段、全流程（设计、生产、测试、试验、验收）产品保证工作，确保每一项产保要求切实落地。

产品保证工作流程图见图4。

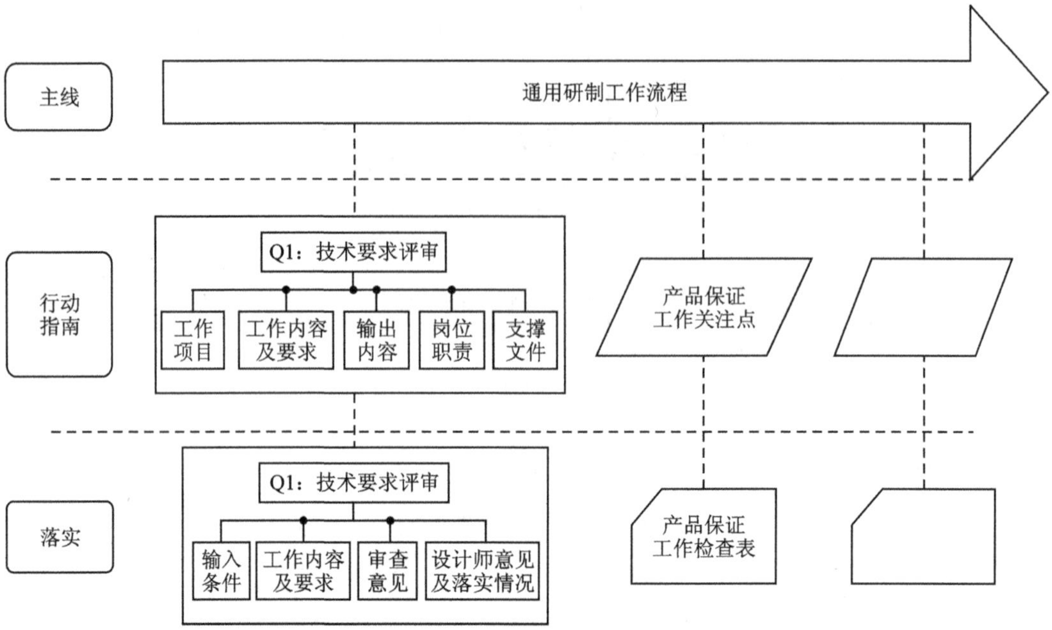

图4 产品保证工作流程图

2.3.2 信息化手段

为了解决产保工作项目过多依靠个人业务能力的情况，开发了产品保证管理平台，将《产品保证工作关注点》和《产品保证工作检查表》所有要素进行细化、分解，将所有控制要点纳入到科研生产流程各节点中进行控制，实现研制计划、设计阶段、生产准备阶段、生产阶段、交付使用等各项工作的精细化管理，达到满足数据包输出管理和科研生产信息透明化要求，实现产品保证和科研生产的融合，通过信息化手段实现一体化整合。产保要素信息化控制图见图5。

2.3.3 过程确认

本着“合适的时机，做合适的事”的原则，突出重点、分级负责、简化确认材料、注重时效，实施过程确认工作。单位内将相应过程确认的程序和方法落实到《产品保证及研制流程》和《产品保证检查表》中，在科研生产相应环节确认。确保产品保证过程的确认细化、量化、可控。印制板设计工艺过程确认表见图6。

2.3.4 动态维护管控

建立持续改进的动态管理机制。随着产保工作的不断深入，结合《产品保证工作关注点》和《产品保证工作检查表》应用反馈、产品保证新增要求等，按照版本控制的方式进行动态管理，及时开展升级工作，持续改进和完善产保工作。动态维护过程见图7。

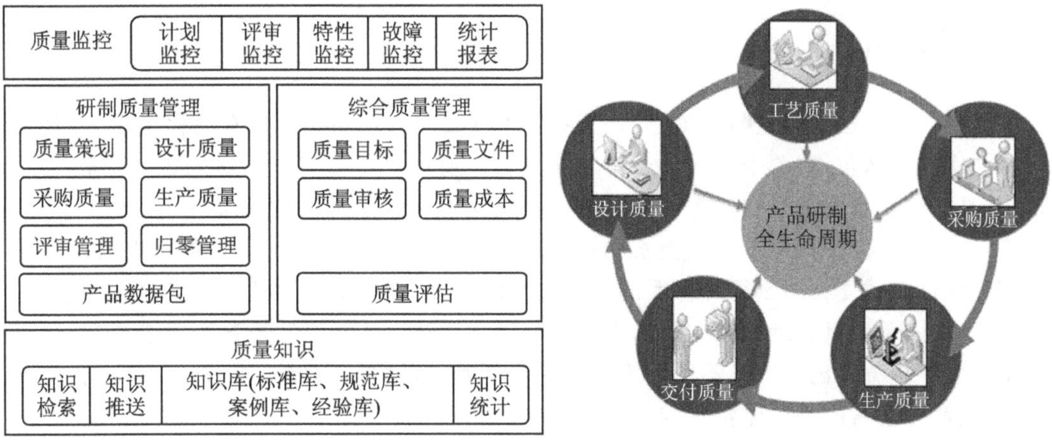

图 5　产保要素信息化控制图

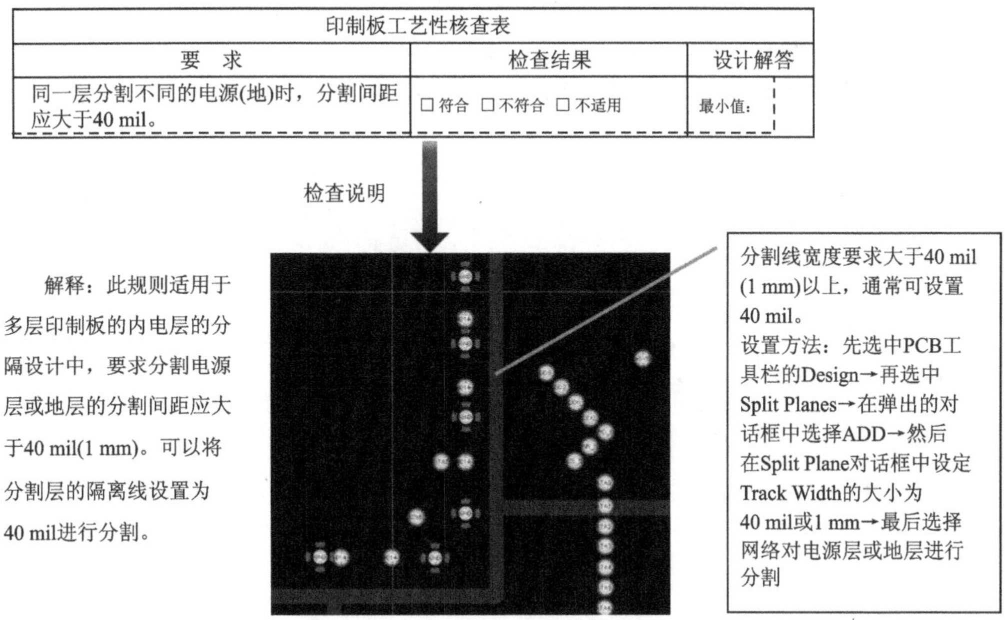

图 6　印制板设计工艺过程确认表

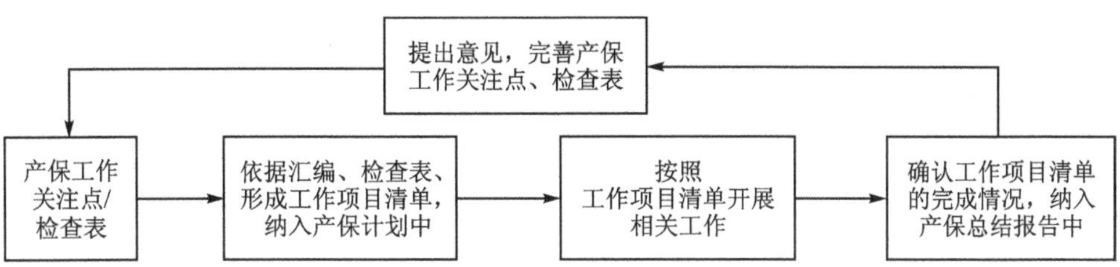

图 7　动态维护过程

3 结束语

本单位产保方法的构建与实施，确保了各项产保要求与产品研制技术流程相呼应，形成了产保工作实施确认包，覆盖全过程的产保工作项目。通过对每个工作项目的工作内容进行细分，明确具体的工作要点。在每个工作项目中均明确本过程涉及的程序文件、标准和规范，当对工作项目存在疑问时，可以方便检索和查询顶层要求，使得产品保证工作更加规范。

产品保证是建立在质量管理体系的基础之上的，产品保证是一种模式，是项目保证产品质量的一种方法，是质量管理体系支持的产品实现过程活动。从航天的经验教训来看，仅靠传统的质量监督管理方式已经满足不了航天产品质量的要求，需要探索新的方式与手段，确保产品研制全流程、全要素的进行监督和控制。

产品质量永无止境，只有不断创新，方能进步。

参考文献

[1] 徐福祥.卫星工程概论[M].北京：宇航出版社，2014.

[2] 袁家军.航天工程精细化质量管理[J].中国工程科学，2011，13(8)：36-42.

航空航天紧固件生产过程项目管理的应用与实践

潘永秋　郭美伶　张洪珍　吕亮
（东方蓝天钛金科技有限公司，山东·烟台，264003）

摘要： 随着航空航天领域的蓬勃发展，高端紧固件迎来高速发展期，客户需求的个性化、专业化日益突出，面对多品种小批量与大批量并行的新局面，生产管理模式也需要快速作出调整，识别不断变化的客户需求、满足频繁更新的产品要求和提高生产系统的应变能力对当前传统的管理模式提出了挑战。本文通过梳理科研生产流程，将项目管理方法纳入生产过程中，按项目阶段对其进行划分和管理，重建了企业科研生产流程，并得到了有效闭环和持续改进，从根本上提高了企业管理效率和交付准时性。

关键词： 航空航天紧固件；项目管理；多品种跨批量；生产过程；效率提升

0　引　言

基于项目管理的系统集成思想，运用项目管理阶段及项目管理工具就科研生产流程进行再梳理，将复杂、冗长的数个科研生产子流程按项目阶段进行有效划分、组织开展和监控，确保多品种跨批量的生产过程能有效受控、高效运转。通过项目管理在生产过程的实践，明晰任务分工、优化资源配置，提升整体运行效率，为企业战略目标的实现提供有效支撑。

1　航空航天紧固件科研生产现状

航空航天产业呈井喷式发展，呈现“百箭百星、千架军民飞机”的良好局面，叠加国产化比例不断提高，我国高端紧固件迎来高速发展时期，同时也迎来了兼具中小批量和大批量生产的跨批量生产模式。多品种跨批量生产具有生产运作环节复杂程度高、物流流动数量大、花费成本高的特点，市场激烈竞争的主要要素也是生产效率。

高端紧固件产品科研生产流程长，各个模块易出现衔接不连贯、断层的现象；细节意识欠缺，把控不到位直接影响到产品科研生产的整个链条效率。随着航空航天型号的提速，市场对企业的交付周期和产品质量提出了更高的要求。如何缩短科研生产流程、提高产品的交付及时率，是航空航天企业需要首要解决的问题。

2　项目管理的作用

项目管理是20世纪50年代后期发展起来的一种计划管理方式，它一出现就引起举世瞩目。1957年，美国杜邦公司把这种方式应用到设备维修，把维修停工时间由125小时锐减到78小时；1958年美国人在北极星导弹设计中，应用项目管理技术，竟把设计完成时间缩短两年。由于项目管理成效显著，自从 20 世纪 60 年代以来，它被广泛应用到各行各业。

项目管理模式是以“项目”为主线管理企业的人财物产供销，将“一次性”项目模式与“持续式”的日常业务有机地结合在一起，解决了企业的“信息孤岛”情况，对项目进度、资源、成本、质量等进行有效管理，实现了项目的全过程控制。

3 项目管理在航空航天紧固件科研生产管理的实施路径

3.1 项目管理的引用

项目管理是将知识、技能、工具与技术应用于项目活动，以满足项目需求。项目管理通过合理运用与整合特定项目所需的项目管理过程得以实现。项目管理使组织能够有效且高效地开展项目。对于航空航天企业而言，科研生产组织管理范围是从订单意向承接至产品交付全流程的组织管理。科研生产组织流程较长且相对复杂，再加之航空航天紧固件产品的特点是多品种、跨批量、交期短，这些现状和要求叠加为科研生产组织带来了较高难度。科研生产有明确的目标、明确的开始和结束日期，也是在一定约束条件下开展的，因此科研生产过程实际也是一个项目管理的过程。我们应将企业现有管理模式与项目管理相结合，将科研生产流程进行优化，达成业务目标，满足市场和客户的需求，优化组织资源的使用，持续创造商业价值。

3.2 基于项目管理的科研生产流程优化

科研生产组织管理是为了有效进行生产交付组织，建立科研生产体系和科研生产能力，及时完成公司各类科研生产任务，实现公司经营指标。科研生产组织管理范围包括订单录入、生产准备、产品上线、计划编制、过程异常协调、产品入库发货、售后服务、合同签署、开票回款和相关数据统计等一系列工作，流程繁杂、连贯性差。为始终保持以客户为焦点，让科研生产组织持续满足客户需求，我们的科研生产组织要具备管理精细化、过程灵活化、流程信息化的特点。参照项目管理阶段划分，可以将科研生产过程划分为以下五阶段：

(1) 科研生产启动阶段

科研生产启动阶段主要是产品生产前的输入和准备工作，具体包括需求与订单输入、产品评审、产品变更、物料计划、物资采购、生产准备、批次管理、投产比例以及产品具体上线操作流程等内容。客户需求与任务是公司科研生产组织与建立的主要依据。从订单输入到产品交付过程，均会面临客户需求的变更。对于客户需求的变更，公司内部要快速处理，确保满足客户需求，减少对公司造成的影响。

目前航空航天紧固件原材料问题形势严峻，部分原材料产能不足，供需缺口大。物料计划管理直接影响生产物资供应连续性，对产品按期交付至关重要，物资计划管理需及时掌握市场实时动态，定期进行物料消耗核算分析，加强物资采购计划性，战略集采有效推进，缩短采购周期。物料计划要发挥引领作用，遵循全面覆盖、全程管控的原则，坚持做到满足生产、合理计划、综合平衡、管控成本。

在产品工艺、材料、模具、试验螺栓等准备事项具备后，对产品进行投产上线。为了能够在需要时追溯产品过程和责任，避免混杂不清，给每一批产品赋予相应的批次号，通过对产品全过程进行批次管理，确保需要时产品具有可追溯性。产品投产时，应充分考虑需求数量、产品试验消耗数量和序间允耗，制定恰当的投产比例，确保产品产出时满足合同需求，又未造成过多的冗余库存。

(2) 科研生产计划阶段

科研生产计划阶段主要对未交付订单计划、综合生产计划、急件计划、备料和备产计划管理进行具体规定。为了保证入库产品能及时发出，减少库存积压，需对未交付订单进行日常维护，核对状态是否准确，排查异常订单；分析未交付订单的构成，并对未入库产品的交付期进行分析，结合公司实际产能，作为后续订单承接交付周期的依据。

科研生产管理部门对综合生产计划进行编制、下达、变更、监督执行和考核，保证产品生产计划顺利实施，准时提供符合顾客要求的产品，提升市场竞争力。为有效识别急件，满足客户的急件需求，提高急件的交付能力。将急件分为A、B、C三类等级。急件等级代表产品生产安排的紧急程度，同等工序，班组加工时按照A优先于B、B优先于C的顺序加工生产。

为节省生产准备时间，缩短产品交付周期，保证生产连续，按半年度、年度定期进行市场订单预测，结合历史订货数据进行提前备料备产，确保订单下达后直接上线生产，常规产品直接销售现货给客户，提高市场订单获取竞争力。

(3) 科研生产实施阶段

科研生产实施阶段主要是对具体生产实施、检验检测管理、产品入库与发货、合同签署与结算、库管管理和沟通管理等进行明确规定。综合生产计划下达后，生产制造部门对具体排产、产品上线和工序生产的过程进行安排管理。要特别重视工时管理，工时管理可以规范生产、提高生产计划和成本核算的准确性，鼓励工艺改进和生产效率提升。

产品检验检测计划由科研生产管理部门负责。产成品检验计划需根据成检待检产品的数量、规格、标准、到达成检的先后时间、紧急程度等因素进行合理安排；产成品检测计划需根据试验室各室产成品试验周期、产品批次、样本数量因素进行合理安排。检验部门负责批产、外购产品合格入库，对当日具有合格检测报告的产品办理入库手续并交接给库房；对具有不合格项的产品，需当日提交不合格审理单，并跟进审理结果，根据审理意见及时处理放行意见的产品办理合格入库手续；及时处理报废意见的产品，并发起废品入库流程。产品发出后，市场销售部门应及时组织客户接收产品、办理入库、开票确认收入，对未开票产品应定期组织核对，确保与客户账务清晰。及时与客户协商签署销售合同，对已经出发的产品，以及组织开票结算。

(4) 科研生产监督与沟通阶段

为明确规定生产交付过程中各类异常的处理流程和要求，及时、高效的解决过程异常，对生产交付过程中的异常处理提出明确要求。当因人为因素导致异常情况的发生或异常处理不及时、不到位时，科研生产管理部门应对事件影响进行评估，必要时进行相应考核或通报；若因低层次人为因素导致，则责任部门还应根据部门内的低层次人为错误识别与改进要求对责任人实施相应整改措施。

(5) 科研生产总结改善阶段

阶段生产任务结束后，科研生产管理部门应组织相关部门对阶段生产任务执行情况进行统计分析，给予考核，提出改善或能力建设意见。制定订单和生产相关报表，一般包括订单明细表、发货明细表、结算明细表、应收账款明细表、未结订单明细表、在途明细表等。对订单和生产相关数据进行统计，一般包括订单转化及时率、订单评审及时率、生产准备及时率、产品上线及时率、库房发料及时率、检验检测日计划完成率、生产计划完成率、计划调整率等。

科研生产管理部门负责生产相关部门考核，根据综合生产计划和生产准备计划对订单评审、生产准备、生产结束及检验入库四个计划节点进行考核。节点同意调整的按照调整后节点考核，延期理由不充分、延期不及时调整的或市场部不同意调整的扣除相应考核。对当月内产品交付有突出贡献、节约成本、提高效率的事件，可由部门提出专项奖励，由科研生产管理部门组织生产相关部门评估其合理性，并根据评估结果落实奖励。

科研生产能力与客户需求和市场订单获取能力匹配，才能促进公司长期稳健发展。通过阶段生产组织实施，对过程进行统计分析，应适时组织进行科研生产能力分析和科研生产能力建设。为满足产品交付，实现工序产能均衡，需对生产各工序生产能力进行分析，识别瓶颈环节，采取必要的措施，实现产品的快速流转。每年下半年根据次年年度目标组织做年度生产能力分析，每季度根据在产产品情况做季度科研生产能力分析。根据科研生产能力分析汇总设备、人员和场地需求，在年度科研生产策划中提出年度需求预计。

4 结 语

项目管理的应用实践过程可以看作是由传统经验型管理模式向现代科学型管理模式过渡的过程。为了满足客户多品种跨批量、需求周期短、产品质量要求高的需求，支持国家航空航天事业发展。企业需要立足行业制造环境，将项目管理与科研生产组织相结合，结合实际导入并不断深化项目管理模式，优化生产和管理流程，缩短产品生产交付周期，各部门有效衔接，快速联动，才能使企业不断适应日益多变的市场形势，提升企业综合竞争实力。

参考文献

[1] 谭德昕，乔琳，刘刚. 多项目协同管理模式分析——基于航天企业科研生产实践[J]. 项目管理技术，2018(8)：5.

[2] 侯芬，李宁. 基于产品化的航天科研生产流程再造[J]. 航天工业管理，2016(6)：21-24.

[3] 李晋泽，陈小安，郎丽萍. 项目管理在大型复杂科研装备生产中的应用[J]. 机械制造，2008(4)：58-60.

[4] 徐钫. 关于航天型号项目管理的几点思考[J]. 航天工业管理，2006(6)：28-31.

空域管理技术

面向延误情景的机场停机位优化分配研究

陈健　毛国强　黄俊凯

（1. 滨州学院飞行学院，山东·滨州，256600；

2. 山东航空股份有限公司，山东·济南，250000）

摘要：本文首先阐释了停机位优化分配的国内外研究现状，建立了延误事件函数，并结合动态时间窗模型，制定出基于航班延误下的停机位分配方法。通过国内某机场的部分航班数据进行算例验证，结果显示：此停机位优化分配模型更加高效、便捷，且误差率也在允许范围内。

关键词：航空安全；停机位分配；动态时间窗法；航班延误

1 引　言

在实际机场运行中，排除不可控的天气因素和特殊的航路管制因素，机场停机位限制对航班的正常运行和地面保障工作造成很大影响。因此，研究通过建立动态时间窗算法来设计分配方案，对增强机场停机位的抗干扰能力，保障航班正点率，优化资源配置具有关键作用。

国内方面，杨双双等人通过客户评价体系研究停机位分配的优化策略，以停机位保障能力和客户满意度为目标建立模型；刘君强、张马兰等人以最小延误成本为约束，提出一种更权衡的机位实行方法；薛清文、姜雨等人建立了以航空公司运营成本最小、运营成本均衡为目标的停机位分配模型；孙萌建立枢纽机场停机位分配模型，进而提出基于自适应协同进化蚁群优化算法的机场停机位分配方法。

国外方面，Singh G K 设计了缩短旅客步行距离为目的的停机位分配问题；Diepen G 等人研究停机位鲁棒性分配，通过列生成算法求解该问题；Bolat A 从航空公司和机场的利益角度出发，建立了以最大化停机位分配的多目标停机位分配模型。

从国内外研究成果可知，随着民航业的高速发展，航班延误情况下的机场停机位优化分配问题的前期研究成果已经无法适应当代机场发展的需要。主要体现在以下几方面：

（1）大多数研究侧重于以乘客移动距离最短为目标。由于乘客行走距离是衡量乘客满意度的重要指标，且以乘客移动距离最短为目标的模型简单，故很多研究以乘客移动距离最短为目标。得益于智能化便捷设备的应用，乘客移动距离的大小不再是需要考量的问题，其他（如提高停机位分配方案的抗延误特性等）更适应迫切需求的目标更应该被考虑。

（2）以往的停机位分配仅根据航空器类型或者所属航空公司等单一划分原则进行划分，未考虑现场的运行环境，这无法准确细致地反映实际运行中停机位的划分情况。

（3）原有研究中，大多数主要侧重于研究停机位分配的预分配情况，对停机位分配的动态过程、航班延误等紧急情况未详尽考虑，如使用同一停机位的相邻两架航班中后置航班的航班类型是否会影响航班间缓冲时间的分配。

综上所述，应该从多角度考虑停机位调度问题，以适应当代对服务品质和利益最大化的不断追求。为增强停机位分配方案对于实际情况的抗干扰能力，必须使停机位分配计划更适应现代需要，完善模型的精确性，对停机位分配技术进行实质性的提高。

2 课题研究的方法

为提高停机位分配的高效性，本文采用动态时间窗方法完成数学建模和相关的分析研究。通过对国内某机场某一天内的保障航班计划作出统计，分别得出进场延误航班与离场延误航班的延误规律柱形图，见图 1 和图 2。可见，进场延误航班在区间 15～30 min 居多，在区间小于 5 min 和大于 2 h 较少，总体呈现"正态分布"；而离场延误航班中小于 1 h 的比较少。通过比较两个柱形图可以判断，同机位进场延误航班影响到之后的离港航班的离场时间，前行航班进场延误越长，后续航班停靠停机位后，离港延误时间越长。由于存在特殊分布规律，故可以假设进港延误航班符合正态分布。图 1 和图 2 表示的是机场某一天内的延误统计数据。

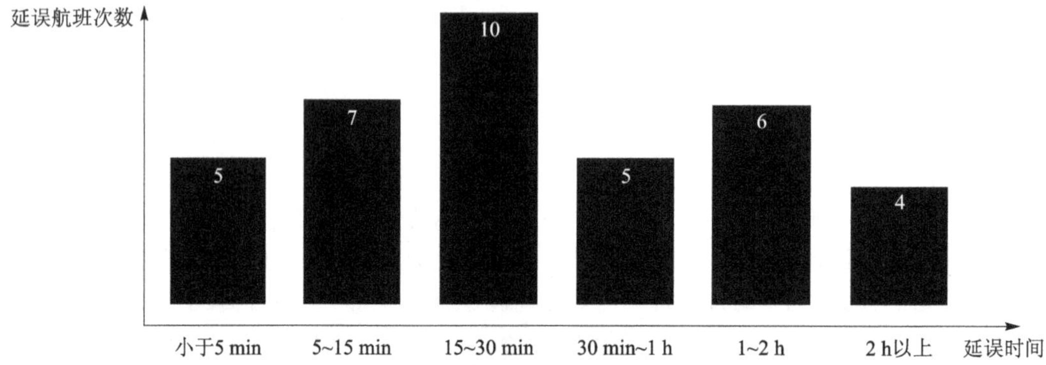

图 1 进场延误航班统计

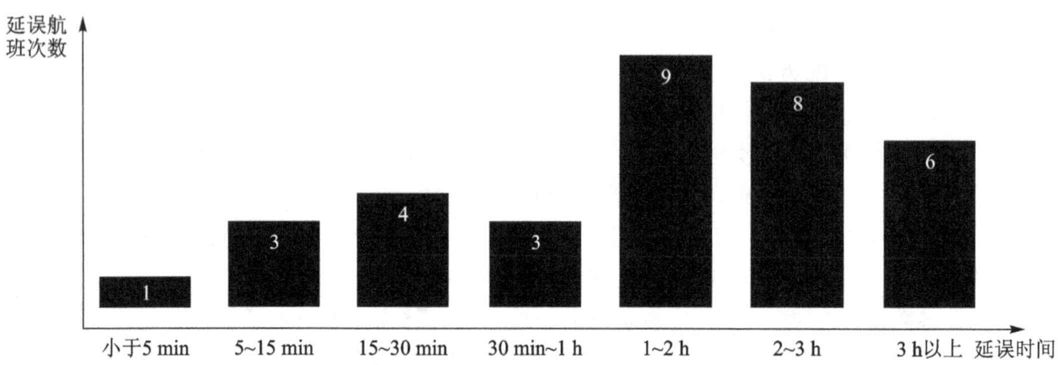

图 2 离场延误航班统计

假设进场延误航班符合正态分布，航班延误时长为随机变量 X，航班延误时长的均值为位置参数 μ，航班延误时长的标准差为尺度参数 σ，则

$$f(x)=\frac{1}{\sqrt{2\pi}\sigma}\exp\left[-\frac{(x-\mu)^2}{2\sigma^2}\right]$$

其中，通过对近一个月内的机场数据的计算，延误 −120～−30 min(负数表示飞机提前到达)占总数的 10.2%，延误 −10～0 min 占总数的 36.4%，延误 0～10 min 占总数的 35.1%，延误 11～30 min 占总数的 10.3%，延误 30 min 以上占总数的 8%。

在 MATLAB 平台上采用最大似然估计法对数据计进行总体参数估计：

[muhat,sigmahat,muci,sigmaci]=normfit(X,ALPHA)

式中，muhat 是 μ 的最大似然估计，sigmahat 是 σ 的最大似然估计，X 是样本，ALPHA 是显著性水平(默认为 0.05)。

$$\bar{\mu}=\bar{x}=\sum_{i}\frac{x_i}{n}$$

$$\hat{\sigma}=\sqrt{\frac{\sum_{i=1}^{n}(x_i-\bar{x})^2}{n}}$$

由此得出 $\mu=1.181$，$\sigma=5.341$。

选用偏度-峰度检验法来检验进场延误时候符合正态分布，其检验说明和步骤如下：

在验证正态分布的方法中，峰度-偏度正态性检验统计量理论直观、推算简便。正态分布的偏度和峰度均为零，其中，偏度为 $b_s=\frac{\mathrm{E}(X-EX)^3}{[\mathrm{Var}(X)^{3/2}]}$，峰度为 $k=\frac{\mathrm{E}(X-EX)^4}{[\mathrm{Var}(X)^2]}-3$

首先我们只在偏度方向上验证是否偏离正态。

假设：H_i：$S_k\neq 0$。

检验统计量：

$$S_k=\frac{u_3}{u_2^{3/2}}=\frac{\mu_3}{\sigma_3}$$

进而计算得

$$S_k=\frac{\mu_3}{\mu_2^{3/2}}=\frac{\frac{1}{n}\sum_{i=1}^{n}(x_i-\bar{x})^3}{\left[\frac{1}{n}\sum_{i=1}^{n}(x_i-\bar{x})^2\right]^{3/2}}$$

因 $\sqrt{\frac{(n+1)(n+3)}{6(n-2)}}$ 的极限分布是 $N(0,1)$，故偏度符合正态分布。

随后在峰度方向上检验是否符合正态分布。

假设 H_i：$\zeta_k\neq 0$。

检验统计量为

$$\zeta_k=\frac{m_4}{m_2^2}-3$$

对于 n 个样本：

$$\zeta_k=\frac{m_4}{m_2^2}-3=\frac{\frac{1}{n}\sum_{i=1}^{n}(x_i-\bar{x})^4}{\left[\frac{1}{n}\sum_{i=1}^{n}(x_i-\bar{x})^2\right]^2}-3$$

因 $\sqrt{\frac{(n+1)^2(n+3)(n+5)}{24(n-2)(n-3)}}\left(\zeta_k+\frac{6}{n+1}\right)$ 的极限分布是 $N(0,1)$，故峰度符合正态分布。

故判断出航班进场延误大体符合正态分布，其概率密度函数为

$$f(x)=\frac{1}{5.34(\sqrt{2\pi})}\mathrm{e}^{-\frac{(x-1.181)^2}{2\times 5.341^2}}$$

式中，x 指航班到达延误时间，以分钟为单位。

3 基于延误情景的动态时间窗模型的建立

动态时间窗是指以当前航班的服务时间段为时间窗，考虑其机位分配对其时间窗内的航班影响，从而确定其机位分配[9]下面以航班 i 为例介绍本算法。为航班 i 分配机位时的机位空闲状况为 $\theta(i)$，待分配机位为机位 k，空闲时间为 θ_k，航班类型为 F_i，停机位类型为 G_k。

(1) 若 $F_i > G_k$，转步骤(2)；若 $F_i <= G_k$，转步骤(3)，若出现跨级分配，转步骤(4)；若 $F_i = G_k$，转步骤(5)。

(2) 航班 i 的机型大于停机位 k 的最大标准，不允许被分配到机位 k，需要与规格更大的机位匹配，令空闲时间长仅次于 θ_k 的机位 k' 为待分配机位 k，转步骤(1)。

(3) 选择出恰好适合此航空器类型的机位，则按照以下三点处理：

- 若航班正点到港，原则上先考虑空闲机位，后考虑近机位。若空闲停机位已满，停机位有待离港航班，需要用进港时间与离港时间的机位空闲时间计算出冲突概率，尽量选择最小冲突概率的停机位匹配。
- 若航班预计晚点到港，需从报告时间开始，加上空中的延误时间与滑行时间之和，计算出实际到港时间，并与预匹配的几个停机位的冲突概率比较，选出有最小冲突概率的机位作为最终分配机位。
- 若航班提前到港，则将实际到港时间与预计到港时间的差以负值代入冲突函数，计算最小冲突概率，进而选出合适机位。

(4) 若有小航班 i 分配到大停机位或中航班分配到大机位的情况，可能影响后续大型航空器，所以需要进行判断是否与航班 $i\theta(f(i,j))=\theta(f(i))+A(f(i,j))$ 相关的航班有重合的服务时间。设与航班 i 相关的航班集合为 $FR(i)=\{f(i,1),f(i,2),\cdots\}$。设总共有 h 个航班，按照进场时间排序。假设将航班 i 分配到机位 k，机位空闲情况为 $\theta(f(i))$，$T=A(f(i))$，依序对 $FR(i)$ 集合中的航班进行判断。

- 令 $j=1$，对航班 $f(i,j)$ 进行判断。
- 确定现阶段停机位情况，因为仅可以被分配到型号不小于其机型的机位中，所以只需选择满足此约束的停机位。若机位集合中存在该航班的可用机位，则把该航班预分配到可用机位中空闲最大者，并改变该机位空闲状况。令 $T=A(f(i,j))$，$j=j+1$。
- 断该集合是否考虑完整，即是否满足 $j>h$，大于则转到步骤(5)，否则转而再次确定现阶段停机位情况。

(5) 分配航班 i 到机位 k。

4 算例验证与分析

选用国内某机场的停机位分配算例对延误时间算法和动态时间窗模型进行验证。通过在延误算法下，运用动态时间窗模型与不运用动态时间窗模型的结果进行比较，去验证模型的准确性和可行性。

4.1 国内某机场停机位分配案例概述

本算例选用国内某机场部分航班数据进行停机位分配优化验证实验。选用部分时间段内的数据，预分配航班 7 架次，选用停机位 4 个，其中中型停机位 3 个(1 号、2 号、10 号)，大型停机位 1 个(50 号)。算例中的航班都是国内航班，航空器类型有三种，分别是 1 架小型航空器、5 架中型航空器、1 架大型航空器。详细的航班数据见表 1，停机位数据见表 2。

表 1 部分航班数据表

航班号	机 型	预计离港时间/min	实际离港时间/min	预计进港时间/min	实际进港时间/min	预分配机位
S＊8055	B737	9:30	9:50	—	—	1 号
S＊8053	B737	13:30	12:31	9:40	10:00	1 号
Z＊9124	A320	11:50	12:22	9:38	9:48	2 号
Z＊9122	A320	9:32	10: 01	—	—	2 号
C＊1529	B747	15:35	16:50	14:00	14:30	50 号
C＊1669	A318	13:40	13:40	12:05	12:20	10 号
Z＊8123	B737	13:00	13:01	13:35	13:40	10 号

表 2 部分停机位数据表

机位编号	廊桥属性	国际/国内	可容纳机型	默认登机口
1 号	桥位	国内	小、中型机	1 号
2 号	桥位	国内	小、中型机	1 号
10 号	桥位	国内	小、中型机	6 号
50 号	桥位	国内	小、中、大型机	11 号

4.2 基于动态时间窗停机位分配模型的算例验证

若预分配到 2 号停机位的 Z＊9124 航班与 Z＊9122 不发生冲突，则必须延误进场最少 13 min(考虑最小缓冲间隔)。因为航空器类型都符合停机位类型要求，按照步骤(3)进行匹配。因为 Z＊9124 比 S＊8053 提前 12 min 到达，如果仍将 S＊8053 分配到 1 号停机位，Z＊9124 将会延误 13 min 才能停靠 2 号停机位。而如果将 Z＊9124 航班分配到 1 号停机位，延误时间将缩短到 2 min，并且延误概率比原来的分配计划减小 15.3%，冲突概率减小 24.5%。将 Z＊8053 再分配到 2 号停机位，延误时间仅为 1 min。如图 3 所示，在使用预分配模型与动

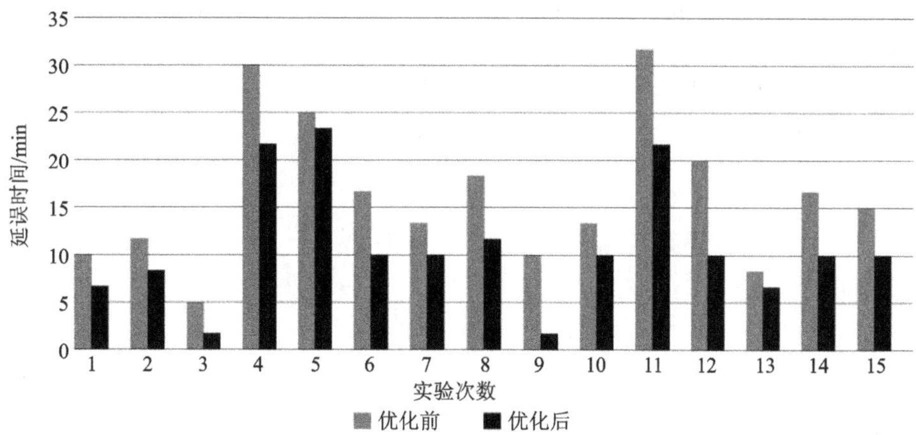

图 3 航班延误时间

态时间窗模型基础上，对15组数据进行冲突概率评估。

试验结果显示，优化后的方案在延误时间上比预分配方案平均减少8.2 min，冲突概率下降12.3%。

对于C＊1669的分配，考虑步骤(4)，若分配到10号停机位会影响到Z＊8123的进港，而如果分配到大型机位50号停机位，则需要考虑会不会导致大型飞机无机位可分。实际上，空闲时间为25 min，冲突概率从43.2%降低到12.6%，不影响C＊1529的分配。

5 结 论

本文通过建立延误事件函数并结合动态时间窗模型，制定了基于航班延误下的停机位分配方法。通过国内某机场的部分航班数据进行算例验证，冲突概率比原分配计划冲突概率降低30.6%，分配效率得到明显提高。动态时间窗模型不仅加快了停机位的分配速度，而且提高了分配的容错率，但同时高效的分配条件对机场的保障设施和应急方案提出了更苛刻的要求。

参考文献

[1] Singh GK, Models C. Preventing runway incursions and conflicts[J]. Aerospace Science Technology, 2010, 8: 653-670.

[2] Diepen G. Finding a robust assignment of flights to gates at Amsterdam Airport Schiphol[J]. J Sched, 2012, 15: 703-715.

[3] Bolat A. Procedures for providing robust gate assignment for arriving aircraft[J]. European Journal of Operations Research, 2015, 120: 63-80.

[4] 杨双双，田勇，万莉莉，等. 基于客户评价体系的停机位分配优化研究[J]. 武汉理工大学学报(交通科学与工程版)，2013，037(001)：167-170，174.

[5] 刘君强，张马兰，陈鹏超，等. 基于协同决策的多航站楼停机位实时分配算法[J]. 南京航空航天大学学报，2015(1)：71-76.

[6] 薛清文，姜雨，刘照明，等. 基于航空公司运行成本和公平性的停机位指派[J]. 航空计算技术，2016 (1)：64-69.

[7] 孙萌. 协同进化蚁群优化算法研究及在枢纽机场停机位分配中的应用[D]. 大连：大连交通大学，2018.

[8] Ding H, Lim A, Rodrigues B, et al. The over-constrained airport gate assignment problem[J]. Computers & Operations Research, 2005, 32(7): 1867-1880.

[9] 王笑天. 机场停机位分配优化技术研究[D.]江苏：南京航空航天大学，2017.

山东省低空空域资源现状及特征分析

王龙　杜玉杰

（滨州学院，山东·滨州，256600）

摘要： 低空空域资源是制约我国通用航空产业发展的一项重要因素。因此，充分分析低空空域资源的现状和特征是解决我国通航产业发展难题的关键。文章以山东省为例，深入分析了山东省空域资源特点和空中交通态势，并总结了山东省通航可用低空空域资源特征及其可利用性，从而为山东省乃至全国的通航低空空域资源合理利用提供决策依据。

关键词： 低空空域；通用航空；民航运输；管制空域；机场

1　引　言

为了促进我国通用航空产业发展，加大低空空域改革力度，中央军委于2010年颁布了《关于深化我国低空空域管理改革的意见》，明确了真高1 000 m以下低空空域，并从管理角度的将低空空域划分为管制空域、监视空域和报告空域。2016年，国务院办公厅颁布了《关于促进通用航空产业发展的指导意见》，其中进一步扩大了低空空域范围，将真高3 000 m以下空域定义为低空空域。因此，我国低空空域的范围已基本确定，即真高3 000 m以下空域。

山东省发展改革委为了促进本省的通航产业，配合新旧动能转换，于2018年底印发了《山东省通用飞机产业发展规划》，涉及了通用飞机制造、通航机场布局、低空航线以及通航教育等诸多方面。不可否认，空域资源是通用航空开展作业的基础。因此，无论是通航机场的布局还是低空航线的划设，其第一步就是可用低空空域资源的确定。本文通过分析山东省空域资源现状及其空中交通态势，结合现有低空空域资源，为山东通航产业发展提供决策依据。

2　山东省空域资源现状

山东省陆地面积为15.8万平方公里，由于其靠近朝鲜半岛和日本群岛，紧邻首都北京，所以区域内分布的民航运输航线较多，空中交通较为繁忙。本节将从山东省内航路、进近管制空域、塔台管制空域、限制区、危险区和禁区空域等方面出发，深入分析山东省空域资源现状。

2.1　山东省航路分布

通过分析山东省的航图资料发现，山东省空域内的航路航线约为40条，其中包括国际（地区）航路航线、不涉及周边国家或地区的对外开放航路航线（含进离场航线）、对外开放临时航线、国内航路航线、国内进离场航线以及国内临时航线等，总长度约为4 892.9公里，约占全国航路总里程的2.13%。航路航线在山东省空域内的分布见图1。

在这40条航路中，穿越山东省空域的航路较多，分别以济南和青岛为中心集中于山东省东、西两侧，而中部以临时航线为主。因此，可以将山东省内的主要航路航线分为东航线簇、西

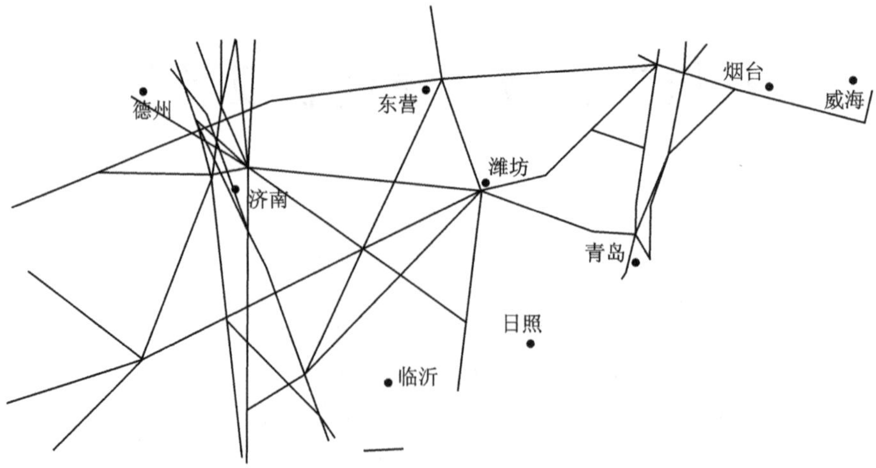

图1　山东省空域内航路航线分布

航线簇以及中航线簇。

(1) 东航线簇

东航线簇以烟台机场、威海机场和青岛机场为中心，南北走向，主要是不涉及周边国家或地区的对外开放航路航线以及部分国际航线，见图2。东航线簇主要承担了由我国东北地区和东亚地区的航班，是我国重要的韩亚空中大通道。虽然东航线簇相对于西航线簇来说，航线密度较低，但由于青岛机场、烟台机场和威海机场都是航班量较大的国际机场，因此空中交通也较为繁忙，东部地区的低空空域开放难度较大。

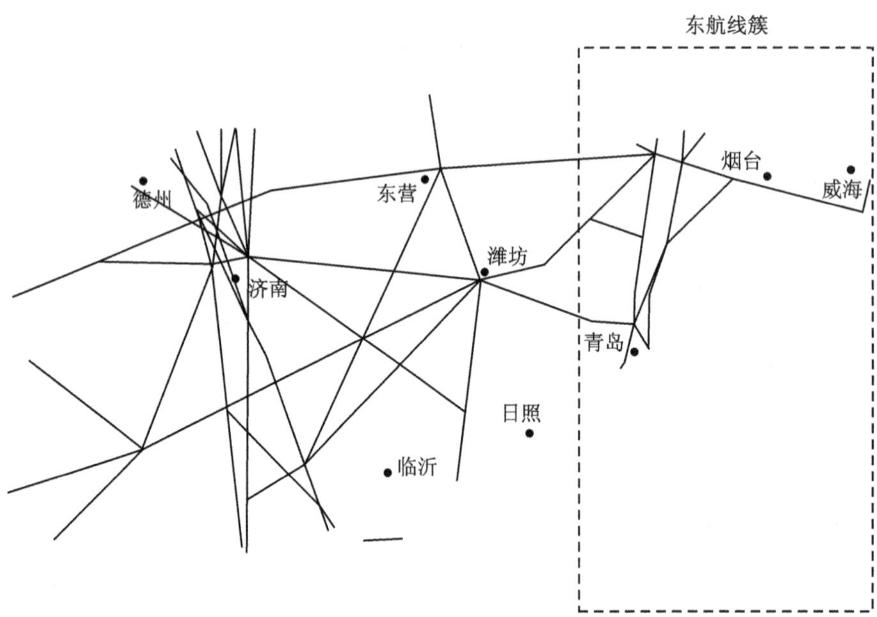

图2　山东省空域内东航线簇

(2) 西航线簇

西航线簇航线数量较多，密度较大，且我国京沪大动脉A593航路也在其中，另外还有不涉及周边国家或地区的对外开放航路航线以及部分国内航路航线，见图3。虽然西航线簇密度较大，重要航路较多，但是该地区仅有两个民用机场济南机场和济宁机场。其中，济宁机场进出港航班量较小，平均每天不到 40 班；而济南机场是大型的国际机场，航班量较大。因此，西部地区的低空空域开放主要受济南机场的影响。

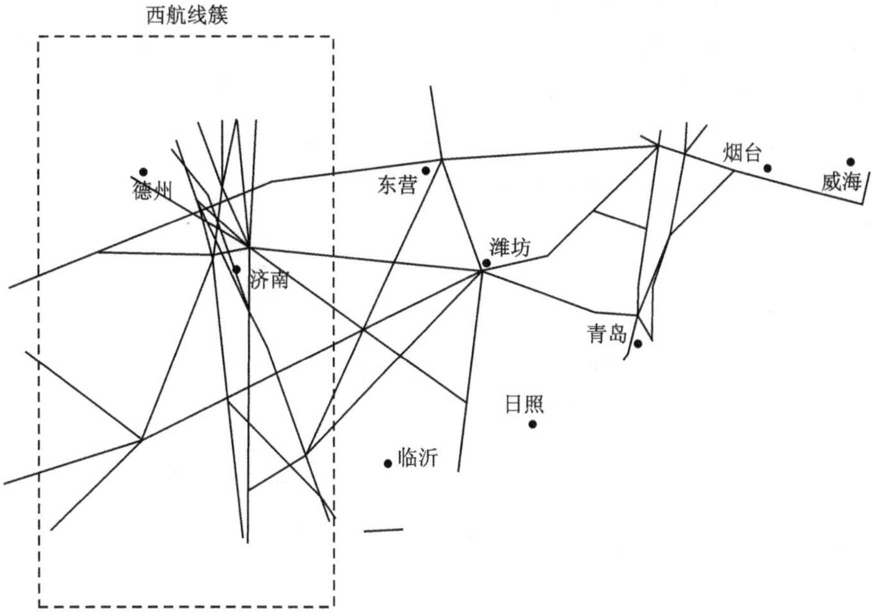

图 3　山东省空域内西航线簇

（3）中航线簇

山东省中部地区仅有东营、潍坊、临沂及日照四个民用中小型机场，且航线密度相对较低，大部分都是临时航线及少量的进离场航线，仅有两条国内航路航线和一条不涉及周边国家或地区的对外开放航路航线，空中交通繁忙程度较低，有利于低空空域的开放，见图 4。

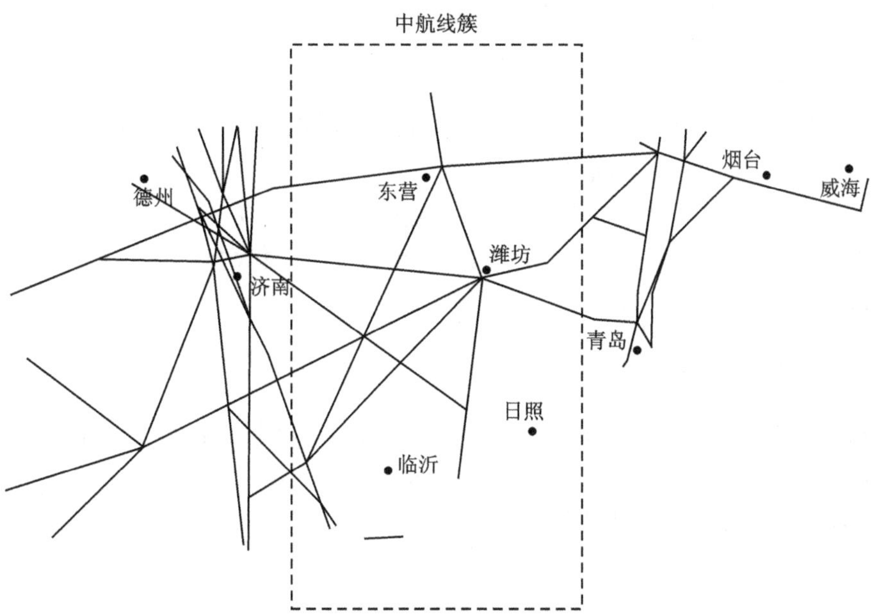

图 4　山东省空域内中航线簇

2.2 山东省进近管制空域分布

我国空域内，沿航路、航线地带和民用机场区域设置管制空域，包括高空管制空域、中低空管制空域、进近管制空域和机场管制地带。其中，进近管制空域和机场管制地带是影响低空空域开放的重要因素，而进近管制空域通常是指在一个或者几个全年总起降架次超过36 000架次的机场附近的航路、航线汇合处划设的、便于进场和离场航空器飞行的管制空域。因此，一般较为繁忙的机场才会设置进近管制空域，而那些不太繁忙的机场仅仅会设置机场管制地带。本节将分析山东省内3个进近管制区：济南进近、青岛进近和烟台进近，见图5。

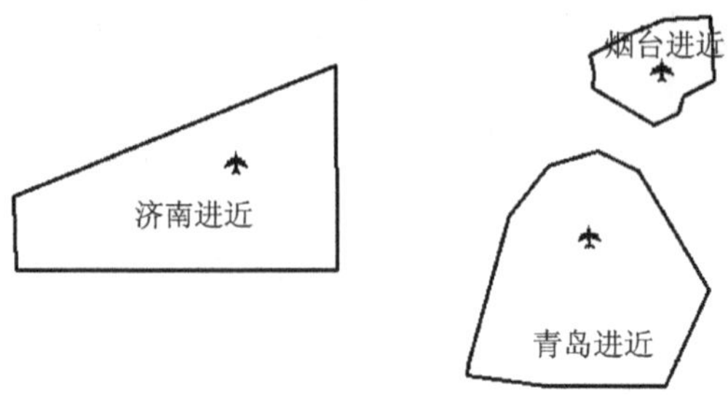

图5 山东省进近管制区分布

(1) 济南进近管制区

济南进近管制区水平范围为以济南遥墙机场为中心，向北覆盖滨州、德州部分地区，向西覆盖聊城全境，南接泰安，东接淄博，覆盖范围较广，面积约为2.75万平方公里；垂直范围为0～6000米，覆盖了所有低空空域。

(2) 青岛进近管制区

青岛进近管制区除覆盖了青岛本市以外还覆盖了潍坊、日照以及烟台部分地区，垂直范围为0～6 000米。青岛进近管制区总面积约为2.45万平方公里，其中大部分空域均在海上，陆上空域面积仅为1万平方公里。

(3) 烟台进近管制区

烟台进近管制区主要覆盖了烟台本市及部分海上地区，垂直范围为0～3 600米，总面积约为0.55万平方公里，陆上空域面积约0.3万平方公里。

综上所述，山东省陆上进近管制空域面积约为3.05万平方公里，约占山东省总面积的19.3%。由此可见，若排除其他空域用户因素，济南、青岛以及烟台这三大进近管制区对山东省低空空域开放的限制尤为严重。

2.3 机场塔台管制区分布

机场塔台管制区一般设置在机场管制地带或者进近管制区内，其垂直范围和水平范围依据各个机场的特点而制定，但其水平范围一般不会超过50公里。由于机场塔台管制区的范围较小，因此其对低空空域开放的影响不大。山东省内共有9个民用运输机场，其分布如图6。

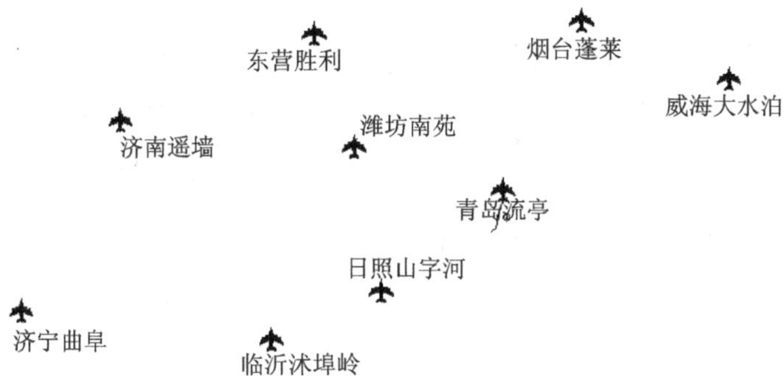

图6 山东省民用运输机场分布

2.4 特殊空域分布

特殊空域主要分为空中禁区、空中限制区和空中危险区。这些空域是根据国家空防安全需要而划设的，因此它们的使用也必须经过国家有关部门的批准。山东省内仅有两个限制区：ZB(R)013 和 ZB(R)015，位于山东省的北部地区，覆盖了滨州市和东营市部分地区，总面积约为 4 937.6 平方公里。

3 山东省低空空域资源现状

3.1 通航运行管制特点

通航作业时间和空间的不规律性会给民航的空中交通管制工作带来一定的困难。为此，民航局也出台了相关政策，规定在以下两种空域内运行，空中交通管制部门可不必对通航作业提供空中交通管制服务：

(1) 在民用机场进近(终端)管制区、塔台管制范围以外，在民航航路、航线地带内运行，且运行高度在航路、航线最低飞行高度以下的通航活动可等同于管制范围以外运行的通航活动，运行安全由航空器驾驶员及运营人自行负责。

(2) 管制范围以内，但运行范围距离运输航空运行范围较远或在运输航空运行高度 300 米以下运行的通航活动，经管制单位评估后，可按通航活动范围划设临时隔离空域，临时隔离空域内运行的通航活动可等同于管制范围以外运行的通航活动，运行安全由航空器驾驶员及运营人自行负责。

虽然在以上空域内运行，通用航空器可不再接受空中交通管制部门的管制服务，但仍然需要相关部门报备飞行任务。通过分析可以看出，在以上空域内运行时，通航作业对于民航运输飞行影响较小，这是以后进行通航低空空域改革的重要依据。

3.2 山东省通航机场分布

山东省内仅有 6 座通用机场，均分布在中西部，见图 7；同时省内部分航班量较少的民用运输机场也承担了通航作业任务，如临沂沭埠岭机场、东营胜利机场和日照山字河机场等。

3.3　现有低空空域现状

山东省内现有开放的低空空域资源分布在山东省中部航线稀疏地区，主要是围绕着滨州大高机场、东营胜利机场、临沂沭埠岭机场以及日照山字河机场等机场分散展开，其主要用途是飞行训练，其分布见图8。

从图中可以看出，分别以滨州大高、东营胜利、临沂沭埠岭以及日照山字河为中心分布有27个独立空域，面积大小不等，最高高度3 600米，总面积约为1.4万平方公里。

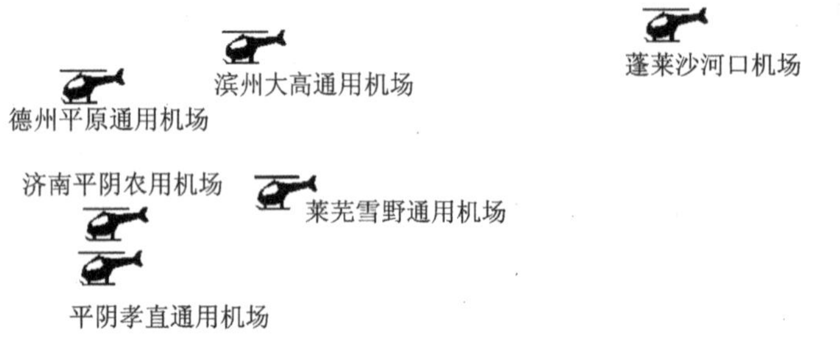

图7　山东省通用运输机场分布

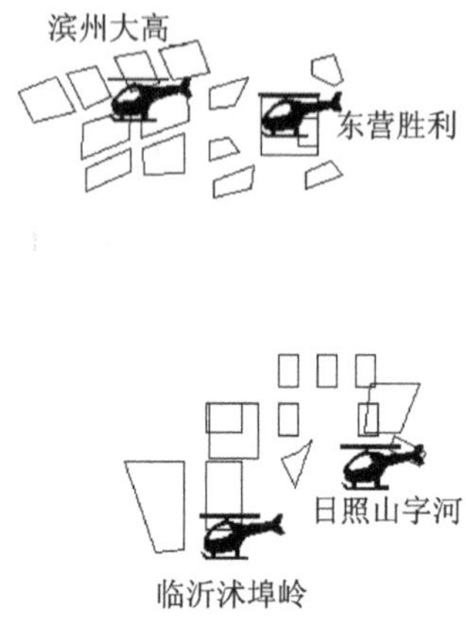

图8　山东省通航现有低空空域资源分布

4　结　语

山东省可用低空空域资源主要受济南、青岛和烟台三个进近管制区的影响和限制，东、西部现有低空空域资源较少甚至没有，主要集中于中部航线稀疏地区且过于分散独立，严重限制了通航产业类型的多样化。随着低空空域划分的进一步细化，空中交通管制、通信、导航以及监视手段的进一步完善，山东省低空空域可以以中部地区为依托，逐步向东、西两侧发展，进一步开发可用低空空域资源，为山东省通航产业发展奠定基础。

参考文献

[1] 欧阳彦美.欧美促进通用航空产业发展的法律与政策及其对中国的启示[D].北京：北京理工大学，2015.

[2] 高尔东.基于产业链视阈的云南省低空旅游开发研究[D].昆明：云南财经大学，2018.

[3] 中国民航局.中国航行资料汇编(AIP)[R].2018.

[4] 中国民航局.民用航空空中交通管理规则(CCAR-93R5)[R].2017.

[5] 中国民航局.通用航空飞行计划审批与空管运行管理规定(试行)[R].2019.